# は じ め に

　この問題集は，数学Ⅰ，A，Ⅱ，B，Ⅲ，Cの教科書をひと通り終え，こ れから本格的に受験勉強を始める理系の受験生を対象としています．

　河合出版では，毎年，その年の入試問題の中から厳選された問題を集めた 『大学入試攻略数学問題集』を出版していますが，この『大学入試攻略数学 問題集』を過去30年以上に渡って精査し，さらに厳選を重ねてこの問題集 を作成しました．いわば，この30年間の入試問題の集大成と言えるでしょ う．特別な難問や，ありふれた易問を避け，効率よく大学入試に対応できる ような問題が272題収録されています．

　解答は，なるべくテクニカルなものを避け，できるだけ自然なものを心が けました．ここで提示された解法は，是非とも身につけてもらいたいものば かりです．

　また，問題によっては，〈方針〉，（別解），【注】，〔参考〕などもつけ，そ の1題をより深く理解できるようにしました．

　なお，問題の主旨を変えない範囲で問題文の表現を変更したものには問題 番号に＊が，また，問題の主旨を若干変えたものには出典大学に 改 の字が ついています．

　この問題集を大いに活用して，ゆるぎない実力が養成されることを期待し ます．

JN083339

問題編

## 目次

数　学　I・A ·························· 4

数　学　II ·························· 21

数　学　B ·························· 42

数　学　III ·························· 55

数　学　C ·························· 76

**1** 2次関数 $f(x)=2x^2-4ax+a+1$ について，次の問に答えよ．ただし，$a$ は定数とする．

(1) $0\leqq x\leqq 4$ における $f(x)$ の最小値を $m$ とするとき，$m$ を $a$ を用いて表せ．

(2) $0\leqq x\leqq 4$ においてつねに $f(x)>0$ が成り立つように，$a$ の値の範囲を定めよ．

（秋田大）

**2** $k$ は実数の定数であるとする．方程式

$$x^2-2kx+2k^2-2k-3=0$$

について，次の問に答えよ．

(1) この方程式が2つの実数解をもち，1つの解が正でもう1つの解が負であるための $k$ の値の範囲を求めよ．

(2) この方程式が，少なくとも1つの正の解をもつための $k$ の値の範囲を求めよ．

（関西大）

**3** 実数 $a$ に対して，2つの放物線

$$C_1 : y=2-x^2$$

$$C_2 : y=x^2-4x+a$$

を考える．$C_1$，$C_2$ が $y>0$ である交点を2つもつような $a$ の値の範囲を求めよ．

（京都大）

**4**　座標平面上の4点 A(1, 0), B(2, 0), C(2, 8), D(1, 8) を頂点とする長方形を $R$ とする. また $0<t<4$ に対し, 原点 O(0, 0), 点 E(4, 0), および点 P$(t, 8t-2t^2)$ の3点を頂点とする三角形を $T(t)$ とする.

(1)　$R$ の内部と $T(t)$ の内部との共通部分の面積 $f(t)$ を求めよ.

(2)　$t$ が $0<t<4$ の範囲で動くとき, $f(t)$ を最大にする $t$ の値と, そのときの最大値を求めよ.

（大阪大）

**\*5**　不等式
$$-x^2+(a+2)x+a-3<y<x^2-(a-1)x-2 \qquad \cdots(*)$$
を考える. ただし, $x, y, a$ は実数とする. このとき,

(1)　「どんな $x$ に対しても, それぞれ適当な $y$ をとれば不等式 $(*)$ が成立する」ための $a$ の値の範囲を求めよ.

(2)　「適当な $y$ をとれば, どんな $x$ に対しても不等式 $(*)$ が成立する」ための $a$ の値の範囲を求めよ.

（早稲田大）

**6**　次の命題の真偽を述べよ. また, 真であるときは証明し, 偽であるときは反例（成り立たない例）をあげよ. ただし, $x, y$ は実数とし, $n$ は自然数とする.

(1)　$x$ が無理数ならば, $x^2$ と $x^3$ の少なくとも一方は無理数である.

(2)　$x+y$, $xy$ がともに有理数ならば, $x, y$ はともに有理数である.

(3)　$n^2$ が8の倍数ならば, $n$ は4の倍数である.

（東北学院大）

**7** 右図のように，中心が $O_1$, $O_2$ である 2 つの円が 2 点 A, B で交わっている．直線 $m$ を 2 つの円の共通接線，接点を C, D とし，直線 AB と直線 $m$ の交点を M とする．このとき，次の間に答えよ．

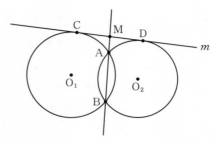

(1) 点 M は線分 CD の中点であることを示せ．

(2) $\angle$CMA が直角であるとき，2 つの円の半径は等しいことを示せ．

(岩手大)

**8** 円に内接し，対角線が直交する四角形 ABCD について，対角線の交点を E とし，その交点 E から辺 AD に垂線 EH を引く．また，線分 HE の延長と辺 BC の交点を M とする．このとき，次の各問に答えよ．

(1) $\angle$ADE $=$ $\angle$CEM であることを示せ．

(2) BM $=$ EM $=$ CM であることを示せ．

(茨城大)

**9** △ABC の辺 BC 上に点 L，辺 CA 上に点 M，辺 AB 上に点 N をとる．また，線分 AL と CN の交点を P，線分 AL と BM の交点を Q，線分 BM と CN の交点を R とする．AN：NB＝BL：LC＝CM：MA＝1：2 であるとき，次の問に答えよ．

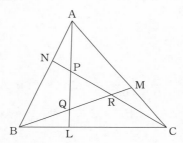

(1) AP：PL を求めよ．

(2) PQ：QL を求めよ．

(3) △PQR の面積を $S_1$，△ABC の面積を $S_2$ とするとき，$S_1 : S_2$ を求めよ．

(名城大)

**\*10** △ABC において，BC＝$a$，CA＝$b$，AB＝$c$ とおく．

$a : b : c = 3 : 5 : 7$ のとき，次の問に答えよ．

(1) $\cos \angle CAB =$ [＿＿＿] である．

(2) $\angle BCA =$ [＿＿＿] である．

(3) △ABC の面積を $60\sqrt{3}$ とする．このとき，

$$a = \boxed{\phantom{xx}}, \quad b = \boxed{\phantom{xx}}, \quad c = \boxed{\phantom{xx}}$$

である．また，△ABC の外接円の半径は [＿＿＿]，内接円の半径は

[＿＿＿] である．また，∠BCA の二等分線と外接円との交点を D とおくとき

$$BD = \boxed{\phantom{xx}}, \quad CD = \boxed{\phantom{xx}}$$

である．

(東北薬科大)

**11** 円に内接する四角形 ABCD において，AB＝2，BC＝3，CD＝4，DA＝5 であるとき，次の問に答えよ.

(1) ∠CDA＝θ とするとき，cos θ と sin θ の値をそれぞれ求めよ.

(2) 四角形 ABCD の面積を求めよ.

（東北学院大）

**12** △ABC において，

$$\frac{\sin A}{\sin B}=\frac{\cos B}{\cos A}, \quad \sin C=2\sin A$$

が成り立つとき，頂角 ∠A，∠B，∠C の大きさを求めよ.

（関西大）

**13** 四面体 ABCD は

$$AB=6, \quad BC=\sqrt{13},$$
$$AD=BD=CD=CA=5$$

を満たしているとする.

(1) △ABC の面積を求めよ.

(2) 四面体 ABCD の体積を求めよ.

（学習院大）

**14** 一辺の長さが 1 の正四面体 OABC の辺 BC 上に点 P をとり，線分 BP の長さを $x$ とする.

(1) △OAP の面積を $x$ で表せ.

(2) P が辺 BC 上を動くとき，△OAP の面積の最小値を求めよ.

（京都大）

**15** 10 個の文字 $a,\ a,\ a,\ b,\ b,\ c,\ c,\ d,\ e,\ f$ から 4 個の文字を選び，一列に並べて文字列を作成する．

(1) 同じ文字を 3 個含む文字列の総数を求めよ．

(2) 文字がすべて異なる文字列の総数を求めよ．

(3) 作成可能な文字列の総数を求めよ．

（信州大）

**16** 右の図のように，道路が碁盤の目のようになった街がある．地点 A から地点 B までの長さが最短の道を行くとき，次の場合は何通りの道順があるか．

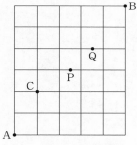

(1) 地点 C を通る．

(2) 地点 P は通らない．

(3) 地点 P および地点 Q は通らない．

（東北大）

**17** 図のような正十二角形の 12 個の頂点から 3 点を選んで三角形をつくる.

(1) このような三角形は全部で ☐ 個ある.

(2) 直角三角形は全部で ☐ 個ある.

(3) 二等辺三角形は全部で ☐ 個ある.

(4) 直角三角形でも二等辺三角形でもないものは全部で ☐ 個ある.

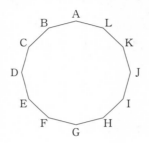

（青山学院大）

**\*18** 赤玉，白玉，青玉，黄玉がそれぞれ 2 個ずつ，合計 8 個ある．このとき，次のように並べる方法は何通りか．ただし，同じ色の玉は区別がつかないものとする．

(1) 8 個の玉から 4 個取り出して直線上に並べる方法.

(2) 8 個の玉から 4 個取り出して円周上に並べる方法.

（立命館大）

**19** 以下の問に答えよ.

(1) 6人を2人ずつ3組に分ける方法は何通りあるか.

(2) 7人を2人, 2人, 3人の3組に分ける方法は何通りあるか.

(3) A, B, C, D, E, F, G, Hの8人から7人を選び, さらにその7人を2人, 2人, 3人の3組に分ける方法は何通りあるか. また, そのうち A, Bの2人がともに選ばれて, かつ同じ組になるように分ける方法は何通りあるか.

(岡山大・改)

**20** 次の問に答えよ. ただし同じ色の玉は区別できないものとし, 空の箱があってもよいとする.

(1) 赤玉10個を区別ができない4個の箱に分ける方法は何通りあるか求めよ.

(2) 赤玉10個を区別ができる4個の箱に分ける方法は何通りあるか求めよ.

(3) 赤玉6個と白玉4個の合計10個を区別ができる4個の箱に分ける方法は何通りあるか求めよ.

(千葉大)

**21** 自然数 $n$ に対して, 次の等式が成り立つことを示せ.

(1) ${}_n\mathrm{C}_0 + {}_n\mathrm{C}_1 + \cdots + {}_n\mathrm{C}_n = 2^n$

(2) ${}_n\mathrm{C}_1 + 2\cdot{}_n\mathrm{C}_2 + \cdots + n\cdot{}_n\mathrm{C}_n = 2^{n-1}n$

(3) ${}_{2n+1}\mathrm{C}_0 + {}_{2n+1}\mathrm{C}_1 + \cdots + {}_{2n+1}\mathrm{C}_n = 2^{2n}$

(大阪府立大)

**22** 大中小3つのサイコロを同時に投げ，出た目をそれぞれ $a$, $b$, $c$ とする．さらに，$a$, $b$, $c$ のうちで，最小の数を $S$ とし，最大の数を $T$ とする．

(1) $S=2$ となる確率を求めよ．

(2) $S \leqq 2$ かつ $T=6$ となる確率を求めよ．

(3) $S$ の期待値を求めよ．

（学習院大）

**23** 5人でじゃんけんを1回するとき，次の問に答えよ．

(1) 1人だけが勝つ確率を求めよ．

(2) ちょうど3人が勝つ確率を求めよ．

(3) あいこになる確率を求めよ．

（島根県立大）

**24** $n$ を3以上の自然数とする．サイコロを $n$ 回投げ，出た目の数をそれぞれ順に $X_1$, $X_2$, $\cdots$, $X_n$ とする．$i=2, 3, \cdots, n$ に対して $X_i = X_{i-1}$ となる事象を $A_i$ とする．

(1) $A_2$, $A_3$, $\cdots$, $A_n$ のうち少なくとも1つが起こる確率 $p_n$ を求めよ．

(2) $A_2$, $A_3$, $\cdots$, $A_n$ のうち少なくとも2つが起こる確率 $q_n$ を求めよ．

（一橋大）

**25** $n$ を3以上の整数とする．このとき，次の問に答えよ．

(1) さいころを $n$ 回投げたとき，出た目の数がすべて1になる確率を求めよ．

(2) さいころを $n$ 回投げたとき，出た目の数が1と2の2種類になる確率を求めよ．

(3) さいころを $n$ 回投げたとき，出た目の数が3種類になる確率を求めよ．

（神戸大）

**26** 9枚のカードに1から9までの数字が1つずつ記してある．このカードの中から任意に1枚を抜き出し，その数字を記録し，もとのカードの中に戻すという操作を $n$ 回繰り返す．

(1) 記録された数の積が5で割り切れる確率を求めよ．

(2) 記録された数の積が10で割り切れる確率を求めよ．

（名古屋大）

**27** 動点 P は，$xy$ 平面上の原点 $(0, 0)$ を出発し，$x$ 軸の正の方向，$x$ 軸の負の方向，$y$ 軸の正の方向，$y$ 軸の負の方向のいずれかに，1秒ごとに1だけ進むものとする．その確率は，$x$ 軸の正の方向と負の方向にはそれぞれ $\frac{1}{5}$，$y$ 軸の正の方向には $\frac{2}{5}$，および $y$ 軸の負の方向には $\frac{1}{5}$ である．このとき次の問に答えよ．

(1) 2秒後に動点 P が原点 $(0, 0)$ にある確率を求めよ．

(2) 4秒後に動点 P が原点 $(0, 0)$ にある確率を求めよ．

(3) 5秒後に動点 P が点 $(2, 3)$ にある確率を求めよ．

（岩手大）

**28** 袋の中に1から5までのいずれかの数字を書いた同じ形の札が15枚入っていて，それらは1の札が1枚，2の札が2枚，3の札が3枚，4の札が4枚，5の札が5枚からなる．袋の中からこれらの札のうち3枚を同時に取り出すとき，札に書かれている数の和を $S$ とする．このとき次の問に答えよ．

(1) $S$ が2の倍数である確率を求めよ．

(2) $S$ が3の倍数である確率を求めよ．

（熊本大）

**\*29** $n$ を 2 以上の整数とする．中の見えない袋に $2n$ 個の玉が入っていて，そのうち 3 個が赤で残りが白とする．A 君と B 君が交互に 1 個ずつ玉を取り出して，先に赤の玉を取り出した方が勝ちとする．取り出した玉は袋には戻さないとする．A 君が先に取り始めるとき，B 君が勝つ確率を求めよ．

（東北大）

**30** $n$ を 5 以上の整数とする．1 枚の硬貨を投げる試行を $n$ 回繰り返すとき，表が出る回数が，ちょうど $n$ 回目の試行で 5 になる確率を $p_n$ とする．以下の問に答えよ．

(1) $p_6$ の値を求めよ．

(2) $p_n$ を $n$ を用いて表せ．

(3) $\dfrac{p_{n+1}}{p_n}$ を $n$ を用いて表せ．また，$p_n$ の最大値を求めよ．

（佐賀大）

**31** はじめに，A が赤玉を 1 個，B が白玉を 1 個，C が青玉を 1 個持っている．表裏の出る確率がそれぞれ $\dfrac{1}{2}$ の硬貨を投げ，表が出れば A と B の玉を交換し，裏が出れば B と C の玉を交換する，という操作を考える．この操作を $n$ 回 $(n=1, 2, 3, \cdots)$ 繰り返した後に A，B，C が赤玉を持っている確率をそれぞれ $a_n$，$b_n$，$c_n$ とおく．

(1) $a_1$，$b_1$，$c_1$，$a_2$，$b_2$，$c_2$ を求めよ．

(2) $a_{n+1}$，$b_{n+1}$，$c_{n+1}$ をそれぞれ $a_n$，$b_n$，$c_n$ で表せ．

(3) $a_n$，$b_n$，$c_n$ を求めよ．

（名古屋大）

*$32$ ある病原菌を検出する検査法によると，病原菌がいるときに正しく判定する確率と病原菌がいないときに正しく判定する確率がともに 95% である．全体の 2% にこの病原菌がいるとされる検体の中から 1 個の検体を抜き出して検査する．

(1) 抜き出した検体に病原菌がいると判定される確率を求めよ．

(2) 抜き出した検体に病原菌がいると判定されたとき，この判定が正しい確率を求めよ．

(3) 抜き出した検体に病原菌がいないと判定されたとき，この判定が誤りである確率を求めよ．

（摂南大）

$33$ 20 個の値からなるデータがある．そのうちの 15 個の値の平均値は 10 で分散は 5 であり，残りの 5 個の値の平均値は 14 で分散は 13 である．このデータの平均値と分散を求めよ．

（信州大）

*$34$ 2 つの変量 $x$, $y$ の値の組を $(x_1, y_1)$, $(x_2, y_2)$, $(x_3, y_3)$ とする．$x$, $y$ の平均値をそれぞれ $\overline{x}$, $\overline{y}$ とする．

$\overline{x}=2$, $\overline{y}=5$, また，$x_1{}^2+x_2{}^2+x_3{}^2=14$, $y_1{}^2+y_2{}^2+y_3{}^2=77$ のとき，変量 $x$ の標準偏差 $s_x$ の値，変量 $y$ の標準偏差 $s_y$ の値をそれぞれ求めよ．

さらに，$x_1y_1+x_2y_2+x_3y_3=28$ のとき，変量 $x$ と $y$ の共分散 $s_{xy}$ の値および相関係数 $r_{xy}$ の値をそれぞれ求めよ．

（立命館大）

**35** $n$ 個の 2 変量データ $(x_i,\ y_i)$ $(i=1,\ 2,\ \cdots,\ n)$ がある.$n\geqq 2$ とし,$x_i$ $(i=1,\ 2,\ \cdots,\ n)$ は互いに異なるとする.

$x_i$ と $y_i$ に対して,関数 $y=ax+b$ $(a,\ b$ は実数の定数) より得られる値 $ax_i+b$ と $y_i$ との差の 2 乗和を $n$ で割った

$$R=\frac{1}{n}\sum_{i=1}^{n}\{y_i-(ax_i+b)\}^2$$

を最小にする $a,\ b$ を求めることにする.

$R$ を $a$ と $b$ について展開した展開式の各項の係数を,$x$ の平均値 $\overline{x}$ と分散 $s_x{}^2$,$y$ の平均値 $\overline{y}$ と分散 $s_y{}^2$ および $x,\ y$ の共分散 $s_{xy}$ を用いて表すと,

$$R=b^2+2\overline{x}\,ab+(\boxed{\phantom{xxxx}})a^2-2\overline{y}\,b-2(\boxed{\phantom{xxxx}})a+\boxed{\phantom{xxxx}}$$

となる.

この式の右辺を,まず $b$ について平方完成し,次に $a$ について平方完成することにより,$R$ を最小にする $a,\ b$ は $\overline{x},\ \overline{y},\ s_x{}^2,\ s_{xy}$ を用いて $a=\boxed{\phantom{xxxx}}$,$b=\boxed{\phantom{xxxx}}$ と求めることができる.

(同志社大)

## 整数問題

**36** 方程式

$$\frac{1}{x}+\frac{1}{2y}+\frac{1}{3z}=\frac{4}{3} \qquad \cdots ①$$

を満たす正の整数の組 $(x, y, z)$ について考える.

(1) $x=1$ のとき，正の整数 $y$, $z$ の組をすべて求めよ.

(2) $x$ のとり得る値の範囲を求めよ.

(3) 方程式 ① を解け.

（早稲田大）

**37** $c$ を整数とする.

(1) 不定方程式 $55x+72y=1$ の整数解を 1 組求めよ.

(2) 不定方程式 $55x+72y=c$ の整数解をすべて求めよ.

(3) $c>3960$ のとき，不定方程式 $55x+72y=c$ の整数解で $x>0$ かつ $y>0$ を満たすものが存在することを示せ.

（島根大）

**38** (1) $\sqrt{n^2+15}$ が自然数となる自然数 $n$ をすべて求めよ.

(2) $m$, $n$ $(m>n)$ を自然数とするとき，不等式 $m^2-mn+n^2 \geqq m+n$ が成立することを示せ.

(3) $p$ を素数とするとき，$m^3+n^3=p^3$ を満たす自然数 $m$, $n$ が存在しないことを証明せよ.

（同志社大）

*$\boldsymbol{39}$　$p$ を 3 以上の素数，$a$, $b$ を自然数とする．以下の問に答えよ．

（1）$a+b$ と $ab$ がともに $p$ の倍数であるとき，$a$ と $b$ はともに $p$ の倍数であることを示せ．

（2）$a+b$ と $a^2+b^2$ がともに $p$ の倍数であるとき，$a$ と $b$ はともに $p$ の倍数であることを示せ．

（3）$a^2+b^2$ と $a^3+b^3$ がともに $p$ の倍数であるとき，$a$ と $b$ はともに $p$ の倍数であることを示せ．

（神戸大）

$\boldsymbol{40}$　方程式 $x^3-3x-1=0$ の解 $\alpha$ に対して次のことがらを示せ．

（1）$\alpha$ は整数ではない．

（2）$\alpha$ は有理数ではない．

（3）$\alpha$ は $p+q\sqrt{3}$（$p$, $q$ は有理数）の形で表せない．

（小樽商科大）

*$\boldsymbol{41}$　$n$ を自然数とする．$n!$ の値の最後が 00（10 の位と 1 の位が 0）となる最小の整数を求めよ．また，$n!$ の値の最後に 0 が 15 個以上並ぶ最小の整数を求めよ．

（上智大）

$\boldsymbol{42}$　$n$ を 2 以上の整数とするとき，次の問に答えよ．

（1）$n^3-n$ が 6 で割り切れることを証明せよ．

（2）$n^5-n$ が 30 で割り切れることを証明せよ．

（弘前大）

**43** 1から $n$ までの自然数 $1, 2, 3, \cdots, n$ の和を $S$ とするとき，次の問に答えよ．

(1) $n$ を4で割った余りが0または3ならば，$S$ が偶数であることを示せ．

(2) $S$ が偶数ならば，$n$ を4で割った余りが0または3であることを示せ．

(3) $S$ が4の倍数ならば，$n$ を8で割った余りが0または7であることを示せ．

（神戸大）

**44** $f(x) = ax^3 + bx^2 + cx$ は，$x = 1, -1, -2$ で整数値
$$f(1) = r, \quad f(-1) = s, \quad f(-2) = t$$
をとるとする．

(1) $a, b, c$ を $r, s, t$ の式で表せ．

(2) すべての整数 $n$ について，$f(n)$ は整数になることを示せ．

（岡山大）

**45** $a, b, c$ はどの2つも1以外の共通な約数をもたない正の整数とする．

$a, b, c$ が
$$a^2 + b^2 = c^2$$
を満たしているとき，次の問に答えよ．

(1) $c$ は奇数であることを示せ．

(2) $a, b$ の1つは3の倍数であることを示せ．

(3) $a, b$ の1つは4の倍数であることを示せ．

（旭川医科大）

**46** $n$ を正の整数とする．

(1) $n^2$ と $2n+1$ は互いに素であることを示せ．

(2) $n^2 + 2$ が $2n+1$ の倍数になる $n$ を求めよ．

（一橋大）

**47** $m$ を正の整数とするとき，次の問に答えよ.

(1) 二項係数の和 ${}_mC_0 + {}_mC_1 + {}_mC_2 + \cdots + {}_mC_{m-1} + {}_mC_m$ を求めよ.

(2) $m$ が素数であるとき，$1 \leqq k \leqq m-1$ を満たす整数 $k$ に対して ${}_mC_k$ は $m$ の倍数であることを示せ.

(3) $m$ が素数であるとき，$2^m - 2$ は $m$ の倍数であることを示せ.

(関西大)

**48** $a+b=c+d$, $a+c=b+d$, $a+d=b+c$ のいずれかが成り立つとき，次の等式を証明せよ．

$$4a^2b^2+4c^2d^2-(a^2+b^2-c^2-d^2)^2=8abcd$$

（東北学院大）

**49** $a$, $b$ は正の整数とする．$\sqrt{3}$ は $\dfrac{a}{b}$ と $\dfrac{a+3b}{a+b}$ の間にあることを証明せよ．

（慶應義塾大）

**50** (1) 実数 $x$, $y$ に対し，

$$(1+x)(1+y)\leqq\left(1+\frac{x+y}{2}\right)^2$$

を示せ．また，等号が成立するのはどのようなときか．

(2) $a$, $b$, $c$, $d$ を $-1$ 以上の数とするとき

$$(1+a)(1+b)(1+c)(1+d)\leqq\left(1+\frac{a+b+c+d}{4}\right)^4$$

を示せ．また，等号が成立するのはどのようなときか．

（大阪市立大）

**51** 不等式

$$ax^2+y^2+az^2-xy-yz-zx\geqq0$$

が任意の実数 $x$, $y$, $z$ に対してつねに成り立つような定数 $a$ の値の範囲を求めよ．

（滋賀県立大）

## 52 次の問に答えよ.

(1) 正の数 $a$, $b$ に対して $\sqrt{a+b}<\sqrt{a}+\sqrt{b}$ が成り立つことを示せ.

(2) 正の数 $a$, $b$ に対して $\sqrt{a}+\sqrt{b}\leqq k\sqrt{a+b}$ がつねに成り立つような $k$ の最小値を求めよ.

(鳴門教育大)

## 53 正の実数 $a$, $b$, $c$ に対して,不等式

$$\frac{1}{a}+\frac{1}{b}+\frac{1}{c}\geqq\frac{9}{a+b+c}$$

を証明せよ. また, 等号が成り立つための条件を求めよ.

(学習院大)

## 54 実数 $a$, $b$, $c$ が

$$a+b+c=a^2+b^2+c^2=1$$

を満たすとする. 以下の問に答えよ.

(1) $c=\frac{2}{3}$ であるとき, $a$, $b$ の値を求めよ.

(2) $c$ のとり得る値の範囲を求めよ.

(甲南大)

## *55 $x^{2010}+2x+9$ を $(x+1)^2$ で割った余りを求めよ.

(立教大)

**56** 多項式 $P(x)$ を $x-1$ で割ると $1$ 余り，$(x+1)^2$ で割ると $3x+2$ 余る．

(1) $P(x)$ を $x+1$ で割ったときの余りを求めよ．

(2) $P(x)$ を $(x-1)(x+1)$ で割ったときの余りを求めよ．

(3) $P(x)$ を $(x-1)(x+1)^2$ で割ったときの余りを求めよ．

（早稲田大）

**57** $n$ を自然数とし，$\omega=\dfrac{-1+\sqrt{3}\,i}{2}$ とする．ただし，$i$ は虚数単位である．次の問に答えよ．

(1) $\omega^{2005}$ の値を求めよ．

(2) $\omega^{n+1}+(\omega+1)^{2n-1}=0$ を示せ．

(3) $x$ の多項式 $x^{n+1}+(x+1)^{2n-1}$ は $x^2+x+1$ で割り切れることを示せ．

（岡山県立大）

**58** 多項式 $f(x)$ について恒等式 $f(x^2)=x^3f(x+1)-2x^4+2x^2$ が成り立つとする．

(1) $f(0)$，$f(1)$，$f(2)$ の値を求めよ．

(2) $f(x)$ の次数を求めよ．

(3) $f(x)$ を決定せよ．

（東京都立大）

**59** 3次方程式 $x^3-2x^2+3x-7=0$ の3つの解を $\alpha$, $\beta$, $\gamma$ とするとき，次の式の値を求めよ．

(1) $\alpha^2+\beta^2+\gamma^2$

(2) $\alpha^2\beta^2+\beta^2\gamma^2+\gamma^2\alpha^2$

(3) $\alpha^3+\beta^3+\gamma^3$

（秋田大）

**60** 3つの実数 $x$, $y$, $z$ が

$$x+y+z=3$$
$$x^2+y^2+z^2=9$$
$$x^3+y^3+z^3=21$$

を満たすとき，次の問に答えよ．ただし，$x \geqq y \geqq z$ とする．

(1) $xyz$ の値を求めよ．

(2) $x$, $y$, $z$ の値を求めよ．

（同志社大）

**\*61** $a$, $b$ を実数とする．$x$ の方程式

$$x^3+ax^2+bx+2a-2=0$$

の解の1つが複素数 $1+2i$ であるとき，$a$, $b$ および他の2つの解を求めよ．

（関西学院大）

**62** $x$ の4次方程式

$$x^4+2x^3+ax^2+2x+1=0 \qquad \cdots (*)$$

について，次の問に答えよ．ただし，$a$ は実数の定数とする．

(1) $x+\dfrac{1}{x}=t$ とおくとき，$(*)$ を $t$ の方程式として表せ．

(2) $a=3$ のとき，$(*)$ の解を求めよ．

(3) $(*)$ が異なる4個の実数解をもつとき，$a$ のとり得る値の範囲を求めよ．

（名城大）

**\*63** 実数 $a$, $b$, $c$ を係数とする3次方程式
$$x^3+ax^2+bx+c=0$$
が, $x=1$ を解にもつとする.

(1) $c$ を $a$, $b$ で表せ.

(2) この方程式が虚数解をもち, その絶対値が 1 以下であるとき, 点 $(a, b)$ の存在する範囲を図示せよ.

ただし, 複素数 $z=x+yi$ ($x$, $y$ は実数) の絶対値 $|z|$ とは,
$$|z|=\sqrt{x^2+y^2}$$
と定める.

（県立広島大）

**\*64** $0<k<2$ とする. 曲線 $C:y=x^2$ 上を動く点 P と, 直線 $y=2k(x-1)$ 上を動く点 Q との距離が最小となるとき, 点 P の座標を $k$ の式で表せ.

（福岡大）

**\*65** 点 A$(1, 4)$, B$(5, 1)$ および直線 $l:x+y=3$ 上の点 P がある. このとき AP+PB の長さが最小になるような点 P の座標を求めよ.

（立命館大）

**66** 3つの直線
$$l:2y=x, \quad m:y=2x, \quad n:x+2y=10$$
について, 以下の問に答えよ.

(1) $l$ と $m$ から等距離にある点の軌跡を求めよ.

(2) 3つの直線によって囲まれる三角形に内接する円の方程式を求めよ.

(3) 3つの直線によって囲まれる三角形の面積を求めよ.

（名城大）

**67** 中心が点 $\left(a, \dfrac{a}{2}\right)$ で，半径が $a$ の円を $C$ とする．

円 $C$ が直線 $y=-x+\dfrac{1}{2}$ と異なる $2$ 点で交わるような $a$ の値の範囲を求めよ．また，この $2$ 交点の距離の最大値を求めよ．

（関西大）

**68** $2$ つの円 $x^2+(y-2)^2=9$ と $(x-4)^2+(y+4)^2=1$ に外接し，直線 $x=6$ に接する円を求めよ．ただし，$2$ つの円がただ $1$ 点を共有し，互いに外部にあるとき，外接するという．

（名古屋大）

**69** 円 $C : x^2+y^2-4x-2y+4=0$ と点 $(-1, 1)$ を中心とする円 $D$ が外接している．

(1) 円 $D$ の方程式を求めよ．

(2) 円 $C$，$D$ の共通接線の方程式を求めよ．

（福島大）

**70** $xy$ 平面上の $2$ つの円
$$C_1 : x^2+y^2=25,$$
$$C_2 : (x-4)^2+(y-3)^2=2$$
について，次の問に答えよ．

(1) $C_2$ 上の点 $(3, 2)$ における接線の方程式を求めよ．

(2) $C_1$，$C_2$ の $2$ つの交点を通る直線の方程式を求めよ．

(3) $C_1$，$C_2$ の $2$ つの交点を通り，点 $(3, 1)$ を通る円の方程式を求めよ．

（名城大）

**71** 実数 $t$ は $t>1$ を満たすとする. 点 $\left(\dfrac{1}{2},\ t\right)$ から, 円 $x^2+y^2=1$ に相異なる2本の接線を引き, 2つの接点を通る直線を $l$ とする.

(1) 直線 $l$ の方程式を $t$ を用いて表せ.

(2) $t$ を $t>1$ の範囲で動かすとき, $t$ によらず $l$ が通る点がある. この点の座標を求めよ.

（青山学院大）

**72** 連立不等式

$$\begin{cases} 3x+2y \leqq 22 \\ x+4y \leqq 24 \\ x \geqq 0 \\ y \geqq 0 \end{cases}$$

の表す座標平面上の領域を $D$ とする. このとき, 次の問に答えよ.

(1) 2つの直線

$$3x+2y=22, \quad x+4y=24$$

の交点の座標を求めよ.

(2) 領域 $D$ を図示せよ.

(3) 点 $(x,\ y)$ が領域 $D$ を動くとき, 以下の(ⅰ), (ⅱ), (ⅲ)に答えよ.

(ⅰ) $x+y$ の最大値, および, その最大値を与える $x,\ y$ の値を求めよ.

(ⅱ) $2x+y$ の最大値, および, その最大値を与える $x,\ y$ の値を求めよ.

(ⅲ) $a$ を正の実数とするとき, $ax+y$ の最大値を求めよ.

（山形大）

**73** $xy$ 平面において, 不等式

$$3x^2+7xy+2y^2-9x-8y+6 \leqq 0$$

の表す領域を $D$ とする. このとき, 次の問に答えよ.

(1) 領域 $D$ を $xy$ 平面上に図示せよ.

(2) 点 $(x,\ y)$ が領域 $D$ を動くとき, $x^2+y^2$ の最小値を求めよ.

（関西大）

**74** 円 $C_1 : x^2+y^2=1$ と円 $C_2 : (x-2)^2+(y-4)^2=5$ とに点 P から接線を引く．P から $C_1$ の接点までの距離と $C_2$ の接点までの距離との比が $1:2$ になるとする．このとき，P の軌跡を求めよ．

(熊本大)

**75** 直線 $l : y=k(x+1)$ および放物線 $C : y=x^2$ について，以下の問に答えよ．ただし，$k$ は実数である．

(1) 直線 $l$ と放物線 $C$ が異なる 2 点で交わるような $k$ の値の範囲を求めよ．

(2) $k$ が(1)で求めた範囲を動くとき，$l$ と $C$ の 2 つの交点の中点が描く軌跡を求め，$xy$ 平面上に図示せよ．

(青山学院大)

**\*76** 座標平面上の 2 直線 $mx-y+1=0$，$x+my-m-2=0$ の交点を P とする．ここで，$m$ は実数とする．

(1) $m$ の値が変化するとき，点 P が描く軌跡を求めよ．

(2) $m$ の値が $\dfrac{1}{\sqrt{3}} \leqq m \leqq 1$ のとき，点 P が描く曲線の長さを求めよ．

(久留米大)

**77** 座標平面上の 2 点 $Q(1, 1)$，$R\left(2, \dfrac{1}{2}\right)$ に対して，点 P が円 $x^2+y^2=1$ の周上を動くとき，次の問に答えよ．

(1) △PQR の重心の軌跡を求めよ．

(2) 点 P から △PQR の重心までの距離が最小となるとき，点 P の座標を求めよ．

(3) △PQR の面積の最小値を求めよ．

(大阪教育大)

**78** 次の問に答えよ.

(1) 放物線 $y=x^2$ 上の点 $P(p,\ p^2)$ における接線と点 $Q(q,\ q^2)$ における接線の交点 R の座標を求めよ. ただし, $p\neq q$ とする.

(2) 次の条件を満たす点の軌跡 $C$ を求めよ.

　　条件：その点から放物線 $y=x^2$ に 2 本の接線が引けて, かつそれらが互いに垂直に交わる.

(関西大)

**79** 座標平面上の原点 O を中心とする半径 2 の円を $C$ とする. O を始点とする半直線上の 2 点 P, Q について OP·OQ=4 が成立するとき, P と Q は $C$ に関して対称であるという（下の図では, P は $C$ の内側にとってある）. 以下の問に答えよ.

(1) 点 $P(x,\ y)$ の $C$ に関して対称な点 Q の座標を $x,\ y$ を用いて表せ.

(2) 点 $P(x,\ y)$ が原点を除いた曲線
$$(x-2)^2+(y-3)^2=13, \quad (x,\ y)\neq(0,\ 0)$$
上を動くとき, Q の軌跡を求めよ.

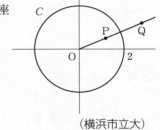

(横浜市立大)

**80** 実数 $\alpha,\ \beta\ (\alpha\leqq\beta)$ に対し, $p,\ q$ を $p=\alpha+\beta$, $q=\alpha\beta$ とする. 以下の問に答えよ.

(1) 実数 $\alpha,\ \beta$ が, 不等式 $\alpha^2+\alpha\beta+\beta^2-3\leqq0$ を満たすとき, 点 $P(p,\ q)$ が存在する領域 $E$ を $pq$ 平面に図示せよ.

(2) (1)のとき, $\alpha\beta+\alpha+\beta$ の最大値および最小値を求めよ. また, そのときの実数 $\alpha$ と $\beta$ の値を求めよ.

(長崎大・改)

**81** 実数 $a$ に対し，$xy$ 平面上の放物線 $C : y = (x-a)^2 - 2a^2 + 1$ を考える．

 (1) $a$ がすべての実数を動くとき，$C$ が通過する領域を求め，図示せよ．

 (2) $a$ が $-1 \leqq a \leqq 1$ の範囲を動くとき，$C$ が通過する領域を求め，図示せよ．

（横浜国立大）

**\*82**
$$\begin{cases} 8 \cdot 3^x - 3^y = -27 \\ \log_2(x+1) - \log_2(y+3) = -1 \end{cases}$$
のとき $x$，$y$ の値を求めよ．

（早稲田大）

**83** 不等式 $\log_2 |x-1| + \log_{\frac{1}{4}} |4-x| < 2$ を満たす実数 $x$ の範囲を求めよ．

（福島県立医科大）

**84** $x$ の方程式
$$6(9^x + 9^{-x}) - m(3^x + 3^{-x}) + 2m - 8 = 0$$
の 1 つの解が 1 であるとき，定数 $m$ の値を求めよ．また，このときの方程式の他の解を求めよ．

（弘前大）

**85** $x$，$y$，$z$，$w$ は 0 でない実数とする．このとき，$2^x = 3^y = 4^z = 6^w$ ならば，

$$\frac{1}{x} + \frac{1}{w} = \frac{1}{y} + \frac{1}{z}$$

であることを示せ．

（関西大）

**86** 2つの実数 $p$, $q$ が $0 < p < q^3 < p^2$ を満たしている.

$$a = \log_p q, \quad b = \log_q p, \quad c = \log_p \frac{p^2}{q}$$

とおくとき，以下の問に答えよ.

(1) $a$ のとり得る値の範囲を求めよ.

(2) $b$ を $a$ を用いて表せ.

(3) $a$, $b$, $c$ を小さい方から順に並べよ．ただし，なぜその順になるかの証明を与えること.

（中央大）

*__87__ 関数 $y = (\log_2 x^2)^2 + \log_2(4x^3)$ がある．$\dfrac{1}{4} \leq x \leq 8$ のとき，$t = \log_2 x$

のとり得る値の範囲を求めよ．また，$y$ の最小値を求めよ.

（南山大）

*__88__ $x > 0$, $y > 1$, $x + y = 6$ のとき，$\log_{10} x + \log_{10}(y-1)$ の最大値を，$\log_{10} 2$ を用いて表せ．また，そのときの $x$ の値を求めよ.

（南山大）

**89** すべての実数 $x$ に対して不等式

$$2^{2x+2} + 2^x a + 1 - a > 0$$

が成り立つような実数 $a$ の範囲を求めよ.

（東北大）

**90** $x$ と $y$ は不等式

$$\log_x 2 - (\log_2 y)(\log_x y) < 4(\log_2 x - \log_2 y)$$

を満たすとする．このとき，$x$, $y$ の組 $(x, y)$ の範囲を座標平面上に図示せよ.

（岩手大）

**\*91** $\log_{10} 2 = 0.3010$, $\log_{10} 3 = 0.4771$ とする.

(1) $\log_{10} \dfrac{1}{45}$ を求めよ.

(2) $\left(\dfrac{1}{45}\right)^{54}$ で，小数点以下最初に 0 でない数字が現れるのは小数第何位か.
また，その数字は何か.

(3) $18^{18}$ は何桁の数か．また，最高位の桁の数字，末尾の数字は何か.

(4) $5^{2002}$ は何桁の数か．また，最高位の桁の数字は何か.

（立命館大）

**92** 次の問に答えよ.

(1) $\log_2 3 = \dfrac{m}{n}$ を満たす自然数 $m$, $n$ は存在しないことを証明せよ.

(2) $p$, $q$ を異なる自然数とするとき，$p\log_2 3$ と $q\log_2 3$ の小数部分は等しくないことを証明せよ.

(3) $\log_2 3$ の値の小数第 1 位を求めよ.

（広島大）

**\*93** $a$ を実数とし，角度 $\theta$ に関する方程式

$$2\cos 2\theta + 2\cos \theta + a = 0$$

について，

(1) $t = \cos \theta$ として，この方程式を $t$ と $a$ を用いて表せ.

(2) この方程式が解 $\theta$ を，$0° \leqq \theta < 360°$ の範囲で 4 つもつための，$a$ のとり得る値の範囲を求めよ.

（東京理科大）

**\*94** $-90° < \alpha < \beta < 90°$ である．角度 $x$ をどのようにとっても

$$\sin(x+\alpha) + \sin(x+\beta) = \sqrt{3}\sin x$$

が成り立つように，$\alpha$, $\beta$ の値を定めよ.

（東京薬科大）

**95** 関数 $f(\theta)=\sin 2\theta+2(\sin\theta+\cos\theta)-1$ を考える.

ただし, $0°\leqq\theta\leqq180°$ とする. 次の問に答えよ.

(1) $t=\sin\theta+\cos\theta$ とおくとき, $f(\theta)$ を $t$ の式で表せ.

(2) $t$ のとり得る値の範囲を求めよ.

(3) $f(\theta)$ の最大値, 最小値を求め, そのときの $\theta$ の値を求めよ.

(秋田大)

**96** $a$, $b$ を実数とする. 関数 $f(\theta)$ を

$$f(\theta)=a\cos^2\theta+2\sin\theta\cos\theta+b\sin^2\theta \quad (0\leqq\theta\leqq2\pi)$$

とする. 以下の問に答えよ.

(1) 関数 $y=f(\theta)$ の最小値 $m$, 最大値 $M$ を $a$, $b$ を用いてそれぞれ表せ.

(2) 関数 $y=f(\theta)$ が $\theta$ の値によって正の値も負の値もとり得る条件を $a$, $b$ を用いて表せ. また, この条件を満たす点 $(a, b)$ 全体の集合を $ab$ 平面上に図示せよ.

(岐阜大・改)

**97** $x$ を正の実数とする.

座標平面上の3点 A$(0, 1)$, B$(0, 2)$, P$(x, x)$ をとり, △APB を考える. $x$ の値が変化するとき, ∠APB の最大値を求めよ.

(京都大)

**98** 次の問に答えよ.

(1) 角 $\alpha$ が $0°<\alpha<90°$, $\cos 2\alpha=\cos 3\alpha$ を満たすとき, $\alpha$ は何度か.

(2) 三角関数の加法定理と2倍角の公式を使って

$$\cos 3\theta=4\cos^3\theta-3\cos\theta$$

を示せ.

(3) (1)の角 $\alpha$ に対して, $\cos\alpha$ の値を求めよ.

(滋賀大)

**99** $xy$ 平面上に 2 つの動点 A, B がある．動点 A は，原点 $(0, 0)$ を中心とする半径 1 の円周上を毎秒 $a$ の速さで時計の針と逆回りに動き，動点 B は，$(1, 0)$ を中心とする半径 2 の円周上を毎秒 $4a$ の速さで時計の針と逆回りに動く．ただし $a>0$ とする．ある時刻に動点 A は $(1, 0)$，動点 B は $(3, 0)$ の位置にあった．

　A, B が最も接近するときと，最も離れるときの A, B 間の距離を求めよ．

（早稲田大）

**100** 　座標平面において，2 点 A$(1, 0)$，B$(2, 0)$ を原点のまわりに $\theta$ だけ回転した点をそれぞれ C, D とおく．ただし，$0<\theta<\dfrac{\pi}{2}$ とする．点 C を通り直線 CD と垂直に交わる直線を $l$ とし，点 D を通り直線 CD と垂直に交わる直線を $m$ とする．また，直線 $l$ と直線 $m$ によりはさまれた領域を $S$ とし，不等式 $0\leqq y\leqq x$ の表す領域を $T$ とする．このとき，次の問に答えよ．

(1) 直線 $l$, $m$ の方程式を求めよ．

(2) $\theta$ が $0<\theta<\dfrac{\pi}{2}$ の範囲を動くとき，領域 $S$ と領域 $T$ の共通部分の面積を最小にする $\theta$ の値を求めよ．

（山口大）

**101** 　座標平面の $x$ 軸の正の部分にある点 A と $y$ 軸の正の部分にある点 B を考える．原点 O から点 A, B を通る直線 $l$ に下ろした垂線と，直線 $l$ との交点を P とする．OP$=1$ であるように点 A, B が動くとき，次の問に答えよ．

(1) $\theta=\angle$AOP とするとき，OA$+$OB$-$AB を $\cos\theta$ と $\sin\theta$ で表せ．

(2) OA$+$OB$-$AB の最小値を求めよ．

（琉球大）

**\*102** △ABC において，BC$=a$，CA$=b$，AB$=c$ とする．

$2a=b+c$，角 $B$ と角 $C$ の大きさの差 $(B-C)$ が $60°$ のとき，$\sin A$ の値を求めよ．

（早稲田大）

**\*103** △ABC が直角三角形でないとき，次の等式が成立することを示せ．

(1) $\sin A+\sin B+\sin C=4\cos\dfrac{A}{2}\cos\dfrac{B}{2}\cos\dfrac{C}{2}$

(2) $\cos A+\cos B+\cos C=1+4\sin\dfrac{A}{2}\sin\dfrac{B}{2}\sin\dfrac{C}{2}$

(3) $\tan A+\tan B+\tan C=\tan A\tan B\tan C$

（香川大）

**\*104** 3次関数 $y=x^3-3x$ のグラフ上に点 $A(a,\ a^3-3a)$ がある．ただし，$a>0$ とする．

(1) 点 A における接線の方程式を求めよ．

(2) (1)で求めた接線と関数 $y=x^3-3x$ のグラフとの共有点のうち，点 A と異なる点 B の座標を求めよ．

（立命館大）

**105** $a$ は実数とする．2つの曲線

$$y=x^3+2ax^2-3a^2x-4 \quad と \quad y=ax^2-2a^2x-3a$$

は，ある共有点で両方の曲線に共通な接線をもつ．このとき $a$ を求めよ．

（千葉大）

**106** $a$ を実数とする．関数 $f(x)=x^3-3ax^2+3(a^2+a-3)x$ が区間 $x>2$ で極値をもたないような $a$ の値の範囲を求めよ．

（佐賀大）

## 107

$k$ を実数の定数として，$x$ の 3 次関数
$$f(x)=x^3-3x^2+kx+7$$
について，次の (1)，(2)，(3) に答えよ．

(1) $f(x)$ が極大値と極小値をもつときの $k$ の値の範囲を求めよ．

(2) $f'(x)=0$ の 2 つの解を $s$，$t$ とするとき，$(t-s)^2$ を $k$ を用いて表せ．

(3) $f(x)$ の極大値と極小値の差が 32 のとき，定数 $k$ の値を求めよ．

（西南学院大）

## 108

方程式
$$2x^3+3x^2-12x-k=0$$
は，異なる 3 つの実数解 $\alpha$，$\beta$，$\gamma$ をもつとする．$\alpha<\beta<\gamma$ とするとき，次の問に答えよ．

(1) 定数 $k$ の値の範囲を求めよ．

(2) $-2<\beta<-\dfrac{1}{2}$ となるとき，$\alpha$，$\gamma$ の値の範囲を求めよ．

（高知大）

## 109

関数 $f(x)=x^3+2x^2-4x$ に対して，次の問に答えよ．

(1) 曲線 $y=f(x)$ 上の点 $(t,\ f(t))$ における接線の方程式を求めよ．

(2) 点 $(0,\ k)$ から曲線 $y=f(x)$ に引くことができる接線の本数を，$k$ の値によって調べよ．

（大阪市立大）

## 110

$xy$ 平面上の 2 曲線
$$C_1 : y=x^2-\frac{5}{4},$$
$$C_2 : x=y^2-a$$
について，$C_1$ と $C_2$ が相異なる 4 つの交点をもつような実数 $a$ の範囲を求めよ．

（京都大）

**111** $p$ を $0<p<1$ を満たす定数とする.

関数 $y=x^3-(3p+2)x^2+8px$ の区間 $0\leqq x\leqq 1$ における最大値と最小値を求めよ.

（佐賀大）

**112** 曲線 $y=x^2(1-x)$ と直線 $y=mx$ $(m>0)$ は原点 O と他の 2 点 P, Q で交わるものとする. 点 P, Q から $x$ 軸に下ろした垂線と $x$ 軸との交点をそれぞれ M, N とし, 台形 PMNQ の面積を $S(m)$ とする. このとき, 次の問に答えよ.

(1) $S(m)$ を求めよ.

(2) $S(m)$ の最大値とそのときの $m$ の値を求めよ.

（大阪電気通信大）

**113** 円筒の表面積（上底面, 下底面と側面の面積の総和）が一定であるとき, 体積が最大となる場合の円筒の半径と高さの比を求めよ.

（岩手大）

**114** $a$ を実数とし, 関数
$$f(x)=x^3-3ax+a$$
を考える. $0\leqq x\leqq 1$ において, $f(x)\geqq 0$ となるような $a$ の範囲を求めよ.

（大阪大）

**115** $a,\ b$ を定数とする.

(1) 不等式
$$\left(\int_0^1(x+a)(x+b)\,dx\right)^2\leqq\left(\int_0^1(x+a)^2\,dx\right)\left(\int_0^1(x+b)^2\,dx\right)$$
を示せ.

(2) (1)で等号が成立するための $a,\ b$ の条件を求めよ.

（津田塾大）

**\*116** 3次関数 $f(x)=ax^3-12bx^2+cx$ がある．ここで，$a$ は正の実数，$b$, $c$ は実数とする．任意の1次式 $g(x)$ に対して

$$\int_0^1 g(x)f(x)\,dx=0$$

となるとき，$b$, $c$ を $a$ で表せ．

（防衛医科大）

**117** $a$ を正の実数，$b$ と $c$ を実数とし，2点 P$(-1,\ 3)$, Q$(1,\ 4)$ を通る放物線 $y=ax^2+bx+c$ を $C$ とおく．$C$ 上の2点 P, Q における $C$ の接線をそれぞれ $l_1$, $l_2$ とする．

(1) $b$ の値を求め，$c$ を $a$ で表せ．

(2) $l_1$ と $l_2$ の交点の座標を $a$ で表せ．

(3) 放物線 $C$ と接線 $l_1$, $l_2$ で囲まれる図形の面積が1に等しくなるような $a$ の値を求めよ．

（北海道大）

**118** 2つの放物線 $C_1: y=x^2$, $C_2: y=x^2-4x+8$ に共通な接線を $l$ とし，$C_1$, $C_2$ との接点をそれぞれ P$_1$, P$_2$ とするとき，次の問に答えよ．

(1) P$_1$, P$_2$ の $x$ 座標を求めよ．

(2) 2つの放物線 $C_1$, $C_2$ と直線 $l$ で囲まれた図形の面積を求めよ．

（滋賀大）

**119** $xy$ 平面において，曲線 $C: y=x(x-1)$ と直線 $l: y=kx$ （$k$ は定数）がある．$l$ と $C$ が $0<x<1$ の範囲で共有点をもつとき，次の問に答えよ．

(1) $k$ の値の範囲を求めよ．

(2) 曲線 $C$ と直線 $l$, $x=1$ で囲まれた2つの部分の面積の和 $S$ を求めよ．

(3) $k$ が(1)で求めた範囲を動くとき，$S$ の最小値とそのときの $k$ の値を求めよ．

（関西学院大）

**120** 放物線 $y=x^2$ 上の点 $P(a, a^2)$ における接線を $l$ とする. ただし, $a>0$ とする.

(1) P を通り $l$ と直交する直線 $m$ の式を求めよ.

(2) 放物線 $y=x^2$ と直線 $m$ とで囲まれた図形の面積を最小にする $a$ の値を求めよ.

(津田塾大)

**121** 曲線 $C_1: y=x^3-x$ を $x$ 軸方向に $a$ $(a>0)$ だけ平行移動して得られる曲線を $C_2$ とする.

(1) 2曲線 $C_1$ と $C_2$ が共有点を持つ $a$ の範囲を求めよ.

(2) (1)のとき, 2曲線 $C_1$ と $C_2$ で囲まれる部分の面積 $S$ を $a$ で表せ.

(3) 面積 $S$ の最大値は $\frac{1}{2}$ であることを示せ.

(一橋大)

\* **122** 放物線 $C_1: y=-\frac{1}{2}x^2+\frac{5}{2}$ と円 $C_2: x^2+y^2=r^2$ は異なる2点 $P_1$, $P_2$ で接しているものとする. このとき, 次の問に答えよ.

(1) 2点 $P_1$, $P_2$ のうち, $x$ 座標が正である点における共通の接線の方程式を求めよ. また, 円 $C_2$ の半径 $r$ の値を求めよ.

(2) 円 $C_2$ の外側で放物線 $C_1$ と円 $C_2$ で囲まれる部分の面積を求めよ.

(広島工業大)

**123** $xy$ 平面上の曲線 $y=|x(x-2)|$ と直線 $y=kx$ (ただし, $0<k<2$) で囲まれた図形の面積を $S$ とする. このとき, 次の問に答えよ.

(1) $S$ を $k$ の式で表せ.

(2) $S$ を最小にする $k$ の値を求めよ.

(関西学院大)

**124**　$a \geqq 0$ とし，関数 $f(x)=3|x^2-1|$ について，
$$S(a)=\int_a^{a+1} f(x)\,dx$$
とする.

(1)　$S(0)$ を求めよ.

(2)　$S(a)$ を求めよ.

(3)　$S(a)$ を最小にする $a$ の値を求めよ.

（大分大）

**125**　$a$ を定数とし，曲線 $C: y=x(x-2)^2$ と直線 $l: y=ax$ を考える. $C$ と $l$ は異なる 3 点で交わり，交点の $x$ 座標はそれぞれ 0 以上とする. このとき，次の問に答えよ.

(1)　$a$ の値の範囲を求めよ.

(2)　$C$ と $l$ とで囲まれた 2 つの図形の面積が等しくなるように $a$ の値を定めよ.

（滋賀大）

**126**　2 つの関数を $f(x)=x^3+ax^2+bx+c$, $g(x)=2x^2-4x+k$ とするとき，2 曲線 $y=f(x)$, $y=g(x)$ はともに $(1, -1)$ を通り，その点で共通接線をもっている. また，関数 $f(x)$ は $x=-1$ において極値をもつという. このとき，

(1)　定数 $a$, $b$, $c$, $k$ の値を求めよ.

(2)　2 つの曲線 $y=f(x)$ と $y=g(x)$ で囲まれた図形の面積を求めよ.

（大阪産業大）

**127** 関数 $f(x)=x^4+2x^3-3x^2$ について,

(1) 直線 $y=ax+b$ が曲線 $y=f(x)$ と相異なる 2 点で接するような $a$, $b$ の値を求めよ.

(2) (1)で求めた直線 $y=ax+b$ と曲線 $y=f(x)$ とで囲まれた部分の面積 $A$ を求めよ.

(島根医科大)

**128** 次の等式を満たす関数 $f(x)$ と定数 $C$ の値を求めよ.

$$\int_0^x f(t)\,dt+\int_0^1 (x+t)^2 f'(t)\,dt=x^2+C$$

(東北学院大)

**129** $f(x)$ は $x$ の $n$ 次多項式で,$x^n$ の係数は 1 であり,

$$4\int_0^x f(t)\,dt=x\{f(x)-f'(x)\}$$

を満たしている.

(1) 次数 $n$ を求めよ.

(2) $f(x)$ を求めよ.

(東京女子大)

## 数　学　B

**130**　$p$ を与えられた素数とするとき,

(1)　0 以上 1 未満の分数で,分母が $p$ である既約分数の個数を求めよ.

(2)　$m$, $n$ ($m < n$) を正の整数とすると,$m$ 以上 $n$ 未満の分数で,分母が $p$ である既約分数の個数を求めよ.

(3)　(2) で得られた既約分数の総和を求めよ.

（広島大）

**131**　数列 $\{a_n\}$ は等差数列,$\{b_n\}$ は公比が正の等比数列で

$$a_1 = 1, \quad b_1 = 3, \quad a_2 + 2b_2 = 21, \quad a_4 + 2b_4 = 169$$

を満たすとする.

(1)　一般項 $a_n$, $b_n$ を求めよ.

(2)　$S_n = \displaystyle\sum_{k=1}^{n} \dfrac{a_k}{b_k}$ を求めよ.

（学習院大）

**\*132**　3 つの実数 $\alpha$, $\beta$, $\alpha \cdot \beta$ (ただし,$\alpha < 0 < \beta$) がある.これらの数は適当に並べると等差数列になり,また適当に並べると等比数列にもなるという.この条件を満たすような $\alpha$, $\beta$ の組 $(\alpha, \beta)$ を求めよ.

（立命館大）

**133** 2 の倍数でも 3 の倍数でもない自然数全体を小さい順に並べてできる数列を $a_1$, $a_2$, $a_3$, …, $a_n$, … とする. このとき次の各問に答えよ.

(1) 1003 は数列 $\{a_n\}$ の第何項か.

(2) $a_{2000}$ の値を求めよ.

(3) $m$ を自然数とするとき,数列 $\{a_n\}$ の初項から第 $2m$ 項までの和を求めよ.

(神戸大)

**134** (1) 数列 1, 2, 3, …, $n$ において,隣接する 2 数の積の総和を求めよ.

(2) 数列 1, 2, 3, …, $n$ において,互いに相異なり,かつ隣接しない 2 数の積の総和を求めよ.

(岐阜大)

*\***135** 第 $k$ 項が

$$a_k = \frac{2}{k(k+2)} \quad (k=1,\ 2,\ 3,\ \cdots)$$

で定められた数列がある.任意の自然数 $k$ に対して

$$a_k = \frac{p}{k} - \frac{p}{k+2}$$

が成り立つような定数 $p$ の値を求めよ.また,この数列の初項から第 $n$ 項までの和 $S_n$ を $n$ の式で表し,$S_n > \frac{5}{4}$ となる最小の $n$ を求めよ.

(関西学院大)

**136** 　下の図のように，正六角形状に敷き詰められた同じ大きさの碁石
の総数を $h_1$，$h_2$，$h_3$，$h_4$，… と表すことにする．次の問に答えよ．

(1) $h_n$（$n$ は自然数）を $n$ を用いて表せ．

(2) $h_1+h_2+\cdots+h_n$ を求めよ．

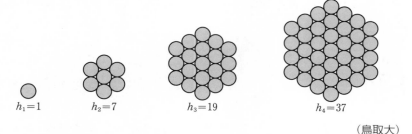

$h_1=1$ 　　$h_2=7$ 　　$h_3=19$ 　　$h_4=37$

（鳥取大）

**137** 　自然数 $n$ に対して数列 $\{a_n\}$ が

$$\sum_{k=1}^{n}\frac{1}{a_k}=n(n^2-1)+1$$

を満たすとき，

(1) 一般項 $a_n$ を求めよ．

(2) $S_n=\displaystyle\sum_{k=1}^{n}a_k$ を求めよ．

（明治薬科大）

**138** 　数列 $\{a_n\}$ に対して，

$$T_n=a_1+2a_2+\cdots+na_n,$$
$$S_n=1+2+\cdots+n$$

とおく．このとき数列 $\{a_n\}$ が等差数列であるための必要十分条件は，数列
$\left\{\dfrac{T_n}{S_n}\right\}$ が等差数列であることを証明せよ．

（群馬大）

**139**　(1)　$n$ を自然数とする．不等式

$$y \leq 2n^2, \quad y \geq \frac{1}{2}x^2, \quad x \geq 0$$

を同時に満たす整数の組 $(x, y)$ の個数を求めよ．

(2)　$n$ を自然数とする．不等式

$$y \geq 0, \quad y \leq \sqrt{x}, \quad 0 \leq x \leq n^2$$

を同時に満たす整数の組 $(x, y)$ の個数を求めよ．

（お茶の水女子大）

**140**　(1)　$k$ を 0 以上の整数とするとき，

$$\frac{x}{3} + \frac{y}{2} \leq k$$

を満たす 0 以上の整数 $x$, $y$ の組 $(x, y)$ の個数を $a_k$ とする．$a_k$ を $k$ の式で表せ．

(2)　$n$ を 0 以上の整数とするとき，

$$\frac{x}{3} + \frac{y}{2} + z \leq n$$

を満たす 0 以上の整数 $x$, $y$, $z$ の組 $(x, y, z)$ の個数を $b_n$ とする．$b_n$ を $n$ の式で表せ．

（横浜国立大）

**141**　自然数からなる数列を次のように定義する．

1, 1, 2, 1, 2, 3, 1, 2, 3, 4, 1, 2, 3, 4, 5, …, 1, 2, …, $k$, 1, 2, …, $k$, $k+1$, …

次の各問に答えよ．

(1)　上の数列において 10 が初めて現れるのは第何項であるか．

(2)　第 100 項の数字を求めよ．

(3)　上の数列で 1 が現れる項に注目する．$n$ 回目に現れる 1 は第何項であるか．$n$ の式で表せ．

（山形大）

**142**　2 の累乗を分母とする既約分数を次のように並べた数列について, 次の問に答えよ.

$$\frac{1}{2}, \ \frac{1}{4}, \ \frac{3}{4}, \ \frac{1}{8}, \ \frac{3}{8}, \ \frac{5}{8}, \ \frac{7}{8}, \ \frac{1}{16}, \ \frac{3}{16}, \ \frac{5}{16}, \ \cdots, \ \frac{15}{16}, \ \frac{1}{32}, \ \cdots$$

(1)　分母が $2^n$ となっている項の和を求めよ.

(2)　第 1 項から第 1000 項までの和を求めよ.

（岩手大）

**143**　$x$ の 3 次関数 $y=x^3-x^2$ で表される曲線を $C$ とする. $C$ 上の点 $(a, \ a^3-a^2)$ における接線 $y=px+q$ の傾き $p$ と切片 $q$ は, $a$ を用いてそれぞれ

$$p=\boxed{\phantom{XXXX}}, \quad q=\boxed{\phantom{XXXX}}$$

と表される. ただし, $a \neq \dfrac{1}{3}$ とする. この接線と $C$ との交点の $x$ 座標は, $x$ の 3 次方程式

$$(x-a)^2 \left(x+\boxed{\phantom{XXXX}}\right)=0$$

の解である.

　$C$ 上の点 $A_n$ から, $A_n$ とは異なる $C$ 上の点 $A_{n+1}$ を接点とする接線を引くことができるとき, $A_n$ の $x$ 座標を $a_n$, $A_{n+1}$ の $x$ 座標を $a_{n+1}$ とすると, $a_{n+1}$ は $a_n$ を用いて

$$a_{n+1}=\boxed{\phantom{XXXX}}$$

と表すことができる. $a_1=1$ であるとき, $a_n \ (n=1, 2, 3, \cdots)$ は $n$ を用いて

$$a_n=\boxed{\phantom{XXXX}}$$

と表すことができる.

（関西大）

**144**　$a_1=1$ と $a_{n+1}=3a_n-n$ $(n=1,\ 2,\ 3,\ \cdots)$ によって定義される
数列 $\{a_n\}$ について，次の問に答えよ.

(1)　$p$ と $q$ を定数とする. 数列 $\{b_n\}$ を $b_n=a_n+pn+q$ によって定めると，
$\{b_n\}$ は公比 3 の等比数列になるとする. このとき, 定数 $p$ と $q$ の値を求め
よ.

(2)　$a_n$ を $n$ の式で表せ.

(3)　数列 $\{a_n\}$ の和 $\displaystyle\sum_{k=1}^{n}a_k$ を $n$ の式で表せ.

（広島大）

**145**　数列 $\{a_n\}$ を
$$a_1=50,\quad (n+1)a_n=(n-1)a_{n-1}\quad (n=2,\ 3,\ 4,\ \cdots)$$
で定める. 次の問に答えよ.

(1)　一般項 $a_n$ を求めよ.

(2)　$S_n=a_1+a_2+\cdots+a_n$ を求めよ.

(3)　整数となる $S_n$ のうち最大のものを求めよ.

（静岡大）

**146**　二辺の長さが 1 と 2 の長方形と一辺の長さが 2 の正方形の 2 種
類のタイルがある. 縦 2, 横 $n$ の長方形の部屋をこれらのタイルで過不足な
く敷きつめることを考える. そのような並べ方の総数を $A_n$ で表す. ただし $n$
は正の整数である. たとえば, $A_1=1$, $A_2=3$, $A_3=5$ である. このとき以下
の問に答えよ.

(1)　$n\geqq3$ のとき, $A_n$ を $A_{n-1}$, $A_{n-2}$ を用いて表せ.

(2)　$A_n$ を $n$ で表せ.

（東京大）

**147**　数列 $\{a_n\}$ は初項 $a_1=1$ である．初項から第 $n$ 項までの和を $S_n$ とするとき，

$$S_{n+1}=4a_n+3 \quad (n=1, 2, 3, \cdots)$$

が成立している．このとき，次の問に答えよ．

(1)　$n \geqq 2$ のとき，

$$a_{n+1}-4a_n+4a_{n-1}=0$$

が成立することを示せ．

(2)　$n \geqq 1$ のとき，$b_n=a_{n+1}-2a_n$ とおく．数列 $\{b_n\}$ の一般項を求めよ．

(3)　$n \geqq 1$ のとき，$c_n=\dfrac{a_n}{2^n}$ とおく．数列 $\{c_n\}$ の一般項を求めよ．

(4)　数列 $\{a_n\}$ の一般項を求めよ．

（関西大）

**148**　数字 1，2，3 を $n$ 個並べてできる $n$ 桁の数全体を考える．そのうち 1 が奇数回現れるものの個数を $a_n$，1 が偶数回現れるかまったく現れないものの個数を $b_n$ とする．

以下の問に答えよ．

(1)　$a_{n+1}$，$b_{n+1}$ を $a_n$，$b_n$ を用いて表せ．

(2)　$a_n$，$b_n$ を求めよ．

（早稲田大）

**149**　座標平面において，$C_0$ は点 $(0,1)$ を中心とする半径 1 の円，$C_1$ は点 $(2,1)$ を中心とする半径 1 の円である．$n=2,3,4,\cdots$ に対し，円 $C_n$ を次の 2 つの条件を満たすように定める．

(a)　$C_n$ は，$C_0$ と $C_{n-1}$ に外接し，かつ $x$ 軸に接する．

(b)　$C_n$ の半径は，$C_{n-1}$ の半径より小さい．

円 $C_n$ の中心を $P_n$ とするとき，次の問に答えよ．

(1)　$P_3$ の座標を求めよ．

(2)　$P_n$ の座標を求めよ．

（早稲田大）

**150**　$n$ を自然数とするとき，次の不等式を数学的帰納法によって証明せよ．

$$\frac{1}{1\cdot2}+\frac{1}{3\cdot4}+\frac{1}{5\cdot6}+\cdots+\frac{1}{(2n-1)\cdot2n}\leqq\frac{3}{4}-\frac{1}{4n}$$

（東北学院大）

**151**　$\alpha=1+\sqrt{2}$，$\beta=1-\sqrt{2}$ に対して，$P_n=\alpha^n+\beta^n$ とする．このとき，すべての自然数 $n$ に対して，$P_n$ は 4 の倍数ではない偶数であることを証明せよ．

（長崎大）

**152**　$t$ は $-1<t<1$ を満たす実数とする．また，数列 $a_1,a_2,\cdots$ を

$$a_1=1,\quad a_2=2t,$$

$$a_{n+1}=2ta_n-a_{n-1}\quad(n\geqq2)$$

で定める．このとき，$t=\cos\theta$ となる $\theta$ を用いて，

$$a_n=\frac{\sin n\theta}{\sin\theta}\quad(n\geqq1)$$

となることを示せ．

（神戸大・改）

**153** 数列 $\{a_n\}$ は，$a_1=1$，任意の自然数 $n$ に対して $a_n>0$ および

$$6\sum_{k=1}^{n}a_k{}^2=a_na_{n+1}(2a_{n+1}-1)$$

を満たす．

(1) $a_2$，$a_3$ の値を求めよ．

(2) 一般項 $a_n$ の値を推定し，それが正しいことを数学的帰納法を用いて証明せよ．

（早稲田大）

**154** $n$ は自然数とする．整式 $f_n(x)$ は
$$f_1(x)=x^2+1$$

$$x(f_{n+1}(x)+x+2)=3\int_0^x f_n(t)\,dt \quad (n=1,\ 2,\ 3,\ \cdots)$$

を満たしている．次の問に答えよ．

(1) $f_2(x)$ を求めよ．

(2) $f_n(x)$ は $f_n(x)=x^2+a_nx+1$ の形の 2 次式であることを数学的帰納法を用いて証明せよ．

(3) $f_n(x)$ を求めよ．

（信州大）

**155** 自然数 $n$ に対して，正の整数 $a_n$，$b_n$ を
$$(3+\sqrt{2})^n=a_n+b_n\sqrt{2}$$

によって定める．このとき，次の問に答えよ．

(1) $a_1$，$b_1$ と $a_2$，$b_2$ を求めよ．

(2) $a_{n+1}$，$b_{n+1}$ を $a_n$，$b_n$ を用いて表せ．

(3) $n$ が奇数のとき，$a_n$，$b_n$ はともに奇数であって，$n$ が偶数のとき，$a_n$ は奇数で，$b_n$ は偶数であることを数学的帰納法によって示せ．

（中央大）

**156**　箱の中に 1 から $n$ までの番号のついた $n$ 枚のカードが入っている. この中から 1 枚取りだしたときの番号を $x$, これを箱にもどして再び 1 枚取りだしたときの番号を $y$ とする. このときの $x$ と $y$ の最大値を $X$ とする.

(1)　$X \leqq k$ である確率を求めよ. ただし, $k$ は $1 \leqq k \leqq n$ となる整数とする.

(2)　$X$ の確率分布を求めよ.

(3)　$X$ の平均値と分散を求めよ.

（新潟大）

**157**　1 個のさいころを 3 回投げる.

(1)　3 回とも偶数の目が出る事象を $A$, 出る目の数がすべて異なる事象を $B$ とする. このとき, $A$ と $B$ は独立であるか, 独立でないか, 答えよ.

(2)　出る目の数の和を $X$ とし, $Y = 2X$ とおく. 確率変数 $Y$ の期待値 $E(Y)$ と分散 $V(Y)$ を求めよ.

（鹿児島大）

**158** サイコロを投げて，1，2 の目が出たら 0 点，3，4，5 の目が出たら 1 点，6 の目が出たら 100 点を得点するゲームを考える．このとき，次の間に答えよ．

(1) サイコロを 5 回投げるとき，得点の合計が 102 点になる確率を求めよ．

(2) サイコロを 100 回投げたときの合計得点を 100 で割った余りを $X$ とする．次ページの正規分布表を用いて，$X \leqq 46$ となる確率を求めよ．

（琉球大）

**159** 1 回投げると，確率 $p$ $(0 < p < 1)$ で表，確率 $1 - p$ で裏が出るコインがある．このコインを投げたとき，動点 P は，表が出れば $+1$，裏が出れば $-1$ だけ，数直線上を移動することとする．はじめに，P は数直線の原点 O にあり，$n$ 回コインを投げた後の P の座標を $X_n$ とする．以下の問に答えよ．必要に応じて，次ページの正規分布表を用いてもよい．

(1) $p = \dfrac{1}{2}$ とする．$X_4$ と $X_5$ の確率分布，平均および分散を，それぞれ求めよ．

(2) $p = \dfrac{1}{2}$ とする．6 回コインを投げて，6 回目ではじめて原点 O に戻る確率を求めよ．

(3) $X_1$ の平均と分散を，それぞれ $p$ を用いて表せ．また，$X_n$ の平均と分散を，それぞれ $n$ と $p$ を用いて表せ．

(4) コインを 100 回投げたところ $X_{100} = 28$ であった．このとき，$p$ に対する信頼度 95 ％の信頼区間を求めよ．

（長崎大）

付表：正規分布表

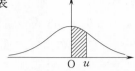

| $u$ | .00 | .01 | .02 | .03 | .04 | .05 | .06 | .07 | .08 | .09 |
|---|---|---|---|---|---|---|---|---|---|---|
| 0.0 | 0.0000 | 0.0040 | 0.0080 | 0.0120 | 0.0160 | 0.0199 | 0.0239 | 0.0279 | 0.0319 | 0.0359 |
| 0.1 | 0.0398 | 0.0438 | 0.0478 | 0.0517 | 0.0557 | 0.0596 | 0.0636 | 0.0675 | 0.0714 | 0.0753 |
| 0.2 | 0.0793 | 0.0832 | 0.0871 | 0.0910 | 0.0948 | 0.0987 | 0.1026 | 0.1064 | 0.1103 | 0.1141 |
| 0.3 | 0.1179 | 0.1217 | 0.1255 | 0.1293 | 0.1331 | 0.1368 | 0.1406 | 0.1443 | 0.1480 | 0.1517 |
| 0.4 | 0.1554 | 0.1591 | 0.1628 | 0.1664 | 0.1700 | 0.1736 | 0.1772 | 0.1808 | 0.1844 | 0.1879 |
| 0.5 | 0.1915 | 0.1950 | 0.1985 | 0.2019 | 0.2054 | 0.2088 | 0.2123 | 0.2157 | 0.2190 | 0.2224 |
| 0.6 | 0.2257 | 0.2291 | 0.2324 | 0.2357 | 0.2389 | 0.2422 | 0.2454 | 0.2486 | 0.2517 | 0.2549 |
| 0.7 | 0.2580 | 0.2611 | 0.2642 | 0.2673 | 0.2704 | 0.2734 | 0.2764 | 0.2794 | 0.2823 | 0.2852 |
| 0.8 | 0.2881 | 0.2910 | 0.2939 | 0.2967 | 0.2995 | 0.3023 | 0.3051 | 0.3078 | 0.3106 | 0.3133 |
| 0.9 | 0.3159 | 0.3186 | 0.3212 | 0.3238 | 0.3264 | 0.3289 | 0.3315 | 0.3340 | 0.3365 | 0.3389 |
| 1.0 | 0.3413 | 0.3438 | 0.3461 | 0.3485 | 0.3508 | 0.3531 | 0.3554 | 0.3577 | 0.3599 | 0.3621 |
| 1.1 | 0.3643 | 0.3665 | 0.3686 | 0.3708 | 0.3729 | 0.3749 | 0.3770 | 0.3790 | 0.3810 | 0.3830 |
| 1.2 | 0.3849 | 0.3869 | 0.3888 | 0.3907 | 0.3925 | 0.3944 | 0.3962 | 0.3980 | 0.3997 | 0.4015 |
| 1.3 | 0.4032 | 0.4049 | 0.4066 | 0.4082 | 0.4099 | 0.4115 | 0.4131 | 0.4147 | 0.4162 | 0.4177 |
| 1.4 | 0.4192 | 0.4207 | 0.4222 | 0.4236 | 0.4251 | 0.4265 | 0.4279 | 0.4292 | 0.4306 | 0.4319 |
| 1.5 | 0.4332 | 0.4345 | 0.4357 | 0.4370 | 0.4382 | 0.4394 | 0.4406 | 0.4418 | 0.4429 | 0.4441 |
| 1.6 | 0.4452 | 0.4463 | 0.4474 | 0.4484 | 0.4495 | 0.4505 | 0.4515 | 0.4525 | 0.4535 | 0.4545 |
| 1.7 | 0.4554 | 0.4564 | 0.4573 | 0.4582 | 0.4591 | 0.4599 | 0.4608 | 0.4616 | 0.4625 | 0.4633 |
| 1.8 | 0.4641 | 0.4649 | 0.4656 | 0.4664 | 0.4671 | 0.4678 | 0.4686 | 0.4693 | 0.4699 | 0.4706 |
| 1.9 | 0.4713 | 0.4719 | 0.4726 | 0.4732 | 0.4738 | 0.4744 | 0.4750 | 0.4756 | 0.4761 | 0.4767 |
| 2.0 | 0.4772 | 0.4778 | 0.4783 | 0.4788 | 0.4793 | 0.4798 | 0.4803 | 0.4808 | 0.4812 | 0.4817 |
| 2.1 | 0.4821 | 0.4826 | 0.4830 | 0.4834 | 0.4838 | 0.4842 | 0.4846 | 0.4850 | 0.4854 | 0.4857 |
| 2.2 | 0.4861 | 0.4864 | 0.4868 | 0.4871 | 0.4875 | 0.4878 | 0.4881 | 0.4884 | 0.4887 | 0.4890 |
| 2.3 | 0.4893 | 0.4896 | 0.4898 | 0.4901 | 0.4904 | 0.4906 | 0.4909 | 0.4911 | 0.4913 | 0.4916 |
| 2.4 | 0.4918 | 0.4920 | 0.4922 | 0.4925 | 0.4927 | 0.4929 | 0.4931 | 0.4932 | 0.4934 | 0.4936 |
| 2.5 | 0.4938 | 0.4940 | 0.4941 | 0.4943 | 0.4945 | 0.4946 | 0.4948 | 0.4949 | 0.4951 | 0.4952 |
| 2.6 | 0.49534 | 0.49547 | 0.49560 | 0.49573 | 0.49585 | 0.49598 | 0.49609 | 0.49621 | 0.49632 | 0.49643 |
| 2.7 | 0.49653 | 0.49664 | 0.49674 | 0.49683 | 0.49693 | 0.49702 | 0.49711 | 0.49720 | 0.49728 | 0.49736 |
| 2.8 | 0.49744 | 0.49752 | 0.49760 | 0.49767 | 0.49774 | 0.49781 | 0.49788 | 0.49795 | 0.49801 | 0.49807 |
| 2.9 | 0.49813 | 0.49819 | 0.49825 | 0.49831 | 0.49836 | 0.49841 | 0.49846 | 0.49851 | 0.49856 | 0.49861 |
| 3.0 | 0.49865 | 0.49869 | 0.49874 | 0.49878 | 0.49882 | 0.49886 | 0.49889 | 0.49893 | 0.49897 | 0.49900 |

*__160__  B 型の薬の有効率（服用して効き目のある確率）は 0.6 である といわれている．A 型の薬を 200 人の患者に与えたところ，134 人の患者に 効き目があったという．A 型の薬は B 型の薬より，すぐれているといえる か．有意水準 5 ％で検定（両側検定）せよ．

必要ならば，確率変数 $Z$ が標準正規分布 $N(0, 1)$ に従うとき， $P(Z \geqq 1.96) = 0.025$ であることを用いてよい．

（旭川医科大）

#

**161** (1)  極限値 $\lim\limits_{x \to \infty} \left( \dfrac{x+3}{x-3} \right)^x$ を求めよ.

（東京理科大）

(2)  等式

$$\lim_{x \to 1} \frac{\sqrt{2x^2+a} - x - 1}{(x-1)^2} = b$$

が成り立つような定数 $a$, $b$ の値を求めよ.

（高知工科大）

**162**  実数 $x$ が $x > 0$ を満たすとき，極限

$$\lim_{n \to \infty} \sqrt[n]{(7x+6)^n + (9x)^n}$$

を求めよ.

（東京理科大・改）

**163**  等差数列 $\{a_n\}$ は，$a_5 = 14$, $a_{10} = 29$ を満たすとする．このとき，次の問に答えよ.

(1)  一般項 $a_n$ を求めよ.

(2)  $\sum\limits_{k=1}^{\infty} 2^{-a_k}$ および $\sum\limits_{k=1}^{\infty} \dfrac{1}{a_k a_{k+1}}$ を求めよ.

（佐賀大・改）

**164** $a_n = \dfrac{1}{2^n} \tan \dfrac{1}{2^n}$ $(n=1,\ 2,\ 3,\ \cdots)$ とする. このとき, 次の間に答えよ.

(1) $0 < \theta < \dfrac{\pi}{4}$ のとき, 等式 $\dfrac{1}{2} \tan \theta = \dfrac{1}{2 \tan \theta} - \dfrac{1}{\tan 2\theta}$ を示せ.

(2) (1) を用いて, 和 $\displaystyle\sum_{k=1}^{n} a_k$ を求めよ.

(3) 無限級数 $\displaystyle\sum_{k=1}^{\infty} a_k$ の和を求めよ.

(佐賀大)

**165** $n$ を自然数とする.

正の実数列 $a_0,\ a_1,\ \cdots,\ a_n$ を $n$ によって決まる等比数列とし, $a_0 = 1$, $a_n = 2$ とする. このとき, $\displaystyle\lim_{n \to \infty} \dfrac{a_1 + a_2 + \cdots + a_n}{n}$ を求めよ.

(津田塾大・改)

\***166** $\triangle ABC$ において, $AB = 8$, $BC = 7$, $\angle C = 90°$ とする.

$\triangle ABC$ に内接する円を $O_1$ とし, 次に円 $O_1$ と辺 $AB$, $BC$ に接する円を $O_2$ とする. 以下, 図のように順に $O_3,\ \cdots,\ O_n,\ \cdots$ を作図する.

円 $O_n$ $(n=1,\ 2,\ \cdots)$ の半径を $r_n$, 面積を $S_n$ とするとき,

(1) $r_1$ を求めよ.

(2) $\sin \dfrac{B}{2}$ を求めよ.

(3) $\displaystyle\sum_{n=1}^{\infty} S_n$ が収束することを示し, その値を求めよ.

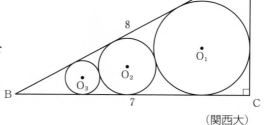

(関西大)

**167** $\theta$ を $0 \leqq \theta \leqq \pi$ を満たす実数とする。単位円上の点 P を，動径 OP と $x$ 軸の正の部分とのなす角が $\theta$ である点とし，点 Q を $x$ 軸の正の部分の点で，点 P からの距離が 2 であるものとする。また，$\theta=0$ のときの点 Q の位置を A とする。

(1) 線分 OQ の長さを $\theta$ を使って表せ。

(2) 線分 QA の長さを $L$ とするとき，極限値 $\displaystyle\lim_{\theta\to 0}\frac{L}{\theta^2}$ を求めよ。

（愛知教育大）

**168** 平面上に半径 1 の円 $C$ がある。この円に外接し，さらに隣り合う 2 つが互いに外接するように，同じ大きさの $n$ 個の円を図（例 1）のように配置し，その 1 つの円の半径を $R_n$ とする。また，円 $C$ に内接し，さらに隣り合う 2 つが互いに外接するように，同じ大きさの $n$ 個の円を図（例 2）のように配置し，その 1 つの円の半径を $r_n$ とする。ただし，$n \geqq 3$ とする。

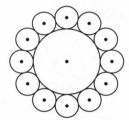
例 1：$n=12$ の場合

例 2：$n=4$ の場合

このとき，次の問に答えよ。

(1) $R_n$, $r_n$ を求めよ。

(2) $\displaystyle\lim_{n\to\infty} n^2(R_n-r_n)$ を求めよ。

（岡山大・改）

58

**\*169** 数列 $a_n$ $(n=0, 1, 2, \cdots)$ と点列 $P_n$ $(n=0, 1, 2, \cdots)$, $Q_n$ $(n=0, 1, 2, \cdots)$ を次の条件が成り立つように定める.

(i) $a_0=1$, $Q_0(1, 0)$,

(ii) $P_n(a_n, a_n{}^k)$ ($k$ は, $k>1$ である定数),

(iii) 曲線 $y=x^k$ の $P_n$ における接線と $x$ 軸の交点は, $Q_{n+1}(a_{n+1}, 0)$ である.

(1) $a_{n+1}$ を $a_n$ で表し, $a_n$ を $n$ と $k$ を用いて表せ.

(2) $\triangle P_n Q_n P_{n+1}$ の面積を $S_n$ とし, $S=\sum_{n=0}^{\infty} S_n$ とする. $S_n$, $S$ を求め, $\lim_{k\to\infty} kS$ を求めよ.

(立命館大)

**170** $n$ を正の整数とし, $y=n-x^2$ で表されるグラフと $x$ 軸とで囲まれる領域を考える. この領域の内部および周に含まれ, $x$, $y$ 座標の値がともに整数である点の個数を $a(n)$ とする. 次の問に答えよ.

(1) $a(5)$ を求めよ.

(2) $\sqrt{n}$ をこえない最大の整数を $k$ とする. $a(n)$ を $k$ と $n$ の多項式で表せ.

(3) $\lim_{n\to\infty} \dfrac{a(n)}{\sqrt{n^3}}$ を求めよ.

(早稲田大)

**171** $a_1=2$ とし，$f(x)=x^2-3$ とする．曲線 $y=f(x)$ 上の点 $(a_1,\ f(a_1))$ における接線が $x$ 軸と交わる点の $x$ 座標を $a_2$ とする．以下同様に，$n=3,\ 4,\ \cdots$ に対して，曲線 $y=f(x)$ 上の点 $(a_{n-1},\ f(a_{n-1}))$ における接線が $x$ 軸と交わる点の $x$ 座標を $a_n$ とする．数列 $\{a_n\}$ に対して，次の問に答えよ．

(1) $a_2$ を求めよ．

(2) $a_{n+1}$ を $a_n$ を用いて表せ．

(3) $a_n \geqq \sqrt{3}$ を示せ．

(4) $a_n-\sqrt{3} \leqq \left(\dfrac{1}{2}\right)^{n-1}(2-\sqrt{3})$ を示し，$\displaystyle\lim_{n\to\infty}a_n$ を求めよ．

（島根大）

**172** $n$ を自然数とする．3 次方程式

$$(*)\quad 2x^3+3nx^2-3(n+1)=0$$

について次の問に答えよ．

(1) 自然数 $n$ の値にかかわらず方程式 $(*)$ は正の解をただひとつだけ持つことを証明せよ．

(2) 方程式 $(*)$ の正の解を $a_n$ とする．このとき，極限値 $\displaystyle\lim_{n\to\infty}a_n$ を求めよ．

（信州大）

**173** 関数 $f(x)$ はすべての実数 $s, t$ に対して
$$f(s+t)=f(s)e^t+f(t)e^s$$
を満たし，さらに $x=0$ では微分可能で $f'(0)=1$ とする.

(1) $f(0)$ を求めよ.

(2) $\displaystyle\lim_{h\to 0}\frac{f(h)}{h}$ を求めよ.

(3) 関数 $f(x)$ はすべての $x$ で微分可能であることを，微分の定義にしたがって示せ. さらに $f'(x)$ を $f(x)$ を用いて表せ.

(4) 関数 $g(x)$ を $g(x)=f(x)e^{-x}$ で定める. $g'(x)$ を計算して，関数 $f(x)$ を求めよ.

（東京理科大）

**174** 実数 $a$ は $0<a<4$ を満たすとする. 座標平面において，2 曲線 $C_1: y=\sqrt{a}\cos x$ と $C_2: y=\sin 2x$ の交点で，その $x$ 座標が $0<x<\dfrac{\pi}{2}$ となるものを P とする. 点 P において，$C_1$ の接線と $C_2$ の接線のなす角を $\theta\left(0<\theta<\dfrac{\pi}{2}\right)$ とする. 次の問に答えよ.

(1) $\tan\theta$ を $a$ で表せ.

(2) $a$ が $0<a<4$ の範囲を動くとき，$\theta$ が最大になるような $a$ の値を求めよ.

（大阪市立大）

**175** $0 < p < q$ とし，曲線 $C : y = \log x$ 上に 2 点 P$(p, \log p)$，Q$(q, \log q)$ をとる．点 P における曲線 $C$ の法線（P を通り，曲線 $C$ の P における接線に垂直な直線）の方程式は $y = \boxed{\phantom{xxxx}}$ である．点 Q における曲線 $C$ の法線を同様に求めると，2 つの法線の交点 R の $x$ 座標は $\boxed{\phantom{xxxx}}$ となる．$q$ が $p$ と異なる値をとりながら $p$ に限りなく近づくとき，点 R の $x$ 座標は $\boxed{\phantom{xxxx}}$ に，$y$ 座標は $\boxed{\phantom{xxxx}}$ に限りなく近づく．

（立命館大）

**176** 関数 $f(x) = \dfrac{a - \cos x}{a + \sin x}$ が，$0 < x < \dfrac{\pi}{2}$ の範囲で極大値をもつように，定数 $a$ の値の範囲を定めよ．また，その極大値が 2 となるときの $a$ の値を求めよ．

（福島県立医科大）

**177** $-\dfrac{\pi}{2} \leqq x \leqq \dfrac{\pi}{2}$ における $\cos x + \dfrac{\sqrt{3}}{4} x^2$ の最大値を求めよ．ただし $\pi > 3.1$ および $\sqrt{3} > 1.7$ が成り立つことは証明なしに用いてよい．

（京都大）

**178** 半径 1 の円に外接する AB＝AC の二等辺三角形 ABC において $\angle \text{BAC} = 2\theta$ とする．
(1) AC を $\theta$ の三角関数を用いて表せ．
(2) AC が最小となるときの $\sin \theta$ を求めよ．

（早稲田大）

**179**　長さが $2\pi$ の糸があり，原点を中心とする半径 1 の円に時計回りに一周巻き付いている．糸の始点，終点は $(1,\ 0)$ の位置にあるものとする．始点はそこに固定したまま，糸の終点を持ち，ピンと張ったまま図のようにほどいていくとき，糸が円周から離れた部分の長さを $\theta$ とする．このとき，次の問に答えよ．

(1)　糸の終点と原点との距離および糸の終点の座標を $\theta$ で表せ．

(2)　$0 \leqq \theta \leqq \pi$ の範囲で，糸の終点の $x$ 座標が最大になる $\theta$ の値とそのときの糸の終点の座標を求めよ．

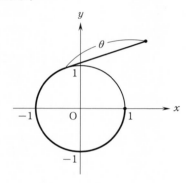

（武蔵工業大）

**180**　次の問に答えよ．

(1)　$\displaystyle \lim_{x \to \infty}\left(\dfrac{x^3}{x^2-1}-x\right)$ を求めよ．

(2)　関数 $y=\dfrac{x^3}{x^2-1}$ の増減，極値，グラフの凹凸を調べ，そのグラフの概形をかけ．

(3)　$k$ を定数とするとき，方程式 $x^3-kx^2+k=0$ の異なる実数解の個数を調べよ．

（島根大）

**181** (1) $y=(x-1)e^x$ の増減，極値，変曲点を調べてグラフを描け．ただし，$\lim_{x \to -\infty} xe^x=0$ を用いてよい．

(2) $b$ をうまくとると点 $(0,\ b)$ を通る直線で $y=e^x$ と接するものが 2 本引ける．このような $b$ の範囲を求めよ．

（東京電機大）

**182** 次の問に答えよ．

(1) $x>0$ のとき，$\log x \leqq \dfrac{2\sqrt{x}}{e}$ を示せ．ただし，$e$ は自然対数の底である．

(2) (1) を用いて，$\lim_{x \to \infty} \dfrac{\log x}{x^2}=0$ を示せ．

(3) $a$ を実数とするとき，方程式 $e^{ax^2}=x$ の異なる実数解の個数を調べよ．

（広島大）

**183** $a$ を正の定数とする．2 つの曲線 $C_1: y=x\log x$ と $C_2: y=ax^2$ の両方に接する直線の本数を求めよ．ただし，$\lim_{x \to \infty} \dfrac{(\log x)^2}{x}=0$ は証明なしに用いてよい．

（横浜国立大）

**184** $f(x)=(1+x)^{\frac{1}{x}}\ (x>0)$ とするとき，次の問に答えよ．

(1) $\log f(x)$ を微分することによって，$f(x)$ の導関数を求めよ．

(2) $0<x_1<x_2$ を満たす実数 $x_1,\ x_2$ に対して，$f(x_1)>f(x_2)$ であることを証明せよ．

(3) $\left(\dfrac{101}{100}\right)^{101}$ と $\left(\dfrac{100}{99}\right)^{99}$ の大小を比較せよ．

（富山大）

**185** 周の長さが 1 の正 $n$ 角形 $(n \geqq 3)$ の面積を $S_n$ とする．次の問に答えよ．

(1) この正 $n$ 角形の外接円の半径を $n$ の式で表せ．

(2) $S_n$ を $n$ の式で表し，$\lim_{n \to \infty} S_n$ を求めよ．

(3) $n \geqq 3$ のとき $S_n < S_{n+1}$ を証明せよ．ただし，$0 < x < \dfrac{\pi}{2}$ において

$x > \sin x$ であることを用いてよい．

（神戸大）

**186** $k$ を正の定数とする．関数

$$f(x) = \frac{1}{x} - \frac{k}{(x+1)^2} \quad (x > 0)$$

$$g(x) = \frac{(x+1)^3}{x^2} \qquad (x > 0)$$

について，次の問に答えよ．

(1) $g(x)$ の増減を調べよ．

(2) $f(x)$ が極値をもつような定数 $k$ の値の範囲を求めよ．

(3) $f(x)$ が $x = a$ で極値をとるとき，極値 $f(a)$ を $a$ だけの式で表せ．

(4) $k$ が(2)で求めた範囲にあるとき，$f(x)$ の極大値は $\dfrac{1}{8}$ より小さいことを示せ．

（名古屋工業大）

**\*187** 座標平面上を運動する点 P の時刻 $t$ における座標が

$$x = (\cos t - 2)\cos t, \qquad y = (2 - \cos t)\sin t$$

で与えられている．$0 \leqq t \leqq \pi$ の範囲で点 P の描く曲線を $C$ とする．

(1) 点 P の速さ $V$ を $t$ で表せ．

(2) $V = \sqrt{3}$，$0 \leqq t \leqq \pi$ であるとき，点 P の座標を求めよ．

(3) (2)で求めた点 P における $C$ の接線の方程式を求めよ．

（東海大）

**188** 関数 $f(x)$ は区間 $0 \leqq x \leqq 1$ において連続で $0 \leqq f(x) \leqq 1$ を満たす. このとき, 次の問に答えよ.

(1) $y=f(x)$ のグラフと直線 $y=x$ は共有点をもつことを証明せよ.

(2) $f(x)$ が微分可能で $|f'(x)| \leqq \dfrac{1}{2}$ を満たすならば,

$$0 \leqq x_1 \leqq 1 \ \text{とし} \ x_{n+1}=f(x_n), \quad n=1,\ 2,\ 3,\ \cdots$$

によって定義される数列 $\{x_n\}$ は $n \to \infty$ のとき収束することを証明せよ.

(九州大)

**189** *(1) $x>0$ に対して, 連続関数 $f(x)$ は, 等式

$$f(x)=2 \log x-\int_1^e tf(t)\,dt$$

を満たすものとする.

このとき, $f(x)$ を求めよ.

(札幌医科大)

(2) $f(x)$ は実数全体で定義された連続関数であり, すべての実数 $x$ に対して以下の関係式を満たすとする.

$$\int_0^x e^t f(x-t)\,dt=f(x)-e^x.$$

このとき, $\{e^{-2x}f(x)\}'$ を求めよ. また, $f(x)$ を求めよ.

(奈良県立医科大・改)

**190** 次の問に答えよ.

(1) 定積分 $\displaystyle\int_{-\pi}^{\pi} x \sin 2x\,dx$ を求めよ.

(2) $m,\ n$ が自然数のとき, 定積分 $\displaystyle\int_{-\pi}^{\pi} \sin mx \sin nx\,dx$ を求めよ.

(3) $a,\ b$ を実数とする. $a,\ b$ の値を変化させたときの定積分

$I=\displaystyle\int_{-\pi}^{\pi}(x-a \sin x-b \sin 2x)^2\,dx$ の最小値, およびそのときの $a,\ b$ の値を求めよ.

(琉球大)

**191** 関数 $f(x)=xe^{-x}$ が与えられている.

(1) 曲線 $y=f(x)$ の凹凸を調べ，グラフをかけ．ただし，$\lim\limits_{x\to\infty}xe^{-x}=0$ を使ってよい.

(2) 曲線 $y=f(x)$ の変曲点における接線は，接点以外では $y=f(x)$ と共有点をもたないことを示せ.

(3) 曲線 $y=f(x)$，変曲点における接線，および $y$ 軸で囲まれる部分の面積を求めよ.

(龍谷大)

**192** 2曲線 $y=\sqrt{x}$，$y=a\log x$ が1点のみを共有するように正の実数 $a$ を定め，このとき2曲線と $x$ 軸で囲まれる部分の面積を求めよ.

(群馬大)

**193** $a$ を正の定数とし，関数 $y=a\cos x$ $\left(0\le x\le\dfrac{\pi}{2}\right)$ のグラフを $C_1$，関数 $y=\sin x$ $\left(0\le x\le\dfrac{\pi}{2}\right)$ のグラフを $C_2$ とする.

(1) $C_1$ と $C_2$ の交点の $x$ 座標を $\theta$ とするとき，$\sin\theta$ と $\cos\theta$ を $a$ を用いて表せ.

(2) $C_1$ と $x$ 軸，$y$ 軸で囲まれた図形が，$C_2$ によって面積の等しい2つの部分に分かれるとする．このとき，$a$ の値を求めよ.

(青山学院大)

**194** 実数 $a$ が $0\le a\le 1$ を満たすとする.

(1) 曲線 $y=xe^x$ と2直線 $x=a-1$，$x=a$ と $x$ 軸とで囲まれた図形の面積 $S(a)$ を求めよ.

(2) $S(a)$ を最小にする $a$ の値を求めよ.

(津田塾大)

**195** 実数 $t$ に対して，$f(t)=\displaystyle\int_0^1 |e^{-x}-t|\,dx$ とおく．ただし，$e$ は自然対数の底である．

(1) $f(t)$ を求めよ．

(2) $f(t)$ の最小値とそのときの $t$ の値を求めよ．

（福島大）

**196** $k$ を正の実数とし，$S=\displaystyle\int_0^{\frac{\pi}{2}} |\cos x-kx|\,dx$ とおく．

(1) 方程式 $\cos x=kx$ は区間 $\left(0,\ \dfrac{\pi}{2}\right)$ にただ1つの解をもつことを示せ．

(2) (1)の解を $\alpha$ とする．$S$ を $\alpha$ を用いて表せ．

(3) $k>0$ において，$S$ を最小にする $k$ の値を求めよ．

（愛媛大）

**197** $t$ がすべての実数の範囲を動くとき，
$$x=t^2+1,\quad y=t^2+t-2$$
を座標とする点 $(x,\ y)$ は，1つの曲線を描く．この曲線と $x$ 軸で囲まれる部分の面積を求めよ．

（弘前大）

## *198* 次の問に答えよ.

(1) 次の不定積分を求めよ.

$$\int x \sin 2x \, dx$$

(2) 次の不定積分を求めよ.

$$\int x^2 \cos^2 x \, dx$$

(3) 媒介変数 $\theta$ により

$$\begin{cases} x = \theta \sin \theta \\ y = \theta \cos \theta \end{cases} \left( 0 \leqq \theta \leqq \frac{\pi}{2} \right)$$

と表された右図のような曲線と $x$ 軸で囲
まれた図形の面積を求めよ.

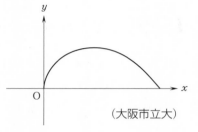

(大阪市立大)

## *199* 曲線 $C : y = e^{-x} |\sin x|$ $(x \geqq 0)$ がある. このとき, 次の問に答えよ.

(1) $I = \int e^{-x} \sin x \, dx$, $J = \int e^{-x} \cos x \, dx$ とおく. $I$, $J$ をそれぞれ部分積分して, $I$ を求めよ.

(2) $n\pi \leqq x \leqq (n+1)\pi$ $(n=0, 1, 2, \cdots)$ の範囲で, 曲線 $C$ と $x$ 軸で囲まれる図形の面積 $S_n$ を求めよ.

(3) 曲線 $C$ と $x$ 軸で囲まれる図形の面積 $\sum\limits_{k=0}^{\infty} S_k$ を求めよ.

(香川大・改)

**\*200**　$y=\dfrac{\log x}{x}$ で表される関数について，次の問に答えよ．ただし，$\log x$ は自然対数 $\log_e x$ のことである．

(1)　この関数のグラフ $G$ の概形をかけ．

(2)　曲線 $G$, $x$ 軸，直線 $x=e^n$（$n$ は正の整数）で囲まれた領域 $F$ を $x$ 軸のまわりに回転した立体の体積を求めよ．

（三重大）

**201**　方程式 $y=(\sqrt{x}-\sqrt{2})^2$ が定める曲線を $C$ とする．

(1)　曲線 $C$ と $x$ 軸，$y$ 軸で囲まれた図形の面積 $S$ を求めよ．

(2)　曲線 $C$ と直線 $y=2$ で囲まれた図形を，直線 $y=2$ のまわりに1回転してできる立体の体積 $V$ を求めよ．

（信州大）

**202**　不等式

$$-\sin x \leqq y \leqq \cos 2x, \quad 0 \leqq x \leqq \frac{\pi}{2}$$

で定義される $xy$ 平面内の領域を $K$ とおく．次の問に答えよ．

(1)　$K$ の面積を求めよ．

(2)　$K$ を $x$ 軸のまわりに1回転して得られる回転体の体積を求めよ．

（神戸大）

**203**　$a$ を正の定数とし，曲線 $y=(x-a)^2$, $x$ 軸および $y$ 軸とで囲まれた部分を $D$ とする．$D$ を $x$ 軸のまわりに1回転してできる立体の体積と，$y$ 軸のまわりに1回転してできる立体の体積とが等しくなるように，$a$ の値を定めよ．

（武蔵工業大）

## **204**

次の式で与えられる底面の半径が 2, 高さが 1 の円柱 $C$ を考える.

$$C=\{(x,\ y,\ z)\,|\,x^2+y^2\leqq4,\ 0\leqq z\leqq1\}$$

$xy$ 平面上の直線 $y=1$ を含み, $xy$ 平面と $45°$ の角をなす平面のうち, 点 $(0, 2, 1)$ を通るものを $H$ とする. 円柱 $C$ を平面 $H$ で 2 つに分けるとき, 点 $(0, 2, 0)$ を含む方の体積を求めよ.

（京都大）

## **205**

空間の 2 点 A(1, 0, 0), B(0, 2, 1) を通る直線 $l$ を, $y$ 軸のまわりに 1 回転して得られる曲面を $S$ とする. 2 平面 $y=0$, $y=2$ と $S$ とで囲まれる立体の体積を求めよ.

（群馬大）

## **206**

$xyz$ 空間に 3 点

$$\mathrm{P}(1,\ 1,\ 0),\quad \mathrm{Q}(-1,\ 1,\ 0),\quad \mathrm{R}(-1,\ 1,\ 2)$$

をとる. 次の問に答えよ.

(1) $t$ を $0<t<2$ を満たす実数とするとき, 平面 $z=t$ と, $\triangle\mathrm{PQR}$ の交わりに現れる線分の 2 つの端点の座標を求めよ.

(2) $\triangle\mathrm{PQR}$ を $z$ 軸のまわりに回転して得られる回転体の体積を求めよ.

（神戸大）

## **207**

次の問に答えよ.

(1) 定積分 $\displaystyle\int_0^1\frac{t^2}{1+t^2}\,dt$ を求めよ.

(2) 不等式

$$x^2+y^2+\log(1+z^2)\leqq\log 2$$

の定める立体の体積を求めよ.

（埼玉大）

**208** (1) $y=\log(\sqrt{2}\sin x)$ $(0<x<\pi)$ のグラフの凹凸を調べて，そのグラフをかけ．

(2) (1)の曲線の $x$ 軸より上にある部分の長さを求めよ．

（信州大）

**209** 座標平面上に原点 O を中心とする半径 2 の円 $C_1$ がある．半径 1 の円 $C_2$ が $C_1$ に外接しながら滑ることなく転がるとき，$C_2$ 上の定点 P が描く曲線について考える．$C_2$ の中心を Q とし，Q が点 $(3,\ 0)$ にあるとき，P は点 $(4,\ 0)$ にあるとする．このとき，$x$ 軸の正の方向から線分 OQ へ測った角を $\theta$ として，以下の問に答えよ．

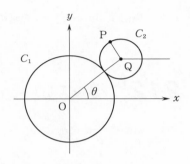

(1) Q を始点として $x$ 軸の正の方向に平行で同じ向きの半直線から線分 QP へ測った角は $3\theta$ であることを示せ．

(2) 点 P の座標 $(x,\ y)$ を $\theta$ で表せ．

(3) $0\leqq\theta\leqq2\pi$ において，$y$ の最大値を求めよ．

(4) $\theta$ が $0\leqq\theta\leqq2\pi$ の範囲を動くとき，点 P の描く曲線の長さを求めよ．

（福井医科大）

**210** $n$ を自然数とする．次の問に答えよ．

(1) 極限値 $\displaystyle\lim_{n\to\infty}\frac{1}{n}\sum_{k=1}^{n}\log\left(1+\frac{k}{3n}\right)$ を求めよ．

(2) 極限値 $\displaystyle\lim_{n\to\infty}\frac{1}{n}\sqrt[n]{(3n+1)(3n+2)\cdots(4n)}$ を求めよ．

（琉球大）

**211**  $n$ を正の整数とする. $k=1$, $2$, $3$, $\cdots$, $n$ に対して $\triangle \mathrm{AOB}_k$ を

$$\angle \mathrm{AOB}_k = \frac{k}{2n}\pi, \quad \mathrm{OA}=1, \quad \mathrm{OB}_k=k$$

であるような三角形とし, その面積を $S_k$ とする.

(1) $S_k$ を $k$ と $n$ を用いて表せ.

(2) 極限値 $\displaystyle \lim_{n \to \infty} \frac{1}{n^2} \sum_{k=1}^{n} S_k$ を求めよ.

(青山学院大)

**212**  $0 < \theta < \dfrac{\pi}{2}$ のとき, 次の問に答えよ.

(1)  $\sin\theta > \dfrac{2}{\pi}\theta$ を示せ.

(2)  $\displaystyle \lim_{n \to \infty} n \int_0^{\frac{\pi}{2}} e^{-n^2\sin\theta} d\theta = 0$ を示せ.

(広島大)

**213**  (1)  自然数 $n$ に対して, 次の不等式を証明せよ.

$$n\log n - n + 1 \leqq \log(n!) \leqq (n+1)\log(n+1) - n.$$

(2)  次の極限の収束, 発散を調べ, 収束するときにはその極限値を求めよ.

$$\lim_{n \to \infty} \frac{\log(n!)}{n\log n - n}.$$

(首都大東京)

**214** 次の式

$$x_n=\int_0^{\frac{\pi}{2}}\cos^n\theta\,d\theta\quad(n=0,\ 1,\ 2,\ \cdots)$$

によって定義される数列 $\{x_n\}$ について，次の問に答えよ．

(1) 漸化式

$$x_n=\frac{n-1}{n}x_{n-2}\quad(n=2,\ 3,\ 4,\ \cdots)$$

を示せ．

(2) $x_nx_{n-1}$ の値を求めよ．

(3) 不等式

$$x_n>x_{n+1}\quad(n=0,\ 1,\ 2,\ \cdots)$$

が成り立つことを示せ．

(4) $\displaystyle\lim_{n\to\infty}nx_n{}^2$ を求めよ．

（名古屋市立大）

**215** $I_n=\int_0^{\frac{\pi}{4}}\tan^n\theta\,d\theta\ (n=1,\ 2,\ 3,\ \cdots)$ とするとき，次の問に答えよ．

(1) $I_1$ および $I_n+I_{n+2}\ (n=1,\ 2,\ 3,\ \cdots)$ を求めよ．

(2) 不等式 $I_n\geqq I_{n+1}\ (n=1,\ 2,\ 3,\ \cdots)$ を示せ．

(3) $\displaystyle\lim_{n\to\infty}nI_n$ を求めよ．

（琉球大）

## 216

自然数 $n$ $(n>3)$ について，関数 $f_n(x)$ が

$$f_n(x)=\frac{1}{1+x^2}-1+x^2-x^4+x^6-\cdots+(-1)^{n+1}x^{2n}$$

を満たしている．このとき，次の問に答えよ．

(1) $\displaystyle\int_0^1\frac{dx}{1+x^2}$ を求めよ．

(2) $\displaystyle\int_0^1|f_n(x)|\,dx<\frac{1}{2n+3}$ が成り立つことを示せ．

(3) $\displaystyle\lim_{n\to\infty}\left\{1-\frac{1}{3}+\frac{1}{5}-\cdots+\frac{(-1)^n}{2n+1}\right\}=\frac{\pi}{4}$ であることを証明せよ．

（名古屋市立大）

## 217

数列 $\{a_n\}$ を

$$a_n=\frac{1}{n!}\int_0^1 t^n e^{-t}dt \quad (n=1,\ 2,\ 3,\ \cdots)$$

と定義する．ただし，$e$ は自然対数の底とする．次の各問に答えよ．

(1) $a_1$ を求めよ．

(2) $0\le t\le 1$ のとき $t^n\le t$ であることを用いて

$$a_n\le\frac{a_1}{n!} \quad (n=1,\ 2,\ 3,\ \cdots)$$

を示せ．

(3) 極限 $\displaystyle\lim_{n\to\infty}a_n$ を求めよ．

(4) $a_{n+1}=a_n-\dfrac{1}{e(n+1)!}$ $(n=1,\ 2,\ 3,\ \cdots)$ を示せ．

(5) 極限 $\displaystyle\lim_{n\to\infty}\left(\frac{1}{2!}+\frac{1}{3!}+\cdots+\frac{1}{n!}\right)$ を求めよ．

（茨城大）

**218** 曲線 $y=e^{x^2}-1$ $(x\geqq0)$ を $y$ 軸のまわりに回転させてできる容器がある．この容器に，時刻 $t$ における水の体積が $vt$ となるように，単位時間あたり $v$ の割合で水を注入する．ただし，$v$ は正の定数であり，$y$ 軸の負の方向を鉛直下方とする．

(1) 不定積分 $\displaystyle\int\log(y+1)\,dy$ を求めよ．

(2) 水面の高さが $h$ となったときの容器内の水の体積 $V$ を，$h$ を用いて表せ．ただし，$h$ は容器の底から測った高さである．

(3) 水面の高さが $e^{10}-1$ となった瞬間における，水面の高さの変化率 $\dfrac{dh}{dt}$ を求めよ．

（青山学院大）

**219** 座標平面上の △ABC において，辺 BC を 1 : 2 に内分する点を P，辺 AC を 3 : 1 に内分する点を Q，辺 AB を 6 : 1 に外分する点を R とする．頂点 A，B，C の位置ベクトルをそれぞれ $\vec{a}$，$\vec{b}$，$\vec{c}$ とするとき，次の問に答えよ．

(1) ベクトル $\overrightarrow{AP}$，$\overrightarrow{AQ}$，$\overrightarrow{AR}$ を $\vec{a}$，$\vec{b}$，$\vec{c}$ で表せ．

(2) 3 点 P，Q，R が一直線上にあることを証明せよ．

(信州大)

**220** 平行四辺形 ABCD において，辺 AB を 1 : 1 に内分する点を E，辺 BC を 2 : 1 に内分する点を F，辺 CD を 3 : 1 に内分する点を G とする．線分 CE と線分 FG の交点を P とし，線分 AP を延長した直線と辺 BC の交点を Q とするとき，比 AP : PQ を求めよ．

(京都大)

**\*221** △ABC の内部に点 P があり，辺 AC を 3 : 1 に内分する点を M とする．$\overrightarrow{PM}$ を $\overrightarrow{PA}$ と $\overrightarrow{PC}$ で表せ．

また，$\overrightarrow{PA}+2\overrightarrow{PB}+3\overrightarrow{PC}=\vec{0}$ が成立するとき，△PAB の面積 $S_1$，△PBC の面積 $S_2$，△PCA の面積 $S_3$ の比 $S_1 : S_2 : S_3$ を求めよ．

(南山大)

**222**　△OAB の辺 AB を 1 : 2 に内分する点を C とする．動点 D は $\overrightarrow{OD}=x\overrightarrow{OA}$ ($x \geqq 1$) を満たすとし，直線 CD と直線 OB の交点を E とする．

(1)　実数 $y$ を $\overrightarrow{OE}=y\overrightarrow{OB}$ で定めるとき，等式 $\dfrac{2}{x}+\dfrac{1}{y}=3$ が成り立つことを示せ．

(2)　△OAB の面積を $S$，△ODE の面積を $T$ とするとき，$\dfrac{S}{T}$ の最大値と，そのときの $x$ を求めよ．

（東北大）

**223**　点 O を原点とする座標平面上に △OAB がある．動点 P が
$$\overrightarrow{OP}+\overrightarrow{AP}+\overrightarrow{BP}=k\overrightarrow{OA}$$
を満たしながら △OAB の内部を動くとき，次の問に答えよ．

(1)　$\overrightarrow{OP}$ を $\overrightarrow{OA}$ と $\overrightarrow{OB}$ で表せ．

(2)　定数 $k$ の値の範囲を求めよ．

(3)　P の動く範囲を図示せよ．

（名城大）

**224**　平面上に原点 O から出る，相異なる 2 本の半直線 OX，OY をとり，∠XOY < 180° とする．半直線 OX 上に O と異なる点 A を，半直線 OY 上に O と異なる点 B をとり，$\vec{a}=\overrightarrow{OA}$，$\vec{b}=\overrightarrow{OB}$ とおく．次の問に答えよ．

(1)　点 C が ∠XOY の二等分線上にあるとき，ベクトル $\vec{c}=\overrightarrow{OC}$ はある実数 $t$ を用いて
$$\vec{c}=t\left(\dfrac{\vec{a}}{|\vec{a}|}+\dfrac{\vec{b}}{|\vec{b}|}\right)$$
と表されることを示せ．

(2)　∠XOY の二等分線と ∠XAB の二等分線の交点を P とおく．

OA=2，OB=3，AB=4 のとき，$\vec{p}=\overrightarrow{OP}$ を，$\vec{a}$ と $\vec{b}$ を用いて表せ．

（神戸大）

**\*225** △OAB に対し,

$$\overrightarrow{OP}=s\overrightarrow{OA}+t\overrightarrow{OB}, \quad s≧0, \quad t≧0$$

とする. また, △OAB の面積を $S$ とする.

(1) $1≦s+t≦3$ のとき, 点 P の存在しうる領域の面積は $S$ の何倍か.

(2) $1≦s+2t≦3$ のとき, 点 P の存在しうる領域の面積は $S$ の何倍か.

（上智大）

**226** ベクトル $\vec{a}$, $\vec{b}$ とそのなす角を $\theta$ とし, それぞれ $|\vec{a}|=3$, $|\vec{b}|=1$, $\theta=60°$ とする. $t$ を実数とするとき, $|\vec{a}-t\vec{b}|$ の最小値とそのときの $t$ の値を求めよ.

（兵庫県立大）

**227** 2つのベクトル $\vec{a}=(1, x)$, $\vec{b}=(2, -1)$ について, 次の問に答えよ.

(1) $\vec{a}+\vec{b}$ と $2\vec{a}-3\vec{b}$ が垂直であるとき, $x$ の値を求めよ.

(2) $\vec{a}+\vec{b}$ と $2\vec{a}-3\vec{b}$ が平行であるとき, $x$ の値を求めよ.

(3) $\vec{a}$ と $\vec{b}$ のなす角が $60°$ であるとき, $x$ の値を求めよ.

（静岡大）

**228** △ABC において, BC$=a$, CA$=3$, AB$=4$ とする. △ABC の重心を G とし, △ABC の内心を I とするとき, 次の問に答えよ.

(1) $\overrightarrow{AG}$ を $\overrightarrow{AB}$ と $\overrightarrow{AC}$ を用いて表せ.

(2) $\overrightarrow{AI}$ を $\overrightarrow{AB}$, $\overrightarrow{AC}$, $a$ を用いて表せ.

(3) GI∥BC となるように $a$ の値を定めよ.

(4) GI⊥BC となるように $a$ の値を定めよ.

（岡山県立大）

**\*229**　平面上の 3 点 O, A, B に対して, $|\overrightarrow{OA}|=1$, $|\overrightarrow{OB}|=3$,
$\overrightarrow{OA}\cdot\overrightarrow{OB}=2$ とする. 次の問に答えよ.

(1)　△OAB の外心を P とする. $\overrightarrow{OP}=s\overrightarrow{OA}+t\overrightarrow{OB}$ を満たす実数 $s$, $t$ を求めよ.

(2)　△OAB の垂心を H とする. $\overrightarrow{OH}=u\overrightarrow{OA}+v\overrightarrow{OB}$ を満たす実数 $u$, $v$ を求めよ.（三角形の各頂点から対辺またはその延長に下ろした垂線は 1 点で交わるが, その交点を三角形の垂心という）

（同志社大）

**230**　点 O を中心とし, 半径 1 の円に内接する △ABC が
$$\overrightarrow{OA}+\sqrt{3}\,\overrightarrow{OB}+2\overrightarrow{OC}=\vec{0}$$
を満たしている.

このとき, 次の問に答えよ.

(1)　内積 $\overrightarrow{OA}\cdot\overrightarrow{OB}$, $\overrightarrow{OA}\cdot\overrightarrow{OC}$ を求めよ.

(2)　∠AOB, ∠AOC をそれぞれ求めよ.

(3)　△ABC の面積を求めよ.

(4)　辺 BC の長さ, および頂点 A から対辺 BC に引いた垂線の長さを求めよ.

（香川大）

**231**　座標平面上に, 原点 O, 定点 A(0, 1), 動点 P をとり,
$\overrightarrow{OA}=\vec{a}$, $\overrightarrow{OP}=\vec{p}$ とする. このとき, 次の問に答えよ.

(1)　P が条件 $(\vec{a}+\vec{p})\cdot(\vec{a}-\vec{p})=0$ を満たしながら動くとき, P はどのような図形を描くか.

(2)　P が条件 $|\vec{a}+\vec{p}|=|\vec{a}-\vec{p}|$ を満たしながら動くとき, P はどのような図形を描くか.

(3)　P が条件 $\sqrt{2}\,\vec{a}\cdot\vec{p}=|\vec{p}|$ を満たしながら動くとき, P はどのような図形を描くか.

（弘前大）

**232** 一辺の長さが 2 の正三角形 ABC の外接円を円 $O$ とする．点 P が円 $O$ の周上を動くとき，以下の問に答えよ．

(1) 円 $O$ の半径を求めよ．

(2) 内積の和 $\overrightarrow{PA}\cdot\overrightarrow{PB}+\overrightarrow{PB}\cdot\overrightarrow{PC}+\overrightarrow{PC}\cdot\overrightarrow{PA}$ を求めよ．

(3) 内積 $\overrightarrow{PA}\cdot\overrightarrow{PB}$ の最大値，最小値を求めよ．

(福井大)

**233** 平面上の異なる 3 点 O，A，B は同一直線上にないものとする．この平面上の点 P が

$$2|\overrightarrow{OP}|^2-\overrightarrow{OA}\cdot\overrightarrow{OP}+2\overrightarrow{OB}\cdot\overrightarrow{OP}-\overrightarrow{OA}\cdot\overrightarrow{OB}=0$$

を満たすとする．

(1) 点 P の軌跡が円となることを示せ．

(2) (1)の円の中心を C とするとき，$\overrightarrow{OC}$ を $\overrightarrow{OA}$ と $\overrightarrow{OB}$ で表せ．

(3) O との距離が最小となる(1)の円周上の点を $P_0$ とする．A，B が条件

$$|\overrightarrow{OA}|^2+5\overrightarrow{OA}\cdot\overrightarrow{OB}+4|\overrightarrow{OB}|^2=0$$

を満たすとき，$\overrightarrow{OP_0}=s\overrightarrow{OA}+t\overrightarrow{OB}$ となる $s$，$t$ の値を求めよ．

(岡山大)

**234** 四面体 OABC において，辺 OA を $4:1$ に内分する点を D，辺 BC を $2:3$ に内分する点を E，線分 DE を $3:2$ に内分する点を F とし，直線 OF が平面 ABC と交わる点を G とする．$\overrightarrow{OA}=\vec{a}$，$\overrightarrow{OB}=\vec{b}$，$\overrightarrow{OC}=\vec{c}$ とおくとき，次の問に答えよ．

(1) $\overrightarrow{OD}$，$\overrightarrow{OE}$，$\overrightarrow{OF}$ を $\vec{a}$，$\vec{b}$，$\vec{c}$ を用いて表せ．

(2) $\overrightarrow{OG}$ を $\vec{a}$，$\vec{b}$，$\vec{c}$ を用いて表せ．

(3) OF：FG を求めよ．

(香川大)

**235**　平行六面体 OADB-CEGF において，辺 OA の中点を M，辺 AD を 2:3 に内分する点を N，辺 DG を 1:2 に内分する点を L とする．また，辺 OC を $k:1-k$ $(0<k<1)$ に内分する点を K とする．このとき，以下の問に答えよ．

(1)　$\overrightarrow{OA}=\vec{a}$，$\overrightarrow{OB}=\vec{b}$，$\overrightarrow{OC}=\vec{c}$ とするとき，$\overrightarrow{MN}$，$\overrightarrow{ML}$，$\overrightarrow{MK}$ を $\vec{a}$，$\vec{b}$，$\vec{c}$ を用いて表せ．

(2)　3 点 M，N，K の定める平面上に点 L があるとき，$k$ の値を求めよ．

(3)　3 点 M，N，K の定める平面が辺 GF と交点をもつような $k$ の値の範囲を求めよ．

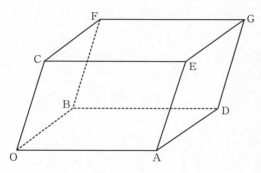

（熊本大）

**236**　四面体 OABC と点 P について，
$$6\overrightarrow{OP}+3\overrightarrow{AP}+2\overrightarrow{BP}+4\overrightarrow{CP}=\vec{0}$$
が成り立っている．$\overrightarrow{OA}=\vec{a}$，$\overrightarrow{OB}=\vec{b}$，$\overrightarrow{OC}=\vec{c}$ とするとき，次の問に答えよ．

(1)　3 点 A，B，C を通る平面と直線 OP との交点を Q とするとき，$\overrightarrow{OQ}$ を $\vec{a}$，$\vec{b}$，$\vec{c}$ を用いて表せ．

(2)　直線 AQ と辺 BC との交点を R とするとき，四面体 OABC の体積 $V$ に対する四面体 PABR の体積 $W$ の比 $\dfrac{W}{V}$ を求めよ．

（宮城教育大）

**237** 一辺の長さが 1 の正四面体 OABC において，辺 OA を 1：2 に内分する点を L，辺 OB を 2：1 に内分する点を M とし，辺 BC 上に ∠LMN が直角となるように点 N をとる．このとき，次の問に答えよ．

(1) BN：NC を求めよ．

(2) ∠MNB＝$\theta$ とするとき，$\cos\theta$ の値を求めよ．

（和歌山大）

**238** 空間内に右図のような一辺の長さが 1 である立方体がある．辺 EF を 3：1 に内分する点を X，辺 CD の中点を Z とする．さらに，辺 AB を $t$：$(1-t)$ $(0<t<1)$ に内分する点を P とする．3 点 P, X, Z を通る平面と直線 GH との交点を Y とおく．

$\overrightarrow{AE}＝\vec{a}$，$\overrightarrow{AB}＝\vec{b}$，$\overrightarrow{AD}＝\vec{c}$ とするとき，次の問に答えよ．

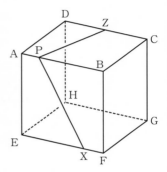

(1) $\overrightarrow{PY}$ を，$\vec{a}$，$\vec{b}$，$\vec{c}$ および $t$ を用いて表せ．

(2) 点 Y が辺 GH 上にあるとき，$t$ の値の範囲を求めよ．

(3) (2)において四角形 PXYZ がひし形になるとき，$t$ の値を求めよ．

（宮崎大）

**239** 四面体 OABC の各辺の長さを OA＝2，OB＝$\sqrt{5}$，OC＝$\sqrt{7}$，AB＝$\sqrt{3}$，BC＝2，CA＝$\sqrt{5}$ とする．$\overrightarrow{OA}＝\vec{a}$，$\overrightarrow{OB}＝\vec{b}$，$\overrightarrow{OC}＝\vec{c}$ とおくとき，以下の問に答えよ．

(1) 内積 $\vec{a}\cdot\vec{b}$，$\vec{b}\cdot\vec{c}$，$\vec{c}\cdot\vec{a}$ を求めよ．

(2) 三角形 OAB を含む平面を $\alpha$ とし，点 C から平面 $\alpha$ に下ろした垂線と $\alpha$ との交点を H とする．このとき $\overrightarrow{OH}$ を $\vec{a}$，$\vec{b}$ で表し，さらにその大きさを求めよ．

(3) 四面体 OABC の体積を求めよ．

（福井大）

**240** 四面体 ABCD において，辺 AC，BD の中点をそれぞれ M，N とする．

$$AB=AD, \quad BC=CD$$

であるとき，次を証明せよ．

(1) AC⊥BD である．

(2) AB=BC ならば，AC⊥MN である．

（東北学院大）

**241** 空間に点 O と三角錐 ABCD があり，

$$OA=OB=OC=1, \quad OD=\sqrt{5},$$
$$\angle AOB=\angle BOC=\angle COA,$$
$$\overrightarrow{OA}+\overrightarrow{OB}+\overrightarrow{OC}+\overrightarrow{OD}=\overrightarrow{0}$$

を満たしている．三角錐 ABCD に内接する球の半径を求めよ．

（早稲田大）

**242** 座標空間において，原点 O(0, 0, 0)，点 A(0, 1, 1) および点 B(−1, 0, 2) が定める平面を $\alpha$ とする．また，2 点 P(3, 2, 2) および Q(5, −5, −3) をとる．以下，平面 $\alpha$ 上の点 H について考える．

(1) 線分 PH が平面 $\alpha$ と直交するように点 H の座標を定めよ．

(2) 線分 PH と線分 QH の長さの和が最小となるように点 H の座標を定めよ．

（東京理科大）

**243** 座標空間で点 (3, 4, 0) を通りベクトル $\overrightarrow{a}=(1, 1, 1)$ に平行な直線を $l$，点 (2, −1, 0) を通りベクトル $\overrightarrow{b}=(1, −2, 0)$ に平行な直線を $m$ とする．点 P は直線 $l$ 上を，点 Q は直線 $m$ 上をそれぞれ勝手に動くとき，線分 PQ の長さの最小値を求めよ．

（京都大）

## *244*

座標空間内の 4 点 O(0, 0, 0), A(1, 0, 0), B(0, 1, 0), C(0, 0, 2) を考える. 以下の問に答えよ.

(1) 四面体 OABC に内接する球の中心の座標を求めよ.

(2) 中心の $x$ 座標, $y$ 座標, $z$ 座標がすべて正の実数であり, $xy$ 平面, $yz$ 平面, $zx$ 平面のすべてと接する球を考える. この球が平面 ABC と交わるとき, その交わりとしてできる円の面積の最大値を求めよ.

（九州大）

## *245*

座標空間において, 点 A(1, 0, 2), B(0, 1, 1) とする. 点 P が $x$ 軸上を動くとき, AP+PB の最小値を求めよ.

（早稲田大）

## *246*

空間に 4 点

A(−2, 0, 0), B(0, 2, 0), C(0, 0, 2), D(2, −1, 0)

がある. 3 点 A, B, C を含む平面を $T$ とする.

(1) 点 D から平面 $T$ に下ろした垂線の足 H の座標を求めよ.

(2) 平面 $T$ において, 3 点 A, B, C を通る円 $S$ の中心の座標と半径を求めよ.

(3) 点 P が円 $S$ の周上を動くとき, 線分 DP の長さが最小になる P の座標を求めよ.

（大阪市立大）

## *247*

座標空間において, 点 (0, 0, 1) を中心とする半径 1 の球面を考える. 点 P(0, 1, 2) と球面上の点 Q の 2 点を通る直線が $xy$ 平面と交わるとき, その交点を R とおく. 点 Q が球面上を動くとき, R の動く領域を求め, $xy$ 平面に図示せよ.

（香川大）

**248** (1) 複素数 $\dfrac{4i}{1+\sqrt{3}\,i}$ の偏角を求めよ.

(2) $z^2=-i$ を満たす複素数 $z$ を求めよ.

(3) $\alpha^2=-i$ とするとき,$\alpha^n$ と $\left(\dfrac{4i}{1+\sqrt{3}\,i}\right)^n$ がともに実数となるような最小の自然数 $n$ を求めよ.

(4) $\left(\dfrac{4i}{1+\sqrt{3}\,i}\right)^{13}$ を求めよ.

(愛知教育大)

**249** 複素数 $z$ の方程式 $z^4=-8-8\sqrt{3}\,i$ の解をすべて求めよ.ただし,$i$ は虚数単位である.

(山梨大)

**250** 複素数 $z$ は絶対値が $1$ で,$z^3-z$ は実数である.

このような $z$ は全部で [＿＿＿] 個あって,それらは [＿＿＿] である.

(関西大)

**251** 複素数 $\alpha$ ($\alpha\neq1$) を $1$ の $5$ 乗根とし,$\overline{\alpha}$ を $\alpha$ に共役な複素数とするとき,次の問に答えよ.

(1) $\alpha^2+\alpha+1+\dfrac{1}{\alpha}+\dfrac{1}{\alpha^2}=0$ であることを示せ.

(2) (1)を利用して,$t=\alpha+\overline{\alpha}$ は $t^2+t-1=0$ を満たすことを示せ.

(3) (2)を利用して $\cos72°$ の値を求めよ.

(金沢大)

*$252$ 複素数平面の原点を O とし，複素数 $\alpha=3+i$ が表す点を A とする．

(1) 点 A を原点の周りに 60° 回転させた点に該当する複素数を $\beta'$ とし，$\beta=2\beta'$ となる複素数 $\beta$ が表す点を B とする．このとき，$\beta$，$\dfrac{\beta}{\alpha}$ の値を求めよ．また，△OAB の面積を求めよ．

(2) (1)で求めた点 B を点 A の周りに 60° 回転させた点 C を表す複素数 $\gamma$ を求めよ．またこのとき，点 A から辺 BC に下ろした垂線の足となる点 H を表す複素数 $\delta$ を求めよ．

(立命館大)

$253$ 複素数平面上で，3つの複素数 $z$，$z^2$，$z^3$ の表す点をそれぞれ A，B，C とする．ただし，3点 A，B，C は互いに異なっているとする．

(1) ∠ACB が直角になる複素数 $z$ の全体が表す図形を求めよ．

(2) ∠ACB が直角でかつ AC＝BC であるとき，複素数 $z$ の値を求めよ．

(名古屋工業大)

$254$ $\alpha$ を正の実数，$\beta$ を複素数とする．複素数平面上の3点 0，$\alpha$，$\beta$ を頂点とする三角形の面積が 1 で，$\alpha$ と $\beta$ が $5\alpha^2-4\alpha\beta+\beta^2=0$ を満たすとき，$\alpha$ と $\beta$ の値を求めよ．

(三重大)

$255$ 複素数平面上に互いに異なる3つの複素数 $\alpha$，$\beta$，$\gamma$ があり，対応する点をそれぞれ A，B，C とする．1 の 3 乗根 $\omega$ （$\neq1$）に対して $\alpha+\beta\omega+\gamma\omega^2=0$ が成り立てば，△ABC は正三角形であることを示し，この三角形の3つの頂点 A，B，C の並び方は時計回りか反時計回りかを調べよ．

(札幌医科大)

**256**　複素数平面上において，右図のように
△ABC の各辺の外側に正方形 ABEF，BCGH，
CAIJ をつくる.

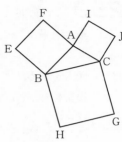

(1)　点 A, B, C がそれぞれ複素数 $\alpha$, $\beta$, $\gamma$ で
表されているとき，点 F, H, J を $\alpha$, $\beta$, $\gamma$ の式
で表せ.

(2)　3 つの正方形 ABEF，BCGH，CAIJ の中
心をそれぞれ P, Q, R とする. このとき線分 AQ と線分 PR は長さが等し
く，AQ⊥PR であることを証明せよ.

(岡山大)

**\*257**　$z$ は $|z-2|\leqq 1$ を満たす複素数，$a$ は $0\leqq a\leqq 2$ を満たす実数と
する. さらに $w=iaz$ とする. ただし，$i$ は虚数単位である.

(1)　$z$ と $a$ が与えられた条件を満たしながら変化するとき，複素数平面に
おいて，$w$ の存在範囲を図示せよ.

(2)　$w$ の偏角の範囲を求めよ.

(法政大)

**258**　複素数 $z$ に対して，$w=\dfrac{(i-2)z}{i(z-1)}$ とおく. ここで $i=\sqrt{-1}$ は虚
数単位とする. 点 $w$ が原点 O を中心とする半径 1 の円周上を動くとき，点 $z$
はどんな図形を描くか. 複素数平面上に図示せよ.

(姫路工業大)

**259** 次の問に答えよ.

(1) 複素数平面上で方程式

$$|z-3i|=2|z|$$

が表す図形を求め, 図示せよ.

(2) 複素数 $z$ が(1)で求めた図形から $z=i$ を除いた部分を動くとき, 複素数 $w=\dfrac{z+i}{z-i}$ で表される点の軌跡を求め, 図示せよ.

(千葉大)

**260** 0 でない複素数 $z$ に対して, $w=z+\dfrac{1}{z}$ とおくとき, 次の問に答えよ.

(1) $w$ が実数となるための $z$ の満たす条件を求め, この条件を満たす $z$ 全体の図形を複素数平面上に図示せよ.

(2) $w$ が実数で $1 \leqq w \leqq \dfrac{10}{3}$ を満たすとき, $z$ の満たす条件を求め, この条件を満たす $z$ 全体の図形を複素数平面上に図示せよ.

(熊本大)

**261**　下図のように複素数平面の原点を $P_0$ とし，$P_0$ から実軸の正の方向に 1 進んだ点を $P_1$ とする．次に $P_1$ を中心として 45° 回転して向きを変え，$\dfrac{1}{\sqrt{2}}$ 進んだ点を $P_2$ とする．以下同様に $P_n$ に到達した後，45° 回転してから前回進んだ距離の $\dfrac{1}{\sqrt{2}}$ 倍進んで到達する点を $P_{n+1}$ とする．

　このとき点 $P_{10}$ が表す複素数を求めよ．

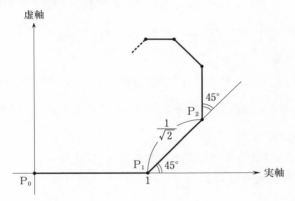

（日本女子大）

**262**　複素数平面上に 3 点 A＝1＋$i$，B＝$i$，C＝1 を頂点とする △ABC を考える．ただし，$i$ は虚数単位を表す．

(1)　点 $z$ が △ABC の周上を動くとき，$iz^2$ はどんな図形上を動くか．図示せよ．

(2)　(1)で定められた図形で囲まれた領域の面積を求めよ．

（お茶の水女子大）

\***263**　点 (3, 0) を通り，直線 $x＝-1$ と接する円の中心 $(X,\ Y)$ の軌跡を求めよ．また，点 $\left(0,\ \dfrac{11}{4}\right)$ と円の中心との最短距離を求めよ．

（芝浦工業大）

**264** (1) 点 A(3, 0) を通り，円 $(x+3)^2+y^2=64$ に接する円の中心 P の描く曲線 $C$ の方程式を求めよ．

(2) 点 A(3, 0) から(1)で求めた曲線 $C$ の接線へ下ろした垂線を AQ（Q は垂線の足）とするとき，点 Q の軌跡を求めよ．

（静岡大）

**265** $xy$ 平面上の点 $P(x, y)$ から定点 $F(a, b)$ までの距離 PF と，点 P から直線 $x=c$ に下ろした垂線の長さ PH の比を $e=\dfrac{PF}{PH}$ とする．ただし，$a \neq c$ とする．

(1) $e=1$ のとき，点 P の軌跡を表す方程式を求め，その概形をかけ．

(2) $e=\dfrac{1}{2}$ のとき，点 P の軌跡が楕円になることを示し，その長軸と短軸の長さの比を求めよ．

(3) $e=2$ のとき，点 P の軌跡が双曲線になることを示し，その頂点の座標および漸近線の傾きを求めよ．

（宇都宮大）

**266** $xy$ 平面において，媒介変数 $t$ を用いて

$$x=2\left(t+\frac{1}{t}+1\right), \quad y=t-\frac{1}{t}$$

と表される曲線を $C$ とする．

(1) 曲線 $C$ の方程式を求め，その概形をかけ．

(2) 点 $(a, 0)$ を通り曲線 $C$ に接する直線があるような $a$ の範囲と，そのときの接線の方程式をすべて求めよ．

（筑波大）

**267** 楕円 $C_1 : \dfrac{x^2}{\alpha^2} + \dfrac{y^2}{\beta^2} = 1$ と双曲線 $C_2 : \dfrac{x^2}{a^2} - \dfrac{y^2}{b^2} = 1$ を考える.

$C_1$ と $C_2$ の焦点が一致しているならば, $C_1$ と $C_2$ の交点でそれぞれの接線は直交することを示せ.

（北海道大）

**268** (1) 直線 $y = mx + n$ が楕円 $x^2 + \dfrac{y^2}{4} = 1$ に接するための条件を $m$, $n$ を用いて表せ.

(2) 点 $(2,\ 1)$ から楕円 $x^2 + \dfrac{y^2}{4} = 1$ に引いた $2$ つの接線が直交することを示せ.

(3) 楕円 $x^2 + \dfrac{y^2}{4} = 1$ の直交する $2$ つの接線の交点の軌跡を求めよ.

（島根大）

**269** 楕円 $C_1 : \dfrac{x^2}{a^2} + \dfrac{y^2}{b^2} = 1$ および双曲線 $C_2 : \dfrac{x^2}{a^2} - \dfrac{y^2}{b^2} = 1$ について, 次の問に答えよ. ただし, $a > 0$, $b > 0$ とする.

(1) 楕円 $C_1$ 上の点 $(x_1,\ y_1)$ における接線の方程式は

$$\frac{x_1 x}{a^2} + \frac{y_1 y}{b^2} = 1$$

であることを示せ.

(2) 楕円 $C_1$ の外部の点 $(p,\ q)$ を通る $C_1$ の $2$ 本の接線の接点をそれぞれ $A_1$, $A_2$ とする. 直線 $A_1 A_2$ の方程式は

$$\frac{px}{a^2} + \frac{qy}{b^2} = 1$$

であることを示せ.

(3) $(p,\ q)$ が双曲線 $C_2$ 上の点であるとき, 直線 $\dfrac{px}{a^2} + \dfrac{qy}{b^2} = 1$ は $C_2$ に接することを示せ.

（香川大）

**270** 極方程式で表された直線 $l : r = \dfrac{\sqrt{2}\,a}{\sin\theta - \cos\theta}$ と

円 $C : r = 2\cos\theta$ が接している．定数 $a$ の値を求めよ．ただし，$a > 0$ とする．

（山形大）

**271** 放物線 $y^2 = 4px$ $(p > 0)$ 上に 4 点があり，それらを $y$ 座標の大きい順に A，B，C，D とする．線分 AC と BD は放物線の焦点 F で垂直に交わっている．ベクトル $\overrightarrow{FA}$ が $x$ 軸の正方向となす角を $\theta$ とする．

(1) 線分 AF の長さを $p$ と $\theta$ を用いて表せ．

(2) $\dfrac{1}{\mathrm{AF \cdot CF}} + \dfrac{1}{\mathrm{BF \cdot DF}}$ は $\theta$ によらず一定であることを示し，その値を $p$ を用いて表せ．

（名古屋工業大）

**272** $xy$ 平面において，原点 O を極とし，$x$ 軸の正の部分を始線とする極座標 $(r,\ \theta)$ に関して，極方程式

$$r = 1 + \cos\theta$$

によって表される曲線 $C$ を考える．ただし，偏角 $\theta$ の動く範囲は $0 \leqq \theta \leqq \pi$ とする．次の問に答えよ．

(1) 曲線 $C$ 上の点で，$y$ 座標が最大となる点 $P_1$ の極座標 $(r_1,\ \theta_1)$ および $x$ 座標が最小となる点 $P_2$ の極座標 $(r_2,\ \theta_2)$ を求めよ．

(2) (1)の $P_1$，$P_2$ に対して，2 つの線分 $OP_1$，$OP_2$ および曲線 $C$ で囲まれた部分の面積 $S$ は

$$S = \frac{1}{2} \int_{\theta_1}^{\theta_2} r^2\, d\theta$$

となることが知られている．$S$ の値を求めよ．

（大阪市立大）

# 厳選！
# 大学入試数学問題集
# 理系272

河合塾数学科 編

# 解答編

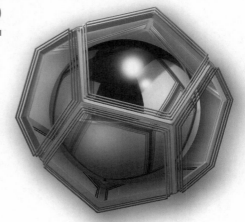

河合出版

## 目 次

数 学 I・A ·················· 3

数 学 II ·················· 39

数 学 B ·················· 109

数 学 III ·················· 133

数 学 C ·················· 188

※解答・解説は河合出版が作成しています。

# 数　学　Ⅰ・A

## 1 ──〈方針〉

放物線の軸 $x=a$ が区間 $0 \le x \le 4$ の

(ⅰ)　左側にある
(ⅱ)　間にある
(ⅲ)　右側にある

の3つの場合に分けて考える.

$$f(x)=2x^2-4ax+a+1$$
$$=2(x-a)^2-2a^2+a+1.$$

(1)　(ⅰ)　$a \le 0$ のとき.

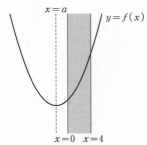

$0 \le x \le 4$ における $f(x)$ の最小値 $m$ は,
$$m=f(0)=a+1.$$

(ⅱ)　$0 \le a \le 4$ のとき.

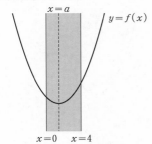

$0 \le x \le 4$ における $f(x)$ の最小値 $m$ は,
$$m=f(a)=-2a^2+a+1.$$

(ⅲ)　$4 \le a$ のとき.

$0 \le x \le 4$ における $f(x)$ の最小値 $m$ は,

$$m=f(4)=-15a+33.$$

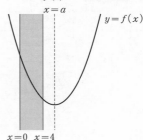

(ⅰ), (ⅱ), (ⅲ) より,

$$m=\begin{cases} a+1 & (a \le 0 \text{ のとき}), \\ -2a^2+a+1 & (0 \le a \le 4 \text{ のとき}), \\ -15a+33 & (4 \le a \text{ のとき}). \end{cases}$$

(2)　$0 \le x \le 4$ において, つねに $f(x)>0$ が成り立つのは, $0 \le x \le 4$ における $f(x)$ の最小値 $m$ が $m>0$ を満たすときである.

(ⅰ)　$a \le 0$ のとき, $m>0$ より,
$$a+1>0.$$
$$a>-1.$$

よって,
$$-1<a \le 0.$$

(ⅱ)　$0 \le a \le 4$ のとき, $m>0$ より,
$$-2a^2+a+1>0.$$
$$(2a+1)(a-1)<0.$$
$$-\frac{1}{2}<a<1.$$

よって,
$$0 \le a<1.$$

(ⅲ)　$4 \le a$ のとき, $m>0$ より,
$$-15a+33>0.$$
$$a<\frac{11}{5}.$$

$4 \le a$ のとき, これを満たす $a$ の値はない.

(ⅰ), (ⅱ), (ⅲ) より, 求める $a$ の値の範囲は,

$$-1<a<1.$$

## 2 ──〈方針〉

(2) $y$ 切片の値で場合分けする.

$$f(x)=x^2-2kx+2k^2-2k-3$$

とおくと,

$$f(x)=(x-k)^2+k^2-2k-3$$

より, $y=f(x)$ のグラフの頂点は,

$$(k,\ k^2-2k-3).$$

(1)

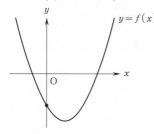

求める条件は,

$$f(0)<0.$$

よって,

$$2k^2-2k-3<0,$$

すなわち,

$$\frac{1-\sqrt{7}}{2}<k<\frac{1+\sqrt{7}}{2}.$$

(2)(i) $f(0)<0$ のとき.

(1)の場合であるから適する.

よって,

$$\frac{1-\sqrt{7}}{2}<k<\frac{1+\sqrt{7}}{2}.$$

(ii) $f(0)=0$, すなわち, $k=\dfrac{1\pm\sqrt{7}}{2}$ のとき.

$$f(x)=x(x-2k)$$

であるから, $f(x)=0$ の解は,

$$x=0,\ 2k.$$

正の解をもつためには $2k>0$ であればよいから, 求める $k$ の値は,

$$k=\frac{1+\sqrt{7}}{2}.$$

(iii) $f(0)>0$, すなわち,

$k<\dfrac{1-\sqrt{7}}{2},\ \dfrac{1+\sqrt{7}}{2}<k$ のとき.

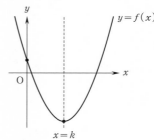

求める条件は,

$$\begin{cases} 軸: k>0, \\ f(k)\leqq 0, \end{cases}$$

すなわち,

$$\begin{cases} k>0, \\ (k-3)(k+1)\leqq 0. \end{cases}$$

よって,

$$\frac{1+\sqrt{7}}{2}<k\leqq 3.$$

以上により, 求める $k$ の値の範囲は,

$$\frac{1-\sqrt{7}}{2}<k\leqq 3.$$

### ((2)の別解)

(i) $k\leqq 0$ のとき.

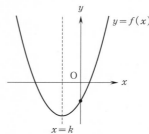

求める条件は,

$$f(0)<0,$$

すなわち,

$$\frac{1-\sqrt{7}}{2}<k<\frac{1+\sqrt{7}}{2}.$$

よって,

$$\frac{1-\sqrt{7}}{2} < k \leqq 0.$$

(ii) $k > 0$ のとき.

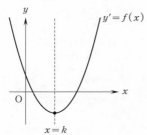

$$y' = f(x)$$

$$x = k$$

求める条件は,

$$f(k) \leqq 0,$$

すなわち,

$$-1 \leqq k \leqq 3.$$

よって,

$$0 < k \leqq 3.$$

以上により, 求める $k$ の値の範囲は,

$$\frac{1-\sqrt{7}}{2} < k \leqq 3.$$

((2)の別解終り)

## $3$ ——〈方針〉

$C_1$ と $C_2$ の共有点の $x$ 座標は, $x$ の 2 次方程式

$$2 - x^2 = x^2 - 4x + a$$

の実数解である.

$$C_1 : y = 2 - x^2, \qquad \cdots ①$$
$$C_2 : y = x^2 - 4x + a. \qquad \cdots ②$$

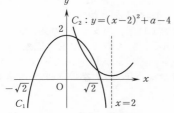

$$C_2 : y = (x-2)^2 + a - 4$$

$$x = 2$$

$C_1$ と $C_2$ の共有点の $x$ 座標は, ①, ② か

ら $y$ を消去して得られる $x$ の 2 次方程式

$$2 - x^2 = x^2 - 4x + a,$$

すなわち,

$$x^2 - 2x + \frac{a}{2} - 1 = 0 \qquad \cdots ③$$

の実数解である.

また,

$$(交点の y 座標) > 0$$

となるための条件は,

$$-\sqrt{2} < (交点の x 座標) < \sqrt{2}$$

であることを考え合わせると, $C_1$ と $C_2$ が $y > 0$ である交点を 2 つもつための条件は, 「$x$ の 2 次方程式 ③ が $-\sqrt{2} < x < \sqrt{2}$ の 範囲に異なる 2 つの実数解をもつこと」 である.

$$f(x) = x^2 - 2x + \frac{a}{2} - 1$$
$$= (x-1)^2 + \frac{a}{2} - 2$$

とおくと, ③ の実数解は, $y = f(x)$ のグラ フと $x$ 軸との共有点の $x$ 座標である.

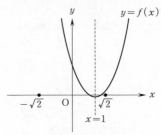

$$y = f(x)$$

$$-\sqrt{2} \quad \sqrt{2}$$

$$x = 1$$

$y = f(x)$ のグラフが $-\sqrt{2} < x < \sqrt{2}$ の範 囲で $x$ 軸と異なる 2 点で交わるための $a$ の 満たすべき条件は (頂点の $x$ 座標が 1 である ことを考慮すれば),

$$\begin{cases} f(1) = \dfrac{a}{2} - 2 < 0, \\ f(\sqrt{2}) = \dfrac{a}{2} + 1 - 2\sqrt{2} > 0. \end{cases}$$

これを解いて, 求める $a$ の値の範囲は,

$$4\sqrt{2} - 2 < a < 4.$$

**（部分的別解）**

$$③ \Longleftrightarrow \frac{a}{2}=-x^2+2x+1.$$

$$g(x)=-x^2+2x+1$$
$$=-(x-1)^2+2$$

とおくと，$x$ の 2 次方程式 ③ の実数解は，$y=g(x)$ のグラフと直線 $y=\dfrac{a}{2}$ の共有点の $x$ 座標である．

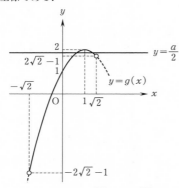

上図より，③ が $-\sqrt{2}<x<\sqrt{2}$ の範囲に異なる 2 つの実数解をもつための $a$ の条件は，

$$g(\sqrt{2})<\frac{a}{2}<g(1).$$

$$2\sqrt{2}-1<\frac{a}{2}<2.$$

よって，求める $a$ の値の範囲は，

$$4\sqrt{2}-2<a<4.$$

（部分的別解終り）

# 4 ──〈方針〉─

点 P が放物線 $y=8x-2x^2$ $(0<x<4)$ 上にあることに注意して図を描き，点 P が長方形 $R$ の
(i) 左側にある，
(ii) 内部にある，
(iii) 右側にある
の 3 つに場合分けをして考える．

(1) 点 $\mathrm{P}(t,\ 8t-2t^2)$ $(0<t<4)$ は，放物線 $y=8x-2x^2$ $(0<x<4)$ 上にある．

$0<t<4$ のとき，

直線 OP の傾き：$\dfrac{8t-2t^2}{t}=8-2t.$

ゆえに，直線 OP の方程式は，

$$y=(8-2t)x. \qquad \cdots ①$$

直線 PE の傾き：$\dfrac{8t-2t^2}{t-4}=-2t.$

ゆえに，直線 PE の方程式は，

$$y=-2t(x-4). \qquad \cdots ②$$

ここで，点 P と長方形 $R$ の位置関係に注意して，以下 3 つの場合に分けて $f(t)$ を求める．

(i) $0<t\leqq 1$ のとき．

直線 PE と直線 $x=1$，$x=2$ との交点は，② より，それぞれ点 $\mathrm{A}_1(1,\ 6t)$，$\mathrm{B}_1(2,\ 4t)$ であり，共通部分は次の（図 1）の網掛け部分（境界を含む）．

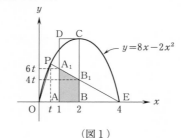

（図 1）

よって，

$$f(t)=\frac{(6t+4t)\cdot 1}{2}$$
$$=5t.$$

(ii) $1<t<2$ のとき．

直線 OP と直線 $x=1$ との交点は，① より，$\mathrm{A}_2(1,\ 8-2t)$．直線 PE と直線 $x=2$ との交点は，② より，$\mathrm{B}_2(2,\ 4t)$．また，共通部分は次の（図 2）の網掛け部分（境界を含む）．

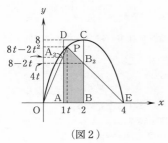

（図 2 ）

よって,

$f(t)$

$= \triangle \text{OPE} - \triangle \text{OAA}_2 - \triangle \text{BEB}_2$

$= \dfrac{1}{2} \cdot 4 \cdot (8t - 2t^2) - \dfrac{1}{2} \cdot 1 \cdot (8 - 2t) - \dfrac{1}{2} \cdot 2 \cdot 4t$

$= -4t^2 + 13t - 4$

$= -4\left(t - \dfrac{13}{8}\right)^2 + \dfrac{105}{16}.$

(iii) $2 \leqq t < 4$ のとき.

直線 OP と直線 $x=1$, $x=2$ との交点は, ①
より, それぞれ $\text{A}_3(1, \ 8-2t)$, $\text{B}_3(2, \ 2(8-2t))$
であり, 共通部分は次の（図 3 ）の網掛け部分
（境界を含む）.

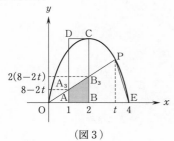

（図 3 ）

よって,

$f(t) = \dfrac{\{8 - 2t + 2(8 - 2t)\} \cdot 1}{2}$

$= -3t + 12.$

(i), (ii), (iii) より,

$$f(t) = \begin{cases} 5t & (0 < t \leqq 1), \\ -4\left(t - \dfrac{13}{8}\right)^2 + \dfrac{105}{16} & (1 < t < 2), \\ -3t + 12 & (2 \leqq t < 4). \end{cases}$$

(2) (1) の結果より, $y = f(t)$ のグラフは次

のようになる.

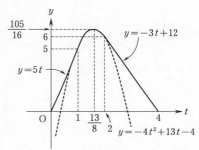

これより, $t = \dfrac{13}{8}$ のとき $f(t)$ は最大となり,

$f(t)$ の最大値は $\dfrac{105}{16}$.

# 5

$-x^2 + (a+2)x + a - 3 < y < x^2 - (a-1)x - 2.$
　　　　　　　　　　　　　　 $\cdots (*)$

$f(x) = -x^2 + (a+2)x + a - 3,$
$g(x) = x^2 - (a-1)x - 2$

とおくと, $(*)$ は,

$f(x) < y < g(x)$

と表される.

(1) 「どんな $x$ に対しても, （$x$ ごとに）それ
ぞれ適当な $y$ をとれば不等式 $(*)$ が成立す
る」ための条件は,

「どんな $x$ に対しても $f(x) < g(x)$,
　すなわち, $g(x) - f(x) > 0$ が成立する」

ことである.

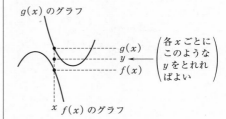

ここで,
$$g(x)-f(x)$$
$$=2x^2-(2a+1)x-a+1$$
$$=2\left(x-\frac{2a+1}{4}\right)^2-\frac{1}{8}(4a^2+12a-7)$$
であるから,求める条件は,
$$-\frac{1}{8}(4a^2+12a-7)>0.$$
これより,
$$(2a+7)(2a-1)<0.$$
$$-\frac{7}{2}<a<\frac{1}{2}.$$

(2) 「適当な $y$ をとれば,どんな $x$ に対しても不等式 (*) が成立する」ための条件は,
「$(f(x)$ の最大値$)<(g(x)$ の最小値$)$」
となることである.

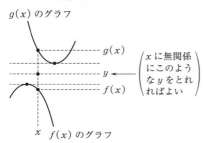

$g(x)$ のグラフ

$g(x)$

$y \leftarrow$ ($x$ に無関係にこのような $y$ をとれればよい)

$f(x)$

$x$　$f(x)$ のグラフ

ここで,
$$f(x)=-\left(x-\frac{a+2}{2}\right)^2+\frac{1}{4}(a^2+8a-8),$$
$$g(x)=\left(x-\frac{a-1}{2}\right)^2+\frac{1}{4}(-a^2+2a-9)$$
であるから,求める条件は,
$$\frac{1}{4}(a^2+8a-8)<\frac{1}{4}(-a^2+2a-9).$$
これより,
$$2a^2+6a+1<0.$$
$$\frac{-3-\sqrt{7}}{2}<a<\frac{-3+\sqrt{7}}{2}.$$

**6** ──〈方針〉────────────

命題を証明しにくいときは対偶を証明する.

(1) 対偶
「$x^2$ と $x^3$ がともに有理数ならば,
$x$ は有理数である」
の真偽を調べる.
　$x=0$ のときは明らかに真.
　$x\neq0$ のとき,
$$x^2=\frac{b}{a},\quad x^3=\frac{d}{c}$$
$$\left(\begin{array}{l}\text{ただし,}a\text{ と }b,c\text{ と }d\text{ は}\\\text{それぞれ互いに素な }0\text{ 以外の整数}\end{array}\right)$$
とおくと,
$$x=\frac{x^3}{x^2}=\frac{\dfrac{d}{c}}{\dfrac{b}{a}}=\frac{ad}{bc}$$
であるから,$x$ は有理数.
　以上より,対偶は真.
　したがって,もとの命題も**真**である.

(2) **偽**である.
　反例は
$$x=\sqrt{2},\quad y=-\sqrt{2}.$$

(3) 対偶
「$n$ が 4 の倍数でなければ,
$n^2$ は 8 の倍数ではない」
の真偽を調べる.
　4 の倍数でない自然数は,整数 $k$ を用いて,
$$4k\pm1,\quad 4k+2$$
のいずれかの形に表される.
(i) $n=4k\pm1$ ($k$ は整数) のとき.
$$n^2=16k^2\pm8k+1=8(2k^2\pm k)+1.$$
(ii) $n=4k+2$ ($k$ は整数) のとき.
$$n^2=16k^2+16k+4=8(2k^2+2k)+4.$$
　ゆえに,いずれの場合も $n^2$ は 8 の倍数ではないから,対偶は真.
　したがって,もとの命題も**真**である.

# 7

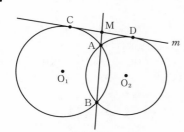

(1) 円 $O_1$ において，方べきの定理より，
$$MC^2＝MA・MB. \quad …①$$
円 $O_2$ において，方べきの定理より，
$$MD^2＝MA・MB. \quad …②$$
①，②より，
$$MC^2＝MD^2,$$
すなわち，
$$MC＝MD.$$
よって，M は線分 CD の中点である。

(2) $O_1A＝O_1B$，$O_2A＝O_2B$ であるから，直線 $O_1O_2$ は線分 AB の垂直二等分線である。

したがって，直線 $O_1O_2$ と直線 AB は垂直である。

一方，$\angle CMA＝90°$ のとき，直線 $m$ と直線 AB は垂直である。

よって，
$$直線O_1O_2 \mathbin{/\!/} 直線m. \quad …③$$
また，C，D は 2 つの円と $m$ との接点であるから，
$$O_1C \perp m, \quad O_2D \perp m. \quad …④$$
③，④より，四角形 $O_1O_2DC$ は長方形となり，
$$O_1C＝O_2D$$
であるから，2 つの円の半径は等しい。

# 8 ──〈方針〉─

直角三角形に着目したり，円周角の定理を利用したりして，等しい角を見つける。

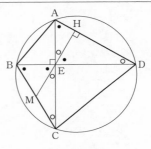

$$（○ ＋ ● ＝90°）$$

(1) 直角三角形 AED と直角三角形 EDH に注目すると，
$$\angle ADE＝90°－\angle DEH \quad (\angle DHE＝90°より)$$
$$＝\angle AEH \quad (\angle AED＝90°より)$$
$$＝\angle CEM \quad (対頂角)$$
となる。

(2) $\overparen{AB}$ に対する円周角に着目すると，
$$\angle ADE＝\angle ECM.$$
これと (1) の結果を合わせると，
$$\angle CEM＝\angle ECM$$
となるから，△MEC は二等辺三角形であり，
$$EM＝CM. \quad …①$$
同様にして，
$$\angle DAE＝90°－\angle AEH＝\angle DEH＝\angle BEM$$
であり，
$$\angle DAE＝\angle EBM$$
であるから，
$$\angle BEM＝\angle EBM.$$
よって，
$$BM＝EM. \quad …②$$
①，②より，
$$BM＝EM＝CM.$$

**【注】** 上で調べたように，点 M は辺 BC の中点である．これは「ブラーマグプタの定理」と呼ばれる有名な定理である．

(注終り)

# 9 ——〈方針〉————

(1)，(2)では，メネラウスの定理を用いる．使い方がわかりにくいという人は〔参考〕を見よ．

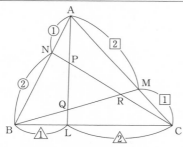

(1) △ABL と直線 CN にメネラウスの定理を適用すると，

$$\frac{AN}{NB} \cdot \frac{BC}{CL} \cdot \frac{LP}{PA} = 1.$$

$$\frac{1}{2} \cdot \frac{3}{2} \cdot \frac{LP}{PA} = 1.$$

$$\frac{PL}{AP} = \frac{4}{3}.$$

よって，

$$\mathbf{AP : PL = 3 : 4.} \qquad \cdots ①$$

(2) △ACL と直線 BM にメネラウスの定理を適用すると，

$$\frac{AM}{MC} \cdot \frac{CB}{BL} \cdot \frac{LQ}{QA} = 1.$$

$$\frac{2}{1} \cdot \frac{3}{1} \cdot \frac{LQ}{QA} = 1.$$

$$\frac{QL}{AQ} = \frac{1}{6}.$$

よって，

$$AQ : QL = 6 : 1. \qquad \cdots ②$$

$AL = 7k \ (k>0)$ とおけば，①，②より，

$$PL = 4k, \quad QL = k$$

であるから，

$$PQ = PL - QL = 3k.$$

したがって，

$$\mathbf{PQ : QL = 3 : 1.}$$

(3) $S_1 = \triangle PQR$

$\quad = \triangle ABC - \triangle ABQ - \triangle BCR - \triangle CAP$

$\quad = S_2 - \triangle ABQ - \triangle BCR - \triangle CAP$

であり，

$$\triangle ABQ = \frac{AQ}{AL} \triangle ABL$$

$$= \frac{AQ}{AL} \cdot \frac{BL}{BC} \triangle ABC$$

$$= \frac{6}{7} \cdot \frac{1}{3} S_2$$

$$= \frac{2}{7} S_2.$$

同様に，

$$\triangle BCR = \frac{2}{7} S_2, \quad \triangle CAP = \frac{2}{7} S_2$$

であるから，

$$S_1 = S_2 - 3 \cdot \frac{2}{7} S_2 = \frac{1}{7} S_2.$$

よって，

$$\mathbf{S_1 : S_2 = 1 : 7.}$$

**【注】** (2)で，メネラウスの定理を用いて

$$AQ : QL = 6 : 1$$

を示したが，点のとり方の対称性から，同様にして，

$$BR : RM = 6 : 1, \quad CP : PN = 6 : 1$$

も示せる．

(3)で，△BCR，△CAP の面積を計算する際には，これらを用いている．

(注終り)

〔**参考**〕 メネラウスの定理を使うのに慣れていない人は次のようにしよう．

(step1) 内分比・外分比を求めたい線分を含む ▽ を見つけ，その ▽ において，

・内分比・外分比を求めたい線分
・内分比・外分比がわかっている線分を2本

の合計3本の線分を太くなぞり，▽ の太線

上の点について，

- 太線が 2 本通っている点（3 個）に「◎」をつけ，
- それ以外の点（これも 3 個）に「○」をつける．

(1) なら次の図の網かけの △ に注目して

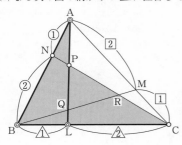

(step2)　「◎」をつけた点から始めて

$$\frac{◎○}{◎○}\cdot\frac{◎○}{◎○}\cdot\frac{◎○}{◎○}=1$$

のように，**太線上を◎と○を交互にたどる**．

(1)では，上図のようにして◎のついている A から始めると，例えば

$$\frac{AN}{NB}\cdot\frac{BC}{CL}\cdot\frac{LP}{PA}=1$$

となる．

同様に，(2)なら次の図の網かけの △ に注目して

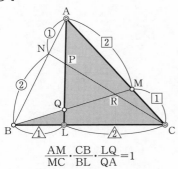

$$\frac{AM}{MC}\cdot\frac{CB}{BL}\cdot\frac{LQ}{QA}=1$$

となる．

（参考終り）

# 10

(1)　$a:b:c=BC:CA:AB=3:5:7$ より，

$$AB=7k,\ BC=3k,\ CA=5k \quad (k>0)$$

とおける．

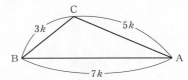

このとき，余弦定理より，

$$\begin{aligned}
\cos\angle CAB&=\frac{AB^2+CA^2-BC^2}{2AB\cdot CA}\\
&=\frac{49k^2+25k^2-9k^2}{2\cdot 7k\cdot 5k}\\
&=\boxed{\frac{13}{14}}.
\end{aligned}$$

(2)　余弦定理より，

$$\begin{aligned}
\cos\angle BCA&=\frac{BC^2+CA^2-AB^2}{2BC\cdot CA}\\
&=\frac{9k^2+25k^2-49k^2}{2\cdot 3k\cdot 5k}\\
&=-\frac{1}{2}.
\end{aligned}$$

よって，

$$\angle BCA=\boxed{120°}.$$

(3)
$$\begin{aligned}
\triangle ABC&=\frac{1}{2}BC\cdot CA\sin\angle BCA\\
&=\frac{1}{2}\cdot 3k\cdot 5k\cdot\sin 120°\\
&=\frac{15\sqrt{3}}{4}k^2.
\end{aligned}$$

$\triangle ABC=60\sqrt{3}$ より，

$$\frac{15\sqrt{3}}{4}k^2=60\sqrt{3}.$$
$$k^2=16.$$

$k>0$ より，

$$k=4.$$

よって，
$$a=\mathrm{BC}=3k=\boxed{12},$$
$$b=\mathrm{CA}=5k=\boxed{20},$$
$$c=\mathrm{AB}=7k=\boxed{28}.$$

次に，$\triangle\mathrm{ABC}$ の外接円の半径を $R$ とすると，正弦定理より，

$$\frac{\mathrm{AB}}{\sin\angle\mathrm{BCA}}=2R$$

であるから，

$$R=\frac{28}{2\sin 120°}$$
$$=\frac{28}{2\cdot\dfrac{\sqrt{3}}{2}}$$
$$=\boxed{\dfrac{28\sqrt{3}}{3}}.$$

また，$\triangle\mathrm{ABC}$ の内接円の半径を $r$ とすると，

$$\triangle\mathrm{ABC}=\frac{1}{2}r(\mathrm{AB}+\mathrm{BC}+\mathrm{CA})$$

であるから，

$$60\sqrt{3}=\frac{1}{2}r(28+12+20).$$

よって，

$$r=\boxed{2\sqrt{3}}.$$

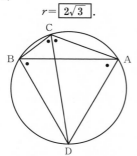

続いて，上図において，直線 CD は $\angle\mathrm{BCA}$ の二等分線であるから，
$$\angle\mathrm{BCD}=\angle\mathrm{ACD}=60°.$$
また，円周角の性質より，
$$\angle\mathrm{BCD}=\angle\mathrm{BAD}=60°,$$
$$\angle\mathrm{ACD}=\angle\mathrm{ABD}=60°.$$

したがって，$\triangle\mathrm{ABD}$ は正三角形であるから，$\mathrm{BD}=\mathrm{AB}$ より，
$$\mathrm{BD}=\boxed{28}.$$
次に，$\triangle\mathrm{BCD}$ に余弦定理を用いると，
$$\mathrm{BD}^2=\mathrm{BC}^2+\mathrm{CD}^2-2\mathrm{BC}\cdot\mathrm{CD}\cos\angle\mathrm{BCD}.$$
$x=\mathrm{CD}$ とおくと，
$$28^2=12^2+x^2-2\cdot12\cdot x\cdot\cos 60°.$$
$$x^2-12x-640=0.$$
$$(x-32)(x+20)=0.$$
$x>0$ より，
$$x=32.$$
よって，
$$\mathrm{CD}=\boxed{32}.$$

# 11 ──〈方針〉─────

(1) $\triangle\mathrm{ABC}$ と $\triangle\mathrm{CDA}$ に余弦定理を用いる．そのとき，円に内接する四角形では向かい合う内角の和は $180°$ であることを使う．

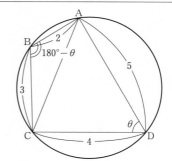

(1) $\triangle\mathrm{CDA}$ に余弦定理を用いて，
$$\mathrm{AC}^2=5^2+4^2-2\cdot5\cdot4\cos\theta.$$
$$\mathrm{AC}^2=41-40\cos\theta. \qquad\cdots①$$
$\angle\mathrm{ABC}+\angle\mathrm{CDA}=180°$ であるから，
$$\angle\mathrm{ABC}=180°-\theta.$$
$\triangle\mathrm{ABC}$ に余弦定理を用いて，
$$\mathrm{AC}^2=2^2+3^2-2\cdot2\cdot3\cos(180°-\theta).$$
$\cos(180°-\theta)=-\cos\theta$ を用いて，
$$\mathrm{AC}^2=13+12\cos\theta. \qquad\cdots②$$

② を ① に代入して,

$$13+12\cos\theta=41-40\cos\theta.$$

$$\cos\theta=\frac{7}{13}.$$

また, $0°<\theta<180°$ より $\sin\theta>0$ であるから,

$$\sin\theta=\sqrt{1-\cos^2\theta}$$
$$=\sqrt{1-\left(\frac{7}{13}\right)^2}$$
$$=\frac{2\sqrt{30}}{13}. \qquad \cdots ③$$

(2) 四角形 ABCD の面積を $S$ とおくと,

$$S=\triangle\mathrm{ABC}+\triangle\mathrm{CDA}$$
$$=\frac{1}{2}\cdot2\cdot3\cdot\sin(180°-\theta)+\frac{1}{2}\cdot4\cdot5\cdot\sin\theta$$
$$=3\sin\theta+10\sin\theta$$
$$\qquad(\sin(180°-\theta)=\sin\theta\ \text{より})$$
$$=13\sin\theta.$$

③ を代入して,

$$S=2\sqrt{30}.$$

## 12 ──〈方針〉──

正弦定理, 余弦定理を用いて, 与えられた条件式を辺の関係式にかきかえる.

$\triangle\mathrm{ABC}$ の頂点 A, B, C の対辺の長さをそれぞれ $a$, $b$, $c$ とし, その外接円の半径を $R$ とすると, 正弦定理, 余弦定理から,

$$\frac{\sin A}{\sin B}=\frac{\cos B}{\cos A}.$$

$$\frac{\dfrac{a}{2R}}{\dfrac{b}{2R}}=\frac{\dfrac{c^2+a^2-b^2}{2ca}}{\dfrac{b^2+c^2-a^2}{2bc}}.$$

$$\frac{a}{b}=\frac{b(c^2+a^2-b^2)}{a(b^2+c^2-a^2)}.$$

$$a^2(b^2+c^2-a^2)=b^2(c^2+a^2-b^2). \qquad \cdots ①$$

また,

$$\sin C=2\sin A.$$

$$\frac{c}{2R}=2\cdot\frac{a}{2R}.$$

$$c=2a. \qquad \cdots ②$$

② を ① に代入して,

$$a^2(b^2+3a^2)=b^2(5a^2-b^2).$$
$$3a^4-4a^2b^2+b^4=0.$$
$$(a^2-b^2)(3a^2-b^2)=0.$$
$$b=a,\ \sqrt{3}\,a.$$

(i) $b=a$ のとき.

② から, 3 辺の長さは, $a$, $a$, $2a$ となる. このような三角形は存在しない. (不適)

(ii) $b=\sqrt{3}\,a$ のとき.

② から, 3 辺の長さは, $a$, $\sqrt{3}\,a$, $2a$ となる.

よって, $\triangle\mathrm{ABC}$ は 3 辺の長さの比が $1:2:\sqrt{3}$ の直角三角形となるから,

$$\angle\mathrm{A}=30°,$$
$$\angle\mathrm{B}=60°,$$
$$\angle\mathrm{C}=90°.$$

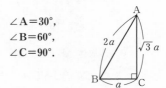

## 13

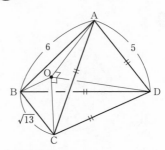

(1) 余弦定理から,

$$\cos A=\frac{\mathrm{AB}^2+\mathrm{AC}^2-\mathrm{BC}^2}{2\mathrm{AB}\cdot\mathrm{AC}}$$
$$=\frac{6^2+5^2-13}{2\cdot6\cdot5}=\frac{4}{5}.$$

よって,

$$\sin A=\sqrt{1-\left(\frac{4}{5}\right)^2}=\frac{3}{5}$$

14

であるから，△ABC の面積は，

$$\frac{1}{2}\mathrm{AB}\cdot\mathrm{AC}\sin A=\frac{1}{2}\cdot6\cdot5\cdot\frac{3}{5}$$
$$=9.$$

(2) DA=DB=DC(=5) であるから，点 D から平面 ABC に垂線 DO を下ろすと，

$$\triangle\mathrm{DOA}\equiv\triangle\mathrm{DOB}\equiv\triangle\mathrm{DOC}$$

となり，点 O は △ABC の外心である．

よって，正弦定理により，

$$\mathrm{OA}=\frac{\mathrm{BC}}{2\sin A}=\frac{\sqrt{13}}{2\cdot\frac{3}{5}}=\frac{5\sqrt{13}}{6}$$

であり，

$$\mathrm{DO}=\sqrt{\mathrm{DA}^2-\mathrm{OA}^2}$$
$$=\sqrt{5^2-\left(\frac{5\sqrt{13}}{6}\right)^2}$$
$$=\frac{5\sqrt{23}}{6}.$$

よって，四面体 ABCD の体積は，

$$\frac{1}{3}\cdot\triangle\mathrm{ABC}\cdot\mathrm{DO}=\frac{1}{3}\cdot9\cdot\frac{5\sqrt{23}}{6}$$
$$=\frac{5\sqrt{23}}{2}.$$

# 14

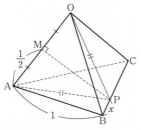

(1) AP=OP であるから，辺 OA の中点を M とすると，

$$\mathrm{OA}\perp\mathrm{PM}.$$

△APM に三平方の定理を用いて，

$$\mathrm{PM}=\sqrt{\mathrm{AP}^2-\mathrm{AM}^2}. \quad\cdots\text{①}$$

ここで，△ABP に余弦定理を用いると，

$$\mathrm{AP}^2=1^2+x^2-2\cdot1\cdot x\cos60°$$

$$=x^2-x+1.$$

AP>0 であるから，

$$\mathrm{AP}=\sqrt{x^2-x+1} \quad(0\leqq x\leqq1). \quad\cdots\text{②}$$

①，② より，

$$\mathrm{PM}=\sqrt{x^2-x+1-\left(\frac{1}{2}\right)^2}$$
$$=\sqrt{x^2-x+\frac{3}{4}}.$$

よって，

$$\triangle\mathbf{OAP}=\frac{1}{2}\cdot\mathrm{OA}\cdot\mathrm{PM}$$
$$=\frac{1}{2}\sqrt{x^2-x+\frac{3}{4}}.$$

(2) (1) より，

$$\triangle\mathrm{OAP}=\frac{1}{4}\sqrt{4x^2-4x+3}$$
$$=\frac{1}{4}\sqrt{4\left(x-\frac{1}{2}\right)^2+2} \quad(0\leqq x\leqq1)$$

であるから，$x=\frac{1}{2}$ のとき，△OAP は最小 となり，求める最小値は，

$$\frac{\sqrt{2}}{4}.$$

# 15

以下において，$X$，$Y$，$Z$，$W$ は $a$，$b$，$c$，$d$，$e$，$f$ のうちの異なる4文字とする．

(1) $\{X,\ X,\ X,\ Y\}$ の4個の文字の選び方について，

$X$ の選び方は，$a$ の1通り，

$Y$ の選び方は，$b$，$c$，$d$，$e$，$f$ の5通り

ある．さらに，これらの文字の並べ方は，

$$\frac{4!}{3!1!}=4\ (\text{通り})$$

ある．

よって，求める文字列の総数は，

$$1\cdot5\cdot4=\mathbf{20}\ (\mathbf{通り}).$$

(2) $\{X,\ Y,\ Z,\ W\}$ の4個の文字の選び方は，

$$_6\mathrm{C}_4=15\ (\text{通り})$$

ある．さらに，これらの文字の並べ方は，

$$4! = 24 \ (通り)$$

ある.

よって，求める文字列の総数は，

$$15 \cdot 24 = \mathbf{360} \ \mathbf{(通り)}.$$

(3) 同じ文字を 2 個含む文字列について，

(ア) $\{X, X, Y, Z\}$ のとき.

$X$ の選び方は，$a, b, c$ の 3 通り，

$Y, Z$ の選び方は，$X$ 以外の 5 種類の文字から 2 種類を選ぶ $_5\mathrm{C}_2 = 10 \ (通り)$

ある．さらに，これらの文字の並べ方は，

$$\frac{4!}{2!1!1!} = 12 \ (通り)$$

ある.

よって，このときの文字列の総数は，

$$3 \cdot 10 \cdot 12 = 360 \ (通り).$$

(イ) $\{X, X, Y, Y\}$ のとき.

$X$ と $Y$ の選び方は，$a, b, c$ から 2 種類を選ぶ $_3\mathrm{C}_2 = 3 \ (通り)$

ある．さらに，これらの文字の並べ方は，

$$\frac{4!}{2!2!} = 6 \ (通り)$$

ある.

よって，このときの並べ方の総数は，

$$3 \cdot 6 = 18 \ (通り).$$

以上，(1)，(2) の結果および (ア)，(イ) より，作成可能な文字列の総数は，

$$20 + 360 + 360 + 18 = \mathbf{758} \ \mathbf{(通り)}.$$

# 16

地点 D，E，F，G を図のように定める.

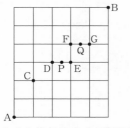

(1) 地点 A から地点 C までの道順は

$_3\mathrm{C}_1 = 3 \ (通り)$ あり，そのそれぞれに対して地点 C から地点 B までの道順が $_8\mathrm{C}_4 = 70$ (通り)あるから，地点 C を通る道順は，

$$3 \times 70 = \mathbf{210} \ \mathbf{(通り)}.$$

(2) 地点 A から地点 B までの道順は

$_{11}\mathrm{C}_5 = 462 \ (通り)$ あり，このうち地点 P を通る道順は，

$$\underset{A \to D}{_5\mathrm{C}_2} \times \underset{D \to E}{1} \times \underset{E \to B}{_5\mathrm{C}_2} = 100 \ (通り)$$

あるから，地点 P を通らない道順は，

$$462 - 100 = \mathbf{362} \ \mathbf{(通り)}.$$

(3) 地点 Q を通る道順は，

$$\underset{A \to F}{_7\mathrm{C}_3} \times \underset{F \to G}{1} \times \underset{G \to B}{_3\mathrm{C}_1} = 105 \ (通り)$$

あり，地点 P，Q をともに通る道順は，

$$\underset{A \to D}{_5\mathrm{C}_2} \times \underset{D \to E}{1} \times \underset{E \to F}{1} \times \underset{F \to G}{1} \times \underset{G \to B}{_3\mathrm{C}_1} = 30 \ (通り)$$

ある．これらのことと (2) の結果より，地点 P および地点 Q を通らない道順は，

$$462 - (100 + 105 - 30) = \mathbf{287} \ \mathbf{(通り)}.$$

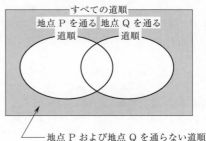

すべての道順

地点 P を通る道順 地点 Q を通る道順

—— 地点 P および地点 Q を通らない道順

# 17 ──〈方針〉──

(3) 正三角形の個数に留意して求める.

(4) 「三角形の総数」から「直角三角形または二等辺三角形の個数」を除いて求める.

(1) 12 個の頂点から 3 点を選んで結べば，1 つの三角形ができるから，三角形は全部で，

$$_{12}\mathrm{C}_3 = \boxed{220} \ (個).$$

(2)　直角三角形の斜辺は，正十二角形の外接円の中心を通る対角線と一致する．斜辺はAG，BH，CI，DJ，EK，FL の 6 通りあり，そのそれぞれに対して，残りの頂点の選び方は 10 通りある．

よって，直角三角形は全部で，
$$6 \times 10 = \boxed{60} \ (\text{個}).$$

(3)　正三角形は，△AEI，△BFJ，△CGK，△DHL の 4 個ある．また，2 本の等辺を共有する頂点が A である二等辺三角形（正三角形は除く）は，△ABL，△ACK，△ADJ，△AFH の 4 個あり，頂点が B，C，…，L の各場合も二等辺三角形（正三角形は除く）は 4 個ずつある．

よって，二等辺三角形は全部で，
$$4 + 4 \times 12 = \boxed{52} \ (\text{個}).$$

**((3)の別解)**

2 本の等辺を共有する頂点が A である二等辺三角形（正三角形を含む）は，△ABL，△ACK，△ADJ，△AEI，△AFH の 5 個あり，頂点が B，C，…，L の各場合も二等辺三角形（正三角形を含む）は 5 個ずつある．

よって，これらの合計は，
$$5 \times 12 = 60 \ (\text{個})$$
であるが，正三角形 △AEI，△BFJ，△CGK，△DHL をそれぞれ 3 回ずつ数えていることに注意すると，二等辺三角形は全部で，
$$60 - 2 \times 4 = \boxed{52} \ (\text{個}).$$
((3)の別解終り)

(4)　直角二等辺三角形は，2 本の等辺を共有する頂点が A，B，…，L の各場合につき 1 個ずつあるから，全部で 12 個ある．

これと (2)，(3) の結果より，直角三角形または二等辺三角形（正三角形を含む）は全部で，
$$60 + 52 - 12 = 100 \ (\text{個}).$$

よって，直角三角形でも二等辺三角形でもないものは全部で，

$$220 - 100 = \boxed{120} \ (\text{個}).$$

# 18 ──〈方針〉

何色の玉を並べるかで場合分けをする．

(1)　(ア)　2 個ずつの 2 色の玉を並べるとき．

• 玉の色の選び方は，
$${}_4\mathrm{C}_2 = 6 \ (\text{通り}).$$

• 例えば，赤玉 2 個，白玉 2 個を選んだとき，玉の並べ方は，
$$\frac{4!}{2! \cdot 2!} = 6 \ (\text{通り}).$$

他の色の選び方についても同様である．

よって，2 個ずつの 2 色の玉を並べる方法は，
$$6 \cdot 6 = 36 \ (\text{通り}).$$

(イ)　2 個，1 個，1 個の 3 色の玉を並べるとき．

• 玉の色の選び方は，
2 個の玉の色が ${}_4\mathrm{C}_1 = 4$（通り），
1 個の玉の色が ${}_3\mathrm{C}_2 = 3$（通り）
より，
$$4 \cdot 3 = 12 \ (\text{通り}).$$

• 例えば，赤玉 2 個，白玉 1 個，青玉 1 個を選んだとき，玉の並べ方は，
$$\frac{4!}{2!} = 12 \ (\text{通り}).$$

他の色の選び方についても同様である．

よって，2 個，1 個，1 個の 3 色の玉を並べる方法は，
$$12 \cdot 12 = 144 \ (\text{通り}).$$

(ウ)　1 個ずつの 4 色の玉を並べるとき．

• 玉の色の選び方は，
$${}_4\mathrm{C}_4 = 1 \ (\text{通り}).$$

• 玉の並べ方は，
$$4! = 24 \ (\text{通り}).$$

よって，1 個ずつの 4 色の玉を並べる方法は，
$$1 \cdot 24 = 24 \ (\text{通り}).$$

以上より，求める場合の数は，
$$36+144+24=\textbf{204 （通り）}.$$

(2) (ア) 2個ずつの2色の玉を並べるとき．

・玉の色の選び方は，
$$_4C_2=6 \text{（通り）}.$$

・例えば，赤玉2個，白玉2個を選んだとき，白玉2個の配置方法は次図の2通りである．

このとき，残り2箇所には赤玉を配置することになるから，玉の並べ方は，
$$2\cdot1=2 \text{（通り）}.$$

他の色の選び方についても同様である．
よって，
$$6\cdot2=12 \text{（通り）}.$$

(イ) 2個，1個，1個の3色の玉を並べるとき．

・玉の色の選び方は，
$$_4C_1\cdot_3C_2=12 \text{（通り）}.$$

・例えば，赤玉2個，白玉1個，青玉1個を選んだとき，白玉の位置を固定することで，残りの位置に区別が生じる．

ここに，赤玉2個，青玉1個を並べる方法は，
$$\frac{3!}{2!1!}=3 \text{（通り）}.$$

他の色の選び方についても同様である．
よって，
$$12\cdot3=36 \text{（通り）}.$$

(ウ) 1個ずつの4色の玉を並べるとき．

・玉の色の選び方は，

$$_4C_4=1 \text{（通り）}.$$

・白玉の位置を固定することで，残りの位置に区別が生じ，ここに，残り3個の玉を並べることになるから，玉の並べ方は，
$$3!=6 \text{（通り）}.$$

よって，
$$1\cdot6=6 \text{（通り）}.$$

以上より，求める場合の数は，
$$12+36+6=\textbf{54 （通り）}.$$

## 19 ──〈方針〉──

まず，「名前のついた3つの組」に分ける方法の数を考え，それを用いて「名前のついていない3つの組」に分ける方法の数を計算する．

(1) 6人を2人ずつ3組に分ける方法の数を $x$ 通りとする．

この3つの組に，P組，Q組，R組と名前をつける方法は 3! 通りある．

一方，6人をP組の2人，Q組の2人，R組の2人に分ける方法は
$$_6C_2\cdot_4C_2\cdot_2C_2 \text{（通り）}$$
ある．

よって，
$$x\cdot3!=_6C_2\cdot_4C_2\cdot_2C_2$$
より，
$$x=\frac{_6C_2\cdot_4C_2\cdot_2C_2}{3!}=\textbf{15 （通り）}.$$

(2) 7人を2人，2人，3人の3組に分ける方法を $y$ 通りとする．

この3つの組のうち2人の組にP組，Q組，3人の組にR組と名前をつける方法は 2! 通りある．

一方，7人をP組の2人，Q組の2人，R組の3人に分ける方法は
$$_7C_2\cdot_5C_2\cdot_3C_3 \text{（通り）}$$
ある．

よって，
$$y\cdot2!=_7C_2\cdot_5C_2\cdot_3C_3$$

より，

$$y = \frac{{}_7C_2 \cdot {}_5C_2 \cdot {}_3C_3}{2!} = 105 \ \text{(通り)}.$$

(3) 8 人から 7 人を選ぶ方法は ${}_8C_7$ 通りあり，そのそれぞれに対し，選んだ 7 人を組分けする方法が(2)より 105 通りずつあるから，8 人から 2 人，2 人，3 人の組を作る方法の数は，

$${}_8C_7 \cdot 105 = 840 \ \text{(通り)}.$$

このうち，

(ⅰ) A，B が 3 人の組に入る分け方は，A，B と同じ組に入るもう 1 人の選び方と，残り 5 人から 2 人の組を 2 つ作る方法を考えて，

$${}_6C_1 \cdot \frac{{}_5C_2 \cdot {}_3C_2}{2!} = 90 \ \text{(通り)}.$$

(ⅱ) A，B が 2 人の組に入る分け方は，残り 6 人から 2 人の組と 3 人の組を作る方法を考えて，

$${}_6C_2 \cdot {}_4C_3 = 60 \ \text{(通り)}.$$

(ⅰ)，(ⅱ)より，A，B がともに選ばれて，かつ同じ組になるような分け方は

$$90 + 60 = 150 \ \text{(通り)}.$$

## **20** ——〈方針〉

(1) 条件を満たす分け方を書き出す．

(2)，(3) 重複組合せの考え方を用いる．

(1) 条件を満たすような分け方の数は，

$$\begin{cases} x+y+z+w=10, \\ 0 \le x \le y \le z \le w \end{cases}$$

を満たす整数の組 $(x, y, z, w)$ の個数に等しい．これらを列挙すると次の通り．

$(x, \ y, \ z, \ w)$

$$0-0 \begin{cases} 0-10 \\ 1-9 \\ 2-8 \\ 3-7 \\ 4-6 \\ 5-5 \end{cases} \qquad 0-1 \begin{cases} 1-8 \\ 2-7 \\ 3-6 \\ 4-5 \end{cases}$$

$$0-2 \begin{cases} 2-6 \\ 3-5 \\ 4-4 \end{cases} \qquad 0-3-3-4$$

$$1-1 \begin{cases} 1-7 \\ 2-6 \\ 3-5 \\ 4-4 \end{cases} \qquad 1-2 \begin{cases} 2-5 \\ 3-4 \end{cases}$$

$$1-3-3-3 \qquad 2-2 \begin{cases} 2-4 \\ 3-3 \end{cases}$$

よって，求める方法の数は，

$$\textbf{23 (通り)}.$$

(2) 条件を満たすような分け方の数は，10 個の〇と 3 個の｜からなる順列の数に等しい．

よって，求める方法の数は，

$$\frac{(10+3)!}{10!3!} = 286 \ \text{(通り)}.$$

【注】 4 つの箱を A，B，C，D とする．例えば，A に 2 個，B に 3 個，C に 4 個，D に 1 個入れる分け方は，

〇 〇｜〇 〇 〇｜〇 〇 〇 〇｜〇

A に　　B に　　　　C に　　　　D に
入れる　入れる　　　入れる　　　入れる

と表すことができる．逆に，例えば，

〇｜〇 〇 〇 〇 〇｜〇 〇｜〇 〇

により，A に 1 個，B に 5 個，C に 2 個，D に 2 個入れる分け方が得られる．したがって，求める分け方の数は，10 個の〇と

3個の | を一列に並べる方法の数に等しい. また, 10 個の○と3個の | を一列に並べるには, 13 個の□を一列に並べ, | が入る3つの□を選べばよい(残り 10 個の□に○が入る).

13 個

この選び方は,

$$_{13}C_3 = 286 \text{ (通り)}.$$

(注終り)

〔**参考**〕 異なる $n$ 個のものから重複を許して $r$ 個選ぶ組合せは**重複組合せ**と呼ばれ, その場合の数は $_n\mathbf{H}_r$ で表される.
($_n\mathbf{H}_r = _{n+r-1}C_r$ が成り立つ)

本問において, 4つの箱を A, B, C, D とすると, 求める方法の数は異なる 4 文字 A, B, C, D から重複を許して 10 個とり出す組合せに他ならないので, 求める方法の数は,

$$_4H_{10} = _{4+10-1}C_{10}$$
$$= _{13}C_{10}$$
$$= 286 \text{ (通り)}.$$

(参考終り)

(3) (2)と同様に考えて, 赤玉6個を分ける方法の数は,

$$\frac{(6+3)!}{6!3!} = 84 \text{ (通り)}.$$

白玉4個を分ける方法の数は,

$$\frac{(4+3)!}{4!3!} = 35 \text{ (通り)}.$$

よって, 求める方法の数は,

$$84 \times 35 = \mathbf{2940} \text{ (通り)}.$$

## 21 ――〈方針〉――

$\displaystyle\sum_{k=0}^{n} {}_nC_k x^k = (1+x)^n$ を利用する.

二項定理により,

$$\sum_{k=0}^{n} {}_nC_k x^k = (1+x)^n \qquad \cdots ①$$

が成り立つ.

(1) ① の両辺に $x=1$ を代入すると,

$$\sum_{k=0}^{n} {}_nC_k = (1+1)^n,$$

すなわち,

$$_nC_0 + {}_nC_1 + \cdots + {}_nC_n = 2^n.$$

(2)
$$_nC_1 + 2\cdot{}_nC_2 + \cdots + n\cdot{}_nC_n$$
$$= \sum_{k=1}^{n} k {}_nC_k$$
$$= \sum_{k=1}^{n} k \cdot \frac{n!}{k!(n-k)!}$$
$$= \sum_{k=1}^{n} \frac{n \times (n-1)!}{(k-1)!\{(n-1)-(k-1)\}!}$$
$$= \sum_{k=1}^{n} n \cdot {}_{n-1}C_{k-1}$$
$$= n({}_{n-1}C_0 + {}_{n-1}C_1 + \cdots + {}_{n-1}C_{n-1})$$
$$= n \cdot 2^{n-1}.$$

$\left(\begin{array}{l} (1)の等式で \ n \ を \ n-1 \ に置き換えること \\ により \end{array}\right)$

(**(2)の別解**)

① の両辺を $x$ で微分すると,

$$\sum_{k=1}^{n} k {}_nC_k x^{k-1} = n(1+x)^{n-1}.$$

この式の両辺に $x=1$ を代入すると,

$$\sum_{k=1}^{n} k {}_nC_k = n(1+1)^{n-1},$$

すなわち,

$$_nC_1 + 2\cdot{}_nC_2 + \cdots + n\cdot{}_nC_n = n \cdot 2^{n-1}.$$

((2)の別解終り)

(3) (1)で示した等式において, $n$ を $2n+1$ に置き換えると,

$$(_{2n+1}C_0 + {}_{2n+1}C_1 + \cdots + {}_{2n+1}C_n)$$
$$+ ({}_{2n+1}C_{n+1} + {}_{2n+1}C_{n+2} + \cdots + {}_{2n+1}C_{2n+1}) = 2^{2n+1}.$$

この等式と,

$$_{2n+1}C_0 = {}_{2n+1}C_{2n+1}, \quad {}_{2n+1}C_1 = {}_{2n+1}C_{2n}, \quad \cdots,$$
$$_{2n+1}C_k = {}_{2n+1}C_{2n+1-k}, \quad \cdots, \quad {}_{2n+1}C_n = {}_{2n+1}C_{n+1}$$

より,

$$(_{2n+1}C_0 + {}_{2n+1}C_1 + \cdots + {}_{2n+1}C_n) \times 2 = 2^{2n+1}.$$

よって,

$$_{2n+1}C_0 + {}_{2n+1}C_1 + \cdots + {}_{2n+1}C_n = 2^{2n}.$$

## 22

(1) 3つのサイコロの目の出方は全部で
$$6^3 \text{ 通り}$$
あり，これらは同様に確からしい．

このうち，$S=2$ となるのは，
$$\begin{cases} \text{すべての目が 2 以上,} \\ \text{少なくとも 1 つの目が 2} \end{cases}$$
をともに満たす場合である．

この場合の数は，すべての目が 2 以上の $5^3$ 通りから，すべての目が 3 以上の $4^3$ 通りを除いて，
$$5^3-4^3=61 \text{（通り）}.$$
よって，求める確率は，
$$\frac{61}{6^3}=\frac{61}{216}.$$

(2) $S\leqq2$ かつ $T=6$ となるのは，
$$\begin{cases} \text{少なくとも 1 つの目が 6,} \\ \text{少なくとも 1 つの目が 1 または 2} \end{cases}$$
をともに満たす場合である．

したがって，
事象 $A$ を「1，2 の目が出ない」，
事象 $B$ を「6 の目が出ない」
と定めると，「$S\leqq2$ かつ $T=6$」の余事象は $A\cup B$ である．
$$\begin{cases} \text{事象 } A \text{ の場合の数が } 4^3 \text{ 通り,} \\ \text{事象 } B \text{ の場合の数が } 5^3 \text{ 通り,} \\ \text{事象 } A\cap B \text{ の場合の数が } 3^3 \text{ 通り} \end{cases}$$
であるから，$A\cup B$ の場合の数は，
$$4^3+5^3-3^3=162 \text{（通り）}.$$
よって，求める確率は，
$$1-\frac{162}{6^3}=\frac{1}{4}.$$

(3) (1)と同様に考えると，
$S=k\ (k=1,\ 2,\ \cdots,\ 6)$ となるのは，
$$\begin{cases} \text{すべての目が } k \text{ 以上,} \\ \text{少なくとも 1 つの目が } k \end{cases}$$
をともに満たす場合である．

この場合の数は，すべての目が $k$ 以上の $(7-k)^3$ 通りから，すべての目が $k+1$ 以上

の $(6-k)^3$ 通りを除いて，
$$(7-k)^3-(6-k)^3 \text{ 通り}.$$
これは $k=6$ のときも含めて成り立つ．
したがって，
$$P(S=k)=\frac{(7-k)^3-(6-k)^3}{6^3}$$
$$=\left(\frac{7-k}{6}\right)^3-\left(\frac{6-k}{6}\right)^3.$$
よって，$S$ の期待値を $E$ とすると，
$$E=1\cdot\left\{\left(\frac{6}{6}\right)^3-\left(\frac{5}{6}\right)^3\right\}+2\cdot\left\{\left(\frac{5}{6}\right)^3-\left(\frac{4}{6}\right)^3\right\}$$
$$+\cdots+5\cdot\left\{\left(\frac{2}{6}\right)^3-\left(\frac{1}{6}\right)^3\right\}+6\cdot\left\{\left(\frac{1}{6}\right)^3-\left(\frac{0}{6}\right)^3\right\}$$
$$=\left(\frac{6}{6}\right)^3+\left(\frac{5}{6}\right)^3+\cdots+\left(\frac{2}{6}\right)^3+\left(\frac{1}{6}\right)^3$$
$$=\frac{6^3+5^3+\cdots+2^3+1^3}{6^3}$$
$$=\frac{1}{6^3}\cdot\left(\frac{1}{2}\cdot6\cdot7\right)^2$$
$$=\frac{49}{24}.$$

## 23 ──〈方針〉──

じゃんけんの問題では，誰が勝つか，どの手で勝つかを考える．

5 人がじゃんけんを 1 回するとき，手の出し方の総数は
$$3^5=243 \text{（通り）}$$
あり，これらは同様に確からしい．

(1) 5 人のうち，誰が勝つかの選び方が $_5C_1$ 通りあり，その人がどの手を出すかの選び方が 3 通りある．これにより，他の 4 人の手の出し方も決まるので，求める確率は
$$\frac{_5C_1\times3}{243}=\frac{5}{81}.$$

(2) (1)と同様に考えて，
$$\frac{_5C_3\times3}{243}=\frac{10}{81}.$$

(3) (1)，(2)と同様に考えると，ちょうど 2 人が勝つ確率は

$$\frac{{}_5C_2 \times 3}{243} = \frac{10}{81}$$

であり，ちょうど 4 人が勝つ確率は

$$\frac{{}_5C_4 \times 3}{243} = \frac{5}{81}$$

である．

したがって，あいこになる確率は

$$1 - \left(\frac{5}{81} + \frac{10}{81} + \frac{10}{81} + \frac{5}{81}\right) = \frac{17}{27}.$$

**((3)の別解)**

5 人を A，B，C，D，E とする．

5 人の手の出し方のうち，あいこにならないのは，出た手の種類がちょうど 2 種類の場合である．

2 種類の手の選び方は，

$${}_3C_2 = 3 \ (通り).$$

例えば，5 人の手がグーとチョキの 2 種類であるとき，下の表の空欄に「グー」または「チョキ」を入れる（ただし，全員「グー」と全員「チョキ」の 2 つの場合を除く）と考えて，手の出し方は

$$2^5 - 2 = 30 \ (通り).$$

| A | B | C | D | E |
|---|---|---|---|---|
|   |   |   |   |   |

他の場合も同様であるから，あいこにならない手の出し方は

$$3 \times 30 = 90 \ (通り).$$

したがって，求める確率は

$$1 - \frac{90}{243} = \frac{17}{27}.$$

((3)の別解終り)

# 24 ——〈方針〉

余事象を考える．

サイコロを $n$ 回投げるとき，目の出方は全部で

$$6^n \ (通り)$$

あり，これらは同様に確からしい．

(1) 余事象は，

「$i = 2, 3, \cdots, n$ のすべての $i$ に対して，$X_i \neq X_{i-1}$ となること」

であり，このような $(X_1, X_2, \cdots, X_n)$ は，

$$6 \times \underbrace{5 \times 5 \times \cdots \times 5}_{n-1 \ 個} = 6 \cdot 5^{n-1} \ (通り)$$

ある．

よって，

$$p_n = 1 - \frac{6 \cdot 5^{n-1}}{6^n} = 1 - \left(\frac{5}{6}\right)^{n-1}.$$

(2) 余事象は，次の (ア)，(イ) のいずれかが起こる場合である．

(ア) $i = 2, 3, \cdots, n$ のすべての $i$ に対して，$X_i \neq X_{i-1}$ となる．

(イ) $i = 2, 3, \cdots, n$ のうち，$X_i = X_{i-1}$ となる $i$ が 1 つだけである．

(ア) の確率は，(1) より，

$$\frac{6 \cdot 5^{n-1}}{6^n} = \left(\frac{5}{6}\right)^{n-1}.$$

(イ) については，$X_i = X_{i-1}$ となるただ 1 つの $i$ の選び方が $n-1$ 通りあり，そのおのおのに対して $(X_1, X_2, \cdots, X_n)$ は，

$$6 \times \underbrace{5 \times \cdots \times 5}_{i-2 \ 個} \times 1 \times \underbrace{5 \times \cdots \times 5}_{n-i \ 個} = 6 \cdot 5^{n-2} \ (通り)$$

ある．

よって，(イ) の確率は，

$$\frac{(n-1) \cdot 6 \cdot 5^{n-2}}{6^n} = \frac{n-1}{5}\left(\frac{5}{6}\right)^{n-1}.$$

(ア)，(イ) は互いに排反であるから，

$$q_n = 1 - \left(\frac{5}{6}\right)^{n-1} - \frac{n-1}{5}\left(\frac{5}{6}\right)^{n-1}$$

$$= 1 - \frac{n+4}{5}\left(\frac{5}{6}\right)^{n-1}.$$

# 25

(1) さいころを $n$ 回投げたときの目の出方は全部で $6^n$ 通りある．

このうち，出た目の数がすべて 1 になるような目の出方は 1 通りであるから，求める確率は，

$$\frac{1}{6^n}.$$

(2) さいころを $n$ 回投げたときの出た目の数が $1$ または $2$ であるような目の出方は $2^n$ 通りある. このうち, $n$ 回とも $1$ の目が出る場合と $n$ 回とも $2$ の目が出る場合を除いた $(2^n-2)$ 通りが, 出た目の数が $1$ と $2$ の $2$ 種類になる場合の数である.

よって, 求める確率は,

$$\frac{2^n-2}{6^n}.$$

(3) $a$, $b$, $c$ は互いに異なるさいころの目の数とする. さいころを $n$ 回投げたときの出た目の数が $a$ または $b$ または $c$ であるような目の出方は $3^n$ 通りある. このうち, 出た目の数が $2$ 種類, $1$ 種類である目の出方はそれぞれ

$$_3C_2(2^n-2)\,(通り),\quad _3C_1\,(通り)$$

であるから, 出た目の数が $a$, $b$, $c$ の $3$ 種類である場合の数は,

$$3^n-{}_3C_2(2^n-2)-{}_3C_1\,(通り)$$

ある.

さらに, さいころの目の数 $a$, $b$, $c$ の決め方が ${}_6C_3\,(=20)$ 通りあるから, 求める確率は,

$$\frac{{}_6C_3\cdot\{3^n-{}_3C_2(2^n-2)-{}_3C_1\}}{6^n}$$

$$=\frac{20(3^n-3\cdot2^n+3)}{6^n}.$$

## **26** ──〈方針〉

「積が $5$ で割りきれる」$\Longleftrightarrow$「少なくとも $1$ つ $5$ がある」と考えて, 余事象から求める.

$$\boxed{1}\boxed{2}\boxed{3}\boxed{4}\boxed{5}\boxed{6}\boxed{7}\boxed{8}\boxed{9}$$

(1) 記録された数の積が $5$ で割り切れるのは, 少なくとも $1$ 枚 $\boxed{5}$ を抜き出す場合で, それは $n$ 回とも $\boxed{5}$ 以外を抜き出す場合の余事象である.

$n$ 回とも $\boxed{5}$ 以外を抜き出す事象を $A$, その確率を $P(A)$ とすると, $1$ 回抜き出して $\boxed{5}$ 以外となる確率は $\dfrac{8}{9}$ であるから,

$$P(A)=\left(\frac{8}{9}\right)^n.$$

よって, 求める確率は,

$$1-P(A)=1-\left(\frac{8}{9}\right)^n.$$

(2) 記録された数の積が $10$ で割り切れるのは, 「少なくとも $1$ 枚は $\boxed{5}$ を抜き出し, かつ, 少なくとも $1$ 枚は偶数の記されたカードを抜き出す場合」である.

それは, 「$n$ 回とも $\boxed{5}$ 以外を抜き出す, または, $n$ 回とも奇数の記されたカードを抜き出す事象」の余事象である.

$n$ 回とも $\boxed{5}$ 以外を抜き出す事象を $A$, その確率を $P(A)$, $n$ 回とも奇数の記されたカードを抜き出す事象を $B$, その確率を $P(B)$ とすると,

$$P(A)=\left(\frac{8}{9}\right)^n,$$

$$P(B)=\left(\frac{5}{9}\right)^n.$$

また $A\cap B$ は $n$ 回とも $\boxed{1}$, $\boxed{3}$, $\boxed{7}$, $\boxed{9}$ から $1$ 枚抜き出す事象であるから, その確率を $P(A\cap B)$ とすると,

$$P(A\cap B)=\left(\frac{4}{9}\right)^n.$$

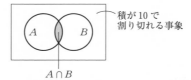
積が $10$ で割り切れる事象

$A\cap B$

したがって, 求める確率は,

$$1-\{P(A)+P(B)-P(A\cap B)\}$$

$$=1-\frac{8^n+5^n-4^n}{9^n}.$$

## 27 ──〈方針〉

反復試行の確率 $_nC_k p^k (1-p)^{n-k}$ と同様の考え方を利用する.

$x$ 軸の正の方向へ 1 進むことを →, $x$ 軸の負の方向へ 1 進むことを ←, $y$ 軸の正の方向へ 1 進むことを ↑, $y$ 軸の負の方向へ 1 進むことを ↓ と表すことにする.

(1) 2 秒後に動点 P が原点 $(0, 0)$ にあるのは,

・2 秒間で → と ← を 1 回ずつ行う,
・2 秒間で ↑ と ↓ を 1 回ずつ行う

のいずれかの場合であり, これらは互いに排反である.

よって, 求める確率は,

$$_2C_1 \cdot \frac{1}{5} \cdot \frac{1}{5} + _2C_1 \cdot \frac{2}{5} \cdot \frac{1}{5} = \frac{6}{25}.$$

(2) 4 秒後に動点 P が原点 $(0, 0)$ にあるのは,

・4 秒間で → と ← を 2 回ずつ行う,
・4 秒間で ↑ と ↓ を 2 回ずつ行う,
・4 秒間で → と ← と ↑ と ↓ を 1 回ずつ行う

のいずれかの場合であり, これらは互いに排反である.

よって, 求める確率は,

$$_4C_2 \left(\frac{1}{5}\right)^2 \left(\frac{1}{5}\right)^2 + _4C_2 \left(\frac{2}{5}\right)^2 \left(\frac{1}{5}\right)^2 + 4! \cdot \frac{1}{5} \cdot \frac{1}{5} \cdot \frac{2}{5} \cdot \frac{1}{5}$$

$$= \frac{78}{625}.$$

(3) 5 秒後に動点 P が点 $(2, 3)$ にあるのは, 5 秒間で → を 2 回, ↑ を 3 回行う場合である.

よって, 求める確率は,

$$_5C_2 \left(\frac{1}{5}\right)^2 \left(\frac{2}{5}\right)^3 = \frac{16}{625}.$$

## 28 ──〈方針〉

(1) 書かれた数字を 2 で割った余りで 15 枚の札を分類する.
(2) 書かれた数字を 3 で割った余りで 15 枚の札を分類する.

(1) 2 で割った余りが 0 である数(偶数)を $r_0$, 1 である数(奇数)を $r_1$ とする.

15 枚の札をそれらに書かれた数字に注目して $r_0$, $r_1$ の 2 つのグループに分けると

$r_0 : 2, 2, 4, 4, 4, 4,$
$r_1 : 1, 3, 3, 3, 5, 5, 5, 5, 5$

であり, $r_0$ が 6 枚, $r_1$ が 9 枚である.

$S$ が 2 の倍数となるのは,

(i) $r_0$ を 3 枚取り出す,
(ii) $r_0$ を 1 枚, $r_1$ を 2 枚取り出す

のいずれかの場合であり, (i) と (ii) は互いに排反である.

よって, 求める確率は,

$$\frac{_6C_3}{_{15}C_3} + \frac{_6C_1 \times _9C_2}{_{15}C_3}$$

$$= \frac{236}{455}.$$

(2) 3 で割った余りが 0 である数を $R_0$, 1 である数を $R_1$, 2 である数を $R_2$ とする.

15 枚の札をそれらに書かれた数字に注目して $R_0$, $R_1$, $R_2$ の 3 つのグループに分けると,

$R_0 : 3, 3, 3,$
$R_1 : 1, 4, 4, 4, 4,$
$R_2 : 2, 2, 5, 5, 5, 5, 5$

であり, $R_0$ が 3 枚, $R_1$ が 5 枚, $R_2$ が 7 枚である.

$S$ が 3 の倍数となるのは,

(i) $R_0$ を 3 枚取り出す,
(ii) $R_1$ を 3 枚取り出す,
(iii) $R_2$ を 3 枚取り出す,
(iv) $R_0$, $R_1$, $R_2$ をそれぞれ 1 枚ずつ取り出す

のいずれかの場合であり, (i), (ii), (iii), (iv)

は互いに排反である．

　よって，求める確率は，

$$\frac{{}_3C_3}{{}_{15}C_3}+\frac{{}_5C_3}{{}_{15}C_3}+\frac{{}_7C_3}{{}_{15}C_3}+\frac{{}_3C_1\times{}_5C_1\times{}_7C_1}{{}_{15}C_3}$$

$$=\frac{151}{455}.$$

## 29 ──〈方針〉──

$2n$ 個の玉をすべて区別できるものとして考える．

　$2n$ 個の玉を順に取り出すとき，偶数回目に取り出すのが B 君の玉であり，最初に取り出した赤玉が偶数回目であれば B 君の勝ちである．

　最初の赤玉が

$$2k \text{ 番目} \quad (k=1, 2, \cdots, n-1)$$

に出る確率は，

$$\frac{{}_{2n-3}P_{2k-1}\cdot {}_3P_1}{{}_{2n}P_{2k}}$$

$$=\frac{\dfrac{(2n-3)!}{(2n-2k-2)!}\cdot 3}{\dfrac{(2n)!}{(2n-2k)!}}$$

$$=\frac{3(2n-2k)(2n-2k-1)}{2n(2n-1)(2n-2)}$$

$$=\frac{3(n-k)(2n-2k-1)}{2n(2n-1)(n-1)}$$

であるから，B 君の勝つ確率は，

$$\sum_{k=1}^{n-1}\frac{3(n-k)(2n-2k-1)}{2n(2n-1)(n-1)}$$

$$=3\sum_{k=1}^{n-1}\frac{2k^2+(-4n+1)k+n(2n-1)}{2n(2n-1)(n-1)}$$

$$=3\left\{\frac{\dfrac{1}{3}(n-1)n(2n-1)}{2n(2n-1)(n-1)}\right.$$

$$\left.+\frac{(-4n+1)\cdot\dfrac{1}{2}(n-1)n}{2n(2n-1)(n-1)}+\frac{n(2n-1)(n-1)}{2n(2n-1)(n-1)}\right\}$$

$$=3\cdot\frac{\dfrac{1}{3}(2n-1)+\dfrac{1}{2}(-4n+1)+2n-1}{2(2n-1)}$$

$$=\frac{4n-5}{4(2n-1)}.$$

## 30 ──〈方針〉──

（1）　硬貨を 6 回投げるとき，表がちょうど 5 回出る確率は，

$${}_6C_5\left(\frac{1}{2}\right)^5\left(\frac{1}{2}\right)$$

であるが，これには 5 回目で表の回数が 5 となる

　　「表表表表裏の順に出る」

場合の確率が含まれ，$p_6$ とはならない．

　本問の場合，5 回目の試行で 5 回目の表が出る硬貨投げを別にして，反復試行の確率の公式を用いて求めることもできる．

（1）　$p_6$ は，5 回目までに表が 4 回，裏が 1 回出て，6 回目に表が出る確率であるから，

$$p_6={}_5C_4\left(\frac{1}{2}\right)^4\left(\frac{1}{2}\right)\cdot\frac{1}{2}=\frac{5}{64}.$$

**（(1)の別解）**

　硬貨を 6 回投げるとき，表がちょうど 5 回出る確率は

$${}_6C_5\left(\frac{1}{2}\right)^5\left(\frac{1}{2}\right).$$

　求める確率は，ここから，

　　「表表表表表裏の順に出る」

場合の確率を除いて，

$$p_6={}_6C_5\left(\frac{1}{2}\right)^5\left(\frac{1}{2}\right)-\left(\frac{1}{2}\right)^6$$

$$=\frac{5}{64}.$$

（(1)の別解終り）

（2）　$p_n$ は，$n-1$ 回目までに表が 4 回，裏が

$n-5$ 回出て，$n$ 回目に表が出る確率である
から，

$$p_n = {}_{n-1}C_4\left(\frac{1}{2}\right)^4\left(\frac{1}{2}\right)^{n-5}\cdot\frac{1}{2}$$

$$= \frac{(n-1)(n-2)(n-3)(n-4)}{24\cdot 2^n}.$$

(3) (2)の結果より，

$$\frac{p_{n+1}}{p_n} = \frac{n(n-1)(n-2)(n-3)}{24\cdot 2^{n+1}}$$

$$\times\frac{24\cdot 2^n}{(n-1)(n-2)(n-3)(n-4)}$$

$$= \frac{n}{2(n-4)}.$$

よって，

$$\frac{p_{n+1}}{p_n}-1 = \frac{n-2(n-4)}{2(n-4)} = \frac{-n+8}{2(n-4)}$$

であるから，

$n=5$，6，7 のとき，

$$\frac{p_{n+1}}{p_n}-1>0 \text{ より，} p_{n+1}>p_n,$$

$n=8$ のとき，

$$\frac{p_{n+1}}{p_n}-1=0 \text{ より，} p_{n+1}=p_n,$$

$n=9$，10，11，… のとき，

$$\frac{p_{n+1}}{p_n}-1<0 \text{ より，} p_{n+1}<p_n.$$

したがって，

$$p_5<p_6<p_7<p_8,$$
$$p_8=p_9,$$
$$p_9>p_{10}>p_{11}>\cdots$$

であるから，$p_n$ は $n=8$，9 のとき最大となり，$p_n$ の最大値は，

$$p_8 = \frac{7\cdot 6\cdot 5\cdot 4}{24\cdot 2^8} = \frac{35}{256}.$$

## *31* ──〈方針〉──

(3) 操作によって途中停止（上がり）がないときは，確率の和が1になるので，

$$a_n+b_n+c_n=1.$$

これを用いる．

(1) Aが赤玉を持っている状態を $A$,

Bが赤玉を持っている状態を $B$,

Cが赤玉を持っている状態を $C$

とする．状態 $A$ から始めて，2回の操作後までの推移を次図に示す．

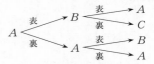

表が出る確率，裏が出る確率はどちらも $\frac{1}{2}$ であるから，

$$\begin{cases} a_1=\dfrac{1}{2}, \quad b_1=\dfrac{1}{2}, \quad c_1=0, \\[2mm] a_2=\left(\dfrac{1}{2}\right)^2+\left(\dfrac{1}{2}\right)^2=\dfrac{1}{2}, \\[2mm] b_2=\left(\dfrac{1}{2}\right)^2=\dfrac{1}{4}, \\[2mm] c_2=\left(\dfrac{1}{2}\right)^2=\dfrac{1}{4}. \end{cases}$$

(2) $n$ 回の操作後から，さらに1回操作するときの状態の移り方を次図に示す．

$n$ 回の操作後　　　$n+1$ 回の操作後

$A$　　　　　　　　　$A$
（確率 $a_n$）　　　　（確率 $a_{n+1}$）

$B$　　　　　　　　　$B$
（確率 $b_n$）　　　　（確率 $b_{n+1}$）

$C$　　　　　　　　　$C$
（確率 $c_n$）　　　　（確率 $c_{n+1}$）

（──→ は表，------→ は裏が出たときを表す）

この図から，

$$\begin{cases} a_{n+1}=\dfrac{1}{2}(a_n+b_n), & \cdots① \\[2mm] b_{n+1}=\dfrac{1}{2}(a_n+c_n), & \cdots② \\[2mm] c_{n+1}=\dfrac{1}{2}(b_n+c_n). & \cdots③ \end{cases}$$

$$(n=1, 2, 3, \cdots)$$

(3) $n$ 回の操作後の全事象の確率は1であるから，

$$a_n + b_n + c_n = 1. \qquad \cdots (*)$$

これと ② より，

$$b_{n+1} = \frac{1}{2}(1 - b_n).$$

よって，

$$b_{n+1} - \frac{1}{3} = -\frac{1}{2}\left(b_n - \frac{1}{3}\right).$$

これより，数列 $\left\{b_n - \frac{1}{3}\right\}$ は，

初項 $b_1 - \frac{1}{3} = \frac{1}{6}$，公比 $-\frac{1}{2}$

の等比数列であるから，

$$b_n - \frac{1}{3} = \frac{1}{6}\left(-\frac{1}{2}\right)^{n-1}.$$

$$b_n = \frac{1}{3} - \frac{1}{3}\left(-\frac{1}{2}\right)^n.$$

次に，①−③ より，

$$a_{n+1} - c_{n+1} = \frac{1}{2}(a_n - c_n).$$

これより，数列 $\{a_n - c_n\}$ は初項

$a_1 - c_1 = \frac{1}{2}$，公比 $\frac{1}{2}$ の等比数列であるから，

$$a_n - c_n = \frac{1}{2}\left(\frac{1}{2}\right)^{n-1}$$
$$= \left(\frac{1}{2}\right)^n. \qquad \cdots ④$$

また，$(*)$ より，

$$a_n + c_n = 1 - b_n$$
$$= \frac{2}{3} + \frac{1}{3}\left(-\frac{1}{2}\right)^n. \qquad \cdots ⑤$$

$\dfrac{⑤+④}{2}$，$\dfrac{⑤-④}{2}$ より，

$$a_n = \frac{1}{3} + \frac{1}{6}\left(-\frac{1}{2}\right)^n + \frac{1}{2}\left(\frac{1}{2}\right)^n,$$
$$c_n = \frac{1}{3} + \frac{1}{6}\left(-\frac{1}{2}\right)^n - \frac{1}{2}\left(\frac{1}{2}\right)^n.$$

以上により，

$$\begin{cases} a_n = \dfrac{1}{3} + \left(\dfrac{1}{2}\right)^{n+1} - \dfrac{1}{3}\left(-\dfrac{1}{2}\right)^{n+1}, \\[2mm] b_n = \dfrac{1}{3} - \dfrac{1}{3}\left(-\dfrac{1}{2}\right)^n, \\[2mm] c_n = \dfrac{1}{3} - \left(\dfrac{1}{2}\right)^{n+1} - \dfrac{1}{3}\left(-\dfrac{1}{2}\right)^{n+1}. \end{cases}$$

# 32

「病原菌がいる」という事象を $A$，「病原菌がいると判定される」という事象を $B$ とする．

与えられた条件より，

$$P_A(B) = P_{\overline{A}}(\overline{B}) = \frac{95}{100},$$

$$P(A) = \frac{2}{100}.$$

それぞれの余事象を考えれば，

$$P_A(\overline{B}) = P_{\overline{A}}(B) = \frac{5}{100},$$

$$P(\overline{A}) = \frac{98}{100}.$$

|  | $B$ | $\overline{B}$ |
|---|---|---|
| $A$ | $A \cap B$ | $A \cap \overline{B}$ |
| $\overline{A}$ | $\overline{A} \cap B$ | $\overline{A} \cap \overline{B}$ |

(1) 求める確率は $P(B)$ である．

$$P(B) = P(A \cap B) + P(\overline{A} \cap B)$$
$$= P(A)P_A(B) + P(\overline{A})P_{\overline{A}}(B)$$
$$= \frac{2}{100} \cdot \frac{95}{100} + \frac{98}{100} \cdot \frac{5}{100}$$
$$= \frac{17}{250}.$$

(2) 求める確率は $P_B(A)$ である．

$$P(A \cap B) = P(A)P_A(B)$$
$$= \frac{2}{100} \cdot \frac{95}{100}$$
$$= \frac{19}{1000}$$

であることと (1) より，

$$P_B(A) = \frac{P(A \cap B)}{P(B)}$$
$$= \frac{19}{1000} \cdot \frac{250}{17}$$
$$= \frac{19}{68}.$$

(3) 求める確率は $P_{\overline{B}}(A)$ である．

$$P(A \cap \overline{B}) = P(A)P_A(\overline{B})$$
$$= \frac{2}{100} \cdot \frac{5}{100}$$

$$=\frac{1}{1000},$$

$$P(\overline{B})=1-P(B)=\frac{233}{250}$$

より，

$$P_{\overline{B}}(A)=\frac{P(A\cap\overline{B})}{P(\overline{B})}$$

$$=\frac{1}{1000}\cdot\frac{250}{233}$$

$$=\frac{1}{932}.$$

**【注】** 正しく判定される確率が 95 % なのに，(2)の確率（約 28 %）が低いのが不思議に感じるかも知れないが，これは病原菌がいる確率が小さいためである．

検体 1 万個あたりで各事象に属する検体の個数を計算すると，次のようになる．

|                | $B$ | $\overline{B}$ |
|----------------|------|------|
| $A$            | 190  | 10   |
| $\overline{A}$ | 490  | 9310 |

病原菌がいない検体の個数が大きいため，5 % の誤検出でも，病原菌がいる検体数を上まわることに注意してほしい．

（注終り）

## 33 ──〈方針〉──

変量 $x$ の分散が
$$\overline{x^2}-(\overline{x})^2$$
で求められることを用いる．

平均値が 10 で分散が 5 である 15 個のデータの値の和を $S_1$，そのデータの値の 2 乗の和を $T_1$ とし，残りの 5 個のデータの値の和を $S_2$，そのデータの値の 2 乗の和を $T_2$ とする．与えられた条件から，

$$\frac{S_1}{15}=10,$$

$$\frac{T_1}{15}-10^2=5,$$

$$\frac{S_2}{5}=14,$$

$$\frac{T_2}{5}-14^2=13.$$

したがって，

$$S_1=150,$$
$$T_1=1575,$$
$$S_2=70,$$
$$T_2=1045.$$

よって，20 個のデータの平均値を $\overline{x}$，分散を $s_x{}^2$ とすると，

$$\overline{x}=\frac{S_1+S_2}{20}$$

$$=\frac{150+70}{20}$$

$$=11.$$

$$s_x{}^2=\frac{T_1+T_2}{20}-(\overline{x})^2$$

$$=\frac{1575+1045}{20}-11^2$$

$$=10.$$

**【注】** 変量 $x$ の平均値を $\overline{x}$ とするとき，変量 $x$ の分散は
「$(x-\overline{x})^2$ の平均値」
と定義されるが，これを変形すると
**（$x^2$の平均値）$-$（$x$ の平均値）$^2$** …(*)
となる．

その理由を，ここでは 5 個の値
$$a,\quad b,\quad c,\quad d,\quad e$$
をもつデータがある場合で考えてみよう．このデータの平均値を $m$ とすると

$$\frac{1}{5}(a+b+c+d+e)=m.$$

このとき，データの分散は

$$\frac{1}{5}\{(a-m)^2+(b-m)^2+(c-m)^2+(d-m)^2+(e-m)^2\}$$

$$=\frac{1}{5}\{(a^2+b^2+c^2+d^2+e^2)-2m(a+b+c+d+e)+5m^2\}$$

$$=\frac{1}{5}(a^2+b^2+c^2+d^2+e^2)-2m\times\frac{1}{5}(a+b+c+d+e)+m^2$$

$$=\frac{1}{5}(a^2+b^2+c^2+d^2+e^2)-2m^2+m^2$$

$$=\frac{1}{5}(a^2+b^2+c^2+d^2+e^2)-m^2$$

となり，(*) は成り立つ．

（注終り）

## **34** ──〈方針〉──

変量 $x$ の分散は
$$\overline{x^2}-(\overline{x})^2$$
で求められる．
変量 $x$, $y$ の共分散は
$$\overline{xy}-\overline{x}\cdot\overline{y}$$
で求められる（$\overline{xy}$ は $xy$ の平均値）．

$x^2$ の平均値は
$$\overline{x^2}=\frac{x_1{}^2+x_2{}^2+x_3{}^2}{3}=\frac{14}{3}$$
であるから，$x$ の分散は
$$s_x{}^2=\overline{x^2}-(\overline{x})^2=\frac{14}{3}-2^2=\frac{2}{3}$$
である．したがって，$x$ の標準偏差は
$$s_x=\sqrt{\frac{2}{3}}=\frac{\sqrt{6}}{3}.$$
同様に，変量 $y$ の標準偏差は
$$s_y=\sqrt{\overline{y^2}-(\overline{y})^2}=\sqrt{\frac{77}{3}-5^2}=\sqrt{\frac{2}{3}}=\frac{\sqrt{6}}{3}.$$
さらに，$x$ と $y$ の共分散は
$$s_{xy}=\frac{x_1y_1+x_2y_2+x_3y_3}{3}-\overline{x}\cdot\overline{y}$$
$$=\frac{28}{3}-2\cdot5$$
$$=-\frac{2}{3}.$$
以上より，$x$ と $y$ の相関係数は
$$r_{xy}=\frac{s_{xy}}{s_xs_y}=\frac{-\dfrac{2}{3}}{\left(\sqrt{\dfrac{2}{3}}\right)^2}=-1.$$

**【注1】** 変量 $x$ の平均値を $\overline{x}$ とするとき，変量 $x$ の分散は
$$(x-\overline{x})^2 \text{ の平均値}$$
と定義されるが，これを変形すると
$$(x^2 \text{ の平均値})-(x \text{ の平均値})^2$$
となる．
変量 $x$, $y$ の平均値をそれぞれ $\overline{x}$, $\overline{y}$ とするとき，変量 $x$ と $y$ の共分散 $s_{xy}$ は
$$「(x-\overline{x})(y-\overline{y}) \text{ の平均値」}$$
と定義される．特に $y=x$ の場合は

「$(x-\overline{x})^2$ の平均値」となり $x$ の分散を意味する．

本問では $(x, y)$ が3組であるから
$$s_{xy}=\frac{1}{3}\{(x_1-\overline{x})(y_1-\overline{y})$$
$$+(x_2-\overline{x})(y_2-\overline{y})$$
$$+(x_3-\overline{x})(y_3-\overline{y})\}$$
$$=\underbrace{\frac{x_1y_1+x_2y_2+x_3y_3}{3}}_{\text{これは }xy\text{ の平均値}}-\overline{x}\cdot\underbrace{\frac{y_1+y_2+y_3}{3}}_{\text{これは }\overline{y}}$$
$$-\underbrace{\frac{x_1+x_2+x_3}{3}}_{\text{これは }\overline{x}}\cdot\overline{y}+\overline{x}\cdot\overline{y}$$
$$=(xy \text{ の平均値})-\overline{x}\cdot\overline{y}.$$
つまり，$s_{xy}$ は
**($xy$ の平均値)−($x$ の平均値)・($y$ の平均値)**
に等しい．同様にしてこれは一般に成り立つこともわかる．

（注1終り）

**【注2】** 本問の変量 $x$, $y$ の相関係数は $-1$ である．したがって，これらの変量を散布図に表すと，3つの点は傾きが負の直線上に並ぶ．

（注2終り）

## **35** ──〈方針〉──

$s_x{}^2=\overline{x^2}-(\overline{x})^2$ であるから，$\overline{x^2}=s_x{}^2+(\overline{x})^2$ である．
これらを用いて与えられた $R$ の式を $\overline{x}$, $\overline{y}$, $s_x{}^2$, $s_y{}^2$, $s_{xy}$ の式で表す．

$$R=\frac{1}{n}\sum_{i=1}^{n}\{y_i-(ax_i+b)\}^2$$
$$=\frac{1}{n}\sum_{i=1}^{n}(y_i{}^2+a^2x_i{}^2+b^2$$
$$-2ax_iy_i+2abx_i-2by_i). \cdots①$$
ここで，$\dfrac{1}{n}\displaystyle\sum_{i=1}^{n}y_i{}^2$ は変量 $y^2$ の平均値 $\overline{y^2}$ を表す．

同様に

$$\frac{1}{n}\sum_{i=1}^{n}x_i{}^2=\overline{x^2}, \quad \frac{1}{n}\sum_{i=1}^{n}x_iy_i=\overline{xy},$$

$$\frac{1}{n}\sum_{i=1}^{n}x_i=\overline{x}, \quad \frac{1}{n}\sum_{i=1}^{n}y_i=\overline{y}$$

となるから ① より

$$R=\overline{y^2}+a^2\overline{x^2}+b^2\cdot\underbrace{\frac{1}{n}\sum_{i=1}^{n}1}_{\text{これは 1 になる}}$$

$$-2a\overline{xy}+2ab\overline{x}-2b\overline{y}. \quad \cdots②$$

分散 $s_x{}^2$, $s_y{}^2$ と共分散 $s_{xy}$ について

$$s_x{}^2=\overline{x^2}-(\overline{x})^2,$$
$$s_y{}^2=\overline{y^2}-(\overline{y})^2,$$
$$s_{xy}=\overline{xy}-\overline{x}\cdot\overline{y}$$

が成り立つので（$s_{xy}$ については**問題34**の
【注1】を見よ），

$$\overline{x^2}=s_x{}^2+(\overline{x})^2,$$
$$\overline{y^2}=s_y{}^2+(\overline{y})^2,$$
$$\overline{xy}=s_{xy}+\overline{x}\cdot\overline{y}$$

となるから ② より

$$R=s_y{}^2+(\overline{y})^2+a^2\{s_x{}^2+(\overline{x})^2\}+b^2$$
$$-2a(s_{xy}+\overline{x}\cdot\overline{y})+2ab\overline{x}-2b\overline{y}$$
$$=b^2+2\overline{x}\,ab+\left(\boxed{s_x{}^2+(\overline{x})^2}\right)a^2-2\overline{y}\,b$$
$$-2\left(\boxed{s_{xy}+\overline{x}\cdot\overline{y}}\right)a+\boxed{s_y{}^2+(\overline{y})^2}.$$

以下，簡単のため

$$k=\overline{x}, \quad l=\overline{y},$$
$$p=s_x{}^2, \quad q=s_y{}^2, \quad r=s_{xy}$$

と書く．すると，

$$R=b^2+2kab+(p+k^2)a^2-2lb$$
$$-2(r+kl)a+(q+l^2)$$
$$=b^2-2(l-ak)b+(p+k^2)a^2$$
$$-2(r+kl)a+(q+l^2)$$

となる．これを $b$ について平方完成すると，

$$R=\{b-(l-ak)\}^2-(l-ak)^2$$
$$+(p+k^2)a^2-2(r+kl)a+(q+l^2)$$
$$=\{b-(l-ak)\}^2+pa^2-2ra+q$$

となり，さらに $a$ について平方完成すると

$$R=\{b-(l-ak)\}^2+p\left(a-\frac{r}{p}\right)^2-\frac{r^2}{p}+q$$

となる．

よって，$R$ は

$$a=\frac{r}{p} \quad かつ \quad b=l-ak$$

すなわち

$$a=\frac{r}{p} \quad かつ \quad b=l-\frac{r}{p}k$$

のとき最小となる．

以上より，求める $a$, $b$ の値は

$$a=\boxed{\frac{s_{xy}}{s_x{}^2}}, \quad b=\boxed{\overline{y}-\frac{s_{xy}}{s_x{}^2}\overline{x}}.$$

〔**参考**〕 変量 $x$, $y$ の散布図上に直線 $l:y=ax+b$ をかき，点 $(x_i,\,y_i)$ から $l$ への**垂直方向**の距離を図のように $d_i$ とする．

$d_i=|y_i-(ax_i+b)|$ であるから，本問は，$d_i{}^2$ の平均を最小とするような $a$, $b$ の値を求めていることになる（『最小2乗法』という）．

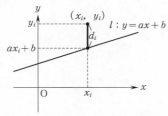

荒っぽくいえば，散布図の点に "最もフィットする" 直線の傾き $a$ と $y$ 切片 $b$ を求めたのである．この直線を「変量 $y$ の変量 $x$ への回帰直線」という．$a=\frac{s_{xy}}{s_x{}^2}$,

$b=\overline{y}-\frac{s_{xy}}{s_x{}^2}\overline{x}$ のときは $\overline{y}=a\overline{x}+b$ が成り立つので，$l$ は点 $(\overline{x},\,\overline{y})$ を通ることがわかる．

（参考終り）

# 36

$$\frac{1}{x}+\frac{1}{2y}+\frac{1}{3z}=\frac{4}{3}. \qquad \cdots ①$$

(1) $x=1$ のとき，① より，

$$\frac{1}{2y}+\frac{1}{3z}=\frac{1}{3}$$

であるから，両辺に $6yz$ を掛けると，

$$2yz-2y-3z=0.$$

これより，

$$(2y-3)(z-1)=3. \qquad \cdots ②$$

$y \geqq 1$，$z \geqq 1$ より，

$$2y-3 \geqq -1, \quad z-1 \geqq 0$$

であるから，② を満たす $2y-3$，$z-1$ の組 $(2y-3,\ z-1)$ は，

$$(2y-3,\ z-1)=(1,\ 3),\ (3,\ 1).$$

これを解いて，

$$(\boldsymbol{y},\ \boldsymbol{z})=(\boldsymbol{2},\ \boldsymbol{4}),\ (\boldsymbol{3},\ \boldsymbol{2}).$$

(2) $y \geqq 1$，$z \geqq 1$ より，

$$\frac{1}{2y} \leqq \frac{1}{2}, \quad \frac{1}{3z} \leqq \frac{1}{3}$$

であるから，

$$\frac{1}{2y}+\frac{1}{3z} \leqq \frac{5}{6}.$$

また，① より，

$$\frac{1}{2y}+\frac{1}{3z}=\frac{4}{3}-\frac{1}{x}$$

であるから，

$$\frac{4}{3}-\frac{1}{x} \leqq \frac{5}{6}.$$

これを解いて，

$$x \leqq 2.$$

$x$ は正の整数であるから，

$$\boldsymbol{x}=\boldsymbol{1},\ \boldsymbol{2}.$$

(3) (2) の結果より，

$$x=1,\ 2.$$

$x=1$ のとき，(1) より，

$$(x,\ y,\ z)=(1,\ 2,\ 4),\ (1,\ 3,\ 2).$$

$x=2$ のとき，① に代入すると，

$$\frac{1}{2y}+\frac{1}{3z}=\frac{5}{6}.$$

両辺に $6yz$ を掛けると，

$$5yz-2y-3z=0.$$

さらに，両辺に 5 を掛けると，

$$25yz-10y-15z=0$$

であるから，

$$(5y-3)(5z-2)=6. \qquad \cdots ③$$

$y \geqq 1$，$z \geqq 1$ より，

$$5y-3 \geqq 2, \quad 5z-2 \geqq 3$$

であるから，③ を満たす $5y-3$，$5z-2$ の組 $(5y-3,\ 5z-2)$ は，

$$(5y-3,\ 5z-2)=(2,\ 3).$$

これを解いて，

$$(y,\ z)=(1,\ 1)$$

であるから，

$$(x,\ y,\ z)=(2,\ 1,\ 1).$$

以上により，① の解は，

$$(\boldsymbol{x},\ \boldsymbol{y},\ \boldsymbol{z})=(\boldsymbol{1},\ \boldsymbol{2},\ \boldsymbol{4}),\ (\boldsymbol{1},\ \boldsymbol{3},\ \boldsymbol{2}),\ (\boldsymbol{2},\ \boldsymbol{1},\ \boldsymbol{1}).$$

# 37 ─〈方針〉

(3) $\beta-\alpha>1$ のとき，区間 $\alpha<x<\beta$ に少なくとも 1 つ整数が含まれることを用いる．

(1) $$55 \cdot (-17)+72 \cdot 13=1 \qquad \cdots ①$$

であるから，求める整数解の 1 組は，

$$(\boldsymbol{x},\ \boldsymbol{y})=(\boldsymbol{-17},\ \boldsymbol{13}).$$

〔参考〕 たとえば，ユークリッドの互除法を用いて整数解の 1 組を求める場合，その手順は以下のようになる．

$$72=55 \cdot 1+17,$$
$$55=17 \cdot 3+4,$$
$$17=4 \cdot 4+1$$

であることを用いると，

$$1=17-4 \cdot 4$$
$$=17-(55-17 \cdot 3) \cdot 4$$
$$=55 \cdot (-4)+17 \cdot 13$$
$$=55 \cdot (-4)+(72-55) \cdot 13$$
$$=55 \cdot (-17)+72 \cdot 13.$$

したがって,
$$55\cdot(-17)+72\cdot13=1.$$
（参考終り）

【注】 他にも,
$$(x,\ y)=(-89,\ 68),\ (55,\ -42)$$
などがある.

（注終り）

(2) ① より,
$$55\cdot(-17c)+72\cdot13c=c \quad\cdots①'$$
であるから, 与式は次のように変形できる.
$$55x+72y=55\cdot(-17c)+72\cdot13c.$$
$$55(x+17c)=72(13c-y). \quad\cdots②$$
② の右辺は 72 の倍数であるから,
$$55(x+17c)\ は\ 72\ の倍数$$
となり, $55=5\cdot11$ と $72=2^3\cdot3^2$ は互いに素であるから,
$$x+17c\ は\ 72\ の倍数.$$
よって, 整数 $k$ を用いて,
$$x+17c=72k\ \ すなわち,\ \ x=-17c+72k$$
と表すことができ, このとき, ② より
$$55k=13c-y.$$
$$y=13c-55k.$$
以上より,
$$(x,\ y)=(-17c+72k,\ 13c-55k).$$
（$k$ は整数）

【注】 答え方は他にもある.
①' は, 方程式の解の 1 組が
$$(x,\ y)=(-17c,\ 13c)$$
であることを意味している.
方程式の解の 1 組が $(x,\ y)=(\alpha,\ \beta)$ であるとき,
$$(x,\ y)=(\alpha+72k,\ \beta-55k) \quad (k\ は整数)$$
あるいは,
$$(x,\ y)=(\alpha-72k,\ \beta+55k) \quad (k\ は整数)$$
という答え方であればよい.
たとえば, ①' のかわりに,
$$55\cdot55+72\cdot(-42c)=c$$
であることを用いると,
$$(x,\ y)=(55c+72k,\ -42c-55k) \quad (k\ は整数)$$

といった答え方となる.
（注終り）

(3) (2) より, $55x+72y=c$ の整数解は,
$$(x,\ y)=(-17c+72k,\ 13c-55k) \quad (k\ は整数)$$
である.
$x>0,\ y>0$ のとき,
$$\begin{cases} -17c+72k>0,\\ 13c-55k>0 \end{cases}$$
より,
$$\frac{17}{72}c<k<\frac{13}{55}c. \quad\cdots③$$
$c>3960$ のとき,
$$\frac{13}{55}c-\frac{17}{72}c=\frac{c}{3960}>1$$
であるから, ③ を満たす整数 $k$ が少なくとも 1 つ存在する.
よって, $55x+72y=c$ の整数解で $x>0$ かつ $y>0$ を満たすものが存在する.

## 38 ──〈方針〉

(1) $\sqrt{n^2+15}=m$ （$m$ は自然数）とおき, $(\quad)\times(\quad)=(定数)$ の形を導く.
(3) (2) より, $m=n$ と $m\neq n$ の場合に分けて考え, 背理法で証明する.

(1) $\sqrt{n^2+15}=m$ （$m$ は自然数）
とおくと,
$$n^2+15=m^2.$$
$$(m+n)(m-n)=15.$$
ここで, $m,\ n$ は自然数で,
$$m+n\geq2,\quad m+n>m-n$$
を満たすから, 15 の約数を考えて,
$$(m+n,\ m-n)=(5,\ 3),\ (15,\ 1).$$
これから,
$$(m,\ n)=(4,\ 1),\ (8,\ 7).$$
よって, 求める自然数 $n$ は,
$$n=1,\ 7.$$
(2)
$$(m^2-mn+n^2)-(m+n)$$
$$=m^2-(n+1)m+n^2-n.$$

ここで,
$$f(x)=x^2-(n+1)x+n^2-n$$
とおくと, $y=f(x)$ のグラフは軸が直線 $x=\dfrac{n+1}{2}$ の下に凸な放物線であり, $m$, $n$ は $m>n$ を満たす自然数なので
$$m\geqq n+1>\dfrac{n+1}{2}.$$

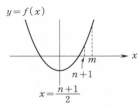

よって,
$$f(m)\geqq f(n+1)=n(n-1)\geqq 0.$$
$$(n\geqq 1\ \text{より})$$
したがって,
$$m^2-mn+n^2\geqq m+n.$$

**((2)の別解)**

$m$, $n$ は $m>n$ を満たす自然数なので,
$$m-n\geqq 1, \quad n\geqq 1.$$
よって,
$$m^2-mn+n^2=m(m-n)+n\cdot n$$
$$\geqq m\cdot 1+n\cdot 1,$$
すなわち,
$$m^2-mn+n^2\geqq m+n.$$
$$((2)の別解終り)$$

(3) $\qquad m^3+n^3=p^3\ (p \text{ は素数})\qquad \cdots$①
を満たす自然数 $m$, $n$ が存在したと仮定する.

(i) $m=n$ のとき, ① より,
$$2m^3=p^3. \qquad\qquad \cdots$②
よって, $p^3$ は 2 の倍数であり, $p$ が素数であることとあわせて,
$$p=2.$$
これを ② に代入して,
$$m^3=4.$$
これは, 自然数 $m$ に対して

$$\begin{cases} m^3=1 & (m=1 \text{ のとき}),\\ m^3\geqq 8 & (m\geqq 2 \text{ のとき}) \end{cases}$$
であることに反する.

(ii) $m\neq n$ のとき, ① より,
$$(m+n)(m^2-mn+n^2)=p^3. \qquad \cdots$③
① は $m$, $n$ について対称なので, $m>n$ としてよい. そうすると, (2)から,
$$m^2-mn+n^2\geqq m+n\geqq 2. \qquad \cdots$④

$p$ は素数であるから, $p^3$ の正の約数は 1, $p$, $p^2$, $p^3$ のいずれかであることに注意すると, ③, ④ より,
$$\begin{cases} m+n=p, & \cdots$⑤ \\ m^2-mn+n^2=p^2. & \cdots$⑥ \end{cases}$$
⑤, ⑥ より, $p$ を消去すると,
$$m^2-mn+n^2=(m+n)^2.$$
$$mn=0.$$
これから $m=0$ または $n=0$ となるが, これは $m$, $n$ が自然数であることに反する.
以上により, 題意は示された.

# 39 ──〈方針〉──

一般に, $m$, $n$ を整数, $p$ を素数とするとき,
$$\text{「}mn \text{ が } p \text{ の倍数」}$$
$$\Longleftrightarrow \text{「}m \text{ または } n \text{ が } p \text{ の倍数」}$$
である. また, (2)では(1)の結果を, (3)では(1)と(2)の結果を利用する.

(1) 「$a+b$ が $p$ の倍数である」, $\cdots$①
　　「$ab$ が $p$ の倍数である」 $\cdots$②
とする.

$p$ が素数であることから, ② より,
$$\text{「}a \text{ または } b \text{ が } p \text{ の倍数」}.$$
よって,
$$\begin{cases} (ア)\text{「}a \text{ と } b \text{ がともに } p \text{ の倍数」}\\ \quad \text{または}\\ (イ)\text{「}a \text{ と } b \text{ の一方のみが } p \text{ の倍数」} \end{cases}$$
のいずれかである.

(イ)のとき, $a+b$ は $p$ の倍数ではない.

したがって，① かつ ② のとき，(ア)となるから，

$$a \text{ と } b \text{ はともに } p \text{ の倍数}$$

である．

(2) $a+b$ と $a^2+b^2$ がともに $p$ の倍数であるとき，

$$2ab=(a+b)^2-(a^2+b^2)$$

の右辺は $p$ の倍数であるから，左辺の $2ab$ も $p$ の倍数となる．$p$ は 3 以上の素数であり，2 は $p$ の倍数ではないから，$ab$ が $p$ の倍数となる．つまり，

$$a+b \text{ と } ab \text{ がともに } p \text{ の倍数}$$

となる．

よって，(1) の結果より，

$$a \text{ と } b \text{ はともに } p \text{ の倍数}$$

である．

(3) $a^2+b^2$ と $a^3+b^3$ がともに $p$ の倍数であるとき，

$$(a^2+b^2)(a+b)-(a^3+b^3)=ab(a+b)$$

の左辺は $p$ の倍数であるから，右辺も $p$ の倍数となる．$p$ は素数であるから，

$$\begin{cases} \text{(ウ)「} ab \text{ が } p \text{ の倍数」} \\ \text{または} \\ \text{(エ)「} a+b \text{ が } p \text{ の倍数」} \end{cases}$$

である．

(ウ)のとき，

$$a^2+b^2 \text{ と } ab \text{ がともに } p \text{ の倍数}$$

である．このとき，

$$a^2+b^2 \text{ と } a^2b^2 \text{ がともに } p \text{ の倍数}$$

となるから，(1) の結果より，

$$a^2 \text{ と } b^2 \text{ はともに } p \text{ の倍数}$$

となり，$a$, $b$ はともに $p$ の倍数である．

(エ)のとき，

$$a+b \text{ と } a^2+b^2 \text{ がともに } p \text{ の倍数}$$

となるから，(2) の結果より，

$$a \text{ と } b \text{ はともに } p \text{ の倍数}$$

となる．

以上により，(ウ)と(エ)のいずれの場合も，

$$a \text{ と } b \text{ はともに } p \text{ の倍数}$$

である．

## 40 ──〈方針〉

整数係数の 3 次方程式の解がどのような数なのかを調べるにはひとまず代入してから考える．

整数の約数・倍数の関係に注目．

(3)では次の事実を使う．

$r$, $s$ が有理数のとき，

$$r+s\sqrt{3}=0 \iff r=s=0.$$

(1) 整数 $\alpha$ が解だとすると，

$$\alpha^3-3\alpha-1=0.$$
$$\alpha(\alpha^2-3)=1.$$

$\alpha$ は整数であるから $\alpha^2-3$ も整数．よって，$\alpha$ は 1 の約数であるから，$\alpha=\pm1$.

ところが，$\alpha=1$ も $\alpha=-1$ もともに与えられた方程式を満たさない．

よって，$\alpha$ は整数ではない．

【注】 (1)だけなら，$f(x)=x^3-3x-1$ とおいて，$f(x)$ の増減を調べ，

$$f(-2)=-3<0, \quad f(-1)=1>0,$$
$$f(0)=-1<0,$$
$$f(1)=-3<0, \quad f(2)=1>0$$

から，解は $-2$ と $-1$ の間，$-1$ と $0$ の間，$1$ と $2$ の間にそれぞれ 1 個ずつあることがわかる．このことから整数解はないとしてもよい．ただし，この方法は(2)以下には応用できない．

(注終り)

(2) $\alpha$ が有理数と仮定すると，$\alpha=\dfrac{n}{m}$ かつ，$m$, $n$ は整数で $m$, $n$ は 1 以外の正の公約数をもたず，$m>0$ とすることができる．

このとき，

$$\left(\frac{n}{m}\right)^3-3\left(\frac{n}{m}\right)-1=0.$$
$$n^3=(3mn+m^2)m.$$

$m$, $n$ は整数であるから $3mn+m^2$ も整数．よって，$m$ は $n^3$ の約数．ところが，$m$, $n$ は 1 以外の正の公約数をもたないから，

$m=1$.

したがって，$\alpha=n$（整数）となり，これは⑴に矛盾する.

よって，$\alpha$ は有理数ではない.

⑶ $\alpha$ が $p+q\sqrt{3}$（$p$, $q$ は有理数）の形で表せたとする.

このとき，
$$(p+q\sqrt{3})^3-3(p+q\sqrt{3})-1=0.$$
$$p^3+9pq^2-3p-1+3(p^2+q^2-1)q\sqrt{3}=0.$$

ここで，$p^3+9pq^2-3p-1$, $(p^2+q^2-1)q$ はともに有理数であり，$\sqrt{3}$ は無理数であるから，
$$\begin{cases} p^3+9pq^2-3p-1=0, \\ (p^2+q^2-1)q=0. \end{cases}$$

$q=0$ とすると，$\alpha=p$（有理数）となり，⑵に矛盾する.

よって，
$$\begin{cases} p^3+9pq^2-3p-1=0, & \cdots① \\ p^2+q^2-1=0. & \cdots② \end{cases}$$

② より，$q^2=1-p^2$.

① に代入して，
$$p^3+9p(1-p^2)-3p-1=0.$$
$$8p^3-6p+1=0.$$

ここで $p=-\dfrac{1}{2}p'$ とおくと，
$$p'^3-3p'-1=0.$$

$p$ は有理数であったから，$p'=-2p$ も有理数で与方程式の解となっている. これは⑵に矛盾する.

よって，$\alpha$ は $p+q\sqrt{3}$（$p$, $q$ は有理数）の形で表せない.

# 41

$n!$ の値の最後が $00$ となるのは，$n!$ が $100=2^2\cdot5^2$ で割り切れるときである.

$1$, $2$, $\cdots$, $10$ に（$5^2$ の倍数でない）$5$ の倍数がちょうど $2$ つあるから，$n!$ が $5^2$ の倍数となる最小の自然数 $n$ は $10$ である. $10!$ は $2^2$ の倍数でもあるから，$100$ で割り切れる.

よって，$n!$ の値の最後が $00$ となる最小の自然数 $n$ は
$$n=10.$$

$n!$ の値の最後に $0$ が $15$ 個以上並ぶのは，$n!$ が $10^{15}=2^{15}\cdot5^{15}$ で割り切れるときである.

$5$ の倍数である自然数を小さいものから順に並べてみると，

$5$, $10$, $15$, $20$, ㉕, $30$, $35$, $40$, $45$, ㊿, $55$, $60$, $65$, $\cdots$ となる. $1$ から $65$ までに $5^2$ の倍数でない $5$ の倍数が $11$ 個，$5^3$ の倍数でない $5^2$ の倍数が $2$ 個あるから，$n!$ が $5^{15}$ の倍数となる最小の自然数 $n$ は $65$ である. $65!$ は $2^{15}$ の倍数でもあるから，$10^{15}$ で割り切れる.

したがって，$n!$ の値の最後に $0$ が $15$ 個以上並ぶ最小の自然数 $n$ は，
$$n=65.$$

【注】 一般に，自然数 $n$ および素数 $p$ に対して，$p^N\leqq n<p^{N+1}$（$N$ は自然数）のとき $p^k$ が $n!$ を割り切るような最大の自然数 $k$ は，
$$\begin{aligned} k=&1\cdot\left(\left[\frac{n}{p}\right]-\left[\frac{n}{p^2}\right]\right) \\ &+2\cdot\left(\left[\frac{n}{p^2}\right]-\left[\frac{n}{p^3}\right]\right) \\ &+\quad\cdots \\ &+(N-1)\cdot\left(\left[\frac{n}{p^{N-1}}\right]-\left[\frac{n}{p^N}\right]\right) \\ &+N\cdot\left[\frac{n}{p^N}\right] \\ =&\left[\frac{n}{p}\right]+\left[\frac{n}{p^2}\right]+\cdots+\left[\frac{n}{p^N}\right]. \quad\cdots① \end{aligned}$$

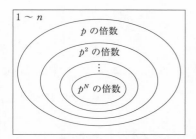

本問の後半においては, $n!$ が $5^{15}$ で割り切れる最小の $n$ を求めればよい. したがって, ① において $k=15$, $p=5$ として最小の $n$ を考えることになり, $N=2$, $n=65$ を得る.

（注終り）

# 42

(1) $$n^3-n=(n-1)n(n+1)$$

であり, $n-1$, $n$, $n+1$ は連続する 3 つの整数であるから, $n^3-n$ は連続する 3 つの整数の積である. 連続する 3 つの整数には, 2 の倍数および 3 の倍数が含まれるから, 連続する 3 つの整数の積は 6 の倍数である.

したがって, $n^3-n$ は 6 で割り切れる.

(2) $$\begin{aligned} &n^5-n\\ &=n(n^4-1)\\ &=n(n^2-1)(n^2+1)\\ &=(n-1)n(n+1)\{(n-2)(n+2)+5\}\\ &=(n-2)(n-1)n(n+1)(n+2)\\ &\qquad\qquad +5(n-1)n(n+1).\end{aligned}$$

ここで,
$$(n-2)(n-1)n(n+1)(n+2)$$

は連続する 5 つの整数の積であり, 連続する 5 つの整数には, 2, 3, 5 の倍数が含まれるから, $(n-2)(n-1)n(n+1)(n+2)$ は,
$$2\cdot3\cdot5=30$$

の倍数である.

また, (1) より, $(n-1)n(n+1)$ は 6 の倍数であるから
$$5(n-1)n(n+1)$$

は 30 の倍数である.

したがって, $n^5-n$ は 30 で割り切れる.

# 43 ──〈方針〉

自然数 $n$ を 4 で割った余りが 0 または 3 のとき, $n$ は自然数 $k$ を用いて,
$$n=4k \text{ または } 4k-1$$
と表すことができる.

$S$ は 1, 2, 3, $\cdots$, $n$ の和であるから,
$$\begin{aligned}S&=1+2+3+\cdots+n\\&=\frac{1}{2}n(n+1).\qquad\cdots(*)\end{aligned}$$

(1) $n$ を 4 で割った余りが 0 または 3 のとき, $n$ は自然数 $k$ を用いて,
$$n=4k \text{ または } 4k-1$$
と表すことができる.

(ⅰ) $n=4k$ のとき.

$(*)$ より,
$$\begin{aligned}S&=\frac{1}{2}\cdot4k(4k+1)\\&=2k(4k+1)\end{aligned}$$

であるから, $S$ は偶数である.

(ⅱ) $n=4k-1$ のとき.

$(*)$ より,
$$\begin{aligned}S&=\frac{1}{2}(4k-1)\{(4k-1)+1\}\\&=2k(4k-1)\end{aligned}$$

であるから, $S$ は偶数である.

(ⅰ), (ⅱ) より, $n$ を 4 で割った余りが 0 または 3 ならば, $S$ が偶数である.

(2) $S$ が偶数ならば, $(*)$ より,
$$n(n+1) \text{ は } 4 \text{ の倍数}$$
である.

ここで, $n$, $n+1$ は連続する 2 整数であるから, 一方が偶数で他方が奇数である.

したがって,

$n$ が奇数のとき $n+1$ が 4 の倍数,

$n+1$ が奇数のとき $n$ が 4 の倍数.

よって, $S$ が偶数ならば, $n$ を 4 で割っ

た余りは 0 または 3 である.

(3) $S$ が 4 の倍数ならば, (\*) より,
$$n(n+1) \text{ は 8 の倍数}$$
である.

$n$, $n+1$ の一方は奇数であるから,

$n$ が奇数のとき $n+1$ が 8 の倍数,

$n+1$ が奇数のとき $n$ が 8 の倍数.

よって, $S$ が 4 の倍数ならば, $n$ を 8 で割った余りは 0 または 7 である.

# 44 ──〈方針〉

(2) 連続する 3 整数の積は 6 の倍数, 連続する 2 整数の積は 2 の倍数である.

(1) $f(1)=r$ より,
$$a+b+c=r. \qquad \cdots ①$$
$f(-1)=s$ より,
$$-a+b-c=s. \qquad \cdots ②$$
$f(-2)=t$ より,
$$-8a+4b-2c=t. \qquad \cdots ③$$
① + ② より,
$$b=\frac{r+s}{2}. \qquad \cdots ④$$
① - ② より,
$$2a+2c=r-s. \qquad \cdots ⑤$$
③ に ④ を代入して,
$$-8a-2c=-2r-2s+t. \qquad \cdots ⑥$$
⑤ + ⑥ より,
$$a=\frac{r+3s-t}{6}.$$
これを ⑤ に代入して,
$$c=\frac{2r-6s+t}{6}.$$
以上により,
$$a=\frac{r+3s-t}{6}, \ b=\frac{r+s}{2}, \ c=\frac{2r-6s+t}{6}.$$

(2) (1) の結果から,
$$f(n)$$
$$=\frac{r+3s-t}{6}n^3+\frac{r+s}{2}n^2+\frac{2r-6s+t}{6}n$$

$$=\frac{r}{6}(n^3+3n^2+2n)+\frac{s}{2}(n^3+n^2-2n)$$
$$-\frac{t}{6}(n^3-n)$$
$$=\frac{n(n+1)(n+2)}{6}r+\frac{(n-1)n}{2}(n+2)s$$
$$-\frac{(n-1)n(n+1)}{6}t.$$

ここで,

連続する 3 整数の積 $n(n+1)(n+2)$,

$(n-1)n(n+1)$ は 6 の倍数であり, 連続する 2 整数の積 $(n-1)n$ は 2 の倍数であるから,
$$\frac{n(n+1)(n+2)}{6}, \ \frac{(n-1)n}{2},$$
$$\frac{(n-1)n(n+1)}{6} \text{ は整数.}$$

このことと, $r$, $s$, $t$ が整数であることから, すべての整数 $n$ について, $f(n)$ は整数になる.

【注】 連続する 2 整数 $n-1$, $n$ の一方が偶数, 他方が奇数であるから, $(n-1)n$ は偶数である.

連続する 3 整数 $n-1$, $n$, $n+1$ は, それぞれ 3 で割ると余りが 0, 1, 2 のいずれかになっているから 3 の倍数が 1 つだけある.

よって, $(n-1)n(n+1)$ は 3 の倍数である.

前半より, $(n-1)n$ は偶数であったから $(n-1)n(n+1)$ は 6 の倍数である.

(注終り)

# 45 ──〈方針〉

(1) $c$ を偶数と仮定して, $a$, $b$, $c$ はどの 2 つも 1 以外の共通な約数をもたないことから $a$, $b$ の偶奇を考え, 矛盾を導く.

(2) 3 の倍数でない整数の 2 乗を 3 で割った余りに注目する.

(3) (1) の結果を利用する.

$$a^2+b^2=c^2. \qquad \cdots ①$$

(1) $c$ が偶数であると仮定すると，$a$, $b$, $c$ はどの 2 つも 1 以外の共通な正の約数をもたないことにより，

　　　$a$, $b$ はともに奇数.

　このとき，$k$, $l$, $m$ を正の整数として，

　　　$a=2k-1$, $b=2l-1$, $c=2m$

と表され，① に代入すると，

　　　$(2k-1)^2+(2l-1)^2=(2m)^2.$

　よって，

　　　$2(k^2+l^2-k-l)+1=2m^2.$

　この式において，左辺は奇数，右辺は偶数であるから矛盾.

　よって，$c$ は奇数である.

(2) 3 の倍数でない整数は $3k\pm1$（$k$ は整数）と表され，

　　　$(3k\pm1)^2=3(3k^2\pm2k)+1$（複号同順）

であるから，

　「3 の倍数でない整数の 2 乗を 3 で割った
　　余りは 1」　　　　　　　　　　$\cdots(*)$

である.

　ここで，$a$, $b$ はともに 3 の倍数でないと仮定すると，$(*)$ により，

　　　$a^2+b^2$ を 3 で割った余りは 2

であり，

　　　$c^2$ を 3 で割った余りは 0 または 1

である. これは ① の成立に矛盾.

　よって，$a$, $b$ の 1 つは 3 の倍数である.

(3) ① と $c$ が奇数であることにより $a$, $b$ は一方が偶数，他方が奇数である.

　$a$ が偶数，$b$ が奇数として一般性は失われない.

　このとき，$a$ が 4 の倍数であることを示せばよい.

　$a$ が 4 の倍数ではないと仮定すると，$k$, $l$, $m$ を正の整数として，

　　　$a=4k-2$, $b=2l-1$, $c=2m-1$

と表される. ① に代入すると，

　　　$(4k-2)^2+(2l-1)^2=(2m-1)^2.$

　これより，

$$4(2k-1)^2=(2m-1)^2-(2l-1)^2$$
$$=(2m+2l-2)(2m-2l)$$
$$=4(m+l-1)(m-l).$$

　よって，

　　　$(2k-1)^2=(m+l-1)(m-l).$　$\cdots②$

ここで，

　　　$(m+l-1)+(m-l)=2m-1=$（奇数）

により，

　　　$m+l-1$ と $m-l$ の一方は偶数

であるから，② において左辺は奇数，右辺は偶数となり矛盾.

　よって，$a$ は 4 の倍数である.

# 46

(1) $n^2=GA$, $2n+1=GB$

（$G$ は $n^2$ と $2n+1$ の最大公約数，$A$ と $B$ は互いに素）とおく.

　　　$4GA=(GB-1)^2.$

　　　$G(4A-GB^2+2B)=1.$

　ここで，$G$, $4A-GB^2+2B$ は整数であり，$G\geqq1$ であるから，

　　　　　$G=1.$

　したがって，$n^2$ と $2n+1$ は互いに素である.

**((1)の別解)**

　$n^2$ と $2n+1$ が互いに素でないとすると，共通素因数 $p$（$\geqq2$）がある.

　$n^2$ が $p$ の倍数ならば $n$ が $p$ の倍数となる.

　$n=kp$（$k$ は整数）とおくと，

　　　$2n+1=2kp+1.$

　したがって，$2n+1$ は，$p$ で割って 1 余る. これは，$n^2$ と $2n+1$ に共通素因数 $p$（$\geqq2$）があるとしたことに不合理.

　よって，$n^2$ と $2n+1$ は互いに素である.

　　　　　　　　　　　　　　　((1)の別解終り)

(2) $n^2+2$ が $2n+1$ の倍数のとき，

$$\frac{n^2+2}{2n+1}=m \quad （m は整数）$$

とかける.

したがって,

$$m=\frac{(2n+1)\left(\frac{1}{2}n-\frac{1}{4}\right)+\frac{9}{4}}{2n+1}$$

$$=\frac{n}{2}-\frac{1}{4}+\frac{9}{4}\cdot\frac{1}{2n+1}.$$

$$4m-2n+1=\frac{9}{2n+1}.$$

よって,$2n+1$($\geqq3$) は $9$ の約数になる
ことが必要であるから,

$$2n+1=3,\ 9.$$

$$n=1,\ 4.$$

$n=1$ のとき,$n^2+2=2n+1=3$,

$n=4$ のとき,$n^2+2=18$,$2n+1=9$

となり,確かに条件を満たす.

よって,求める $n$ は,**1, 4**.

# 47 ——〈方針〉

二項定理を利用する.

(1) 二項定理から,

$$(1+x)^m$$

$$={}_m\mathrm{C}_0+{}_m\mathrm{C}_1x+{}_m\mathrm{C}_2x^2+\cdots+{}_m\mathrm{C}_mx^m.$$

この等式に $x=1$ を代入すると,

$$(1+1)^m$$

$$={}_m\mathrm{C}_0+{}_m\mathrm{C}_1\cdot1+{}_m\mathrm{C}_2\cdot1^2+\cdots+{}_m\mathrm{C}_m\cdot1^m.$$

よって,

$${}_m\mathrm{C}_0+{}_m\mathrm{C}_1+{}_m\mathrm{C}_2+\cdots+{}_m\mathrm{C}_{m-1}+{}_m\mathrm{C}_m=\boldsymbol{2^m}.$$

(2) $${}_m\mathrm{C}_k=\frac{m}{k}\cdot\frac{(m-1)(m-2)\cdots(m-k+1)}{(k-1)(k-2)\cdots2\cdot1}$$

$$=\frac{m}{k}\cdot{}_{m-1}\mathrm{C}_{k-1}$$

より,

$$k{}_m\mathrm{C}_k=m{}_{m-1}\mathrm{C}_{k-1}.$$

$1\leqq k\leqq m-1$ のとき ${}_m\mathrm{C}_k$,${}_{m-1}\mathrm{C}_{k-1}$ は整数
であるから,左辺の $k{}_m\mathrm{C}_k$ は $m$ の倍数であ
るが,$m$ が素数より $1\leqq k\leqq m-1$ に対して
$m$ と $k$ は互いに素であるから,${}_m\mathrm{C}_k$ が $m$
の倍数となる.

(3) (1)の結果より,

$$2^m-2$$

$$=({}_m\mathrm{C}_0+{}_m\mathrm{C}_1+\cdots+{}_m\mathrm{C}_{m-1}+{}_m\mathrm{C}_m)-2$$

$$=(1+{}_m\mathrm{C}_1+\cdots+{}_m\mathrm{C}_{m-1}+1)-2$$

$$={}_m\mathrm{C}_1+{}_m\mathrm{C}_2+\cdots+{}_m\mathrm{C}_{m-2}+{}_m\mathrm{C}_{m-1}$$

であり,(2)で示したことから,$m$ が素数の
とき,

$${}_m\mathrm{C}_1,\ {}_m\mathrm{C}_2,\ \cdots,\ {}_m\mathrm{C}_{m-2},\ {}_m\mathrm{C}_{m-1}$$

はすべて $m$ の倍数であるから,$2^m-2$ は $m$
の倍数となる.

# 数　学　Ⅱ

## 48 ──〈方針〉

（左辺）−（右辺）＝0 を示す.

（左辺）−（右辺）
$= 4a^2b^2+4c^2d^2-(a^2+b^2-c^2-d^2)^2-8abcd$
$= (4a^2b^2-8abcd+4c^2d^2)-(a^2+b^2-c^2-d^2)^2$
$= (2ab-2cd)^2-(a^2+b^2-c^2-d^2)^2$
$= (2ab-2cd+a^2+b^2-c^2-d^2)$
$\qquad\qquad \times(2ab-2cd-a^2-b^2+c^2+d^2)$
$= \{(a^2+b^2+2ab)-(c^2+d^2+2cd)\}$
$\qquad\qquad \times\{(c^2+d^2-2cd)-(a^2+b^2-2ab)\}$
$= \{(a+b)^2-(c+d)^2\}\{(c-d)^2-(a-b)^2\}$
$= (a+b+c+d)(a+b-c-d)(c-d+a-b)(c-d-a+b)$
$= (a+b+c+d)\{(a+b)-(c+d)\}$
$\qquad\qquad \times\{(a+c)-(b+d)\}\{(b+c)-(a+d)\}.$
$\qquad\qquad\qquad\qquad\qquad \cdots①$

よって, $a+b=c+d$, $a+c=b+d$, $a+d=b+c$ のうちいずれかが成り立つとき, ① の値は 0 であるから,
$\qquad$（左辺）＝（右辺）.

## 49 ──〈方針〉

$\dfrac{a+3b}{a+b}-\sqrt{3}$ と $\dfrac{a}{b}-\sqrt{3}$ が異符号であることを示せばよい.

$\dfrac{a+3b}{a+b}-\sqrt{3} = \dfrac{a+3b-\sqrt{3}(a+b)}{a+b}$
$\qquad\qquad = \dfrac{(1-\sqrt{3})a+\sqrt{3}(\sqrt{3}-1)b}{a+b}$
$\qquad\qquad = \dfrac{(1-\sqrt{3})(a-\sqrt{3}b)}{a+b}$
$\qquad\qquad = \dfrac{(1-\sqrt{3})b}{a+b}\left(\dfrac{a}{b}-\sqrt{3}\right).$

ここで, $a$, $b$ は正の整数であるから,
$\qquad \dfrac{(1-\sqrt{3})b}{a+b}<0,$

また, $\dfrac{a+3b}{a+b}$ と $\dfrac{a}{b}$ は有理数で, $\sqrt{3}$ は無理数であるから,
$\qquad \dfrac{a+3b}{a+b}-\sqrt{3}\neq0,\ \dfrac{a}{b}-\sqrt{3}\neq0.$
したがって,
$\qquad \dfrac{a+3b}{a+b}-\sqrt{3}$ と $\dfrac{a}{b}-\sqrt{3}$ は異符号,
つまり,
$\qquad \sqrt{3}$ は $\dfrac{a}{b}$ と $\dfrac{a+3b}{a+b}$ の間にある.

## 50 ──〈方針〉

(1)　（右辺）−（左辺）が 0 以上であることを証明する.
(2)　(1) の結果を利用して証明する.

(1) $\left(1+\dfrac{x+y}{2}\right)^2-(1+x)(1+y)$
$\quad = 1+(x+y)+\left(\dfrac{x+y}{2}\right)^2-(1+x+y+xy)$
$\quad = \left(\dfrac{x-y}{2}\right)^2$
$\quad \geqq 0.$
よって,
$\qquad (1+x)(1+y)\leqq\left(1+\dfrac{x+y}{2}\right)^2$
であり, 等号は $x=y$ のとき成立する.

(2) (1) の結果より,
$\qquad (1+a)(1+b)\leqq\left(1+\dfrac{a+b}{2}\right)^2.\quad \cdots①$
$\qquad (1+c)(1+d)\leqq\left(1+\dfrac{c+d}{2}\right)^2.\quad \cdots②$

$a$, $b$, $c$, $d$ は $-1$ 以上の数であるから, ①, ② の両辺は 0 以上である.
よって, ①, ② の辺々をかけて
$\qquad (1+a)(1+b)(1+c)(1+d)$
$\qquad \leqq\left(1+\dfrac{a+b}{2}\right)^2\left(1+\dfrac{c+d}{2}\right)^2.\quad \cdots③$

また, (1)の結果より,

$$\left(1+\frac{a+b}{2}\right)\left(1+\frac{c+d}{2}\right)$$
$$\leqq\left\{1+\frac{1}{2}\left(\frac{a+b}{2}+\frac{c+d}{2}\right)\right\}^2. \quad\cdots\text{④}$$

よって,

$$\left(1+\frac{a+b}{2}\right)\left(1+\frac{c+d}{2}\right)$$
$$\leqq\left(1+\frac{a+b+c+d}{4}\right)^2.$$

両辺は 0 以上であるから, 両辺を 2 乗して,

$$\left(1+\frac{a+b}{2}\right)^2\left(1+\frac{c+d}{2}\right)^2$$
$$\leqq\left(1+\frac{a+b+c+d}{4}\right)^4. \quad\cdots\text{④}'$$

③, ④′ より,

$$(1+a)(1+b)(1+c)(1+d)$$
$$\leqq\left(1+\frac{a+b+c+d}{4}\right)^4. \quad\cdots\text{⑤}$$

なお, この式で等号が成立するのは, ①, ②, ④ で同時に等号が成立するときであり, このとき,

$$a=b,\ c=d,\ \frac{a+b}{2}=\frac{c+d}{2}.$$

よって, ⑤ で等号が成立するのは,

$$a=b=c=d$$

のときである.

# 51 ──〈方針〉

$a=1$ のときの不等式
$$x^2+y^2+z^2-xy-yz-zx\geqq0$$
は教科書にも載っている有名な不等式である. これをヒントに, $a<1$, $a\geqq1$ のそれぞれの場合について調べてみる.

$$ax^2+y^2+az^2-xy-yz-zx\geqq0. \quad\cdots\text{①}$$

(ⅰ) $a<1$ のとき.

$x=y=z=1$ なら

$$ax^2+y^2+az^2-xy-yz-zx$$
$$=2(a-1)$$
$$<0.$$

したがって, 不適.

(ⅱ) $a\geqq1$ のとき.

$$ax^2+y^2+az^2-xy-yz-zx$$
$$=(a-1)(x^2+z^2)$$
$$\quad+x^2+y^2+z^2-xy-yz-zx$$
$$=(a-1)(x^2+z^2)$$
$$\quad+\frac{1}{2}\{(x-y)^2+(y-z)^2+(z-x)^2\}$$
$$\geqq0.$$

したがって, $a\geqq1$ のとき, ① は任意の実数 $x,\ y,\ z$ に対して成立する.

(ⅰ), (ⅱ) より, 求める $a$ の値の範囲は,

$$a\geqq1.$$

# 52 ──〈方針〉

与式の両辺とも正であるから, 2 乗して比較する.

(1) 両辺とも正であるから, 2 乗して大小を比べてよく,

$$(右辺)^2-(左辺)^2=(\sqrt{a}+\sqrt{b})^2-(\sqrt{a+b})^2$$
$$=2\sqrt{ab}>0.$$

よって, $\sqrt{a+b}<\sqrt{a}+\sqrt{b}$ が示された.

(2) $k\leqq1$ のときは, (1) より,

$$k\sqrt{a+b}\leqq\sqrt{a+b}$$
$$<\sqrt{a}+\sqrt{b}$$

となり, 不適.

よって, $k>1$ としてよい.

このとき両辺とも正であるから, 2 乗して,

$$(右辺)^2-(左辺)^2$$
$$=(k\sqrt{a+b})^2-(\sqrt{a}+\sqrt{b})^2\geqq0$$

がつねに成り立つような $k$ の最小値を求めればよい.

$$y=(k\sqrt{a+b})^2-(\sqrt{a}+\sqrt{b})^2$$

とすると,

$$y=(k^2-1)a-2\sqrt{ab}+(k^2-1)b$$
$$=(k^2-1)\left(a-\frac{2\sqrt{ab}}{k^2-1}+b\right)$$
$$=(k^2-1)\left[\left(\sqrt{a}-\frac{1}{k^2-1}\sqrt{b}\right)^2\right.$$

$$+\left\{1-\frac{1}{(k^2-1)^2}\right\}b\Big].$$

任意の正の数 $a$, $b$ に対して $y \geqq 0$ となるのは，$1-\dfrac{1}{(k^2-1)^2} \geqq 0$ となるときである．

これを解くと，
$$(k^2-1)^2-1 \geqq 0.$$
$$k^2(k^2-2) \geqq 0.$$
$$k^2-2 \geqq 0 \quad (k>1 \ \text{より}).$$
$$k \geqq \sqrt{2} \quad (k>1 \ \text{より}).$$

以上により，$k$ の最小値は $\sqrt{2}$．

**((2)の別解)**

($k$ の最小値が $\sqrt{2}$ であると予想して解答を作ってもよい．)
$$a=b=1$$
のときに与式が成立することが必要であり，
$$\sqrt{1}+\sqrt{1} \leqq k\sqrt{1+1}.$$
$$k \geqq \sqrt{2}.$$

$k=\sqrt{2}$ のとき，与式において，
$$(右辺)^2-(左辺)^2$$
$$=(\sqrt{2}\sqrt{a+b})^2-(\sqrt{a}+\sqrt{b})^2$$
$$=a-2\sqrt{ab}+b$$
$$=(\sqrt{a}-\sqrt{b})^2$$
$$\geqq 0.$$

よって，
$$\sqrt{a}+\sqrt{b} \leqq \sqrt{2}\sqrt{a+b}.$$

つまり，$k=\sqrt{2}$ のとき，与式は正の数 $a$, $b$ に対してつねに成り立つ．

以上により，$k$ の最小値は $\sqrt{2}$．

((2)の別解終り)

**【注】**
$$\sqrt{a}+\sqrt{b} \leqq k\sqrt{a+b}$$
$$\Longleftrightarrow \frac{\sqrt{a}+\sqrt{b}}{2} \leqq \frac{k}{\sqrt{2}}\cdot\sqrt{\frac{a+b}{2}}. \quad \cdots ①$$

一方，$y=\sqrt{x} \ (x \geqq 0)$ のグラフから，
$$\frac{\sqrt{a}+\sqrt{b}}{2} \leqq \sqrt{\frac{a+b}{2}} \quad \cdots ②$$
(等号は，$a=b$ のとき)
が成立することがわかる．

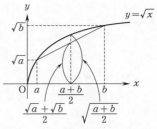

② から，つねに ① が成り立つ条件は，
$$\frac{k}{\sqrt{2}} \geqq 1$$
とわかる． (注終り)

# 53 ──〈方針〉

相加平均と相乗平均の大小関係を用いる．

$a$, $b$, $c$ は正の実数であるから，
$$\frac{1}{a}+\frac{1}{b}+\frac{1}{c} \geqq \frac{9}{a+b+c}$$
$$\Longleftrightarrow (a+b+c)\left(\frac{1}{a}+\frac{1}{b}+\frac{1}{c}\right) \geqq 9. \quad \cdots ①$$

したがって，① を証明すればよい．

(① の左辺)
$$=1+1+1+\left(\frac{b}{a}+\frac{a}{b}\right)+\left(\frac{c}{b}+\frac{b}{c}\right)+\left(\frac{a}{c}+\frac{c}{a}\right)$$
$$\geqq 3+2\sqrt{\frac{b}{a}\cdot\frac{a}{b}}+2\sqrt{\frac{c}{b}\cdot\frac{b}{c}}+2\sqrt{\frac{a}{c}\cdot\frac{c}{a}} \quad \cdots ②$$
((相加平均)$\geqq$(相乗平均) より)
$$=3+2+2+2$$
$$=9$$
$$=(① \text{の右辺}).$$

よって，題意の不等式は示された．

また，等号が成立するのは，② において等号が成立するときであり，この条件は，
$$\frac{b}{a}=\frac{a}{b} \ \text{かつ} \ \frac{c}{b}=\frac{b}{c} \ \text{かつ} \ \frac{a}{c}=\frac{c}{a}.$$

$a$, $b$, $c$ は正の実数であるから，
$$a=b=c.$$

**【注1】** 3つの数についての相加・相乗平均

の不等式を用いて ① を示すこともできる.

$a$, $b$, $c$ は正の実数であるから, 3つの数についての相加・相乗平均の不等式より,

$$a+b+c\geqq 3\sqrt[3]{abc}, \qquad \cdots ③$$

$$\frac{1}{a}+\frac{1}{b}+\frac{1}{c}\geqq 3\sqrt[3]{\frac{1}{a}\cdot\frac{1}{b}\cdot\frac{1}{c}}. \qquad \cdots ④$$

③, ④ の両辺はともに正であるから, 辺々をかけて,

$$(a+b+c)\left(\frac{1}{a}+\frac{1}{b}+\frac{1}{c}\right)\geqq 9.$$

また, 等号が成立するのは, ③, ④ でともに等号が成立するときであり, この条件は,

$$a=b=c.$$

(注1終り)

**【注2】** コーシー・シュワルツの不等式
$$(a_1{}^2+a_2{}^2+a_3{}^2)(b_1{}^2+b_2{}^2+b_3{}^2)\geqq(a_1b_1+a_2b_2+a_3b_3)^2$$
を用いて ① を示すこともできる.

$$(a+b+c)\left(\frac{1}{a}+\frac{1}{b}+\frac{1}{c}\right)$$
$$=\{(\sqrt{a})^2+(\sqrt{b})^2+(\sqrt{c})^2\}$$
$$\left\{\left(\sqrt{\frac{1}{a}}\right)^2+\left(\sqrt{\frac{1}{b}}\right)^2+\left(\sqrt{\frac{1}{c}}\right)^2\right\}$$
$$\geqq\left(\sqrt{a}\cdot\sqrt{\frac{1}{a}}+\sqrt{b}\cdot\sqrt{\frac{1}{b}}+\sqrt{c}\cdot\sqrt{\frac{1}{c}}\right)^2$$
$$=(1+1+1)^2$$
$$=9.$$

また, 等号が成立する条件は,

$$\sqrt{a}:\sqrt{b}:\sqrt{c}=\sqrt{\frac{1}{a}}:\sqrt{\frac{1}{b}}:\sqrt{\frac{1}{c}},$$

すなわち,

$$a=b=c.$$

(注2終り)

**〔参考〕** ① の不等式を $n$ 文字に一般化すると, 以下のようになる.

『$a_1$, $a_2$, $\cdots$, $a_n$ が正の実数のとき, 不等式

$$(a_1+a_2+\cdots+a_n)\left(\frac{1}{a_1}+\frac{1}{a_2}+\cdots+\frac{1}{a_n}\right)\geqq n^2$$

が成り立つ』

これも本問と同様にして証明することができる.

(参考終り)

---

## 54 ── 〈方針〉

$$\begin{cases} a+b=s \\ ab=t \end{cases}$$

を満たす $s$, $t$ は 2 次方程式

$$x^2-sx+t=0$$

の 2 解であることを利用する.

(1) $c=\dfrac{2}{3}$ のとき,

$$\begin{cases} a+b=\dfrac{1}{3}, & \cdots ① \\ a^2+b^2=\dfrac{5}{9}. & \cdots ② \end{cases}$$

$2ab=(a+b)^2-(a^2+b^2)$ より,

$$2ab=-\frac{4}{9}.$$

$$ab=-\frac{2}{9}. \qquad \cdots ③$$

①, ③ より, $a$, $b$ は $x$ の 2 次方程式

$$x^2-\frac{1}{3}x-\frac{2}{9}=0,$$

すなわち,

$$\left(x+\frac{1}{3}\right)\left(x-\frac{2}{3}\right)=0$$

の 2 解であるから,

$$(a,\ b)=\left(-\frac{1}{3},\ \frac{2}{3}\right) \text{ または } \left(\frac{2}{3},\ -\frac{1}{3}\right).$$

(2)
$$\begin{cases} a+b=1-c, & \cdots ④ \\ a^2+b^2=1-c^2 & \cdots ⑤ \end{cases}$$

を満たす実数 $a$, $b$ が存在するような $c$ のとり得る値の範囲を求めればよい.

$$\begin{aligned} 2ab&=(a+b)^2-(a^2+b^2) \\ &=(1-c)^2-(1-c^2) \\ &=2c^2-2c \end{aligned}$$

より,

$$ab=c^2-c. \qquad \cdots ⑥$$

④, ⑥ より $a$, $b$ は $x$ の 2 次方程式

$$x^2-(1-c)x+(c^2-c)=0 \quad \cdots (*)$$

の 2 解である. $(*)$ が実数解をもてばよいから, $(*)$ の判別式を $D$ とすると,

$$D=(1-c)^2-4(c^2-c)\geqq 0.$$

$$3c^2-2c-1\leqq 0.$$

$$(3c+1)(c-1)\leqq 0.$$

よって，$c$ のとり得る値の範囲は，
$$-\frac{1}{3} \leqq c \leqq 1.$$

**((2) の別解)**

⑤ を満たす実数 $a$, $b$ が存在することより，
$$1-c^2 \geqq 0$$
が必要である．

(i) $c=1$ のとき．

④，⑤ は，
$$\begin{cases} a+b=0, \\ a^2+b^2=0 \end{cases}$$
となり，これを満たす $a$, $b$ は，
$$(a,\ b)=(0,\ 0).$$

(ii) $c=-1$ のとき．

④，⑤ は，
$$\begin{cases} a+b=2, \\ a^2+b^2=0 \end{cases}$$
となり，これを満たす $a$, $b$ は存在しない．

(iii) $1-c^2>0$ のとき．

$ab$ 平面上で，
$$直線：a+b+c-1=0 \quad \cdots ④'$$
と
$$円 \quad：a^2+b^2=1-c^2 \quad \cdots ⑤'$$
が共有点をもてばよい．そのための条件は，円 ⑤′ の中心 $(0,\ 0)$ と直線 ④′ との距離が円 ⑤′ の半径 $\sqrt{1-c^2}$ 以下になることである．

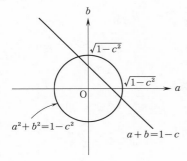

したがって，
$$\frac{|c-1|}{\sqrt{1^2+1^2}} \leqq \sqrt{1-c^2}.$$

$$(c-1)^2 \leqq 2(1-c^2).$$
$$3c^2-2c-1 \leqq 0.$$
$$(3c+1)(c-1) \leqq 0.$$

これと $1-c^2>0$ （すなわち，$-1<c<1$）より，
$$-\frac{1}{3} \leqq c < 1.$$

(i), (ii), (iii) より，$c$ のとり得る値の範囲は，
$$-\frac{1}{3} \leqq c \leqq 1.$$

((2) の別解終り)

## **55** ──〈方針〉

$x+1=t$ とおいて，二項定理を用いる．

$x+1=t$ とおくと，二項定理より，
$$x^{2010}+2x+9$$
$$=(t-1)^{2010}+2(t-1)+9$$
$$=\sum_{k=0}^{2010} {}_{2010}\mathrm{C}_k t^k \cdot (-1)^{2010-k}+2(t-1)+9$$
$$=t^2(t \text{ の多項式})-{}_{2010}\mathrm{C}_1 t+{}_{2010}\mathrm{C}_0$$
$$\qquad\qquad\qquad +2(t-1)+9$$
$$=t^2(t \text{ の多項式})-2008t+8.$$

したがって，$x$ の多項式 $Q(x)$ を用いて，
$$x^{2010}+2x+9$$
$$=(x+1)^2 Q(x)-2008(x+1)+8$$
$$=(x+1)^2 Q(x)-2008x-2000$$
と表すことができる．

よって，求める余りは，
$$-2008x-2000.$$

**(別解)**

定数 $a_0$, $a_1$, $\cdots$, $a_{2010}$ を用いて，
$$x^{2010}+2x+9$$
$$=a_0+a_1(x+1)+a_2(x+1)^2+\cdots+a_{2010}(x+1)^{2010}$$
$$\qquad\qquad\qquad\qquad \cdots ①$$
と表す．

① の両辺を $x$ で微分すると，
$$2010x^{2009}+2$$
$$=a_1+2a_2(x+1)+\cdots+2010a_{2010}(x+1)^{2009}.$$
$$\qquad\qquad\qquad\qquad \cdots ②$$

44

①，②で $x=-1$ とすると，
$$8=a_0, \quad -2008=a_1.$$
よって，求める余りは，
$$a_0+a_1(x+1)=8-2008(x+1)$$
$$=-2008x-2000.$$

（別解終り）

# 56

$P(x)$ を $x-1$ で割ったときの余りが1であるから，そのときの商を $Q_1(x)$ とすると，
$$P(x)=(x-1)Q_1(x)+1. \quad \cdots①$$
$P(x)$ を $(x+1)^2$ で割ったときの余りが $3x+2$ であるから，そのときの商を $Q_2(x)$ とすると，
$$P(x)=(x+1)^2Q_2(x)+3x+2. \quad \cdots②$$
(1) 剰余の定理より，$P(x)$ を $x+1$ で割ったときの余りは $P(-1)$ であるから，②より，
$$P(-1)=3\cdot(-1)+2=-1.$$
(2) $P(x)$ を $(x-1)(x+1)$ で割ったときの商を $Q_3(x)$，余りを $ax+b$（$a$，$b$ は実数）とすると，
$$P(x)=(x-1)(x+1)Q_3(x)+ax+b. \quad \cdots③$$
①，③より，
$$P(1)=a+b=1. \quad \cdots④$$
②，③より，
$$P(-1)=-a+b=-1. \quad \cdots⑤$$
④，⑤より，
$$a=1, \quad b=0$$
であるから，求める余りは，
$$x.$$

**((2)の別解)**

$Q_1(x)$ を $x+1$ で割ったときの商を $q(x)$，余りを $c$（$c$ は実数）とすると，
$$Q_1(x)=(x+1)q(x)+c.$$
これを①に代入すると，
$$P(x)=(x-1)\{(x+1)q(x)+c\}+1$$
$$=(x-1)(x+1)q(x)+c(x-1)+1$$
$$\cdots⑥$$

であり，$P(x)$ を $(x-1)(x+1)$ で割った余りは
$$c(x-1)+1$$
である．
②，⑥より，
$$P(-1)=-2c+1=-1.$$
$$c=1.$$
よって，求める余りは，
$$1\cdot(x-1)+1=x.$$

（(2)の別解終り）

(3) $Q_2(x)$ を $x-1$ で割ったときの商を $Q_4(x)$，余りを $r$（$r$ は実数）とすると，
$$Q_2(x)=(x-1)Q_4(x)+r.$$
これを②に代入すると，
$$P(x)=(x+1)^2\{(x-1)Q_4(x)+r\}+3x+2$$
$$=(x+1)^2(x-1)Q_4(x)+r(x+1)^2+3x+2$$
$$\cdots⑦$$
であり，$P(x)$ を $(x+1)^2(x-1)$ で割った余りは，
$$r(x+1)^2+3x+2$$
である．
①，⑦より，
$$P(1)=4r+5=1.$$
$$r=-1.$$
よって，求める余りは，
$$-(x+1)^2+3x+2=-x^2+x+1.$$

# 57 ──〈方針〉

$\omega=\dfrac{-1+\sqrt{3}\,i}{2}$ のとき，
$$\omega^3=1$$
である．

(1) $\omega=\dfrac{-1+\sqrt{3}\,i}{2}$ より，
$$\omega^2=\frac{1-2\sqrt{3}\,i-3}{4}$$
$$=\frac{-1-\sqrt{3}\,i}{2}, \quad \cdots①$$
$$\omega^3=\omega\omega^2$$

$$=\frac{-1+\sqrt{3}\,i}{2}\cdot\frac{-1-\sqrt{3}\,i}{2}$$
$$=1. \qquad\qquad \cdots ②$$
$$\omega^{2005}=(\omega^3)^{668}\cdot\omega$$
$$=\omega \quad (② より)$$
$$=\frac{-1+\sqrt{3}\,i}{2}.$$

(2) $\omega=\dfrac{-1+\sqrt{3}\,i}{2}$ と ① より，

$$\omega+1=-\omega^2.$$

よって，

$$\omega^{n+1}+(\omega+1)^{2n-1}$$
$$=\omega^{n+1}+(-\omega^2)^{2n-1}$$
$$=\omega^{n+1}-\omega^{4n-2}$$
$$=\omega^{n+1}-(\omega^3)^n\omega^{n-2}$$
$$=\omega^{n+1}-\omega^{n-2} \quad(② より)$$
$$=(\omega^3-1)\omega^{n-2}$$
$$=0. \quad(② より)$$

(3) $f(x)=x^{n+1}+(x+1)^{2n-1}$

とおくと，(2) より，

$$f(\omega)=0.$$

$f(x)$ は実数係数の多項式であるから，

$$f(\overline{\omega})=0. \quad【注】参照$$

よって，$f(x)$ は $(x-\omega)(x-\overline{\omega})$ で割り切れる．

一方，

$$(x-\omega)(x-\overline{\omega})=x^2-(\omega+\overline{\omega})x+\omega\overline{\omega}$$
$$=x^2+x+1$$

$\left(\omega=\dfrac{-1+\sqrt{3}\,i}{2},\ \overline{\omega}=\dfrac{-1-\sqrt{3}\,i}{2}\ より\right)$

である．

よって，$f(x)$ は $x^2+x+1$ で割り切れる．

【注】 $\overline{\alpha+\beta}=\overline{\alpha}+\overline{\beta},\ \overline{\alpha}\,\overline{\beta}=\overline{\alpha\beta},$
$(\overline{\alpha})^m=\overline{\alpha^m}$

より，

$$f(\overline{\omega})=(\overline{\omega})^{n+1}+(\overline{\omega}+1)^{2n-1}$$
$$=\overline{\omega^{n+1}}+\overline{(\omega+1)^{2n-1}}$$
$$=\overline{\omega^{n+1}+(\omega+1)^{2n-1}}$$
$$=\overline{\omega^{n+1}+(\omega+1)^{2n-1}}$$
$$=\overline{f(\omega)}$$
$$=\overline{0}$$
$$=0.$$

(注終り)

## 58 ──〈方針〉

(2) $f(x)$ の次数を $n$ とおき，$n$ の満たす方程式をつくる．因数定理も利用する．

(3) (1)，(2) の結果を利用して，$f(x)$ の係数を求める．

(1) $f(x^2)=x^3f(x+1)-2x^4+2x^2 \cdots①$

に，$x=0,\ -1,\ 1$ を代入して，

$$\begin{cases} f(0)=0, \\ f(1)=-f(0)-2+2=-f(0), \\ f(1)=\ \ f(2)-2+2=f(2). \end{cases}$$

これより，

$$f(0)=0, \quad f(1)=0, \quad f(2)=0.$$

(2) 明らかに $f(x)$ は定数ではない．

(1)の結果に因数定理を用いると，$f(x)$ は $x,\ x-1,\ x-2$ を因数にもつから，$f(x)$ は 3 次以上の多項式とわかる．

そこで，

$f(x)$ を $n$ 次式，ただし $n\geqq 3$ $\cdots②$

とすると，$f(x+1),\ f(x^2)$ はそれぞれ $n$ 次式，$2n$ 次式となる．したがって，① の両辺の次数について，

$$2n=n+3$$

が成立する．

これより，

$$n=3.$$

これは ② を満たすから，

$f(x)$ の次数は 3 である．

(3) (1)，(2) の結果より，$a$ を 0 でない定数として，

$$f(x)=ax(x-1)(x-2) \qquad\cdots③$$

とおける．これを ① へ代入して，

$$ax^2(x^2-1)(x^2-2)$$
$$=x^3\cdot a(x+1)x(x-1)-2x^4+2x^2.$$

$ax^6-3ax^4+2ax^2=ax^6-(a+2)x^4+2x^2.$

これが任意の実数 $x$ に対して成立するから，両辺の係数を比較して，

$$3a=a+2 \text{ かつ } 2a=2,$$

すなわち，

$$a=1.$$

これを ③ に代入して，

$$f(x)=x(x-1)(x-2)$$
$$=x^3-3x^2+2x.$$

# 59 ──〈方針〉

3次方程式の解と係数の関係を用いる．

解と係数の関係から，

$$\alpha+\beta+\gamma=2, \quad \alpha\beta+\beta\gamma+\gamma\alpha=3,$$
$$\alpha\beta\gamma=7.$$

(1) $\alpha^2+\beta^2+\gamma^2$

$$=(\alpha+\beta+\gamma)^2-2(\alpha\beta+\beta\gamma+\gamma\alpha)$$
$$=2^2-2\cdot3$$
$$=-2.$$

(2) $\alpha^2\beta^2+\beta^2\gamma^2+\gamma^2\alpha^2$

$$=(\alpha\beta+\beta\gamma+\gamma\alpha)^2-2\alpha\beta\gamma(\alpha+\beta+\gamma)$$
$$=3^2-2\cdot7\cdot2$$
$$=-19.$$

(3) $\alpha^3+\beta^3+\gamma^3$

$$=(\alpha+\beta+\gamma)(\alpha^2+\beta^2+\gamma^2-\alpha\beta-\beta\gamma-\gamma\alpha)+3\alpha\beta\gamma$$
$$=2(-2-3)+3\cdot7$$
$$=11.$$

((3)の別解)

$\alpha$ は3次方程式 $x^3-2x^2+3x-7=0$ の解であるから，

$$\alpha^3-2\alpha^2+3\alpha-7=0.$$
$$\alpha^3=2\alpha^2-3\alpha+7.$$

同様に，

$$\beta^3=2\beta^2-3\beta+7.$$
$$\gamma^3=2\gamma^2-3\gamma+7.$$

辺々加えると，

$$\alpha^3+\beta^3+\gamma^3$$
$$=2(\alpha^2+\beta^2+\gamma^2)-3(\alpha+\beta+\gamma)+21$$
$$=2\cdot(-2)-3\cdot2+21$$

$$=11.$$

((3)の別解終り)

# 60 ──〈方針〉

$x^3+y^3+z^3=21$ をどう使うか？

恒等式：$x^3+y^3+z^3-3xyz$
$$=(x+y+z)(x^2+y^2+z^2-xy$$
$$-yz-zx)$$

が連想できれば…．

(1)
$$x+y+z=3, \qquad \cdots①$$
$$x^2+y^2+z^2=9, \qquad \cdots②$$
$$x^3+y^3+z^3=21 \qquad \cdots③$$

のとき，①，② から，

$$xy+yz+zx$$
$$=\frac{1}{2}\{(x+y+z)^2-(x^2+y^2+z^2)\}$$
$$=\frac{1}{2}(3^2-9)$$
$$=0. \qquad \cdots④$$

よって，②，③，④ から，

$$xyz=\frac{1}{3}\{(x^3+y^3+z^3)$$
$$-(x+y+z)(x^2+y^2+z^2$$
$$-xy-yz-zx)\}$$
$$=\frac{1}{3}\{21-3\cdot(9-0)\}$$
$$=-2. \qquad \cdots⑤$$

(2) $x, y, z$ を3解にもつ3次方程式（の1つ）は，

$$(t-x)(t-y)(t-z)=0,$$

すなわち，

$$t^3-(x+y+z)t^2$$
$$+(xy+yz+zx)t-xyz=0. \quad \cdots⑥$$

①，④，⑤ から，⑥ は，

$$t^3-3t^2+2=0.$$
$$(t-1)(t^2-2t-2)=0.$$

したがって，⑥ の解は，

$$t=1, \ 1\pm\sqrt{3}.$$

$x\geqq y\geqq z$ に注意して，

$$x=1+\sqrt{3}, \quad y=1, \quad z=1-\sqrt{3}.$$

**((1) の別解) (④ 以降)**

$x$, $y$, $z$ を 3 解にもつ 3 次方程式 (の 1 つ) を,

$$t^3+at^2+bt^2+c=0$$

とする.

解と係数の関係と ①, ④ から,

$$a=-(x+y+z)=-3, \quad \cdots⑦$$
$$b=xy+yz+zx=0. \quad \cdots⑧$$

一方,

$$x^3+ax^2+bx+c=0,$$
$$y^3+ay^2+by+c=0,$$
$$z^3+az^2+bz+c=0$$

が成り立つから, これらを辺々加えて, ②, ③, ⑦, ⑧ を用いると,

$$21-3\cdot9+0+3c=0.$$
$$c=2.$$

よって, 解と係数の関係から,

$$\boldsymbol{xyz}=-c=-2.$$

((1) の別解終り)

# *61* ──〈方針〉──

3 次方程式
$$ax^3+bx^2+cx+d=0 \quad (a\neq0) \quad \cdots(*)$$
の 3 解を $\alpha$, $\beta$, $\gamma$ とすると,

$$\begin{cases} \alpha+\beta+\gamma=-\dfrac{b}{a}, \\ \alpha\beta+\beta\gamma+\gamma\alpha=\dfrac{c}{a}, \\ \alpha\beta\gamma=-\dfrac{d}{a}. \end{cases}$$

また, $a$, $b$, $c$, $d$ が実数のとき, $(*)$ が $p+qi$ ($p$, $q$ は実数) を解にもつならば, $p-qi$ も $(*)$ の解である.

これらのことを利用する.

$a$, $b$ は実数であるから, 3 次方程式
$$x^3+ax^2+bx+2a-2=0 \quad \cdots(*)$$
が解 $1+2i$ をもつことから $1-2i$ も $(*)$ の解である.

残りの解を $\alpha$ とすると, 解と係数の関係より,

$$\begin{cases} \alpha+(1+2i)+(1-2i)=-a, \\ \alpha(1+2i)+(1+2i)(1-2i)+(1-2i)\alpha=b, \\ \alpha(1+2i)(1-2i)=-(2a-2). \end{cases}$$

したがって,

$$\begin{cases} \alpha+2=-a, & \cdots① \\ 2\alpha+5=b, & \cdots② \\ 5\alpha=-2a+2. & \cdots③ \end{cases}$$

①, ③ より,

$$5\alpha=2(\alpha+2)+2.$$
$$\alpha=2.$$

① より,

$$2+2=-a.$$
$$\boldsymbol{a=-4.}$$

② より,

$$4+5=b.$$
$$\boldsymbol{b=9.}$$

また, 他の 2 つの解は,

$$\boldsymbol{x=1-2i, \ 2.}$$

**〈別解〉**

実数係数の 3 次方程式 $(*)$ が $1+2i$ を解にもつことより, $1-2i$ も $(*)$ の解である.

したがって, $(*)$ の左辺
$$x^3+ax^2+bx+2a-2$$
は,

$$\{x-(1+2i)\}\{x-(1-2i)\}$$
$$=x^2-2x+5$$

で割り切れる.

割り算を実行して,

$$x^3+ax^2+bx+2a-2$$
$$=(x^2-2x+5)\{x+(a+2)\}$$
$$+(2a+b-1)x+(-3a-12).$$

この余りが 0 であることから,

$$\begin{cases} 2a+b-1=0, \\ -3a-12=0. \end{cases}$$

これを解いて,

$$\boldsymbol{a=-4,} \quad \boldsymbol{b=9.}$$

このとき,

$$x^3+ax^2+bx+2a-2$$
$$=(x^2-2x+5)(x-2)$$

であるから，他の2つの解は，

$$x=1-2i,\ 2.$$

（別解終り）

# **62** ──〈方針〉

(1)，(2)

$$px^4+qx^3+rx^2+qx+p=0,\ (p\neq 0)$$

等しい

等しい

のように係数が左右対称になっている4
次方程式を4次の相反方程式という．

これは，両辺を $x^2$（中央の項）で割る
と

$$t\left(=x+\frac{1}{x}\right)$$

についての2次方程式となる．

(3) $x+\dfrac{1}{x}=t$ を満たす $x$ と $t$ の対応に
注意して，$t$ の2次方程式の議論に帰着
させる．

(1)　$x^4+2x^3+ax^2+2x+1=0.$　…(*)

$x=0$ は (*) の解ではないから，(*) の両
辺を $x^2$ で割ると，

$$x^2+2x+a+\frac{2}{x}+\frac{1}{x^2}=0.$$

$$\left(x^2+\frac{1}{x^2}\right)+2\left(x+\frac{1}{x}\right)+a=0.$$

ここで，

$$x^2+\frac{1}{x^2}=\left(x+\frac{1}{x}\right)^2-2$$
$$=t^2-2$$

を用いると，

$$t^2-2+2t+a=0.$$

すなわち，

$$t^2+2t+a-2=0.$$　…①

(2)　$a=3$ のとき，① は，

$$t^2+2t+1=0.$$
$$(t+1)^2=0.$$

$$t=-1.$$

$x+\dfrac{1}{x}=t$ において，$t=-1$ として，

$$x+\frac{1}{x}=-1.$$
$$x^2+x+1=0.$$

これを解いて，

$$x=\frac{-1\pm\sqrt{3}\,i}{2}.$$

(3)
$$x+\frac{1}{x}=t$$
$$\Longleftrightarrow x^2-tx+1=0.$$　…②

$x$ の値を定めると，$t$ の値は $t=x+\dfrac{1}{x}$ に
より定まる．したがって，異なる2つの $t$
の値に対し，方程式②が共通の解をもつこ
とはない．

また，$x$ の2次方程式②の判別式を $D$ と
すると，

$$D=t^2-4.$$

したがって，②を満たす異なる実数の個
数は $t$ の値によって，

$$\begin{cases} t<-2,\ 2<t \text{ のとき,} & 2\text{個,} \\ t=\pm 2 \text{ のとき,} & 1\text{個,} \\ -2<t<2 \text{ のとき,} & 0\text{個} \end{cases}$$

となる．

よって，(*) が異なる4個の実数解をもつ
条件は，$t$ の2次方程式①が $t<-2,\ 2<t$
の範囲に異なる2個の実数解をもつことであ
る．

①の左辺を

$$f(t)=t^2+2t+a-2$$

とおく．

$u=f(t)$ のグラフの軸は，

$$t=-1.$$

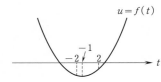

よって，①が $t<-2$，$2<t$ の範囲に異なる2個の実数解をもつ条件は，
$$f(2)<0,$$
すなわち，
$$2^2+2\cdot2+a-2<0.$$
$$a<-6.$$
以上により，（＊）が異なる4個の実数解をもつような $a$ の範囲は，
$$\boldsymbol{a<-6.}$$

## $\boldsymbol{63}$ ──〈方針〉

(2) 複素数 $z=x+yi$ （$x$，$y$ は実数）に対し，
$$\overline{z}=x-yi,$$
$$|z|=\sqrt{x^2+y^2}=|\overline{z}|,$$
$$z\overline{z}=(x+yi)(x-yi)$$
$$\qquad=x^2+y^2$$
となるから，
$$|z|^2=|\overline{z}|^2=z\overline{z}$$
となる.

(1) $\qquad x^3+ax^2+bx+c=0 \qquad \cdots$①
が $x=1$ を解にもつから，
$$1+a+b+c=0.$$
よって，
$$\boldsymbol{c=-a-b-1.}$$

(2) ①は，
$$x^3+ax^2+bx-a-b-1=0,$$
すなわち，
$$(x-1)\{x^2+(a+1)x+a+b+1\}=0.$$
$$x^2+(a+1)x+a+b+1=0 \qquad \cdots$②
が虚数解をもつ条件は，
$$（判別式）=(a+1)^2-4(a+b+1)<0.$$
$$b>\frac{1}{4}(a+1)(a-3). \qquad \cdots$③
このとき，②の解は $\alpha$，$\overline{\alpha}$ と表され，
$$|\alpha|^2=|\overline{\alpha}|^2=\alpha\overline{\alpha}. \qquad \cdots$④
②において，解と係数の関係より，
$$\alpha\overline{\alpha}=a+b+1.$$
これと④より，$|\alpha|\leqq1$，$|\overline{\alpha}|\leqq1$ となる条件は，
$$a+b+1\leqq1,$$
すなわち，
$$b\leqq-a. \qquad \cdots$⑤
③，⑤より，点 $(a,b)$ の存在する範囲は次図の網掛け部分である（境界は $b=-a$ の $-3<a<1$ の部分のみ含む）.

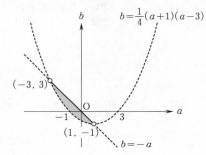

## $\boldsymbol{64}$ ──〈方針〉

Pを固定してQを動かすとき，PとQとの距離の最小値は，点Pと直線 $y=2k(x-1)$ の距離である．これを最小にするPの座標を考える．

$P(t,\ t^2)$ とおく.
まず，Pを固定し，Qを動かす.
このときのPQの最小値を $d$ とすると，$d$ は点 $(t,\ t^2)$ と直線 $2kx-y-2k=0$ の距離であるから，
$$d=\frac{|2kt-t^2-2k|}{\sqrt{4k^2+1}}$$
$$\quad=\frac{|t^2-2kt+2k|}{\sqrt{4k^2+1}}$$
$$\quad=\frac{|(t-k)^2-k^2+2k|}{\sqrt{4k^2+1}}.$$
$0<k<2$ より，$-k^2+2k>0$ であるから，
$$d=\frac{1}{\sqrt{4k^2+1}}\{(t-k)^2-k^2+2k\}.$$
次に，Pを動かす.
$t$ が変化するとき，$d$ は $t=k$ において最

小となる.

よって, 求める P の座標は,

$$(k, k^2).$$

# 65 ──〈方針〉

直線 $l$ に関して点 A と対称な点を A′ とすると, AP+PB が最小になるのは, A′, P, B がこの順で一直線上に並ぶときである.

点 A(1, 4) と点 B(5, 1) は直線

$$l : x+y=3$$

に関して同じ側(上側)にある.

$l$ に関して A と対称な点を A′$(X, Y)$ とする.

線分 AA′ の中点 $\left(\dfrac{X+1}{2}, \dfrac{Y+4}{2}\right)$ が $l$ 上にあるから,

$$\frac{X+1}{2}+\frac{Y+4}{2}=3.$$

よって,

$$X+Y=1. \qquad \cdots ①$$

$l : y=-x+3$ となるから, $l$ の傾きは $-1$ であり, AA′⊥$l$ より, 直線 AA′ の傾きについて,

$$\frac{Y-4}{X-1}=1.$$

$$Y=X+3. \qquad \cdots ②$$

①, ② より,

$$X=-1, \quad Y=2$$

であるから,

$$A′(-1, 2)$$

となる.

A と A′ は直線 $l$ に関して対称であるから,

$$AP=A′P.$$

したがって,

$$AP+BP=A′P+BP$$
$$\geqq A′B. \quad (三角不等式)$$

等号成立は, P が線分 A′B と $l$ との交点

のときであり, このとき AP+BP は最小となる.

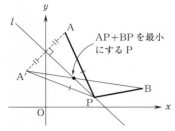

AP+BP を最小にする P

直線 A′B の方程式を求めると,

$$y=-\frac{1}{6}x+\frac{11}{6}$$

となり, これと $l$ との交点を求めて, AP+BP を最小にする P の座標は,

$$\left(\frac{7}{5}, \frac{8}{5}\right).$$

# 66 ──〈方針〉

三角形の内心は, 三角形の内角の二等分線の交点である. また, 角の二等分線は, その角をなす 2 直線から等距離にある点の軌跡である.

(1) 点 $(X, Y)$ が,

$$l : x-2y=0, \quad m : 2x-y=0$$

から等距離にあるための条件は,

$$\frac{|X-2Y|}{\sqrt{1^2+(-2)^2}}=\frac{|2X-Y|}{\sqrt{2^2+(-1)^2}}$$

である. これを整理して,

$$|X-2Y|=|2X-Y|.$$
$$X-2Y=\pm(2X-Y).$$
$$Y=-X \quad または \quad Y=X.$$

よって, 求める軌跡は,

$$2 直線 y=x, \quad y=-x.$$

(2) 3 直線 $l, m, n$ を図示すると次図のようになる.

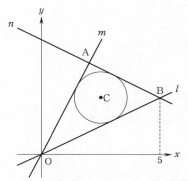

これら3直線によって囲まれる三角形の3頂点の座標は，

$$O(0,\ 0),\ A(2,\ 4),\ B\Big(5,\ \frac{5}{2}\Big)$$

である．

三角形 OAB の内接円の中心を C とすると，C は三角形 OAB の内部にあって3直線 $l$, $m$, $n$ からの距離が等しい点である．

点 $(X,\ Y)$ が，

$$l:x-2y=0,\quad n:x+2y-10=0$$

から等距離にあるための条件は，

$$\frac{|X-2Y|}{\sqrt{1+(-2)^2}}=\frac{|X+2Y-10|}{\sqrt{1+2^2}}$$

である．これを整理して，

$$|X-2Y|=|X+2Y-10|.$$
$$X-2Y=\pm(X+2Y-10).$$
$$X=5\quad\text{または}\quad Y=\frac{5}{2}.$$

以上と図より，C は

$$2\,\text{直線}\ y=x\ \text{と}\ y=\frac{5}{2}\ \text{の交点}$$

であるから，

$$C\Big(\frac{5}{2},\ \frac{5}{2}\Big).$$

また，三角形 OAB の内接円の半径は，C と $l:x-2y=0$ の距離であるから，

$$\frac{\Big|\frac{5}{2}-2\cdot\frac{5}{2}\Big|}{\sqrt{1+(-2)^2}}=\frac{\sqrt{5}}{2}.$$

したがって，求める円の方程式は，

$$\Big(x-\frac{5}{2}\Big)^2+\Big(y-\frac{5}{2}\Big)^2=\frac{5}{4}.$$

(3) $m:y=2x$, $n:y=-\frac{1}{2}x+5$ について，これらの傾きの積は $-1$ であるから，2直線 $m$, $n$ は直交する．よって，求める三角形の面積は，

$$\begin{aligned}
\triangle OAB&=\frac{1}{2}OA\cdot AB\\
&=\frac{1}{2}\sqrt{2^2+4^2}\cdot\sqrt{(2-5)^2+\Big(4-\frac{5}{2}\Big)^2}\\
&=\frac{1}{2}\cdot2\sqrt{5}\cdot\frac{3}{2}\sqrt{5}\\
&=\frac{15}{2}.
\end{aligned}$$

((3) の別解)

$$\begin{aligned}
\triangle OAB&=\frac{1}{2}\Big|2\cdot\frac{5}{2}-4\cdot5\Big|\\
&=\frac{15}{2}.
\end{aligned}$$

((3) の別解終り)

## 67 ──〈方針〉

円と直線の位置関係を調べるには，「点と直線の距離」の公式を利用して，円の中心から直線までの距離と円の半径の大小を比べる．

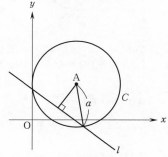

円 $C$ の中心を $A\Big(a,\ \frac{a}{2}\Big)$ とおき，直線

$y=-x+\dfrac{1}{2}$, すなわち, $2x+2y-1=0$ を $l$ とおく.

$C$ と $l$ が異なる $2$ 点で交わるための条件は,

$$(\text{A と } l \text{ との距離}) < (C \text{ の半径}). \quad \cdots①$$

ここで, 「点と直線の距離」の公式から, A と $l$ との距離は,

$$\dfrac{\left|2a+2\left(\dfrac{a}{2}\right)-1\right|}{\sqrt{2^2+2^2}}=\dfrac{|3a-1|}{2\sqrt{2}}$$

であるから, ① より,

$$\dfrac{|3a-1|}{2\sqrt{2}}<a. \qquad \cdots②$$

$a$ は $C$ の半径であるから,

$$a>0. \qquad \cdots③$$

このとき, ② より,

$$(3a-1)^2<8a^2.$$
$$a^2-6a+1<0.$$

よって,

$$3-2\sqrt{2}<a<3+2\sqrt{2}.$$

③ を考慮して, 求める $a$ の値の範囲は,

$$3-2\sqrt{2}<a<3+2\sqrt{2}. \qquad \cdots④$$

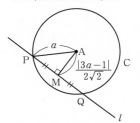

また, このとき, $C$ と $l$ の $2$ つの交点を P, Q とおき, 線分 PQ の中点を M とおくと,

$$AP=a, \quad AM=\dfrac{|3a-1|}{2\sqrt{2}}$$

であるから, $\triangle AMP$ に三平方の定理を用いて,

$$PM=\sqrt{AP^2-AM^2}$$
$$=\sqrt{a^2-\dfrac{(3a-1)^2}{8}}$$

$$=\dfrac{\sqrt{-a^2+6a-1}}{2\sqrt{2}}.$$

これより,

$$PQ=2PM$$
$$=\dfrac{\sqrt{-(a-3)^2+8}}{\sqrt{2}}.$$

$a$ は ④ の範囲を変化するから, PQ は $a=3$ のとき最大で, 最大値は,

$$\dfrac{\sqrt{8}}{\sqrt{2}}=\mathbf{2}.$$

## **68** ──〈方針〉

円と直線が接するための必要十分条件は, 「円の中心から直線までの距離が円の半径に一致すること」である.

$2$ つの円が外接するための必要十分条件は, 「中心間の距離が半径の和に等しいこと」である.

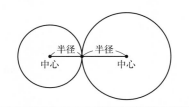

円 $C_1 : x^2+(y-2)^2=9$ の中心は点 $A_1(0,\ 2)$, 半径は $3$.

円 $C_2 : (x-4)^2+(y+4)^2=1$ の中心は点 $A_2(4,\ -4)$, 半径は $1$.

点 $P(p,\ q)$ を中心とし, 半径が $r\ (>0)$ の円 $C$ が $C_1$ と $C_2$ に外接し, 直線 $x=6$ にも接するとする.

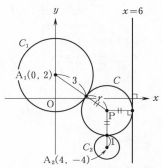

$C$ と直線 $x=6$ が接するから,
$$r=|p-6|.$$
さらに，$C$ が $C_1$，$C_2$ と外接するには，
$p<6$ が必要であり，
$$r=6-p. \qquad \cdots ①$$
$C$ と $C_1$ が外接するから，
$$A_1P=r+3=9-p. \quad (①より)$$
したがって，
$$A_1P^2=(9-p)^2.$$
一方，
$$A_1P^2=p^2+(q-2)^2.$$
よって，
$$p^2+(q-2)^2=(9-p)^2$$
より，
$$18p+q^2-4q=77. \qquad \cdots ②$$
また，$C$ と $C_2$ が外接するから，
$$A_2P=r+1=7-p. \quad (①より)$$
したがって，
$$A_2P^2=(7-p)^2.$$
一方，
$$A_2P^2=(p-4)^2+(q+4)^2.$$
よって，
$$(p-4)^2+(q+4)^2=(7-p)^2$$
より，
$$6p+q^2+8q=17. \qquad \cdots ③$$
③×3－② より，
$$2q^2+28q=-26.$$
$$q^2+14q+13=0.$$
$$(q+1)(q+13)=0.$$

$$q=-1, \quad -13.$$
よって，
$$(p, q, r)=(4, -1, 2), (-8, -13, 14).$$
以上より，求める円は，**中心が $(4, -1)$ で半径が 2，または，中心が $(-8, -13)$ で半径が 14 の円**であり，その方程式は，
$$(x-4)^2+(y+1)^2=4,$$
または
$$(x+8)^2+(y+13)^2=196.$$

## 69 ──〈方針〉──

図を描いて，接線を求める。

(1)  円 $C$ : $(x-2)^2+(y-1)^2=1$.
円 $C$ の中心は $A(2, 1)$，半径は 1.
円 $D$ の半径を $r$ とし，中心 $(-1, 1)$ を点 B とする。
円 $C$ と $D$ の中心間の距離は 3 であるから，外接するとき，
$$3=r+1. \quad (半径の和)$$
$$r=2.$$
よって，円 $D$ の方程式は，
$$(x+1)^2+(y-1)^2=4.$$

(2)

円 $C$ と円 $D$ は，どちらも直線 $x=1$ に接している。
また，図において，
$$\triangle PAA' \backsim \triangle PBB'$$

より,
$$\mathrm{PA}:\mathrm{PB}=\mathrm{AA'}:\mathrm{BB'}$$
$$=1:2.$$

よって, 円 $C, D$ の共通接線のうち, 直線 $x=1$ 以外の $l_1, l_2$ は線分 AB を $1:2$ に外分する点 P を通る.

P の座標は, 外分点の公式より,
$$\left(\frac{(-2)\cdot2+1\cdot(-1)}{1-2},\ \frac{(-2)\cdot1+1\cdot1}{1-2}\right)=(5,\ 1).$$

よって, $l_1$ と $l_2$ は,
$$y-1=m(x-5),$$
すなわち,
$$m(x-5)-y+1=0$$
とおける.

$l_1, l_2$ が円 $C$ と接するから, 点 $(2, 1)$ との距離が 1 となり,
$$\frac{|m(2-5)-1+1|}{\sqrt{m^2+1}}=1.$$
$$|-3m|=\sqrt{m^2+1}.$$
$$9m^2=m^2+1.$$
$$m=\pm\frac{1}{2\sqrt{2}}=\pm\frac{\sqrt{2}}{4}.$$

以上により, 求める接線の方程式は,
$$x=1,\ \ y-1=\pm\frac{\sqrt{2}}{4}(x-5).$$

**((2)の別解)**

図より, 求める接線の 1 つは $x=1$.

$y$ 軸に平行でない接線を $y=mx+n$ とする.

直線 $mx-y+n=0$ が円 $C$ と接するから, 中心 A$(2, 1)$ との距離が 1 となり,
$$\frac{|2m-1+n|}{\sqrt{m^2+1}}=1. \qquad \cdots①$$

また, 直線 $mx-y+n=0$ が円 $D$ と接するから, 中心 B$(-1, 1)$ との距離が 2 となり,
$$\frac{|-m-1+n|}{\sqrt{m^2+1}}=2. \qquad \cdots②$$

①, ② より,
$$2|2m+n-1|=|-m+n-1|.$$

$$2(2m+n-1)=\pm(-m+n-1).$$
$$n=-5m+1,\ -m+1.$$

$n=-5m+1$ のとき, ① より,
$$\frac{|2m-1+(-5m+1)|}{\sqrt{m^2+1}}=1.$$
$$|-3m|=\sqrt{m^2+1}.$$
$$9m^2=m^2+1.$$
$$m=\pm\frac{1}{2\sqrt{2}}=\pm\frac{\sqrt{2}}{4}.$$

よって,
$$(m,\ n)=\left(\pm\frac{\sqrt{2}}{4},\ \mp\frac{5}{4}\sqrt{2}+1\right).$$
（複号同順）

$n=-m+1$ のとき, ① より,
$$\frac{|2m-1+(-m+1)|}{\sqrt{m^2+1}}=1.$$
$$|m|=\sqrt{m^2+1}.$$
$$m^2=m^2+1.$$

これを満たす実数 $m$ は存在しない.

以上により, 求める接線の方程式は,

$$x=1,\ \ y=\pm\frac{\sqrt{2}}{4}x\mp\frac{5}{4}\sqrt{2}+1.$$ **（複号同順）**

（(2)の別解終り）

## **70** ──〈方針〉──

(2), (3) 「2 つの曲線
$$f(x,\ y)=0,\ g(x,\ y)=0$$
が共有点 P をもつとき,
$$kf(x,\ y)+lg(x,\ y)=0\ (k,\ l\ \text{は定数})$$
で表される曲線は P を通る」ことを利用する.

(1)

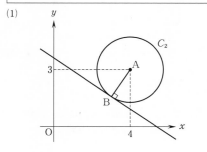

円 $C_2$ の中心を A とすると A(4, 3).
また，B(3, 2) とする.

2点 A，B を通る直線の傾きは $\dfrac{3-2}{4-3}=1$
であるから，求める接線は，傾きが $-1$ で，
B を通る直線であり，その方程式は，

$$y=-x+5.$$

(2) $C_1$ は中心 O，半径 5 の円であり，$C_2$
は中心 A，半径 $\sqrt{2}$ の円である.

$$\begin{cases} (C_1, C_2 \text{ の中心間距離}) = \text{OA} = 5, \\ (C_1, C_2 \text{ の半径の和}) = 5 + \sqrt{2}, \\ (C_1, C_2 \text{ の半径の差}) = 5 - \sqrt{2} \end{cases}$$

であるから，
(半径の差)＜(中心間距離)＜(半径の和)
が成り立つ.

よって，$C_1$，$C_2$ は異なる 2 つの交点をもつ.

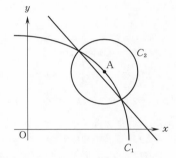

このとき，

$$p(x^2+y^2-25)+q(x^2+y^2-8x-6y+23)=0$$
$$\cdots\text{①}$$

(ただし，$p$，$q$ は $p^2+q^2\neq0$ である定数)
で表される曲線は，$p$，$q$ の値によらず $C_1$，
$C_2$ の 2 つの交点を通る.

① が直線を表すのは $p+q=0$ (かつ
$p\neq0$)のときであり，このとき，① は，

$$p(8x+6y-48)=0.$$

$p\neq0$ であるから，

$$4x+3y-24=0.$$

$C_1$，$C_2$ の交点を通る直線はただ 1 つしか
存在しないから，求める方程式は，

$$4x+3y-24=0.$$

(3)

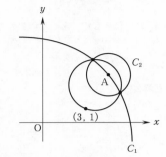

① が点 (3, 1) を通るとき，

$$-15p+3q=0$$

より，

$$q=5p \ (\text{かつ } p\neq0).$$

① に代入して，

$$p(6x^2+6y^2-40x-30y+90)=0.$$

$p\neq0$ であるから，

$$x^2+y^2-\dfrac{20}{3}x-5y+15=0.$$

$C_1$，$C_2$ の交点および点 (3, 1) を通る円は
ただ 1 つしか存在しないから，求める方程式
は，

$$x^2+y^2-\dfrac{20}{3}x-5y+15=0.$$

(〔(1) の別解 1〕

B(3, 2) を通る直線のうち，$x=3$ は $C_2$ の
接線でない. 他の直線は，$y=k(x-3)+2$，
すなわち，

$$kx-y-3k+2=0 \qquad \cdots\text{②}$$

とおくことができる.

② が $C_2$ に接するための条件は，

$$\begin{pmatrix} C_2 \text{ の中心 (4, 3) から} \\ \text{② までの距離} \end{pmatrix} = (C_2 \text{ の半径})$$

が成り立つことであるから，「点と直線の距
離の公式」より，

$$\dfrac{|k-1|}{\sqrt{k^2+1}}=\sqrt{2}.$$

$$(k-1)^2=2(k^2+1).$$

$$(k+1)^2=0.$$

よって,
$$k=-1.$$

これを ② に代入して,求める直線の方程式は,

$$y=-x+5.$$

((1) の別解 1 終り)

**((1) の別解 2)**

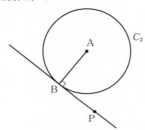

A(4, 3), B(3, 2) とおく.

P($x$, $y$) が B における $C_2$ の接線上にあるための条件は,

$$\overrightarrow{BA} \perp \overrightarrow{BP} \quad \text{または} \quad \overrightarrow{BP} = \overrightarrow{0},$$

すなわち,

$$\overrightarrow{BA} \cdot \overrightarrow{BP} = 0. \quad \cdots ③$$

$$\overrightarrow{BA} = \begin{pmatrix} 1 \\ 1 \end{pmatrix}, \quad \overrightarrow{BP} = \begin{pmatrix} x-3 \\ y-2 \end{pmatrix}$$

を ③ に代入して,

$$(x-3)+(y-2)=0.$$
$$y=-x+5.$$

((1) の別解 2 終り)

# 71 ——〈方針〉

(1) 円 $x^2+y^2=1$ 上の 2 点 $(x_1, y_1)$, $(x_2, y_2)$ における接線が点 $\left(\dfrac{1}{2}, t\right)$ を通る条件を立式してみる.

(2) (1)で求めた $l$ の方程式が $t$ の値によらず成り立つような $x$, $y$ の値を求める.

(1) $C : x^2+y^2=1$ とし,A$\left(\dfrac{1}{2}, t\right)$ とする.

$t>1$ より,A は $C$ の外部にあるから,A

から $C$ に相異なる 2 本の接線を引くことができる.

A から $C$ に引いた 2 本の接線と $C$ との接点を P,Q とし,P,Q の座標を P($x_1$, $y_1$),Q($x_2$, $y_2$) とする.

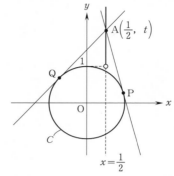

P,Q における $C$ の接線の方程式は,それぞれ,

$$x_1 x + y_1 y = 1, \quad x_2 x + y_2 y = 1.$$

いずれも A を通るから,

$$\frac{1}{2}x_1 + ty_1 = 1 \quad \text{かつ} \quad \frac{1}{2}x_2 + ty_2 = 1. \quad \cdots ①$$

① より,2 点 P,Q は直線 $\dfrac{1}{2}x + ty = 1$ 上にあることがわかる.

異なる 2 点を通る直線は 1 本のみであることも考え合わせると,直線 PQ の方程式は,

$$\frac{1}{2}x + ty = 1. \quad \cdots ②$$

**((1) の別解)**

$$C : x^2+y^2=1 \quad \cdots ③$$

とし,A$\left(\dfrac{1}{2}, t\right)$ とする.

$t>1$ より,A は $C$ の外部にあるから,A から $C$ に相異なる 2 本の接線を引くことができる.

A から $C$ に引いた 2 本の接線と $C$ との接点を P,Q とする.

∠OPA$=90°$,∠OQA$=90°$ であるから,2 点 P,Q は線分 OA を直径とする円周

（$K$ とする）上にある.

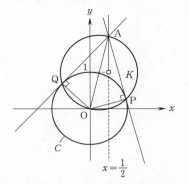

$K$ の中心は線分 OA の中点 $\left(\dfrac{1}{4},\ \dfrac{t}{2}\right)$, 半径は $\dfrac{1}{2}\mathrm{OA}=\dfrac{1}{2}\sqrt{\dfrac{1}{4}+t^2}$ であるから,

$$K:\left(x-\dfrac{1}{4}\right)^2+\left(y-\dfrac{t}{2}\right)^2=\dfrac{1}{4}\left(\dfrac{1}{4}+t^2\right).\cdots④$$

2 点 P, Q はいずれも $C$ と $K$ との交点であるから, P, Q の座標は $C$, $K$ の方程式をともに満たす.

したがって, P, Q は ③－④ から導かれる

$$\dfrac{1}{2}x+ty=1$$

が表す直線上にある.

異なる 2 点を通る直線は 1 本のみであることも考え合わせると, 直線 PQ の方程式は,

$$\dfrac{1}{2}x+ty=1.$$

（（1）の別解終り）

(2) 求める点の座標を $(X,\ Y)$ とすると, ② より,

$$\dfrac{1}{2}X+tY=1.$$

これが $t$ の値によらず成り立つ条件は,

$$Yt+\dfrac{1}{2}X-1=0$$

が, $t$ の恒等式となることであるから,

$$Y=0\quad かつ \quad \dfrac{1}{2}X-1=0.$$

これより,

$$X=2,\quad Y=0.$$

よって, 求める点の座標は,

$$\boldsymbol{(2,\ 0)}.$$

# 72 ──〈方針〉──

(3)(iii) $a$ の範囲で場合分けをする.

(1)
$$\begin{cases} 3x+2y=22, & \cdots① \\ x+4y=24. & \cdots② \end{cases}$$

①×2－② として

$$5x=20.$$

したがって,

$$x=4,\quad y=5.$$

よって, 交点の座標は,

$$\boldsymbol{(4,\ 5)}.$$

(2) $3x+2y\leqq22$ のとき, $y\leqq-\dfrac{3}{2}x+11$.

$x+4y\leqq24$ のとき, $y\leqq-\dfrac{1}{4}x+6$.

よって, 領域 $D$ は次図の網掛け部分（境界を含む）である.

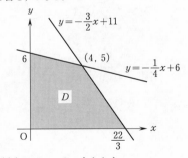

(3)(i) $x+y=k$, すなわち,

$$y=-x+k \qquad \cdots③$$

とおくと, 領域 $D$ と ③ が共有点をもつような定数 $k$ の最大値を求めればよい.

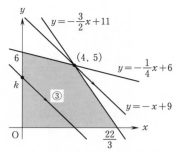

上図より，③が点 $(4, 5)$ を通るときに $k$ は最大値 9 をとる．

以上により，$x+y$ の最大値は **9** であり，
$$(\boldsymbol{x},\ \boldsymbol{y})=(\boldsymbol{4},\ \boldsymbol{5})$$

(ii)　$2x+y=k$，すなわち，
$$y=-2x+k \qquad \cdots ④$$
とおくと，領域 $D$ と④が共有点をもつような定数 $k$ の最大値を求めればよい．

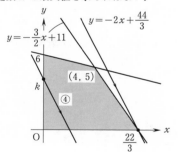

上図より，④が点 $\left(\dfrac{22}{3},\ 0\right)$ を通るときに $k$ は最大値 $\dfrac{44}{3}$ をとる．

以上により，$2x+y$ の最大値は $\dfrac{44}{3}$ であり，
$$(\boldsymbol{x},\ \boldsymbol{y})=\left(\dfrac{\boldsymbol{22}}{\boldsymbol{3}},\ \boldsymbol{0}\right).$$

(iii)　正の数 $a$ について
　$l : ax+y=k$，すなわち，$y=-ax+k$
とおくと，領域 $D$ と $l$ が共有点をもつような定数 $k$ の最大値を求めればよい．

(ア)　$-a<-\dfrac{3}{2}$，すなわち，$a>\dfrac{3}{2}$ のとき．

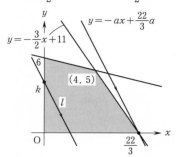

上図より，$l$ が点 $\left(\dfrac{22}{3},\ 0\right)$ を通るときに $k$ は最大値 $\dfrac{22}{3}a$ をとる．

(イ)　$-\dfrac{3}{2}\leqq-a<-\dfrac{1}{4}$，すなわち，$\dfrac{1}{4}<a\leqq\dfrac{3}{2}$ のとき．

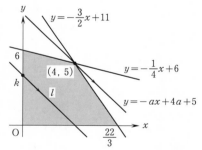

上図より，$l$ が点 $(4, 5)$ を通るときに $k$ は最大値 $4a+5$ をとる．

(ウ)　$-\dfrac{1}{4}\leqq-a<0$，すなわち，$0<a\leqq\dfrac{1}{4}$ のとき．

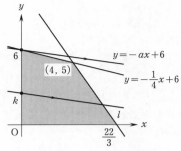

上図より，$l$ が点 $(0,\ 6)$ を通るときに $k$ は最大値 6 をとる．

以上により，$ax+y$ の最大値は，

$$\begin{cases} \dfrac{22}{3}a & \left(a>\dfrac{3}{2}\ \text{のとき}\right), \\[2mm] 4a+5 & \left(\dfrac{1}{4}<a\leqq\dfrac{3}{2}\ \text{のとき}\right), \\[2mm] 6 & \left(0<a\leqq\dfrac{1}{4}\ \text{のとき}\right). \end{cases}$$

# 73

(1)　$3x^2+7xy+2y^2-9x-8y+6$
$=3x^2+(7y-9)x+2y^2-8y+6$
$=3x^2+(7y-9)x+2(y-1)(y-3)$
$=\{3x+(y-3)\}\{x+2(y-1)\}$

であるから，$D$ を表す不等式は，
$$(3x+y-3)(x+2y-2)\leqq 0$$

と変形される．

よって，$D$ は，
$$3x+y-3\geqq 0\ \text{かつ}\ x+2y-2\leqq 0$$
または，
$$3x+y-3\leqq 0\ \text{かつ}\ x+2y-2\geqq 0$$
を満たす領域であり，次図の網掛け部分になる．ただし，境界を含む．

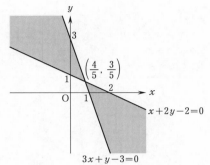

(2)　　　　$x^2+y^2=k$　　　　…①
とおく．

$k=0$ のときは ① は原点を表し，$k<0$ のときは ① が表す図形はない．これらの場合，領域 $D$ と ① が表す図形の共有点は存在しない．

$k>0$ のとき，① の表す図形は，
　　原点 O を中心とする半径 $\sqrt{k}$ の円
である．この円が領域 $D$ と共有点をもつような $k$ の最小値を求めればよい．

$k$ が最小のとき，この円は2直線
$$3x+y-3=0,\ x+2y-2=0$$
の少なくとも一方と接する．O と直線の距離は，

$3x+y-3=0$ について $\dfrac{|-3|}{\sqrt{3^2+1^2}}=\dfrac{3}{\sqrt{10}}$,

$x+2y-2=0$ について $\dfrac{|-2|}{\sqrt{1^2+2^2}}=\dfrac{2}{\sqrt{5}}$

であり，

$$\left(\dfrac{3}{\sqrt{10}}\right)^2-\left(\dfrac{2}{\sqrt{5}}\right)^2=\dfrac{9}{10}-\dfrac{4}{5}=\dfrac{1}{10}>0$$

より，

$$\dfrac{3}{\sqrt{10}}>\dfrac{2}{\sqrt{5}}$$

であるから，$k$ が最小となるとき，

$$\sqrt{k}=\dfrac{2}{\sqrt{5}}.$$

よって，求める最小値は，

$$\dfrac{4}{5}.$$

# 74 ——〈方針〉

点 P から 2 円 $C_1$, $C_2$ に引いた接線の接点を A, B とおき, 与えられた条件を調べる.

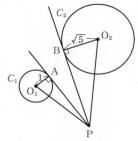

円 $C_1: x^2+y^2=1$ は
中心 $O_1(0, 0)$, 半径 1
であり, 円 $C_2: (x-2)^2+(y-4)^2=5$ は
中心 $O_2(2, 4)$, 半径 $\sqrt{5}$
である.

$O_1O_2=2\sqrt{5}>1+\sqrt{5}$ より, $C_1$ と $C_2$ は互いに他の外部にある.

P から $C_1$, $C_2$ に接線が引けるためには,
P が $C_1$, $C_2$ の外部にある ...①
ことが必要であり, このとき, P から $C_1$, $C_2$ に引いた接線の接点をそれぞれ A, B とおくと,

$$\angle O_1AP=90°, \quad \angle O_2BP=90°.$$

したがって,

$$\begin{aligned} AP^2&=O_1P^2-O_1A^2 \\ &=O_1P^2-1, \quad \cdots② \\ BP^2&=O_2P^2-O_2B^2 \\ &=O_2P^2-5. \quad \cdots③ \end{aligned}$$

条件より, AP : BP = 1 : 2 であるから,

$$BP=2AP,$$

すなわち,

$$BP^2=4AP^2.$$

②, ③ を代入して,

$$O_2P^2-5=4(O_1P^2-1). \quad \cdots④$$

P($x, y$) とおくと,

$$\begin{cases} O_1P^2=x^2+y^2, \\ O_2P^2=(x-2)^2+(y-4)^2 \end{cases}$$

であるから, ④ より,

$$(x-2)^2+(y-4)^2-5=4(x^2+y^2-1).$$
$$3x^2+3y^2+4x+8y=19.$$
$$\left(x+\frac{2}{3}\right)^2+\left(y+\frac{4}{3}\right)^2=\frac{77}{9}. \quad \cdots⑤$$

求める P の軌跡は, 円 ⑤ のうち ① を満たす部分である.

⑤ の中心を $O_3\left(-\dfrac{2}{3}, -\dfrac{4}{3}\right)$ とおくと,

$$O_1O_3=\frac{2\sqrt{5}}{3},$$
$$O_2O_3=\frac{8\sqrt{5}}{3}.$$

これより,

$$\frac{\sqrt{77}}{3}-1>O_1O_3$$

が成り立つから, 円 ⑤ は $C_1$ の外部にある.

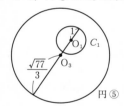

同様に,

$$\frac{\sqrt{77}}{3}+\sqrt{5}<O_2O_3$$

が成り立つから, 円 ⑤ は $C_2$ の外部にある.

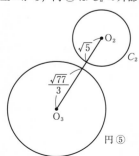

すなわち, 円 ⑤ 上のすべての点が ① を満

たす.

よって, 求める P の軌跡は,

$$円 \left(x+\frac{2}{3}\right)^2+\left(y+\frac{4}{3}\right)^2=\frac{77}{9}.$$

# 75 ──〈方針〉──

(2) 軌跡を求めるには, $l$ と $C$ の交点の媒介変数表示を利用する.

(1)　　$l:y=k(x+1),\ \ C:y=x^2.$

$l$ と $C$ の共有点の $x$ 座標は,

$$x^2-kx-k=0 \qquad \cdots ①$$

の実数解である.

$l$ と $C$ が異なる 2 点で交わるのは, ① が異なる実数解をもつときであるから, (判別式)$>0$ より,

$$k^2+4k=k(k+4)>0.$$

よって,

$$k<-4,\ \ k>0. \qquad \cdots ②$$

(2)　$k$ が ② の範囲を動くとき, ① の解を $\alpha,\ \beta$ とすると, 解と係数の関係より,

$$\alpha+\beta=k. \qquad \cdots ③$$

$l$ と $C$ の 2 交点は

$$P(\alpha,\ k(\alpha+1)),\ Q(\beta,\ k(\beta+1))$$

と表され, その中点を $M(X,\ Y)$ とおくと, ③ より,

$$X=\frac{\alpha+\beta}{2}=\frac{k}{2}. \qquad \cdots ④$$

P, Q は $l$ 上にあるから, その中点 M も $l$ 上にある.

よって,

$$Y=k(X+1). \qquad \cdots ⑤$$

②, ④, ⑤ で定まる点 $(X,\ Y)$ の軌跡を求めればよい.

④ より,

$$k=2X.$$

⑤ に代入して,

$$Y=2X(X+1).$$

②, ④ より,

$$X<-2,\ \ X>0.$$

以上により, 点 M の軌跡は,

$$y=2x(x+1) \quad (x<-2,\ x>0).$$

図示すると, 次図の放物線の実線部分になる. ただし, 2 点 $(-2,\ 4)$, $(0,\ 0)$ は除く.

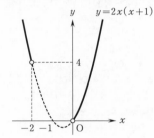

# 76

(1)　$P(X,\ Y)$ とおくと,

$$\begin{cases} mX-Y+1=0, & \cdots ① \\ X+mY-m-2=0 & \cdots ② \end{cases}$$

が成り立つ.

P の軌跡は ①, ② を満たす実数 $m$ が存在するような $X,\ Y$ の条件として求められる.

(ⅰ)　$X=0$ のとき.

① は,

$$m\cdot 0-Y+1=0$$

となるから,

$$(X,\ Y)=(0,\ 1).$$

これを ② に代入すると,

$$0+m\cdot 1-m-2=0$$

より,

$$0\cdot m-2=0$$

となり，この式を満たす実数 $m$ は存在しない．

よって，$X=0$ である点は軌跡に含まれない．

(ii) $X \neq 0$ のとき．

①は，

$$m=\frac{Y-1}{X} \qquad \cdots ③$$

となるから，②に代入して $m$ を消去すると，

$$X+\frac{Y-1}{X} \cdot Y-\frac{Y-1}{X}-2=0.$$
$$X^2+(Y-1)Y-(Y-1)-2X=0.$$
$$X^2+Y^2-2X-2Y+1=0.$$
$$(X-1)^2+(Y-1)^2=1.$$

ただし，$X \neq 0$ より

$$(X, Y) \neq (0, 1).$$

以上より，点 P の軌跡は，

**円 $(x-1)^2+(y-1)^2=1.$**

**ただし，点 $(0, 1)$ を除く．**

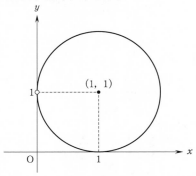

(2) (1) より，$P(X, Y)$ に対し $X>0$ である．

③より $\dfrac{1}{\sqrt{3}} \leqq m \leqq 1$ のときに P の満たすべき条件は，

$$\frac{1}{\sqrt{3}} \leqq \frac{Y-1}{X} \leqq 1.$$

$X>0$ に注意して，

$$\frac{1}{\sqrt{3}}X+1 \leqq Y \leqq X+1.$$

よって，$\dfrac{1}{\sqrt{3}} \leqq m \leqq 1$ のとき，P が描く図形は次図の太線部分である．

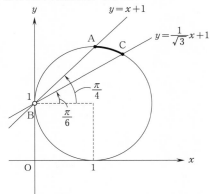

弧 AC の円周角 $\angle ABC$ は，

$$\angle ABC=\frac{\pi}{4}-\frac{\pi}{6}=\frac{\pi}{12}$$

であるから中心角は $\dfrac{\pi}{6}$ である．

よって，P の描く図形すなわち弧 AC の長さは，

$$1 \cdot \frac{\pi}{6}=\frac{\pi}{6}.$$

# 77 ——〈方針〉—

(1) 重心 G の軌跡を求めるには，まず P の座標を $(p, q)$ とおいて，G の座標 $(X, Y)$ を $p, q$ で表す．次に，$p, q$ を $X, Y$ で表し，$X, Y$ の関係式を作る．

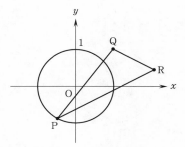

(1) 点 P($p$, $q$) とし，△PQR の重心を G($X$, $Y$) とする．

三角形の重心の公式より，

$X=\dfrac{1}{3}(p+1+2)=\dfrac{1}{3}(p+3)$,

$Y=\dfrac{1}{3}\left(q+1+\dfrac{1}{2}\right)=\dfrac{1}{3}\left(q+\dfrac{3}{2}\right)$. …①

よって，

$$p=3X-3, \quad q=3Y-\dfrac{3}{2}.$$

点 P は円 $x^2+y^2=1$ の周上を動くから，$p^2+q^2=1$ を満たす．

したがって，

$$(3X-3)^2+\left(3Y-\dfrac{3}{2}\right)^2=1.$$

両辺を 9 で割って，

$$(X-1)^2+\left(Y-\dfrac{1}{2}\right)^2=\dfrac{1}{9}.$$

よって，G の軌跡は，

$$\text{円}\ (x-1)^2+\left(y-\dfrac{1}{2}\right)^2=\dfrac{1}{9}.$$

(2) ① を用いて，

$PG^2=(X-p)^2+(Y-q)^2$

$=\left\{\dfrac{1}{3}(-2p+3)\right\}^2+\left\{\dfrac{1}{3}\left(-2q+\dfrac{3}{2}\right)\right\}^2$

$=\dfrac{4}{9}(p^2+q^2)-\left(\dfrac{4}{3}p+\dfrac{2}{3}q\right)+\dfrac{5}{4}$.

$p^2+q^2=1$ であるから，

$PG^2=\dfrac{4}{9}-\left(\dfrac{4}{3}p+\dfrac{2}{3}q\right)+\dfrac{5}{4}$

$=-\dfrac{2}{3}(2p+q)+\dfrac{61}{36}$.

したがって，$2p+q$ が最大となるときに

線分 PG の長さは最小になる．

$p^2+q^2=1$ より，

$$p=\cos\theta, \quad q=\sin\theta$$

と表され，

$2p+q=2\cos\theta+\sin\theta$

$\qquad =\sqrt{5}\sin(\theta+\alpha)$.

$\left(\text{ただし，}\ \cos\alpha=\dfrac{1}{\sqrt{5}},\ \sin\alpha=\dfrac{2}{\sqrt{5}}\right)$

よって，$\theta+\alpha=\dfrac{\pi}{2}$ のときに $2p+q$ は最大となり，このとき，

$p=\cos\left(\dfrac{\pi}{2}-\alpha\right)=\sin\alpha=\dfrac{2}{\sqrt{5}}$,

$q=\sin\left(\dfrac{\pi}{2}-\alpha\right)=\cos\alpha=\dfrac{1}{\sqrt{5}}$.

以上により，求める P の座標は，

$$\left(\dfrac{2}{\sqrt{5}},\ \dfrac{1}{\sqrt{5}}\right).$$

(⟨(2) の別解⟩)

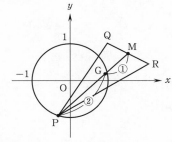

QR の中点を M とすると，

$$M\left(\dfrac{1+2}{2},\ \dfrac{1}{2}\left(1+\dfrac{1}{2}\right)\right)=\left(\dfrac{3}{2},\ \dfrac{3}{4}\right).$$

三角形の重心の性質より，PG : GM＝2 : 1 であるから，

$$PG=\dfrac{2}{3}PM.$$

したがって，PG が最小になるのは，PM が最小になるときであり，それは

線分 OM：$y=\dfrac{1}{2}x\ \left(0\leqq x\leqq\dfrac{3}{2}\right)$

と円 $x^2+y^2=1$ の交点に P が一致するときである．

したがって，$P\left(\dfrac{2}{\sqrt{5}},\ \dfrac{1}{\sqrt{5}}\right)$ のときに PG は最小である．

((2)の別解終り)

(3)　点 $P(\cos\theta,\ \sin\theta)$ と表すことができる．

直線 $QR：x+2y-3=0$ と P との距離 $h$ は，

$$h=\dfrac{|\cos\theta+2\sin\theta-3|}{\sqrt{1^2+2^2}}$$

$$=\dfrac{|\sqrt{5}\sin(\theta+\beta)-3|}{\sqrt{5}}$$

$$\left(\text{ただし，}\cos\beta=\dfrac{2}{\sqrt{5}},\ \sin\beta=\dfrac{1}{\sqrt{5}}\right)$$

$$=\dfrac{3-\sqrt{5}\sin(\theta+\beta)}{\sqrt{5}}.$$

$$(\sqrt{5}\sin(\theta+\beta)\leqq\sqrt{5}<3 \text{ より})$$

これより，△PQR の面積 $S$ は，

$$S=\dfrac{1}{2}QR\cdot h$$

$$=\dfrac{1}{2}\cdot\dfrac{\sqrt{5}}{2}\cdot\dfrac{3-\sqrt{5}\sin(\theta+\beta)}{\sqrt{5}}$$

$$=\dfrac{1}{4}\{3-\sqrt{5}\sin(\theta+\beta)\}.$$

これは，$\theta+\beta=\dfrac{\pi}{2}$ のときに最小となり，最小値は，

$$\dfrac{3-\sqrt{5}}{4}.$$

**((3)の別解)**

原点 O と直線 $QR：x+2y-3=0$ との距離 $d$ は，

$$d=\dfrac{|-3|}{\sqrt{1^2+2^2}}=\dfrac{3}{\sqrt{5}}.$$

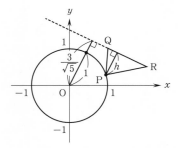

P から直線 QR までの距離 $h$ の最小値は，上図より，

$$d-(\text{半径})=\dfrac{3}{\sqrt{5}}-1.$$

よって，△PQR の面積の最小値は，

$$\dfrac{1}{2}QR\cdot(h\text{ の最小値})=\dfrac{1}{2}\cdot\dfrac{\sqrt{5}}{2}\left(\dfrac{3}{\sqrt{5}}-1\right)$$

$$=\dfrac{3-\sqrt{5}}{4}.$$

((3)の別解終り)

# 78 ──〈方針〉

(2)　(1) の P，Q における接線が直交するという条件下で，R の軌跡を求める．

(1)

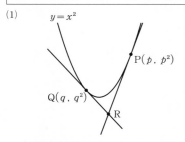

$y'=2x$ であるから，P，Q における放物線 $y=x^2$ の接線の方程式は，それぞれ，

$$y-p^2=2p(x-p),$$
$$y-q^2=2q(x-q)$$

である．この 2 式を連立することにより，R の座標は，

$$\left(\dfrac{p+q}{2},\ pq\right).$$

(2)

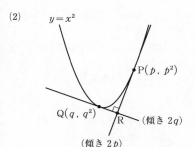

（1）の P と Q における 2 接線が直交する条件は，

$$2p \cdot 2q = -1,$$

すなわち，

$$pq = -\frac{1}{4}.$$

この条件を満たして，異なる 2 つの実数 $p$, $q$ が変化するときの $R\left(\dfrac{p+q}{2},\ pq\right)$ の軌跡を求めればよい．

$R(X,\ Y)$ とおくと，

$$\begin{cases} X = \dfrac{p+q}{2}, & \cdots① \\ Y = pq, & \cdots② \\ pq = -\dfrac{1}{4}, & \cdots③ \\ p,\ q \text{ は異なる実数}. & \cdots④ \end{cases}$$

②，③ より，

$$Y = -\frac{1}{4}. \qquad \cdots⑤$$

また，①，③ より，

$$p+q = 2X, \quad pq = -\frac{1}{4}$$

であるから，$p$, $q$ は，$t$ の方程式

$$t^2 - 2Xt - \frac{1}{4} = 0 \qquad \cdots⑥$$

の 2 解である．

$$（⑥ の判別式）= 4X^2 + 1 > 0$$

であるから，実数 $X$ の値によらず ④ は成り立つ．

よって，

「$X$ はすべての実数値をとる」 $\cdots⑦$

ことがわかる．

⑤，⑦ より，求める軌跡 $C$ は，

**直線 $y = -\dfrac{1}{4}$.**

# 79

(1)

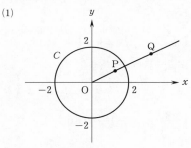

$Q(X,\ Y)$ とおく．

P, Q は O を始点とする半直線上にあることより，

$$X = kx, \quad Y = ky \quad (k > 0) \qquad \cdots①$$

と表せる．

$OP \cdot OQ = 4$ より，

$$\sqrt{x^2 + y^2} \sqrt{X^2 + Y^2} = 4.$$
$$\sqrt{x^2 + y^2} \sqrt{(kx)^2 + (ky)^2} = 4.$$

$k > 0$ より，

$$k(x^2 + y^2) = 4. \qquad \cdots②$$

P が O と一致するとき，$x^2 + y^2 = 0$ であるから，② を満たす正数 $k$ は存在しない．

P が O と一致しないとき，$x^2 + y^2 > 0$ であるから，② を満たす正数 $k$ は存在し，

$$k = \frac{4}{x^2 + y^2}.$$

これと ① より，

$$X = \frac{4x}{x^2 + y^2}, \quad Y = \frac{4y}{x^2 + y^2}.$$

よって，P が O と一致するとき，$C$ に関して P と対称な点は存在しない．

また，P が O と一致しないとき，$C$ に関して P と対称な点 Q の座標は，

$$\left(\frac{4x}{x^2 + y^2},\ \frac{4y}{x^2 + y^2}\right).$$

(2) P$(x, y)$ は点 Q$(X, Y)$ の $C$ に関して対称な点であるから Q$\neq$O であり，(1) の結果より，
$$x=\frac{4X}{X^2+Y^2}, \quad y=\frac{4Y}{X^2+Y^2}. \quad \cdots ③$$

ここで，P$(x, y)$ について，
$$(x-2)^2+(y-3)^2=13, \quad (x, y)\neq(0, 0),$$
すなわち，
$$x^2+y^2-4x-6y=0, \quad (x, y)\neq(0, 0)$$
が成り立つから，③ を代入して，
$$\left(\frac{4X}{X^2+Y^2}\right)^2+\left(\frac{4Y}{X^2+Y^2}\right)^2$$
$$-4\cdot\frac{4X}{X^2+Y^2}-6\cdot\frac{4Y}{X^2+Y^2}=0, \quad \cdots ④$$
$$\left(\frac{4X}{X^2+Y^2}, \frac{4Y}{X^2+Y^2}\right)\neq(0, 0). \quad \cdots ⑤$$
⑤ より，
$$(X, Y)\neq(0, 0).$$
このとき，④ より，
$$\frac{16(X^2+Y^2)}{(X^2+Y^2)^2}-\frac{16X}{X^2+Y^2}-\frac{24Y}{X^2+Y^2}=0.$$
$$\frac{16}{X^2+Y^2}-\frac{16X}{X^2+Y^2}-\frac{24Y}{X^2+Y^2}=0.$$
$$2-2X-3Y=0.$$
（これは $(X, Y)\neq(0, 0)$ を満たす.）
よって，Q の軌跡は，
**直線 $2x+3y-2=0$.**

## $80$ ——〈方針〉

(1) $\alpha, \beta$ は $t$ の 2 次方程式
$$t^2-pt+q=0$$
の実数解であることに注意する.
(2) 領域 $E$ 上を動く点 $(p, q)$ についての関数
$$k=f(p, q) \quad \cdots(*)$$
のとり得る値は，座標平面上で $(*)$ の表す図形と領域 $E$ が共有点をもつための条件として得られる.

(1) $p=\alpha+\beta$, $q=\alpha\beta$ より，$\alpha, \beta$ は，$t$ の 2 次方程式

$$t^2-pt+q=0 \quad \cdots①$$
の解である.

$\alpha, \beta$ は実数であるから，① の判別式を $D_1$ とすると，
$$D_1=p^2-4q\geqq0.$$
$$q\leqq\frac{1}{4}p^2. \quad \cdots②$$
$\alpha^2+\alpha\beta+\beta^2-3\leqq0$ より，
$$(\alpha+\beta)^2-\alpha\beta-3\leqq0.$$
$$p^2-q-3\leqq0.$$
$$q\geqq p^2-3. \quad \cdots③$$
②，③ より，領域 $E$ は次図の網掛けの部分となる.（境界を含む）

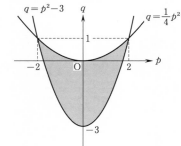

(2) $\alpha\beta+\alpha+\beta=q+p=k$ とおく.
領域 $E$ と直線 $l: p+q=k$ が共有点をもつときの $k$ の最大値と最小値を求めればよい.

$l$ が 点$(2, 1)$ を通るとき，$k=2+1=3$ であり，このとき $\alpha, \beta$ $(\alpha\leqq\beta)$ は，2 次方程式
$$t^2-2t+1=0$$
の解なので，これを解いて，
$$\alpha=1, \quad \beta=1.$$
このときの直線 $l$ を
$$l_1: p+q=3$$
とする.
また，$l$ が $q=p^2-3$ と接するのは，
$$p^2-3=-p+k, \text{ すなわち，}$$
$$p^2+p-k-3=0$$
が重解をもつときであり，この方程式の判別

式を $D_2$ とすると,
$$D_2 = 1 - 4(-k-3) = 0$$
より,
$$k = -\frac{13}{4}.$$

このときの重解は,
$$p = -\frac{1}{2}$$
であり, $-2 \leqq p \leqq 2$ を満たすので, $l$ と $q = p^2 - 3$ の接点は領域 $E$ に属する.

また, このとき
$$q = p^2 - 3 = \frac{1}{4} - 3 = -\frac{11}{4}$$
であるので, $\alpha$, $\beta$ $(\alpha \leqq \beta)$ は, 2次方程式
$$t^2 + \frac{1}{2}t - \frac{11}{4} = 0$$
の解であり, これを解いて
$$\alpha = \frac{-1 - 3\sqrt{5}}{4}, \quad \beta = \frac{-1 + 3\sqrt{5}}{4}.$$

このときの直線 $l$ を
$$l_2 : p + q = -\frac{13}{4}$$
とする.

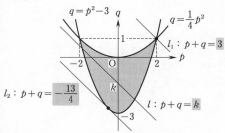

$l$ が $l_1$ と $l_2$ の間にあるとき領域 $E$ と共有点をもつので, 図より $k$ の最大値は,
$$3.$$
このとき
$$\alpha = 1, \quad \beta = 1.$$
また, 図より $k$ の最小値は,
$$-\frac{13}{4}.$$
このとき
$$\alpha = \frac{-1 - 3\sqrt{5}}{4}, \quad \beta = \frac{-1 + 3\sqrt{5}}{4}.$$

**((2)の別解)**

$\alpha\beta + \alpha + \beta = k$ とおくと,
$$p + q = k.$$
まず, $p$ $(-2 \leqq p \leqq 2)$ を固定して $q$ を動かす.

$q$ のとり得る値の範囲は, (1)より,
$$p^2 - 3 \leqq q \leqq \frac{1}{4}p^2$$
であるから,
$$p^2 + p - 3 \leqq p + q \leqq \frac{1}{4}p^2 + p.$$
これより,

$k$ の最大値は $\frac{1}{4}p^2 + p$,

$k$ の最小値は $p^2 + p - 3$.

次に $p$ を動かす.

$p$ のとり得る値の範囲は,
$$-2 \leqq p \leqq 2.$$
最大値について.
$$\frac{1}{4}p^2 + p = \frac{1}{4}(p+2)^2 - 1$$
より, $p = 2$ のとき, $k$ は最大となり, 最大値は,
$$3.$$
このとき, $q = \frac{1}{4}p^2$ であるから,
$$(p, q) = (2, 1).$$
$\alpha$, $\beta$ $(\alpha \leqq \beta)$ は $t$ の2次方程式
$$t^2 - 2t + 1 = 0$$
の2解であるから, これを解いて,
$$\alpha = 1, \quad \beta = 1.$$
最小値について.
$$p^2 + p - 3 = \left(p + \frac{1}{2}\right)^2 - \frac{13}{4}$$
より, $p = -\frac{1}{2}$ のとき, $k$ は最小となり, 最小値は,
$$-\frac{13}{4}.$$
このとき, $q = p^2 - 3$ であるから,
$$(p, q) = \left(-\frac{1}{2}, -\frac{11}{4}\right).$$

$\alpha$, $\beta$ $(\alpha \leq \beta)$ は $t$ の2次方程式

$$t^2 + \frac{1}{2}t - \frac{11}{4} = 0$$

の2解であるから，これを解いて，

$$\alpha = \frac{-1 - 3\sqrt{5}}{4}, \quad \beta = \frac{-1 + 3\sqrt{5}}{4}.$$

（（2）の別解終り）

# 81

(1) $a$ がすべての実数を動くとき $C$ の通過する領域を $R_0$ とする．

$R_0$ に，点 $(X, Y)$ が属するための条件は，

$$Y = (X - a)^2 - 2a^2 + 1$$

を満たす実数 $a$ が存在することである．

これは，$a$ の2次方程式

$$a^2 + 2Xa + Y - X^2 - 1 = 0 \quad \cdots (*)$$

が実数解をもつ条件であるから，(*) の判別式を $D$ とすると，

$$\frac{D}{4} = X^2 - (Y - X^2 - 1) \geq 0,$$

すなわち，

$$Y \leq 2X^2 + 1.$$

よって，求める領域 $R_0$ は，不等式

$$y \leq 2x^2 + 1$$

で表される領域であり，図の網掛け部分（境界を含む）のようになる．

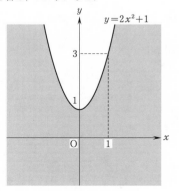

(2) $a$ が $-1 \leq a \leq 1$ の範囲を動くとき $C$ の通過する領域を $R_1$ とする．

$R_1$ に，点 $(X, Y)$ が属するための条件は，$a$ の2次方程式 (*) が $-1 \leq a \leq 1$ の範囲に解をもつことである．

これは，

$$f(a) = a^2 + 2Xa + Y - X^2 - 1$$
$$= (a + X)^2 + Y - 2X^2 - 1$$

とおくと，

「$b = f(a)$ のグラフが $a$ 軸と
　$-1 \leq a \leq 1$ の範囲に
　少なくとも1つ共有点をもつ条件」

と同値である．

(i) $-X < -1$ すなわち $X > 1$ のとき．

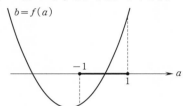

求める条件は，

$$f(-1) \leq 0 \quad \text{かつ} \quad f(1) \geq 0,$$

すなわち，

$$Y \leq (X+1)^2 - 1 \quad \text{かつ} \quad Y \geq (X-1)^2 - 1.$$

(ii) $-X > 1$ すなわち $X < -1$ のとき．

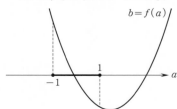

求める条件は，

$$f(-1) \geq 0 \quad \text{かつ} \quad f(1) \leq 0,$$

すなわち，

$$Y \geq (X+1)^2 - 1 \quad \text{かつ} \quad Y \leq (X-1)^2 - 1.$$

(iii) $-1 \leq -X \leq 1$ すなわち $-1 \leq X \leq 1$ のとき．

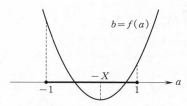

求める条件は,

$$f(-X) \leqq 0 \quad \text{かつ}$$
$$\lceil f(-1) \geqq 0 \text{ または } f(1) \geqq 0 \rfloor,$$

すなわち,

$$Y \leqq 2X^2 + 1 \quad \text{かつ}$$
$$\lceil Y \geqq (X+1)^2 - 1 \text{ または } Y \geqq (X-1)^2 - 1 \rfloor.$$

よって,$C$ が通過する領域は次図の網掛け部分(境界を含む)のようになる.

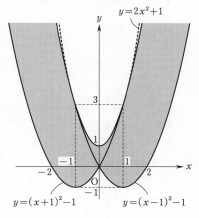

## 82

$$\begin{cases} 8 \cdot 3^x - 3^y = -27, & \cdots ① \\ \log_2(x+1) - \log_2(y+3) = -1. & \cdots ② \end{cases}$$

② で真数条件より,

$$x+1 > 0 \quad \text{かつ} \quad y+3 > 0.$$
$$x > -1 \quad \text{かつ} \quad y > -3. \quad \cdots ③$$

② より,

$$\log_2 2(x+1) = \log_2(y+3).$$
$$2(x+1) = y+3.$$

$$y = 2x - 1. \qquad \cdots ④$$

④ を ① に代入して,

$$8 \cdot 3^x - 3^{2x-1} = -27.$$
$$\frac{1}{3} \cdot 3^{2x} - 8 \cdot 3^x - 27 = 0.$$

$3^x = t(>0)$ とおくと,

$$\frac{1}{3}t^2 - 8t - 27 = 0.$$
$$(t-27)(t+3) = 0.$$

$t > 0$ より,

$$t = 27.$$
$$3^x = 27 = 3^3.$$
$$x = 3.$$

④ より,

$$y = 5.$$

これらは ③ を満たす.
よって,

$$\boldsymbol{x = 3, \quad y = 5.}$$

## **83** ──〈方針〉──

$a > 1$ のとき

$$x_1 < x_2 \iff \log_a x_1 < \log_a x_2$$

を用いる.

$$\log_2 |x-1| + \log_{\frac{1}{4}} |4-x| < 2. \quad \cdots (*)$$

真数は正であるから,

$$|x-1| > 0 \quad \text{かつ} \quad |4-x| > 0.$$

よって,

$$x \neq 1, 4. \qquad \cdots ①$$

また,

$$\begin{aligned} \log_{\frac{1}{4}} |4-x| &= \frac{\log_2 |4-x|}{\log_2 \frac{1}{4}} \\ &= \frac{\log_2 |4-x|}{\log_2 2^{-2}} \\ &= -\frac{1}{2} \log_2 |4-x| \end{aligned}$$

であり,

$$2 = \log_2 4$$

であるから,$(*)$ は ① のもとで,

$$\log_2|x-1|-\frac{1}{2}\log_2|4-x|<\log_2 4.$$

変形して,

$$2\log_2|x-1|<2\log_2 4+\log_2|4-x|.$$
$$\log_2|x-1|^2<\log_2 4^2|4-x|.$$

底 2 は 1 より大きいから,

$$|x-1|^2<4^2|4-x|.$$
$$(x-1)^2<16|4-x|. \qquad \cdots ②$$

(i) $x>4$ のとき.

②は,

$$(x-1)^2<16(x-4).$$
$$x^2-18x+65<0.$$
$$(x-5)(x-13)<0.$$

よって,

$$5<x<13.$$

(これは $x>4$ を満たす)

(ii) $x<4$, $x\neq 1$ のとき.

②は,

$$(x-1)^2<16(4-x).$$
$$x^2+14x-63<0.$$

よって,

$$-7-4\sqrt{7}<x<-7+4\sqrt{7}.$$

ここで,

$$(-7+4\sqrt{7})-1=4\sqrt{7}-8$$
$$=4(\sqrt{7}-2)$$
$$>0,$$
$$4-(-7+4\sqrt{7})=11-4\sqrt{7}$$
$$=\sqrt{121}-\sqrt{112}$$
$$>0$$

であるから,

$$1<-7+4\sqrt{7}<4.$$

さらに,

$$-7-4\sqrt{7}<1$$

であるから, $x<4$ かつ $x\neq 1$ のとき, ②を満たす $x$ の値の範囲は,

$$-7-4\sqrt{7}<x<1, \ 1<x<-7+4\sqrt{7}.$$

(i), (ii) より, 求める $x$ の値の範囲は,

$$-7-4\sqrt{7}<x<1,$$
$$1<x<-7+4\sqrt{7},$$
$$5<x<13.$$

## 84 ──〈方針〉──

$3^x+3^{-x}=t$ とおいて, $9^x+9^{-x}$ を $t$ を用いて表し, $t$ についての 2 次方程式を解く.

次に $t$ の値を代入して, $x$ を求める.

$$6(9^x+9^{-x})-m(3^x+3^{-x})+2m-8=0 \qquad \cdots ①$$

の 1 つの解が 1 であるから,

$$6(9+9^{-1})-m(3+3^{-1})+2m-8=0.$$
$$-\frac{4}{3}m+\frac{140}{3}=0.$$
$$m=35.$$

このとき, ①は,

$$6(9^x+9^{-x})-35(3^x+3^{-x})+62=0. \qquad \cdots ①'$$

ここで, $t=3^x+3^{-x}$ とおくと,

$$t^2=(3^x+3^{-x})^2$$
$$=(3^x)^2+2\cdot 3^x\cdot 3^{-x}+(3^{-x})^2$$
$$=9^x+2+9^{-x}$$

より,

$$9^x+9^{-x}=t^2-2.$$

したがって, ①′ は,

$$6(t^2-2)-35t+62=0.$$
$$6t^2-35t+50=0.$$
$$(2t-5)(3t-10)=0.$$

よって,

$$t=\frac{5}{2},\ \frac{10}{3}.$$

(i) $t=\frac{5}{2}$ のとき.

$$3^x+3^{-x}=\frac{5}{2}. \qquad \cdots ②$$

$3^x=X$ とおくと, ②は,

$$X+\frac{1}{X}=\frac{5}{2}.$$
$$2X^2-5X+2=0.$$
$$(2X-1)(X-2)=0.$$
$$X=2,\ \frac{1}{2}.$$

$X=2$ のとき, $3^x=2$ より,

$$x = \log_3 2.$$

$X = \dfrac{1}{2}$ のとき, $3^x = \dfrac{1}{2}$ より,

$$x = \log_3 \frac{1}{2} = -\log_3 2.$$

(ⅱ)  $t = \dfrac{10}{3}$ のとき.

(ⅰ) と同様に $3^x = X$ とおくと,

$$X + \frac{1}{X} = \frac{10}{3}.$$
$$3X^2 - 10X + 3 = 0.$$
$$(3X - 1)(X - 3) = 0.$$
$$X = 3, \ \frac{1}{3}.$$

$X = 3$ のとき, $3^x = 3$ より,
$$x = \log_3 3 = 1.$$

$X = \dfrac{1}{3}$ のとき, $3^x = \dfrac{1}{3}$ より,

$$x = \log_3 \frac{1}{3} = -\log_3 3 = -1.$$

(ⅰ), (ⅱ) より, $x = 1$ 以外の解は,
$$\boldsymbol{x = \log_3 2, \ -\log_3 2, \ -1.}$$

## **85** ──〈方針〉──

$2^x = 3^y = 4^z = 6^w = k$ とおいて, $x$, $y$, $z$, $w$ を $k$ で表す.

$2^x = 3^y = 4^z = 6^w = k \ (k > 0, \ k \ne 1)$ とおくと,

$x = \log_2 k$,

$y = \log_3 k = \dfrac{\log_2 k}{\log_2 3}$,

$z = \log_4 k = \dfrac{\log_2 k}{\log_2 4} = \dfrac{\log_2 k}{2}$,

$w = \log_6 k = \dfrac{\log_2 k}{\log_2 6} = \dfrac{\log_2 k}{1 + \log_2 3}$

となるから,

$$\begin{aligned}
\frac{1}{x} + \frac{1}{w} &= \frac{1}{\log_2 k} + \frac{1 + \log_2 3}{\log_2 k} \\
&= \frac{2 + \log_2 3}{\log_2 k} \\
&= \frac{\log_2 3}{\log_2 k} + \frac{2}{\log_2 k}
\end{aligned}$$

$$= \frac{1}{y} + \frac{1}{z}.$$

**【注】**   $\log_2 4 = \log_2 2^2 = 2\log_2 2 = 2.$

$\log_2 6 = \log_2(2 \cdot 3) = \log_2 2 + \log_2 3 = 1 + \log_2 3.$

(注終り)

**(別解)**

$2^x = 3^y = 4^z = 6^w = k$ とおくと, $k > 0$, $k \ne 1$ であるから,

$\log_k 2^x = \log_k 3^y = \log_k 4^z = \log_k 6^w = 1.$

$x\log_k 2 = y\log_k 3 = z\log_k 4 = w\log_k 6 = 1.$

これより,

$$\begin{aligned}
\frac{1}{x} + \frac{1}{w} &= \log_k 2 + \log_k 6 \\
&= \log_k 12 \\
&= \log_k 3 + \log_k 4 \\
&= \frac{1}{y} + \frac{1}{z}.
\end{aligned}$$

(別解終り)

## **86** ──〈方針〉──

(1)  $p > 1$ を示し,
$\log_p p < \log_p q^3 < \log_p p^2$ を変形する.
(3)  $b - c$, $c - a$ を考える.

(1)  $0 < p < p^2$ より,
$$p > 0 \quad かつ \quad p^2 > p.$$
$$p > 1.$$

したがって, $p < q^3 < p^2$ より,
$$\log_p p < \log_p q^3 < \log_p p^2.$$
$$1 < 3\log_p q < 2.$$
$$1 < 3a < 2.$$

よって,

$$\frac{1}{3} < \boldsymbol{a} < \frac{2}{3}.$$

(2) $\qquad \boldsymbol{b} = \log_q p$

$$= \frac{\log_p p}{\log_p q}$$

$$= \frac{1}{\boldsymbol{a}}.$$

(3) $\qquad c = \log_p \dfrac{p^2}{q}$

$$=\log_p p^2 - \log_p q$$
$$=2-a.$$

よって，

$$b-c=\frac{1}{a}-(2-a)$$
$$=\frac{1}{a}(a^2-2a+1)$$
$$=\frac{1}{a}(a-1)^2>0$$

より，

$$b>c.$$

また，

$$c-a=(2-a)-a$$
$$=2(1-a)>0$$

より，

$$c>a.$$

以上により，

$$\boldsymbol{a<c<b.}$$

## 87 ──〈方針〉──

$0<M<N$ のとき $\log_2 M<\log_2 N$ であることから，$t$ のとり得る値の範囲を求める．

また，$y$ を $t$ の式で表してみる．

$\log_2 x$ の底 2 は 1 より大きい．

よって，$\frac{1}{4}\leq x\leq 8$ のとき，

$$\log_2 \frac{1}{4}\leq \log_2 x\leq \log_2 8. \quad \cdots ①$$

また，

$$\begin{cases} \log_2 \dfrac{1}{4}=\log_2 2^{-2}=-2, \\ \log_2 8=\log_2 2^3=3 \end{cases}$$

であるから，① より，$t=\log_2 x$ のとり得る値の範囲は，

$$-2\leq t\leq 3.$$

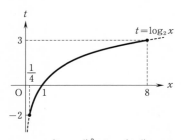

$$y=(\log_2 x^2)^2 + \log_2(4x^3)$$

について，$\frac{1}{4}\leq x\leq 8$ のとき，

$$y=(2\log_2 x)^2 + (\log_2 4 + 3\log_2 x)$$
$$=4(\log_2 x)^2 + 3\log_2 x + 2.$$

$\log_2 x=t$ とおくと，$-2\leq t\leq 3$ であり，

$$y=4t^2+3t+2$$

となる．

$f(t)=4t^2+3t+2$ とおくと，

$$f(t)=4\left(t+\frac{3}{8}\right)^2 + \frac{23}{16}.$$

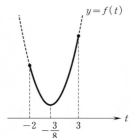

グラフより，$f(t)$ は $t=-\frac{3}{8}$ のとき最小となる．

よって，求める $y$ の最小値は，

$$f\left(-\frac{3}{8}\right)=\frac{\boldsymbol{23}}{\boldsymbol{16}}.$$

## 88 ──〈方針〉──

$y$ を消去する．$x$ の値の範囲に注意．

$x+y=6,\ x>0,\ y>1$ より，

$$y=6-x,\ 0<x<5.$$

$$\log_{10} x + \log_{10}(y-1)$$
$$=\log_{10} x + \log_{10}(5-x)$$
$$=\log_{10}(5x-x^2).$$

底 10 は 1 より大きいから，この式の値が最大になるのは真数 $5x-x^2$ が最大になるときである．

$t=5x-x^2$ とおくと，

$$t=5x-x^2=-\left(x-\frac{5}{2}\right)^2+\frac{25}{4}$$

であるから，$x=\dfrac{5}{2}$ のとき $t$ は最大になる．

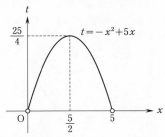

よって，与式は

$$x=\frac{5}{2}$$

のとき最大値

$$\log_{10}\frac{25}{4}$$
$$=\log_{10}\frac{10^2}{2^4}$$
$$=2-4\log_{10}2$$

をとる．

## 89 ──〈方針〉

$2^x=t$ とおくと，与式は $t$ の 2 次不等式になる．$t>0$ であることに注意する．

$$2^{2x+2}+2^x a+1-a>0.$$

$2^x=t$ とおくと，$t>0$ であり，上の式は，
$$4t^2+at+1-a>0$$
となる．

$$f(t)=4t^2+at+1-a$$

とおくと，

$t>0$ のとき，つねに $f(t)>0$

が成り立つ条件を調べればよい．

$$f(t)=4\left(t+\frac{a}{8}\right)^2-\frac{a^2}{16}-a+1$$

であるから，放物線 $y=f(t)$ の軸 $t=-\dfrac{a}{8}$ と区間 $t>0$ の位置関係で場合分けをする．

(i) $-\dfrac{a}{8}\leqq 0$，すなわち，$a\geqq 0$ のとき．

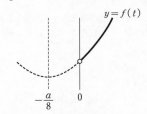

$t>0$ において，$f(t)>0$ となる条件は，
$$f(0)\geqq 0$$
であるから，
$$1-a\geqq 0.$$
これと $a\geqq 0$ より，
$$0\leqq a\leqq 1.$$

(ii) $-\dfrac{a}{8}>0$，すなわち，$a<0$ のとき．

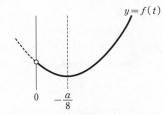

$t>0$ において，$f(t)>0$ となる条件は，
$$f\left(-\frac{a}{8}\right)>0$$
であるから，
$$-\frac{a^2}{16}-a+1>0.$$
$$a^2+16a-16<0.$$
$$-8-4\sqrt{5}<a<-8+4\sqrt{5}.$$
これと $a<0$ より，
$$-8-4\sqrt{5}<a<0.$$

(i), (ii) より, 求める $a$ の値の範囲は,
$$-8-4\sqrt{5}<a\leqq1.$$

# 90 ──〈方針〉

まず底の条件と真数条件をおさえる.
すなわち, 対数 $\log_a b$ について,
$$a>0, \quad a\neq1, \quad b>0$$
である.
そして, 対数の底を統一する. 本問では式の形から, 底を 2 にするとよい.

底の条件より,
$$x>0, \quad x\neq1. \qquad \cdots①$$
真数の条件より,
$$y>0, \quad x>0. \qquad \cdots②$$
①, ② より,
$$x>0, \quad x\neq1, \quad y>0. \qquad \cdots③$$
問題の式の底を 2 に直して,
$$\frac{1}{\log_2 x}-\log_2 y\cdot\frac{\log_2 y}{\log_2 x}<4(\log_2 x-\log_2 y).$$
よって,
$$\frac{1}{\log_2 x}\{1-(\log_2 y)^2\}<4(\log_2 x-\log_2 y).$$
$$\cdots④$$

(i) $x>1$ のとき.

$\log_2 x>0$ であるから, ④ より,
$$1-(\log_2 y)^2<4\{(\log_2 x)^2-\log_2 x\log_2 y\}.$$
$$(2\log_2 x-\log_2 y)^2>1.$$
$$\left(\log_2\frac{x^2}{y}\right)^2>1.$$
$$\log_2\frac{x^2}{y}<-1, \quad 1<\log_2\frac{x^2}{y}.$$
よって,
$$\frac{x^2}{y}<\frac{1}{2}, \quad 2<\frac{x^2}{y}.$$
③ より, $y>0$ であるから,
$$y>2x^2, \quad y<\frac{x^2}{2}.$$

(ii) $0<x<1$ のとき.

$\log_2 x<0$ であるから, ④ より,
$$1-(\log_2 y)^2>4\{(\log_2 x)^2-\log_2 x\log_2 y\}.$$

$$(2\log_2 x-\log_2 y)^2<1.$$
$$\left(\log_2\frac{x^2}{y}\right)^2<1.$$
$$-1<\log_2\frac{x^2}{y}<1.$$
よって,
$$\frac{1}{2}<\frac{x^2}{y}<2.$$
③ より, $y>0$ であるから,
$$\frac{x^2}{2}<y<2x^2$$

以上により, $(x, y)$ の範囲を座標平面上に図示すると次のようになる. ただし, 境界線上の点は除く.

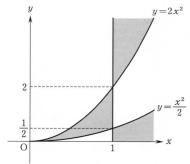

# 91 ──〈方針〉

$n$ を正の整数とするとき,
$$10^{n-1}\leqq N<10^n$$
ならば, $N$ は $n$ 桁の数.
$$10^{-n}\leqq N<10^{-n+1}$$
ならば, $N$ は小数第 $n$ 位にはじめて 0 でない数字が現れる.

(1) $\log_{10}\frac{1}{45}=-\log_{10}3^2\cdot5$
$$=-2\log_{10}3-\log_{10}5$$
$$=-2\log_{10}3-\log_{10}\frac{10}{2}$$
$$=-2\log_{10}3-1+\log_{10}2$$
$$=-2\times0.4771-1+0.3010$$

$$=-1.6532.$$

(2)　$\log_{10}\left(\dfrac{1}{45}\right)^{54}=54\log_{10}\dfrac{1}{45}$

$$=54\times(-1.6532)\quad((1)\text{より})$$

$$=-89.2728.$$

$$-90<\log_{10}\left(\dfrac{1}{45}\right)^{54}<-89.$$

$$10^{-90}<\left(\dfrac{1}{45}\right)^{54}<10^{-89}.$$

よって，小数点以下最初に 0 でない数字が現れるのは

**小数第 90 位.**

さらに，

$$\left(\dfrac{1}{45}\right)^{54}=10^{-90}\cdot10^{0.7272}$$

であり，また，

$$\log_{10}5=1-\log_{10}2=0.6990$$
$$\log_{10}6=\log_{10}2+\log_{10}3=0.7781$$

より，

$$10^{0.6990}=5,\quad 10^{0.7781}=6$$

であるから，

$$5<10^{0.7272}<6$$

となり，

$$5\cdot10^{-90}<\left(\dfrac{1}{45}\right)^{54}<6\cdot10^{-90}.$$

よって，小数第 90 位の数字は，

**5.**

(3)　$\log_{10}18^{18}=18\log_{10}2\cdot3^2$

$$=18(\log_{10}2+2\log_{10}3)$$

$$=18(0.3010+2\times0.4771)$$

$$=22.5936.$$

よって，

$$18^{18}=10^{22}\cdot10^{0.5936}.$$

ここで，

$$\log_{10}3=0.4771,$$
$$\log_{10}4=2\log_{10}2=0.6020$$

より，

$$10^{0.4771}=3,\quad 10^{0.6020}=4$$

であるから

$$3\cdot10^{22}<18^{18}<4\cdot10^{22}.$$

よって，$18^{18}$ は **23 桁**の数で，最高位の桁

の数字は **3.**

また，$18^n\ (n=1,\ 2,\ 3,\ \cdots)$ の末尾の数字は，$18^n$ を 10 で割った余りに等しい.

$18^n$ を 10 で割った商を $q_n$，余りを $r_n$ とおくと，

$$18^n=10q_n+r_n$$

$$(q_n,\ r_n \text{は整数，}\ 0\leqq r_n\leqq9).$$

このとき，

$$18^{n+1}=10(18q_n+r_n)+8r_n$$

であるから，$r_{n+1}$ は $8r_n$ を 10 で割った余りに等しい.

よって，数列 $\{r_n\}$ は，

$$8,\ 4,\ 2,\ 6,\ 8,\ 4,\ 2,\ 6,\ \cdots$$

となり，周期が 4，すなわち，

$$r_{n+4}=r_n \qquad\qquad \cdots(*)$$

と予想される. これを数学的帰納法で示す.

(Ⅰ) $n=1$ のとき.

$r_1=8$，$r_5=8$ より，$(*)$ は成り立つ.

(Ⅱ) $n=k$ のとき $(*)$ が成り立つと仮定すると，

$$r_{k+4}=r_k.$$

このとき，

$$r_{k+5}=(8r_{k+4} \text{を 10 で割った余り})$$
$$=(8r_k \text{を 10 で割った余り})$$
$$=r_{k+1}$$

となり，$n=k+1$ でも $(*)$ は成り立つ.

(Ⅰ)，(Ⅱ) より，すべての自然数 $n$ に対して $(*)$ が成り立つから，数列 $\{r_n\}$ は，周期 4 で 8，4，2，6 を繰り返す.

$$18=4\times4+2$$

より，

$$18^{18} \text{の末尾の数字は } 4.$$

(4)　$\log_{10}5^{2002}=2002\log_{10}5$

$$=2002\times(1-\log_{10}2)$$

$$=1399.398$$

より，

$$5^{2002}=10^{1399}\cdot10^{0.398}.$$

$\log_{10}2=0.3010$，$\log_{10}3=0.4771$ より，

$$2=10^{0.3010},\quad 3=10^{0.4771}$$

であるから，

$$2 \cdot 10^{1399} < 5^{2002} < 3 \cdot 10^{1399}.$$

よって，$5^{2002}$ は **1400 桁**で，最高位の桁の数字は **2**．

## 92 ―〈方針〉―

(1) 背理法を用いて証明する．

(2) (1)を利用して背理法を用いて証明する．

(3) $2^1 < 3 < 2^2$ であるから

$$1 < \log_2 3 < 2$$

であることがわかる．

そこで，試行錯誤をしながら，

$$1 + \frac{k}{10} < \log_2 3 < 1 + \frac{k+1}{10}$$

を満たす 0 以上の整数 $k$ を求める．

(1) $\log_2 3 = \dfrac{m}{n}$ を満たす自然数 $m$, $n$ が存在すると仮定する．

このとき，

$$2^{\frac{m}{n}} = 3$$

より，

$$2^m = 3^n. \qquad \cdots ①$$

$m$, $n$ は自然数であるから，

$$2^m \text{ は偶数，} 3^n \text{ は奇数}$$

であり，① は成立しない．

したがって，$\log_2 3 = \dfrac{m}{n}$ を満たす自然数 $m$, $n$ は存在しない．

(2) 異なる自然数 $p$, $q$ に対して，$p \log_2 3$ と $q \log_2 3$ の小数部分が等しいと仮定する．

$p > q$ のとき，

$p \log_2 3 - q \log_2 3$ は整数であり，$\log_2 3 > 0$ であるから，

$$p \log_2 3 - q \log_2 3 = l$$

を満たす自然数 $l$ が存在する．

このとき，

$$\log_2 3 = \frac{l}{p - q}$$

となり，$l$, $p - q$ は自然数であるから(1)より

矛盾が生じる．

$q > p$ のときも同様の矛盾が生じる．

したがって，$p$, $q$ が異なる自然数のとき，$p \log_2 3$ と $q \log_2 3$ の小数部分は等しくない．

(3) $2^3 = 8 < 9 = 3^2$ より，

$$\log_2 2^3 < \log_2 3^2.$$

$$3 < 2 \log_2 3.$$

$$\frac{3}{2} < \log_2 3. \qquad \cdots ②$$

また，$3^5 = 243 < 256 = 2^8$ より，

$$\log_2 3^5 < \log_2 2^8.$$

$$5 \log_2 3 < 8.$$

$$\log_2 3 < \frac{8}{5}. \qquad \cdots ③$$

②，③ より，

$$\frac{3}{2} < \log_2 3 < \frac{8}{5},$$

すなわち，

$$1.5 < \log_2 3 < 1.6.$$

したがって，$\log_2 3$ の小数第 1 位は **5** である．

## 93 ―〈方針〉―

(2) $t$ の値が与えられたとき，

$$t = \cos \theta$$

を満たす $\theta$ が $0° \leqq \theta < 360°$ に何個あるかに着目する．

(1) $$2 \cos 2\theta + 2 \cos \theta + a = 0 \qquad \cdots ①$$

に，2 倍角の公式を用いると，

$$2(2 \cos^2 \theta - 1) + 2 \cos \theta + a = 0.$$

$t = \cos \theta$ とおき，整理すると，

$$\mathbf{4t^2 + 2t + a - 2 = 0}.$$

(2) (1)の結果から，

$$a = -4t^2 - 2t + 2. \qquad \cdots ②$$

よって，$0° \leqq \theta < 360°$ において，$\theta$ の方程式①が相異なる 4 つの解（$\alpha$, $\beta$, $\gamma$, $\delta$ とおく）をもつ条件は，(図1)より，$t$ の方程式②が $-1 < t < 1$ の範囲に相異なる 2 つの解（$t_1$, $t_2$ とおく）をもつことである．

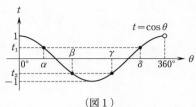

（図１）

すなわち，

$$y=a,$$
$$y=-4t^2-2t+2$$

の２つのグラフが，$-1<t<1$ の範囲で２つの交点をもつことである．

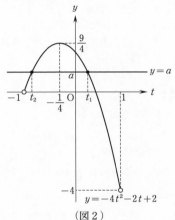

（図２）

よって，（図２）より，$a$ のとり得る値の範囲は，

$$0<a<\frac{9}{4}.$$

# 94 ──〈方針〉

必要条件から考える．

$$\sin(x+\alpha)+\sin(x+\beta)=\sqrt{3}\sin x. \quad \cdots(*)$$

$(*)$ が角度 $x$ をどのようにとっても成り立つためには，$x=0°$，$90°$ のときも成り立つことが必要．

$x=0°$ のとき，$(*)$ は，

$$\sin\alpha+\sin\beta=0. \quad \cdots①$$

$x=90°$ のとき，$(*)$ は，

$$\sin(90°+\alpha)+\sin(90°+\beta)=\sqrt{3}.$$
$$\cos\alpha+\cos\beta=\sqrt{3}. \quad \cdots②$$

① より，

$$\sin\beta=-\sin\alpha. \quad \cdots①'$$

② より，

$$\cos\beta=\sqrt{3}-\cos\alpha. \quad \cdots②'$$

$\sin^2\beta+\cos^2\beta=1$ に ①'，②' を代入して，

$$(-\sin\alpha)^2+(\sqrt{3}-\cos\alpha)^2=1.$$
$$\sin^2\alpha+\cos^2\alpha+3-2\sqrt{3}\cos\alpha=1.$$

$\sin^2\alpha+\cos^2\alpha=1$ であるから，

$$\cos\alpha=\frac{\sqrt{3}}{2}.$$

これと ②' より，

$$\cos\beta=\frac{\sqrt{3}}{2}.$$

$-90°<\alpha<\beta<90°$ であるから，

$$\alpha=-30°,\ \beta=30°.$$

（これらは ①，② を満たす）

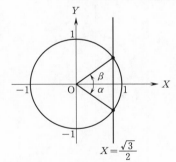

このとき，

$$\sin(x+\alpha)+\sin(x+\beta)$$
$$=\sin(x-30°)+\sin(x+30°)$$
$$=(\sin x\cos30°-\cos x\sin30°)$$
$$\quad+(\sin x\cos30°+\cos x\sin30°)$$
$$=2\sin x\cos30°$$
$$=\sqrt{3}\sin x$$

となり，$(*)$ は角度 $x$ をどのようにとっても成り立つ．

よって，

$$\alpha=-30°, \quad \beta=30°$$

## 95 ──〈方針〉

$$(\sin\theta+\cos\theta)^2=1+\sin 2\theta.$$

(1) $t^2=(\sin\theta+\cos\theta)^2$
$=\sin^2\theta+\cos^2\theta+2\sin\theta\cos\theta$
$=1+\sin 2\theta.$

よって,
$$\sin 2\theta=t^2-1.$$
したがって,
$$f(\theta)=t^2-1+2t-1$$
$$=t^2+2t-2.$$

(2) $t=\sqrt{2}\left(\dfrac{1}{\sqrt{2}}\sin\theta+\dfrac{1}{\sqrt{2}}\cos\theta\right)$
$=\sqrt{2}\,(\cos 45°\sin\theta+\sin 45°\cos\theta)$
$=\sqrt{2}\,\sin(\theta+45°).$

$0°\leqq\theta\leqq 180°$ より, $45°\leqq\theta+45°\leqq 225°.$

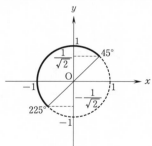

よって,
$$-\dfrac{1}{\sqrt{2}}\leqq\sin(\theta+45°)\leqq 1.$$
$$-1\leqq t\leqq\sqrt{2}.$$

(3) $f(\theta)=(t+1)^2-3.$

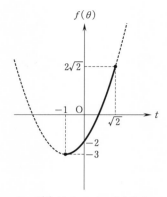

よって, $f(\theta)$ は $t=-1$, すなわち,
$\theta=180°$ のとき最小で, 最小値は $-3$.

$t=\sqrt{2}$, すなわち, $\theta=45°$ のとき最大で,
最大値は $2\sqrt{2}$.

## 96 ──〈方針〉

半角の公式を用いる.

$$f(\theta)=a\cos^2\theta+2\sin\theta\cos\theta+b\sin^2\theta.$$

(1) 半角の公式より,
$$\cos^2\theta=\dfrac{1+\cos 2\theta}{2}, \quad \sin^2\theta=\dfrac{1-\cos 2\theta}{2}$$
であるから,
$$f(\theta)=a\cdot\dfrac{1+\cos 2\theta}{2}+\sin 2\theta+b\cdot\dfrac{1-\cos 2\theta}{2}$$
$$=\dfrac{1}{2}\{2\sin 2\theta+(a-b)\cos 2\theta\}+\dfrac{1}{2}(a+b)$$
$$=\dfrac{1}{2}\sqrt{(a-b)^2+4}\Big\{\sin 2\theta\cdot\dfrac{2}{\sqrt{(a-b)^2+4}}$$
$$+\cos 2\theta\cdot\dfrac{a-b}{\sqrt{(a-b)^2+4}}\Big\}+\dfrac{1}{2}(a+b).$$

ここで, $\alpha$ $(0\leqq\alpha<2\pi)$ を,
$$\cos\alpha=\dfrac{2}{\sqrt{(a-b)^2+4}},$$
$$\sin\alpha=\dfrac{a-b}{\sqrt{(a-b)^2+4}}$$
で定めると,

$$f(\theta)=\frac{1}{2}\sqrt{(a-b)^2+4}\,(\sin 2\theta\cos\alpha$$
$$+\cos 2\theta\sin\alpha)+\frac{1}{2}(a+b)$$
$$=\frac{1}{2}\Big\{\sqrt{(a-b)^2+4}\,\sin(2\theta+\alpha)+(a+b)\Big\}$$

となる.

$\theta$ が $0\leqq\theta\leqq 2\pi$ の範囲を動くとき,
$\sin(2\theta+\alpha)$ は $-1\leqq\sin(2\theta+\alpha)\leqq 1$ の範囲
を動くから,

$$m=\frac{1}{2}\Big\{(a+b)-\sqrt{(a-b)^2+4}\Big\},$$
$$M=\frac{1}{2}\Big\{(a+b)+\sqrt{(a-b)^2+4}\Big\}.$$

(2) 関数 $f(\theta)$ が $\theta$ の値によって正の値も負
の値もとり得る条件は,

$$m<0<M$$

であるから,

$$-\sqrt{(a-b)^2+4}<a+b<\sqrt{(a-b)^2+4}.$$

よって,

$$(a+b)^2<(a-b)^2+4.$$
$$4ab<4.$$
$$ab<1.$$

また,この条件を満たす点 $(a,\ b)$ 全体の
集合を $ab$ 平面上に図示すると次の図の網掛
け部分（境界は含まない）となる.

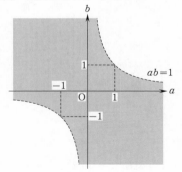

──〈方針〉──

加法定理を用いて,$\tan\angle APB$ につ
いて調べる.

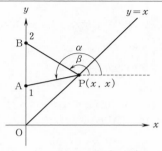

上図のように,$x$ 軸と $\overrightarrow{PA}$,$\overrightarrow{PB}$ のなす角
をそれぞれ $\alpha$,$\beta$ とすると,

$$\frac{\pi}{2}<\beta<\alpha<\frac{5}{4}\pi$$

であり,

$$\angle APB=\alpha-\beta. \qquad\cdots\text{①}$$

また,直線 AP の傾きを 2 通りに表して,

$$\tan\alpha=\frac{x-1}{x}. \qquad\cdots\text{②}$$

同様に,直線 BP の傾きを 2 通りに表して,

$$\tan\beta=\frac{x-2}{x}. \qquad\cdots\text{③}$$

①,②,③ より,

$$\tan\angle APB=\tan(\alpha-\beta)$$
$$=\frac{\tan\alpha-\tan\beta}{1+\tan\alpha\tan\beta}$$
$$=\frac{\dfrac{x-1}{x}-\dfrac{x-2}{x}}{1+\dfrac{x-1}{x}\cdot\dfrac{x-2}{x}}$$
$$=\frac{\dfrac{1}{x}}{\dfrac{2x^2-3x+2}{x^2}}$$
$$=\frac{1}{2x+\dfrac{2}{x}-3}. \qquad\cdots\text{④}$$

$x>0$ であるから,相加平均と相乗平均の
大小関係を用いて,

$$2x+\frac{2}{x}\geqq 2\sqrt{2x\cdot\frac{2}{x}}.$$

よって,

$$2x+\frac{2}{x}\geqq 4.$$

等号は, $2x=\dfrac{2}{x}$, すなわち, $x=1$ のとき
に成立し, ④ より,

$$0<\tan\angle\text{APB}\leqq\frac{1}{4-3}.$$

よって,

$$0<\tan\angle\text{APB}\leqq 1.$$

① と $\tan\angle\text{APB}>0$, および,

$$0<\alpha-\beta<\frac{3}{4}\pi$$

より, $\angle\text{APB}$ は鋭角であり, $\tan\angle\text{APB}$
が最大のとき $\angle\text{APB}$ も最大となる.

$x=1$ のとき $\tan\angle\text{APB}=1$ となるから,
$\angle\text{APB}$ の最大値は $\dfrac{\pi}{4}$ である.

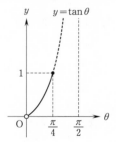

## 98 ——〈方針〉

(1) cos の定義に戻る.
(3) $\cos\alpha$ の3次方程式を解く.

(1) $0°<\alpha<90°$ より,

$$0°<2\alpha<3\alpha<270°.$$

この範囲で $\cos 2\alpha=\cos 3\alpha$ となるのは

$$\frac{2\alpha+3\alpha}{2}=180°$$

のときである.

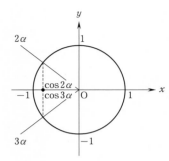

よって,

$$\alpha=\frac{2}{5}\times180°=\mathbf{72°}.$$

(2) $\cos 3\theta=\cos(2\theta+\theta)$
$\qquad=\cos 2\theta\cos\theta-\sin 2\theta\sin\theta$
$\qquad=(\cos^2\theta-\sin^2\theta)\cos\theta$
$\qquad\quad-2\sin\theta\cos\theta\cdot\sin\theta$
$\qquad=\cos^3\theta-3\sin^2\theta\cos\theta$
$\qquad=\cos^3\theta-3(1-\cos^2\theta)\cos\theta$
$\qquad=4\cos^3\theta-3\cos\theta.$

(3) (2)を用いて,

$$\cos 2\alpha=\cos 3\alpha$$

より,

$$2\cos^2\alpha-1=4\cos^3\alpha-3\cos\alpha.$$
$$4\cos^3\alpha-2\cos^2\alpha-3\cos\alpha+1=0.$$
$$(\cos\alpha-1)(4\cos^2\alpha+2\cos\alpha-1)=0.$$

したがって,

$$\cos\alpha=1,\quad\frac{-1\pm\sqrt{5}}{4}.$$

ここで, $\alpha=72°$ であるから,

$$0<\cos\alpha<1.$$

よって,

$$\cos\alpha=\frac{-1+\sqrt{5}}{4}.$$

〔参考〕 (1)において, 差積の公式

$$\cos A-\cos B=-2\sin\frac{A+B}{2}\sin\frac{A-B}{2}$$

を用いると,

$$\cos 3\alpha-\cos 2\alpha=0.$$
$$-2\sin\frac{3\alpha+2\alpha}{2}\sin\frac{3\alpha-2\alpha}{2}=0.$$

$$\sin\frac{5\alpha}{2}\sin\frac{\alpha}{2}=0.$$

$0°<\alpha<90°$ より，$\sin\dfrac{\alpha}{2}>0$ であるから，

$$\sin\frac{5\alpha}{2}=0.$$

$0°<\dfrac{5\alpha}{2}<\dfrac{5}{2}\cdot90°$ より，

$$\frac{5\alpha}{2}=180°.$$

よって，

$$\alpha=72°.$$

（参考終り）

## 99 ——〈方針〉——

A，B がそれぞれ $(1,\ 0)$，$(3,\ 0)$ に
あったときを時刻 0 として，それから $t$
秒後における A，B の座標を三角関数
を用いて表す．

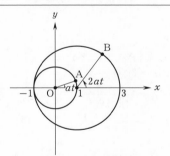

1 秒間に A，B がそれぞれの中心のまわ
りに回転する角度を $\omega_A$，$\omega_B$ と表せば，条
件より，

$$1\cdot\omega_A=a,\quad 2\omega_B=4a.$$

ゆえに，

$$\omega_A=a,\quad \omega_B=2a.$$

よって，A，B がそれぞれ $(1,\ 0)$，$(3,\ 0)$
の位置にある時刻を 0 とすると，それから $t$
秒後の A，B の座標は，

$$\mathrm{A}(\cos at,\ \sin at),$$
$$\mathrm{B}(1+2\cos 2at,\ 2\sin 2at).$$

このとき，

$$\begin{aligned}
\mathrm{AB}^2&=(1+2\cos 2at-\cos at)^2\\
&\qquad\qquad +(2\sin 2at-\sin at)^2\\
&=(1+4\cos^2 2at+\cos^2 at\\
&\quad +4\cos 2at-4\cos 2at\cos at-2\cos at)\\
&\quad +(4\sin^2 2at+\sin^2 at-4\sin 2at\sin at)\\
&=6-4(\cos 2at\cos at+\sin 2at\sin at)\\
&\qquad\qquad +4\cos 2at-2\cos at\\
&=6-4\cos(2at-at)\\
&\qquad\qquad +4\cos 2at-2\cos at\\
&=6-6\cos at+4\cos 2at\\
&=6-6\cos at+4(2\cos^2 at-1)\\
&=8\cos^2 at-6\cos at+2.
\end{aligned}$$

$$\cos at=x$$

とおくと，

$$\mathrm{AB}^2=8x^2-6x+2.$$

ここで，

$$f(x)=8x^2-6x+2$$

とおくと，

$$f(x)=8\left(x-\frac{3}{8}\right)^2+\frac{7}{8}.$$

ただし，

$$-1\leqq x\leqq1.$$

ゆえに，$y=f(x)$ のグラフは次のように
なる．

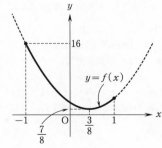

よって，

$$\begin{cases}
(\mathrm{AB}\ \text{の最小値})=\sqrt{\dfrac{7}{8}}=\dfrac{\sqrt{14}}{4},\\
(\mathrm{AB}\ \text{の最大値})=\sqrt{16}=4.
\end{cases}$$

## 100 ──〈方針〉──

(2) 面積は相似を利用して求める.

(1)

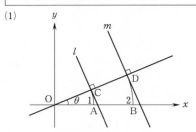

C, D の座標はそれぞれ,

$$C(\cos\theta,\ \sin\theta),$$
$$D(2\cos\theta,\ 2\sin\theta).$$

また, 直線 CD の傾きは $\dfrac{\sin\theta}{\cos\theta}$ であるか

ら, 直線 $l$, $m$ の傾きはともに $-\dfrac{\cos\theta}{\sin\theta}$ で

ある.

$l$ は C を通るから, $l$ の方程式は,

$$y=-\frac{\cos\theta}{\sin\theta}(x-\cos\theta)+\sin\theta,$$

すなわち,

$$l:(\cos\theta)x+(\sin\theta)y=1.$$

同様にして, 直線 $m$ の方程式は,

$$y=-\frac{\cos\theta}{\sin\theta}(x-2\cos\theta)+2\sin\theta,$$

すなわち,

$$m:(\cos\theta)x+(\sin\theta)y=2.$$

(2) $l$ と $x$ 軸との交点を E, $m$ と $x$ 軸との交点を F とする. また, $l$ と $y=x$ との交点を G, $m$ と $y=x$ との交点を H とする.

$S$ と $T$ の共通部分は, 次図のようになる.

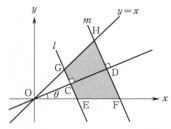

このとき, $\triangle$OEG と $\triangle$OFH は相似であり, その相似比は $1:2$ であるから, 求める面積は $\triangle$OEG の面積の $2^2-1^2=3$ (倍) である.

E の $x$ 座標は,

$$(\cos\theta)x=1$$

より,

$$x=\frac{1}{\cos\theta}.$$

また, G の $y$ 座標は,

$$(\cos\theta)y+(\sin\theta)y=1$$

より,

$$y=\frac{1}{\cos\theta+\sin\theta}.$$

求める面積を $f(\theta)$ とおくと,

$$f(\theta)=3\triangle\text{OEG}$$
$$=3\cdot\frac{1}{2}\cdot\frac{1}{\cos\theta}\cdot\frac{1}{\cos\theta+\sin\theta}$$
$$=\frac{3}{2\cos\theta(\cos\theta+\sin\theta)}$$
$$=\frac{3}{2\cos^2\theta+2\sin\theta\cos\theta}$$
$$=\frac{3}{1+\cos2\theta+\sin2\theta}$$
$$=\frac{3}{\sqrt{2}\sin\left(2\theta+\frac{\pi}{4}\right)+1}.$$

ここで, $0<\theta<\dfrac{\pi}{2}$ より, $\dfrac{\pi}{4}<2\theta+\dfrac{\pi}{4}<\dfrac{5}{4}\pi$

であるから, $f(\theta)$ が最小となるとき,

$2\theta+\dfrac{\pi}{4}=\dfrac{\pi}{2}$, すなわち,

$$\theta=\frac{\pi}{8}.$$

# *101* ──〈方針〉──

(1) 直角三角形に注目する.
(2) 三角関数の合成を用いる.

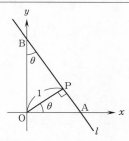

(1) 直角三角形 OAP に注目すると,
$$\cos\theta=\frac{OP}{OA}$$
であり, OP=1 より,
$$OA=\frac{1}{\cos\theta}.$$

さらに, 直角三角形 OBP に注目すると,
$$\angle OBP+\angle BOP=90°$$
であり,
$$\angle AOP+\angle BOP=90°$$
であるから,
$$\angle OBP=\angle AOP=\theta.$$
したがって,
$$\sin\theta=\frac{OP}{OB}$$
であるから,
$$OB=\frac{1}{\sin\theta}.$$

また, 直角三角形 AOB に注目すると,
$$\sin\theta=\frac{OA}{AB}$$
であるから,
$$AB=\frac{OA}{\sin\theta}$$
$$=\frac{1}{\sin\theta\cos\theta}.$$
したがって,
**OA+OB−AB**

$$=\frac{1}{\cos\theta}+\frac{1}{\sin\theta}-\frac{1}{\sin\theta\cos\theta}.$$

【注】 直角三角形 AOB に注目し,
$$\cos\theta=\frac{OB}{AB}$$
であることから,
$$AB=\frac{OB}{\cos\theta}$$
$$=\frac{1}{\sin\theta\cos\theta}$$
としてもよい.

また, △OAB の面積に注目して,
$$\frac{1}{2}\cdot OA\cdot OB=\frac{1}{2}\cdot AB\cdot OP$$
であるから,
$$OA\cdot OB=AB\cdot OP.$$
OP=1 より,
$$AB=OA\cdot OB$$
$$=\frac{1}{\sin\theta\cos\theta}$$
としてもよい.

(注終り)

(2) (1)の結果より,
$$OA+OB-AB=\frac{\sin\theta+\cos\theta-1}{\sin\theta\cos\theta}. \quad \cdots ①$$
ここで,
$$t=\sin\theta+\cos\theta$$
とおくと,
$$t^2=(\sin\theta+\cos\theta)^2$$
$$=1+2\sin\theta\cos\theta$$
より,
$$\sin\theta\cos\theta=\frac{t^2-1}{2}$$
であるから, ①を $t$ を用いて表すと,
$$OA+OB-AB=\frac{t-1}{\dfrac{t^2-1}{2}}$$
$$=\frac{2}{t+1}. \quad \cdots ②$$
また,
$$t=\sqrt{2}\sin(\theta+45°)$$
であるから,

$\theta=45°$ のとき，$t$ は最大値 $\sqrt{2}$
をとり，このとき ② より，

$$OA+OB-AB$$

は最小値

$$\frac{2}{\sqrt{2}+1}=2(\sqrt{2}-1)$$

をとる．

## 102 ──〈方針〉

$A+B+C=180°$ と $B-C=60°$ より，$B$，$C$ を $A$ で表し，$A$ の方程式を導く．

正弦定理

$$\frac{a}{\sin A}=\frac{b}{\sin B}=\frac{c}{\sin C}=2R$$

（$R$ は外接円の半径）

より，

$$a=2R\sin A,$$
$$b=2R\sin B,$$
$$c=2R\sin C.$$

これらを条件 $2a=b+c$ に代入して，

$$4R\sin A=2R\sin B+2R\sin C.$$
$$2\sin A=\sin B+\sin C. \quad\cdots①$$

ここで，

$$A+B+C=180°, \quad B-C=60°$$

より，$B$，$C$ を $A$ で表すと，

$$B=120°-\frac{A}{2}, \quad C=60°-\frac{A}{2}.$$

① に代入して，

$$2\sin A=\sin\left(120°-\frac{A}{2}\right)+\sin\left(60°-\frac{A}{2}\right)$$
$$=\left(\frac{\sqrt{3}}{2}\cos\frac{A}{2}+\frac{1}{2}\sin\frac{A}{2}\right)$$
$$\quad+\left(\frac{\sqrt{3}}{2}\cos\frac{A}{2}-\frac{1}{2}\sin\frac{A}{2}\right)$$
$$=\sqrt{3}\cos\frac{A}{2}. \quad\cdots②$$

2 倍角の公式より，

$$2\cdot2\sin\frac{A}{2}\cos\frac{A}{2}=\sqrt{3}\cos\frac{A}{2}.$$

$0°<\dfrac{A}{2}<90°$ より，$\cos\dfrac{A}{2}>0$ であるから，

$$\sin\frac{A}{2}=\frac{\sqrt{3}}{4}.$$

したがって，

$$\cos\frac{A}{2}=\sqrt{1-\sin^2\frac{A}{2}}$$
$$=\sqrt{1-\left(\frac{\sqrt{3}}{4}\right)^2}$$
$$=\frac{\sqrt{13}}{4}.$$

② より，

$$\sin A=\frac{\sqrt{3}}{2}\cos\frac{A}{2}$$
$$=\frac{\sqrt{3}}{2}\cdot\frac{\sqrt{13}}{4}$$
$$=\frac{\sqrt{39}}{8}.$$

〔参考〕 和積の公式

$$\sin\alpha+\sin\beta=2\sin\frac{\alpha+\beta}{2}\cos\frac{\alpha-\beta}{2}$$

を用いると，① の右辺は，

$$\sin B+\sin C=2\sin\frac{B+C}{2}\cos\frac{B-C}{2}$$
$$=2\sin\frac{180°-A}{2}\cos\frac{60°}{2}$$
$$=\sqrt{3}\sin\left(90°-\frac{A}{2}\right)$$
$$=\sqrt{3}\cos\frac{A}{2}$$

となる．

(参考終り)

## 103

(1) 和積の公式より，

$$\sin A+\sin B=2\sin\frac{A+B}{2}\cos\frac{A-B}{2}.$$

$C=\pi-(A+B)$ であるから，

$$\sin C=\sin\{\pi-(A+B)\}$$
$$=\sin(A+B)$$
$$=\sin2\cdot\frac{A+B}{2}$$
$$=2\sin\frac{A+B}{2}\cos\frac{A+B}{2}.$$

よって，

$\sin A + \sin B + \sin C$

$= 2\sin\dfrac{A+B}{2}\cos\dfrac{A-B}{2}$

$\quad + 2\sin\dfrac{A+B}{2}\cos\dfrac{A+B}{2}$

$= 2\sin\dfrac{A+B}{2}\left(\cos\dfrac{A-B}{2}+\cos\dfrac{A+B}{2}\right).$

$\qquad\qquad\qquad\qquad\qquad\cdots\text{①}$

$A+B=\pi-C$ より，

$\sin\dfrac{A+B}{2}=\sin\dfrac{\pi-C}{2}$

$\qquad\qquad =\sin\left(\dfrac{\pi}{2}-\dfrac{C}{2}\right)$

$\qquad\qquad =\cos\dfrac{C}{2}.\qquad\cdots\text{②}$

また，

$\cos\dfrac{A-B}{2}=\cos\left(\dfrac{A}{2}-\dfrac{B}{2}\right)$

$=\cos\dfrac{A}{2}\cos\dfrac{B}{2}+\sin\dfrac{A}{2}\sin\dfrac{B}{2},\ \cdots\text{③}$

$\cos\dfrac{A+B}{2}=\cos\left(\dfrac{A}{2}+\dfrac{B}{2}\right)$

$=\cos\dfrac{A}{2}\cos\dfrac{B}{2}-\sin\dfrac{A}{2}\sin\dfrac{B}{2}.\ \cdots\text{④}$

②，③，④ を ① に代入して，

$\sin A + \sin B + \sin C$

$= 2\cos\dfrac{C}{2}\cdot 2\cos\dfrac{A}{2}\cos\dfrac{B}{2}$

$= 4\cos\dfrac{A}{2}\cos\dfrac{B}{2}\cos\dfrac{C}{2}.$

(2) $\cos A + \cos B = 2\cos\dfrac{A+B}{2}\cos\dfrac{A-B}{2},$

$\cos C = \cos\{\pi-(A+B)\}$

$\qquad = -\cos(A+B)$

$\qquad = -\cos 2\cdot\dfrac{A+B}{2}$

$\qquad = -\left(2\cos^2\dfrac{A+B}{2}-1\right)$

$\qquad = 1-2\cos^2\dfrac{A+B}{2}.$

よって，

$\cos A + \cos B + \cos C$

$= 2\cos\dfrac{A+B}{2}\cos\dfrac{A-B}{2}$

$\qquad +1-2\cos^2\dfrac{A+B}{2}$

$= 1+2\cos\dfrac{A+B}{2}\left(\cos\dfrac{A-B}{2}-\cos\dfrac{A+B}{2}\right).$

$\qquad\qquad\qquad\qquad\qquad\cdots\text{⑤}$

ここで，

$\cos\dfrac{A+B}{2}=\cos\dfrac{\pi-C}{2}$

$\qquad\qquad =\cos\left(\dfrac{\pi}{2}-\dfrac{C}{2}\right)$

$\qquad\qquad =\sin\dfrac{C}{2}.\qquad\cdots\text{⑥}$

③，④，⑥ を ⑤ に代入して，

$\cos A + \cos B + \cos C$

$= 1+2\sin\dfrac{C}{2}\cdot 2\sin\dfrac{A}{2}\sin\dfrac{B}{2}$

$= 1+4\sin\dfrac{A}{2}\sin\dfrac{B}{2}\sin\dfrac{C}{2}.$

(3) $\tan C = \tan\{\pi-(A+B)\}$

$\qquad = -\tan(A+B)$

$\qquad = -\dfrac{\tan A+\tan B}{1-\tan A\tan B}.$

よって，

$(1-\tan A\tan B)\tan C = -\tan A-\tan B.$

したがって，

$\tan A+\tan B+\tan C = \tan A\tan B\tan C.$

## $104$ ——〈方針〉

(1) 曲線 $y=f(x)$ 上の点 $(t,\ f(t))$ における接線の方程式は，

$\qquad y-f(t)=f'(t)(x-t).$

(2) (1)で求めた方程式と $y=x^3-3x$ との連立方程式の解が，2点 A，B の座標になる．

(1) $\qquad\qquad y=x^3-3x \qquad\cdots\text{①}$

より，

$\qquad\qquad y'=3x^2-3$

であるから，曲線 ① の点 $A(a,\ a^3-3a)$ における接線の方程式は，

$$y-(a^3-3a)=(3a^2-3)(x-a),$$

すなわち，

$$y=3(a^2-1)x-2a^3. \quad \cdots ②$$

(2)

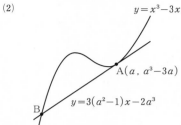

①，② より $y$ を消去して，

$$x^3-3x=3(a^2-1)x-2a^3.$$
$$x^3-3a^2x+2a^3=0.$$
$$(x-a)^2(x+2a)=0.$$

これより，B の $x$ 座標は，

$$-2a.$$

よって，B の $y$ 座標は，

$$(-2a)^3-3(-2a)=-8a^3+6a.$$

以上により，B の座標は，

$$(-2a, \ -8a^3+6a).$$

## 105 ——〈方針〉

2 曲線 $y=f(x)$，$y=g(x)$ が $x=t$ において共通な接線をもつ条件は，
$$\begin{cases} f(t)=g(t), \\ f'(t)=g'(t). \end{cases}$$

$$f(x)=x^3+2ax^2-3a^2x-4,$$
$$g(x)=ax^2-2a^2x-3a$$

とおく．

2 曲線 $y=f(x)$，$y=g(x)$ が $x=t$ に対応する点を共有し，その点における 2 接線
$$y-f(t)=f'(t)(x-t),$$
$$y-g(t)=g'(t)(x-t)$$
が一致するのは，
$$\begin{cases} f(t)=g(t), \\ f'(t)=g'(t) \end{cases}$$
が成り立つときである．これより，

$$\begin{cases} t^3+2at^2-3a^2t-4 \\ \qquad =at^2-2a^2t-3a, & \cdots ① \\ 3t^2+4at-3a^2=2at-2a^2. & \cdots ② \end{cases}$$

② より，

$$3t^2+2at-a^2=0.$$
$$(t+a)(3t-a)=0.$$
$$t=-a, \ \frac{1}{3}a.$$

(i) $t=-a$ のとき．

① より，

$$-a^3+2a^3+3a^3-4=a^3+2a^3-3a.$$
$$a^3+3a-4=0.$$
$$(a-1)(a^2+a+4)=0.$$

$a$ は実数であるから，

$$a=1.$$

(ii) $t=\dfrac{1}{3}a$ のとき．

① より，

$$\frac{1}{27}a^3+\frac{2}{9}a^3-a^3-4=\frac{1}{9}a^3-\frac{2}{3}a^3-3a.$$
$$5a^3-81a+108=0.$$
$$(a-3)(5a^2+15a-36)=0.$$
$$a=3, \ \frac{-15\pm3\sqrt{105}}{10}.$$

(i)，(ii) より，求める $a$ の値は，

$$a=1, \ 3, \ \frac{-15\pm3\sqrt{105}}{10}.$$

## 106 ——〈方針〉

多項式 $f(x)$ について，
　　$f(x)$ が $x>2$ で極値をもたない
$\iff$ $x>2$ において，つねに $f'(x)\geqq0$
　　または，つねに $f'(x)\leqq0$.

$f(x)=x^3-3ax^2+3(a^2+a-3)x$ より，
$$f'(x)=3x^2-6ax+3(a^2+a-3)$$
$$=3(x-a)^2+3a-9.$$

$f'(x)$ は 2 次式であり，$x^2$ の係数は正であるから，$f(x)$ が $x>2$ で極値をもたないための条件は，$x>2$ でつねに $f'(x)\geqq0$ と

なることである.

(ⅰ) $a < 2$ のとき.

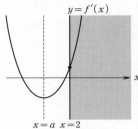

$x > 2$ でつねに $f'(x) \geqq 0$ となる条件は,
$$f'(2) \geqq 0.$$
$$3a^2 - 9a + 3 \geqq 0.$$
$$a^2 - 3a + 1 \geqq 0.$$
$$a \leqq \frac{3 - \sqrt{5}}{2} \ \text{または} \ \frac{3 + \sqrt{5}}{2} \leqq a.$$

$a < 2$ とあわせて,
$$a \leqq \frac{3 - \sqrt{5}}{2}.$$

(ⅱ) $a \geqq 2$ のとき.

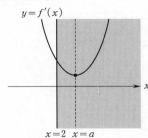

$x > 2$ でつねに $f'(x) \geqq 0$ となる条件は,
$$f'(a) \geqq 0.$$
$$3a - 9 \geqq 0.$$
$$a \geqq 3.$$

$a \geqq 2$ とあわせて,
$$a \geqq 3.$$

(ⅰ), (ⅱ) より, 求める $a$ の値の範囲は,
$$a \leqq \frac{3 - \sqrt{5}}{2} \ \text{または} \ 3 \leqq a.$$

# 107

$$f(x) = x^3 - 3x^2 + kx + 7.$$

(1) $$f'(x) = 3x^2 - 6x + k.$$

$f(x)$ が極大値と極小値をもつ条件は,
$$3x^2 - 6x + k = 0 \qquad \cdots ①$$
が異なる 2 つの実数解をもつことであるから, ① の判別式の条件より,
$$(-3)^2 - 3 \cdot k > 0.$$

よって,
$$k < 3.$$

(2) ① の 2 解は,
$$x = \frac{3 \pm \sqrt{9 - 3k}}{3}$$
であるから, 2 解の差の平方 $(t - s)^2$ は,
$$(t - s)^2 = \left( \frac{2}{3} \sqrt{9 - 3k} \right)^2$$
$$= \frac{4(3 - k)}{3}.$$

**((2) の別解)**

$s$, $t$ は ① の 2 解であるから, 解と係数の関係より,
$$s + t = 2, \ st = \frac{k}{3}.$$

よって,
$$(t - s)^2 = (s + t)^2 - 4st$$
$$= 4 - \frac{4}{3} k.$$

((2) の別解終り)

(3) $f(x)$ が極大値と極小値をもつから, (1) より $k < 3$ であり, このとき $f'(x) = 0$ は異なる 2 つの実数解 $s$, $t$ をもつ.

$s < t$ とすると,

$f(x)$ の極大値は $f(s)$, 極小値は $f(t)$ である. $\cdots (*)$

$$f(s) - f(t)$$
$$= (s^3 - 3s^2 + ks + 7) - (t^3 - 3t^2 + kt + 7)$$
$$= (s^3 - t^3) - 3(s^2 - t^2) + k(s - t)$$
$$= (s - t)\{s^2 + st + t^2 - 3(s + t) + k\}$$
$$= (s - t)\{(s + t)^2 - st - 3(s + t) + k\}. \qquad \cdots ②$$

$s$, $t$ は ① の 2 解であるから,

$$s+t=2, \quad st=\frac{k}{3}.$$

よって,

$$\begin{aligned}&(s+t)^2-st-3(s+t)+k\\&=4-\frac{k}{3}-6+k\\&=\frac{2}{3}(k-3).\end{aligned}$$

これと (2) の結果を ② に代入して,

$$\begin{aligned}f(s)-f(t)&=-\frac{2\sqrt{3-k}}{\sqrt{3}}\cdot\frac{2}{3}(k-3)\\&=\frac{4}{3\sqrt{3}}(3-k)^{\frac{3}{2}}.\end{aligned}$$

したがって, $f(s)-f(t)=32$ のとき,

$$\frac{4}{3\sqrt{3}}(3-k)^{\frac{3}{2}}=32.$$

$$(3-k)^{\frac{1}{2}}=2\sqrt{3}.$$

よって,

$$\boldsymbol{k=-9.}$$

**((3) の別解)**

((*) までは本解と同じ.)

$$f'(x)=3(x-s)(x-t)$$

と表せるから,

$$\begin{aligned}f(s)-f(t)&=\int_t^s f'(x)\,dx\\&=3\int_t^s (x-s)(x-t)\,dx\\&=-\frac{1}{2}(s-t)^3.\end{aligned}$$

したがって, $f(s)-f(t)=32$ のとき,

$$-\frac{1}{2}(s-t)^3=32.$$

$$s-t=-4.$$

一方, $s$, $t$ は ① の 2 解であるから,

$$s+t=2, \quad st=\frac{k}{3}.$$

以上により,

$$\boldsymbol{s=-1,\quad t=3,\quad k=-9.}$$

((3) の別解終り)

---

# $\boldsymbol{108}$ ──〈方針〉─

「方程式 $f(x)=k$ の実数解は, 2 つのグラフ $\begin{cases} y=f(x) \\ y=k \end{cases}$ の共有点の $x$ 座標と一致」
を利用する.

方程式 $2x^3+3x^2-12x-k=0$, すなわち,

$$2x^3+3x^2-12x=k$$

の実数解は, 2 つのグラフ

$$\begin{cases} y=2x^3+3x^2-12x, & \cdots① \\ y=k & \cdots② \end{cases}$$

の共有点の $x$ 座標である.

(1) ①, ② が相異なる 3 点で交わるような $k$ の値の範囲を調べればよい. ① において,

$$\begin{aligned}y'&=6x^2+6x-12\\&=6(x-1)(x+2)\end{aligned}$$

であるから, 増減表は次のようになる.

| $x$ | $\cdots$ | $-2$ | $\cdots$ | $1$ | $\cdots$ |
|---|---|---|---|---|---|
| $y'$ | $+$ | $0$ | $-$ | $0$ | $+$ |
| $y$ | $\nearrow$ | $20$ | $\searrow$ | $-7$ | $\nearrow$ |

これより, ① のグラフは次のようになる.

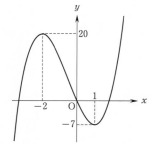

よって, ①, ② が相異なる 3 点で交わるための条件は,

$$\boldsymbol{-7<k<20.}$$

(2) $f(x)=2x^3+3x^2-12x$ とおく.

(i) $f(-2)=f(x)$ を解くと,

$$20=2x^3+3x^2-12x.$$

$$(x+2)^2(2x-5)=0.$$

$$x=-2, \frac{5}{2}.$$

(ii) $f\left(-\frac{1}{2}\right)=f(x)$ を解くと，

$$\frac{13}{2}=2x^3+3x^2-12x.$$

$$(2x+1)(2x^2+2x-13)=0.$$

$$x=-\frac{1}{2},\ \frac{-1\pm3\sqrt{3}}{2}.$$

(i)，(ii) を考慮して，$y=f(x)$ のグラフをかくと次のようになる．

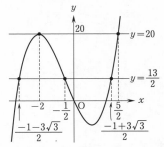

また，$f(-2)=20$，$f\left(-\frac{1}{2}\right)=\frac{13}{2}$ より，$k$ のとり得る値の範囲は，$\frac{13}{2}<k<20$ である．

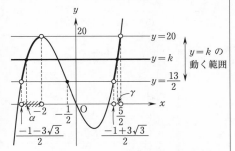

よって，$k$ がこの範囲を動くとき，① と ② の共有点の $x$ 座標が小さい方から順に $\alpha$，$\beta$，$\gamma$ であることに注意すると，$\alpha$，$\gamma$ のとり得る値の範囲はそれぞれ，

$$\frac{-1-3\sqrt{3}}{2}<\alpha<-2,\quad \frac{-1+3\sqrt{3}}{2}<\gamma<\frac{5}{2}.$$

# $\boldsymbol{109}$ ——〈方針〉——

（接線の本数）＝（接点の個数）
と考えられる．

(1) $f(x)=x^3+2x^2-4x$ より，

$$f'(x)=3x^2+4x-4.$$

点 $(t,\ f(t))$ における接線の方程式は，

$$y=f'(t)(x-t)+f(t).$$

$$y=(3t^2+4t-4)(x-t)+t^3+2t^2-4t.$$

$$\boldsymbol{y=(3t^2+4t-4)x-2t^3-2t^2}. \quad \cdots①$$

(2) ① が点 $(0,\ k)$ を通るとき，

$$k=-2t^3-2t^2.$$

$$g(t)=-2t^3-2t^2$$

とおくと，接線の本数は，$t$ の方程式

$$k=g(t) \qquad \cdots(*)$$

の相異なる実数解の個数に等しい．

$(*)$ の相異なる実数解の個数は，

$$u=g(t),\ u=k$$

の2つのグラフの共有点の個数に等しい．

$$g'(t)=-6t^2-4t$$

$$=-2t(3t+2).$$

したがって，$u=f(t)$ の増減およびグラフは次のようになる．

| $t$ | $\cdots$ | $-\dfrac{2}{3}$ | $\cdots$ | $0$ | $\cdots$ |
|---|---|---|---|---|---|
| $g'(t)$ | $-$ | $0$ | $+$ | $0$ | $-$ |
| $g(t)$ | $\searrow$ | $-\dfrac{8}{27}$ | $\nearrow$ | $0$ | $\searrow$ |

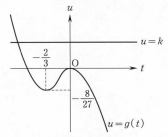

グラフより，接線の本数は，

$$\begin{cases} k<-\dfrac{8}{27},\ 0<k\ \text{のとき} & 1\text{本}, \\[2mm] k=-\dfrac{8}{27},\ 0\ \text{のとき} & 2\text{本}, \\[2mm] -\dfrac{8}{27}<k<0\ \text{のとき} & 3\text{本}. \end{cases}$$

# 110

$$C_1 : y=x^2-\frac{5}{4}. \qquad \cdots ①$$

$$C_2 : x=y^2-a. \qquad \cdots ②$$

① を ② に代入すると,

$$x=\left(x^2-\frac{5}{4}\right)^2-a.$$

$$x^4-\frac{5}{2}x^2-x+\frac{25}{16}=a. \qquad \cdots ③$$

③ が相異なる 4 実解をもつような $a$ の値の範囲を求めればよい.

③ の左辺を $f(x)$ とおくと,

$$f'(x)=4x^3-5x-1$$
$$=(x+1)(4x^2-4x-1).$$

$f'(x)=0$ を解くと,

$$x=-1,\ \frac{1\pm\sqrt{2}}{2}.$$

$-1<\dfrac{1-\sqrt{2}}{2}<\dfrac{1+\sqrt{2}}{2}$ であるから,$f(x)$ の増減は次のようになる.

| $x$ | $\cdots$ | $-1$ | $\cdots$ | $\dfrac{1-\sqrt{2}}{2}$ | $\cdots$ | $\dfrac{1+\sqrt{2}}{2}$ | $\cdots$ |
|---|---|---|---|---|---|---|---|
| $f'(x)$ | $-$ | $0$ | $+$ | $0$ | $-$ | $0$ | $+$ |
| $f(x)$ | $\searrow$ | | $\nearrow$ | | $\searrow$ | | $\nearrow$ |

$$f(-1)=\frac{17}{16}.$$

また,

$$4f(x)=(4x^2-4x-1)\left(x^2+x-\frac{5}{4}\right)-8x+5$$

より,

$$f\left(\frac{1\pm\sqrt{2}}{2}\right)=-(1\pm\sqrt{2})+\frac{5}{4}$$
$$=\frac{1}{4}\mp\sqrt{2}\ \ (\text{複号同順}).$$

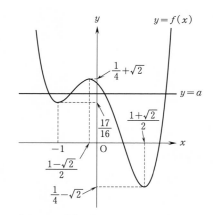

$\dfrac{1}{4}-\sqrt{2}<\dfrac{17}{16}<\dfrac{1}{4}+\sqrt{2}$ であるから,求める $a$ の値の範囲は,グラフより,

$$\frac{17}{16}<a<\frac{1}{4}+\sqrt{2}.$$

# 111 ──〈方針〉

$y'=(3x-4)(x-2p)$ となる.

$x=2p$ が区間 $0\leqq x\leqq 1$ に含まれるかどうかで場合分けして調べる.

$f(x)=x^3-(3p+2)x^2+8px$ とおくと,

$$f'(x)=3x^2-2(3p+2)x+8p$$
$$=(3x-4)(x-2p).$$

(i) $0<2p<1$,すなわち,$0<p<\dfrac{1}{2}$ のとき.

$0\leqq x\leqq 1$ における $f(x)$ の増減は次のようになる.

| $x$ | $0$ | $\cdots$ | $2p$ | $\cdots$ | $1$ |
|---|---|---|---|---|---|
| $f'(x)$ | | $+$ | $0$ | $-$ | |
| $f(x)$ | $0$ | $\nearrow$ | | $\searrow$ | $5p-1$ |

よって,最大値は,

$$f(2p)=-4p^3+8p^2.$$

最小値は,$f(0)$,$f(1)$ の大きくない方である.

$$f(1)-f(0)=5p-1$$

であるから，$f(x)$ の最小値は，

$$\begin{cases} f(1)=5p-1 & \left(0<p<\dfrac{1}{5}\ \text{のとき}\right), \\ f(0)=0 & \left(\dfrac{1}{5}\leqq p<\dfrac{1}{2}\ \text{のとき}\right). \end{cases}$$

(ⅱ) $1\leqq 2p<2$，すなわち，$\dfrac{1}{2}\leqq p<1$ のとき．

$0\leqq x\leqq 1$ における $f(x)$ の増減は次のようになる．

| $x$ | 0 | $\cdots$ | 1 |
|---|---|---|---|
| $f'(x)$ | | $+$ | |
| $f(x)$ | 0 | $\nearrow$ | $5p-1$ |

よって，

最大値は $f(1)=5p-1$，

最小値は $f(0)=0$．

(ⅰ)，(ⅱ) より，$f(x)$ の最大値は，

$$\begin{cases} -4p^3+8p^2 & \left(0<p<\dfrac{1}{2}\ \text{のとき}\right), \\ 5p-1 & \left(\dfrac{1}{2}\leqq p<1\ \text{のとき}\right). \end{cases}$$

$f(x)$ の最小値は，

$$\begin{cases} 5p-1 & \left(0<p<\dfrac{1}{5}\ \text{のとき}\right), \\ 0 & \left(\dfrac{1}{5}\leqq p<1\ \text{のとき}\right). \end{cases}$$

## 112 ──〈方針〉──

(1) $P(\alpha,\ m\alpha)$，$Q(\beta,\ m\beta)$ と表せるので，$\alpha$，$\beta$ を用いて計算を進める．

(2) $S(m)=\dfrac{1}{2}\sqrt{(m\ \text{の整式})}$ となるので，$\sqrt{\phantom{x}}$ の中の増減を調べる．

(1)

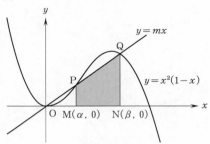

P，Q は $y=mx$ 上にあるから，

$$P(\alpha,\ m\alpha),\ Q(\beta,\ m\beta)$$

とおける（$\alpha<\beta$ としてよい）．

$\alpha$，$\beta$ は

$$x^2(1-x)=mx$$

の 0 以外の解であるから，

$$x(1-x)=m,$$

すなわち，

$$x^2-x+m=0 \qquad \cdots①$$

の異なる実数解である．

ゆえに，

$$(\text{判別式})=1-4m>0.$$

これと $m>0$ から，

$$0<m<\dfrac{1}{4}.$$

また，① において，解と係数の関係から，

$$\alpha+\beta=1,\ \alpha\beta=m\ (>0). \qquad \cdots②$$

これより，

$$\alpha>0,\ \beta>0.$$

このとき，

$$\begin{aligned} S(m) &=\dfrac{1}{2}(m\alpha+m\beta)(\beta-\alpha) \\ &=\dfrac{m}{2}(\alpha+\beta)(\beta-\alpha) \\ &=\dfrac{m}{2}(\beta-\alpha). \quad (\text{② より}) \end{aligned}$$

① より，

$$\alpha=\dfrac{1-\sqrt{1-4m}}{2},\ \beta=\dfrac{1+\sqrt{1-4m}}{2}$$

であるから，

$$\beta - \alpha = \sqrt{1-4m}.$$

よって,

$$S(m) = \frac{m}{2}\sqrt{1-4m}.$$

(2)　　　　$S(m) = \frac{1}{2}\sqrt{m^2 - 4m^3}.$

ここで,

$$f(m) = m^2 - 4m^3 \quad \left(0 < m < \frac{1}{4}\right)$$

とおくと,

$$f'(m) = 2m - 12m^2$$
$$= 2m(1-6m).$$

よって, $f(m)$ の増減は次のようになる.

| $m$ | 0 | $\cdots$ | $\dfrac{1}{6}$ | $\cdots$ | $\dfrac{1}{4}$ |
|---|---|---|---|---|---|
| $f'(m)$ | | $+$ | $0$ | $-$ | |
| $f(m)$ | | ↗ | 最大 | ↘ | |

ゆえに, $m = \dfrac{1}{6}$ のとき $S(m)$ は最大で,

最大値は, $S\left(\dfrac{1}{6}\right) = \dfrac{\sqrt{3}}{36}.$

# 113 ——〈方針〉

円筒の底面の半径を $r$, 高さを $h$, 表面積を $S$ とおき, 体積を $S$ と $r$ で表してみる.

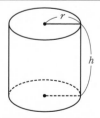

円筒の底面の半径を $r$, 高さを $h$, 表面積を $S$ とおくと,

$$2\pi r^2 + 2\pi rh = S.$$

よって,

$$h = \frac{1}{2\pi r}(S - 2\pi r^2). \qquad \cdots ①$$

円筒の体積 $V$ は,

$$V = \pi r^2 \cdot h$$

であり, ① を代入して,

$$V = \frac{1}{2}r(S - 2\pi r^2)$$
$$= \frac{1}{2}(Sr - 2\pi r^3).$$

よって,

$$\frac{dV}{dr} = \frac{1}{2}(S - 6\pi r^2).$$

$h > 0$ と ① より,

$$0 < r < \sqrt{\frac{S}{2\pi}}$$

であり, この範囲での $V$ の増減は次のようになる.

| $r$ | (0) | $\cdots$ | $\sqrt{\dfrac{S}{6\pi}}$ | $\cdots$ | $\left(\sqrt{\dfrac{S}{2\pi}}\right)$ |
|---|---|---|---|---|---|
| $\dfrac{dV}{dr}$ | | $+$ | $0$ | $-$ | |
| $V$ | | ↗ | | ↘ | |

したがって,

$$r = \sqrt{\frac{S}{6\pi}}, \quad h = \sqrt{\frac{2S}{3\pi}}$$

のとき $V$ は最大となる.

このとき,

$$r : h = \sqrt{\frac{1}{6}} : \sqrt{\frac{2}{3}} = 1 : 2.$$

# 114 ——〈方針〉

$0 \le x \le 1$ における $f(x)$ の最小値が 0 以上であればよい.

「$0 \le x \le 1$ において $f(x) \ge 0.$」 $\cdots$(*)

(*) が成り立つためには,

$$f(0) \ge 0, \quad f(1) \ge 0$$

が必要である.

$$f(0) = a, \quad f(1) = 1 - 2a$$

であるから,

$$a \ge 0 \quad かつ \quad 1 - 2a \ge 0,$$

すなわち,

$$0 \leqq a \leqq \frac{1}{2}$$

が必要. このとき,

$$f'(x) = 3x^2 - 3a$$
$$= 3(x + \sqrt{a})(x - \sqrt{a}).$$

(i) $a = 0$ のとき.

$$f(x) = x^3$$

であるから, (*) は成り立つ.

(ii) $0 < a \leqq \frac{1}{2}$ のとき.

$0 \leqq x \leqq 1$ における $f(x)$ の増減は次のようになる.

| $x$ | $0$ | $\cdots$ | $\sqrt{a}$ | $\cdots$ | $1$ |
|---|---|---|---|---|---|
| $f'(x)$ | | $-$ | $0$ | $+$ | |
| $f(x)$ | | $\searrow$ | | $\nearrow$ | |

したがって, (*) が成り立つ条件は,

$$f(\sqrt{a}) \geqq 0.$$
$$a\sqrt{a} - 3a\sqrt{a} + a \geqq 0.$$

整理して,

$$-2a\left(\sqrt{a} - \frac{1}{2}\right) \geqq 0.$$

これと $a > 0$ より,

$$0 < \sqrt{a} \leqq \frac{1}{2},$$

すなわち,

$$0 < a \leqq \frac{1}{4}.$$

(i), (ii) より, 求める $a$ の値の範囲は,

$$\boldsymbol{0 \leqq a \leqq \frac{1}{4}}.$$

# 115

(1) $\displaystyle\int_0^1 (x + a)^2 \, dx = \left[\frac{1}{3}x^3 + ax^2 + a^2 x\right]_0^1$

$$= a^2 + a + \frac{1}{3}. \qquad \cdots ①$$

同様に,

$$\int_0^1 (x + b)^2 \, dx = b^2 + b + \frac{1}{3}. \qquad \cdots ②$$

また,

$$\int_0^1 (x + a)(x + b) \, dx$$
$$= \int_0^1 \{x^2 + (a + b)x + ab\} \, dx$$
$$= \left[\frac{1}{3}x^3 + \frac{a + b}{2}x^2 + abx\right]_0^1$$
$$= \frac{1}{3} + \frac{a + b}{2} + ab. \qquad \cdots ③$$

①, ②, ③ から,

(右辺) $-$ (左辺)

$$= \left(a^2 + a + \frac{1}{3}\right)\left(b^2 + b + \frac{1}{3}\right)$$
$$\qquad - \left(\frac{1}{3} + \frac{a + b}{2} + ab\right)^2$$
$$= \frac{1}{12}a^2 - \frac{1}{6}ab + \frac{1}{12}b^2$$
$$= \frac{1}{12}(a - b)^2 \geqq 0.$$

よって,

$$\left(\int_0^1 (x + a)(x + b) \, dx\right)^2$$
$$\leqq \left(\int_0^1 (x + a)^2 \, dx\right)\left(\int_0^1 (x + b)^2 \, dx\right).$$

(2) (1)で等号が成立する条件は,

$$\frac{1}{12}(a - b)^2 = 0,$$

すなわち,

$$\boldsymbol{a = b}.$$

〔参考〕 一般に, $\alpha \leqq x \leqq \beta$ で連続な関数 $f(x)$, $g(x)$ について,

$$\left(\int_\alpha^\beta f(x)g(x) \, dx\right)^2 \leqq \int_\alpha^\beta f(x)^2 \, dx \int_\alpha^\beta g(x)^2 \, dx$$
$$\cdots (*)$$

が成立する. (シュワルツの積分不等式)

証明は, 次のようになる.

任意の実数 $t$ に対して

$$\int_\alpha^\beta \{tg(x) - f(x)\}^2 \, dx \geqq 0,$$

すなわち,

$$t^2 \int_\alpha^\beta g(x)^2 \, dx$$
$$\quad - 2t \int_\alpha^\beta f(x)g(x) \, dx + \int_\alpha^\beta f(x)^2 \, dx \geqq 0.$$

$\int_\alpha^\beta g(x)^2\,dx>0$ のときは（左辺）$=0$ の判別式を $D$ とすると，

$$D \leqq 0,$$

すなわち，（＊）が証明される．

また，$\int_\alpha^\beta g(x)^2\,dx=0$ のときは，$\alpha \leqq x \leqq \beta$ でつねに $g(x)=0$ であるから，（＊）の等号が成り立つ．

本問は（＊）において，

$$f(x)=x+a,\ g(x)=x+b,\ \alpha=0,\ \beta=1$$

とした場合である．　　　　（参考終り）

# 116 ──〈方針〉──

$g(x)=px+q\ (p\neq0)$ とおいて，$p$, $q$ の恒等式とみる．

$g(x)=px+q\ (p\neq0)$ とおくと，

$$\int_0^1 g(x)f(x)\,dx$$
$$=p\int_0^1 xf(x)\,dx+q\int_0^1 f(x)\,dx$$
$$=p\int_0^1 (ax^4-12bx^3+cx^2)\,dx$$
$$\qquad +q\int_0^1 (ax^3-12bx^2+cx)\,dx$$
$$=p\left[\frac{a}{5}x^5-3bx^4+\frac{c}{3}x^3\right]_0^1$$
$$\qquad +q\left[\frac{a}{4}x^4-4bx^3+\frac{c}{2}x^2\right]_0^1$$
$$=p\left(\frac{a}{5}-3b+\frac{c}{3}\right)+q\left(\frac{a}{4}-4b+\frac{c}{2}\right).$$

題意から，

$$p\left(\frac{a}{5}-3b+\frac{c}{3}\right)+q\left(\frac{a}{4}-4b+\frac{c}{2}\right)=0$$

が，任意の $p$, $q$（ただし，$p\neq0$）について成立するから，

$$\begin{cases} \dfrac{a}{5}-3b+\dfrac{c}{3}=0, & \cdots\text{①} \\[2mm] \dfrac{a}{4}-4b+\dfrac{c}{2}=0. & \cdots\text{②} \end{cases}$$

①，②から，

$$b=\frac{1}{10}a,\ c=\frac{3}{10}a.$$

# 117 ──〈方針〉──

(3) $\int (x-\alpha)^2\,dx=\dfrac{1}{3}(x-\alpha)^3+C$

$$(C \text{ は定数})$$

を用いる．

(1)　$C$ は2点 P，Q を通るから，

$$\begin{cases} 3=a-b+c, & \cdots\text{①} \\ 4=a+b+c. & \cdots\text{②} \end{cases}$$

②－① より，

$$2b=1.$$
$$b=\frac{1}{2}.$$

① に代入して，

$$a-\frac{1}{2}+c=3.$$
$$c=-a+\frac{7}{2}.$$

(2)　(1) より，$C$ の方程式は，

$$y=ax^2+\frac{1}{2}x-a+\frac{7}{2}.\qquad \cdots\text{③}$$

③ のとき，

$$y'=2ax+\frac{1}{2}.$$

$x=-1$ のとき $y'=-2a+\dfrac{1}{2}$ であるから，$l_1$ の方程式は，

$$y=\left(-2a+\frac{1}{2}\right)(x+1)+3,$$

すなわち，

$$y=\left(-2a+\frac{1}{2}\right)x-2a+\frac{7}{2}.\qquad \cdots\text{④}$$

$x=1$ のとき $y'=2a+\dfrac{1}{2}$ であるから，$l_2$ の方程式は，

$$y=\left(2a+\frac{1}{2}\right)(x-1)+4,$$

すなわち，

$$y=\left(2a+\frac{1}{2}\right)x-2a+\frac{7}{2}.\qquad \cdots\text{⑤}$$

④，⑤ から $y$ を消去すると，

$$\left(-2a+\frac{1}{2}\right)x-2a+\frac{7}{2}=\left(2a+\frac{1}{2}\right)x-2a+\frac{7}{2}.$$

$$4ax=0.$$

$a>0$ より，

$$x=0.$$

④ に代入して，

$$y=-2a+\frac{7}{2}.$$

よって，$l_1$ と $l_2$ の交点の座標は，

$$\left(0,\ -2a+\frac{7}{2}\right).$$

(3)

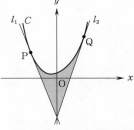

放物線 $C$ と接線 $l_1$，$l_2$ で囲まれる図形の面積を $S$ とする。

$a>0$ に注意すると，

$$S=\int_{-1}^{0}\left\{ax^2+\frac{1}{2}x-a+\frac{7}{2}-\left(-2a+\frac{1}{2}\right)x+2a-\frac{7}{2}\right\}dx$$
$$+\int_{0}^{1}\left\{ax^2+\frac{1}{2}x-a+\frac{7}{2}-\left(2a+\frac{1}{2}\right)x+2a-\frac{7}{2}\right\}dx$$
$$=\int_{-1}^{0}(ax^2+2ax+a)\,dx+\int_{0}^{1}(ax^2-2ax+a)\,dx$$
$$=a\int_{-1}^{0}(x+1)^2\,dx+a\int_{0}^{1}(x-1)^2\,dx$$
$$=a\left[\frac{1}{3}(x+1)^3\right]_{-1}^{0}+a\left[\frac{1}{3}(x-1)^3\right]_{0}^{1}$$
$$=\frac{a}{3}+\frac{a}{3}=\frac{2}{3}a.$$

よって，$S=1$ となるとき，

$$\frac{2}{3}a=1.$$

$$a=\frac{3}{2}.$$

---

# 118 ──〈方針〉──

(1) $P_1(s,\ s^2)$ における $C_1$ の接線
$$y=2s(x-s)+s^2$$
と $P_2(t,\ t^2-4t+8)$ における $C_2$ の接線
$$y=(2t-4)(x-t)+t^2-4t+8$$
が一致すると考える．

(2) $\displaystyle\int(x-\alpha)^2\,dx=\frac{1}{3}(x-\alpha)^3+C$

$\qquad\qquad\qquad\qquad$ ($C$ は定数)．

$$f(x)=x^2,\ g(x)=x^2-4x+8$$

とおくと，

$$f'(x)=2x,\ g'(x)=2x-4.$$

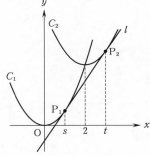

(1) $P_1(s,\ s^2)$ とおく．

$l$ は $P_1$ における $C_1$ の接線であるから，$l$ の方程式は，

$$y=2s(x-s)+s^2.$$
$$y=2sx-s^2.\qquad\cdots①$$

次に $P_2(t,\ t^2-4t+8)$ とおく．

$l$ は $P_2$ における $C_2$ の接線であるから，$l$ の方程式は，

$$y=(2t-4)(x-t)+t^2-4t+8.$$
$$y=(2t-4)x-t^2+8.\qquad\cdots②$$

① と ② は同じ $l$ の方程式であるから，

$$\begin{cases}2s=2t-4,&\cdots③\\-s^2=-t^2+8.&\cdots④\end{cases}$$

③ より，

$$s=t-2.$$

これを ④ に代入して，

$$-(t-2)^2 = -t^2+8.$$
$$-t^2+4t-4 = -t^2+8.$$

ゆえに,
$$t=3, \quad s=1.$$

よって,
$$(\text{P}_1 \text{ の } x \text{ 座標})=\mathbf{1}, \quad (\text{P}_2 \text{ の } x \text{ 座標})=\mathbf{3}.$$

(2) $C_1$ と $C_2$ の交点の $x$ 座標は,
$$x^2 = x^2-4x+8$$

を解いて,
$$x=2.$$

また, $s=1$ と ① より, $l$ の方程式は,
$$y=2x-1.$$

よって, $C_1$, $C_2$ と $l$ で囲まれた図形の面積は,

$$\int_1^2 \{x^2-(2x-1)\}\,dx$$
$$+\int_2^3 \{x^2-4x+8-(2x-1)\}\,dx$$
$$=\int_1^2 (x-1)^2\,dx + \int_2^3 (x-3)^2\,dx$$
$$=\left[\frac{1}{3}(x-1)^3\right]_1^2 + \left[\frac{1}{3}(x-3)^3\right]_2^3$$
$$=\frac{1}{3}+\frac{1}{3}$$
$$=\frac{2}{3}.$$

# 119 ──〈方針〉

(2) $C$ と $l$ との上下関係に注意して, $S$ を定積分で表す.

(3) 微分法を用いる.

(1) $C$ の方程式と $l$ の方程式を連立すると,
$$x(x-1)=kx$$

であるから,
$$x(x-k-1)=0.$$

これより,
$$x=0, \quad k+1.$$

したがって, $l$ が $C$ と $0<x<1$ の範囲に共有点をもつ条件は,
$$0<k+1<1$$

であるから,
$$-1<k<0.$$

((1) の別解)

$C$ の方程式 $y=x(x-1)$ より,
$$y'=2x-1$$

であるから, 原点における $C$ の接線の方程式は,
$$y=-x.$$

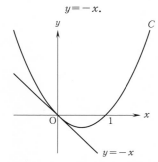

また, $l:y=kx$ は原点を通る傾き $k$ の直線であるから, $l$ が $C$ と $0<x<1$ の範囲に共有点をもつ $k$ の値の範囲は,
$$-1<k<0.$$

((1) の別解終り)

(2) (1)より, $C$ と $l$ および直線 $x=1$ で囲まれた2つの部分は次図の網掛け部分である.

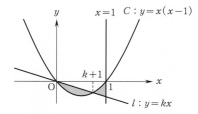

したがって,
$$S=\int_0^{k+1} \{kx-x(x-1)\}\,dx$$
$$+\int_{k+1}^1 \{x(x-1)-kx\}\,dx$$
$$=-\int_0^{k+1} x(x-k-1)\,dx$$
$$+\int_{k+1}^1 \{x^2-(k+1)x\}\,dx$$

$$=\frac{1}{6}(k+1)^3+\left[\frac{1}{3}x^3-\frac{k+1}{2}x^2\right]_{k+1}^{1}$$

$$=\frac{1}{6}(k+1)^3+\frac{1}{3}-\frac{k+1}{2}$$

$$\qquad -\frac{1}{3}(k+1)^3+\frac{1}{2}(k+1)^3$$

$$=\frac{1}{3}(k+1)^3-\frac{1}{2}(k+1)+\frac{1}{3} \quad \cdots①$$

$$=\frac{1}{3}k^3+k^2+\frac{1}{2}k+\frac{1}{6}.$$

(3) (2) の結果より,

$$S'=k^2+2k+\frac{1}{2}.$$

ここで, $k$ の方程式 $S'=0$, すなわち,

$$k^2+2k+\frac{1}{2}=0$$

を解くと,

$$k=-1\pm\frac{\sqrt{2}}{2}.$$

以上により, $S$ の $-1<k<0$ における増減は次のようになる.

| $k$ | $(-1)$ | $\cdots$ | $-1+\dfrac{\sqrt{2}}{2}$ | $\cdots$ | $(0)$ |
|---|---|---|---|---|---|
| $S'$ | | $-$ | $0$ | $+$ | |
| $S$ | | $\searrow$ | | $\nearrow$ | |

よって, $S$ は

$$k=-1+\frac{\sqrt{2}}{2}$$

のとき最小となり, ① を用いると, $S$ の最小値は,

$$\frac{1}{3}\left(-1+\frac{\sqrt{2}}{2}+1\right)^3-\frac{1}{2}\left(-1+\frac{\sqrt{2}}{2}+1\right)+\frac{1}{3}$$

$$=\frac{1}{3}-\frac{\sqrt{2}}{6}.$$

【注】 等式

$$\int_{\alpha}^{\beta}(x-\alpha)(x-\beta)\,dx=-\frac{1}{6}(\beta-\alpha)^3$$

が成り立つことを示しておく.

$$\int_{\alpha}^{\beta}(x-\alpha)(x-\beta)\,dx$$

$$=\int_{\alpha}^{\beta}(x-\alpha)\{(x-\alpha)-(\beta-\alpha)\}\,dx$$

$$=\int_{\alpha}^{\beta}\{(x-\alpha)^2-(\beta-\alpha)(x-\alpha)\}\,dx$$

$$=\left[\frac{1}{3}(x-\alpha)^3-\frac{\beta-\alpha}{2}(x-\alpha)^2\right]_{\alpha}^{\beta}$$

$$=\frac{1}{3}(\beta-\alpha)^3-\frac{1}{2}(\beta-\alpha)^3$$

$$=-\frac{1}{6}(\beta-\alpha)^3.$$

(注終り)

## 120 ──〈方針〉──

(1) 曲線 $y=f(x)$ 上の点 $(t,\ f(t))$ を通り, この点における曲線の接線と垂直な直線の方程式は, $f'(t)\neq0$ のとき,

$$y-f(t)=-\frac{1}{f'(t)}(x-t).$$

(2) 等式

$$\int_{\alpha}^{\beta}(x-\alpha)(x-\beta)\,dx=-\frac{1}{6}(\beta-\alpha)^3$$

を用いる.

(1)

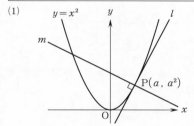

$y=x^2$ より,

$$y'=2x$$

であるから, $m$ の方程式は,

$$y-a^2=-\frac{1}{2a}(x-a),$$

すなわち,

$$y=-\frac{1}{2a}x+a^2+\frac{1}{2}.$$

(2) 放物線 $y=x^2$ と直線 $m$ の交点の $x$ 座標を求める.

$$x^2=-\frac{1}{2a}x+a^2+\frac{1}{2}.$$

$$x^2+\frac{1}{2a}x-a^2-\frac{1}{2}=0.$$

$$(x-a)\left(x+a+\frac{1}{2a}\right)=0.$$

$$x=a,\ -\left(a+\frac{1}{2a}\right).$$

よって，放物線 $y=x^2$ と直線 $m$ で囲まれた図形は次図の網掛け部分になる．

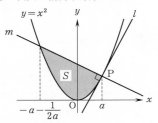

上図の網掛け部分の面積を $S$ とおくと，

$$S=\int_{-a-\frac{1}{2a}}^{a}\left\{\left(-\frac{1}{2a}x+a^2+\frac{1}{2}\right)-x^2\right\}dx$$

$$=-\int_{-a-\frac{1}{2a}}^{a}(x-a)\left(x+a+\frac{1}{2a}\right)dx$$

$$=-\left(-\frac{1}{6}\right)\left\{a-\left(-a-\frac{1}{2a}\right)\right\}^3$$

$$=\frac{1}{6}\left(2a+\frac{1}{2a}\right)^3.$$

ここで，$a>0$ であるから，相加平均と相乗平均の大小関係より，

$$2a+\frac{1}{2a}\geqq2\sqrt{2a\cdot\frac{1}{2a}}$$
$$=2$$

であり，等号は，

$$2a=\frac{1}{2a}\quad\text{かつ}\quad a>0,$$

すなわち，

$$a=\frac{1}{2}$$

のとき成り立つ．

よって，$S$ は

$$\boldsymbol{a=\frac{1}{2}}$$

のとき，最小となる．

---

# 121 ――〈方針〉

$$\int_{\alpha}^{\beta}(x-\alpha)(x-\beta)\,dx=-\frac{1}{6}(\beta-\alpha)^3$$

の公式を用いて面積 $S$ を $a$ の式で表してみる．

(1) $$C_1:y=x^3-x. \qquad\cdots\text{①}$$

$C_1$ を $x$ 軸方向に $a\ (a>0)$ だけ平行移動して得られる曲線 $C_2$ の方程式は，

$$y=(x-a)^3-(x-a).$$

よって，

$$C_2:y=x^3-3ax^2+(3a^2-1)x-a^3+a.$$
$$\cdots\text{②}$$

①，②から $y$ を消去して，

$$x^3-x=x^3-3ax^2+(3a^2-1)x-a^3+a.$$

$a\neq0$ から，

$$3x^2-3ax+a^2-1=0. \qquad\cdots(*)$$

$C_1$ と $C_2$ が共有点をもつためには，$(*)$ が実数解をもてばよい．$(*)$ の判別式を $D$ とすると，

$$D=(-3a)^2-4\cdot3(a^2-1)$$
$$=-3a^2+12.$$

$D\geqq0$ から，

$$a^2-4\leqq0.$$
$$-2\leqq a\leqq2.$$

$a>0$ から，求める $a$ の範囲は，

$$\boldsymbol{0<a\leqq2.}$$

(2) (1)のとき，$(*)$ の実数解を $\alpha$，$\beta$ $(\alpha\leqq\beta)$ とおくと，

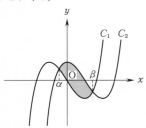

$$S=\int_{\alpha}^{\beta}\{(x-a)^3-(x-a)-(x^3-x)\}\,dx$$

$$=-a\int_{\alpha}^{\beta}(3x^2-3ax+a^2-1)\,dx$$

$$= -3a\int_{\alpha}^{\beta}(x-\alpha)(x-\beta)\,dx$$
$$= -3a\left\{-\frac{1}{6}(\beta-\alpha)^3\right\}$$
$$= \frac{a}{2}(\beta-\alpha)^3.$$

ここで，$\alpha$，$\beta$ は (*) の実数解であるから，

$$\alpha = \frac{3a-\sqrt{12-3a^2}}{6}, \quad \beta = \frac{3a+\sqrt{12-3a^2}}{6}.$$

よって，

$$S = \frac{a}{2}\left(\sqrt{\frac{4-a^2}{3}}\right)^3.$$

(3) $a>0$ より，(2) から，

$$S = \frac{1}{6\sqrt{3}}\sqrt{a^2(4-a^2)^3}.$$

ここで，$t=4-a^2$ とおくと，$0<a\leqq 2$ より，

$$0\leqq t<4.$$

このとき，

$$S = \frac{1}{6\sqrt{3}}\sqrt{(4-t)t^3}.$$

ここで，$f(t)=(4-t)t^3$ とおくと，

$$f'(t)=12t^2-4t^3$$
$$=4t^2(3-t).$$

ゆえに，$f(t)$ の増減は次のようになる．

| $t$ | 0 | $\cdots$ | 3 | $\cdots$ | (4) |
|---|---|---|---|---|---|
| $f'(t)$ | | $+$ | 0 | $-$ | |
| $f(t)$ | 0 | $\nearrow$ | 27 | $\searrow$ | (0) |

よって，$t=3$ のとき，$f(t)$ は最大値 $f(3)=27$ をとる．

したがって，面積 $S$ の最大値は，

$$\frac{1}{6\sqrt{3}}\sqrt{27}=\frac{1}{2}$$

である．

【注】 $a>0$ より，

$$S = \frac{1}{2}\sqrt{a^2\left(\frac{4-a^2}{3}\right)^3}.$$

ここで，(相加平均) $\geqq$ (相乗平均) より，

$$\frac{1}{4}\left\{a^2+\frac{4-a^2}{3}+\frac{4-a^2}{3}+\frac{4-a^2}{3}\right\}$$
$$\geqq \sqrt[4]{a^2\left(\frac{4-a^2}{3}\right)^3}.$$
$$1\geqq \sqrt[4]{a^2\left(\frac{4-a^2}{3}\right)^3}.$$
$$1\geqq a^2\left(\frac{4-a^2}{3}\right)^3.$$

よって，

$$S\leqq \frac{1}{2}.$$

等号は，$a^2=\dfrac{4-a^2}{3}$，すなわち，$a=1$ のときに成り立つ．

(注終り)

# 122

(1) 条件より，$P_1$，$P_2$ は $C_1$ 上の点のなかで $C_2$ の中心 O から最も近い点である．

いま，$C_1$ 上の点を $P\left(t,\ -\dfrac{1}{2}t^2+\dfrac{5}{2}\right)$ と表すと，

$$OP^2 = t^2+\left(-\frac{1}{2}t^2+\frac{5}{2}\right)^2$$
$$= \frac{1}{4}t^4-\frac{3}{2}t^2+\frac{25}{4}$$
$$= \frac{1}{4}(t^2-3)^2+4.$$

ゆえに，$t=\pm\sqrt{3}$ のとき OP は最小値 2 をとるから，$P_1$，$P_2$ の座標は，

$$(\pm\sqrt{3},\ 1).$$

また，求める円 $C_2$ の半径 $r$ は，

$$r=2.$$

ここで，$P_1(\sqrt{3},\ 1)$ とすると，求める共通接線は，$P_1$ を通り直線 $OP_1$ に垂直な直線であるから，

$$y=-\sqrt{3}(x-\sqrt{3})+1,$$

すなわち，

$$y=-\sqrt{3}\,x+4.$$

**((1)の別解)**

$y=-\dfrac{1}{2}x^2+\dfrac{5}{2}$ より,

$$y'=-x.$$

$P\left(t,\ -\dfrac{1}{2}t^2+\dfrac{5}{2}\right)$ における $C_1$ の接線の方程式は,

$$y=-t(x-t)-\dfrac{1}{2}t^2+\dfrac{5}{2}.$$

$$y=-tx+\dfrac{1}{2}t^2+\dfrac{5}{2}. \qquad \cdots ①$$

P は $C_2$ 上の点でもあるから,

$$t^2+\left(-\dfrac{1}{2}t^2+\dfrac{5}{2}\right)^2=r^2. \qquad \cdots ②$$

このとき, P における $C_2$ の接線が ① であるから, 原点を O とすると,

$$(\text{OP の傾き})\cdot(-t)=-1.$$

$$\dfrac{-\dfrac{1}{2}t^2+\dfrac{5}{2}}{t}\cdot(-t)=-1.$$

$$t^2=3.$$

$$t=\pm\sqrt{3}.$$

① より, 求める接線の方程式は,

$$y=-\sqrt{3}\,x+4.$$

また, ② より,

$$r=2.$$

((1)の別解終り)

(2)

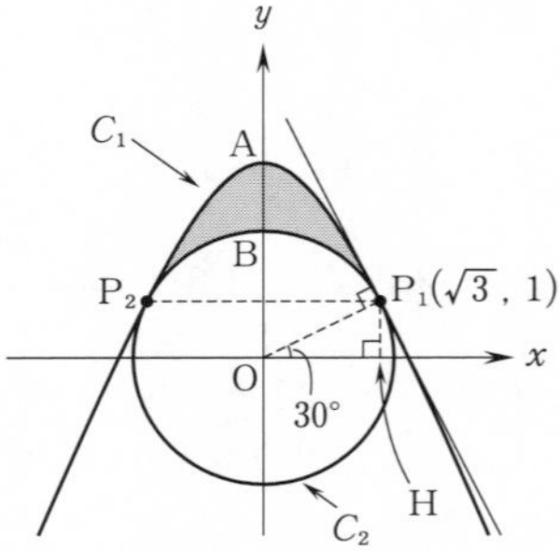

(1) より, グラフの概形は上図のようになる.

いま, $A\left(0,\ \dfrac{5}{2}\right)$, $B(0,\ 2)$, $H(\sqrt{3},\ 0)$ とすると, 線分 OA, OH, $P_1H$ および $C_1$ で

囲まれる部分の面積は,

$$\int_0^{\sqrt{3}}\left(-\dfrac{1}{2}x^2+\dfrac{5}{2}\right)dx=\left[-\dfrac{1}{6}x^3+\dfrac{5}{2}x\right]_0^{\sqrt{3}}$$
$$=2\sqrt{3}.$$

また, 扇形 $OP_1B$ の面積は,

$$\pi\cdot 2^2\cdot\dfrac{1}{6}=\dfrac{2}{3}\pi.$$

さらに, $\triangle OP_1H$ の面積は,

$$\dfrac{1}{2}\cdot\sqrt{3}\cdot 1=\dfrac{\sqrt{3}}{2}.$$

よって, 求める面積 $S$ は対称性を考慮して,

$$S=2\left(2\sqrt{3}-\dfrac{2}{3}\pi-\dfrac{\sqrt{3}}{2}\right)$$
$$=3\sqrt{3}-\dfrac{4}{3}\pi.$$

# *123*

(1) $|x(x-2)|=\begin{cases} x^2-2x & (x\leqq 0,\ 2\leqq x \text{ のとき}), \\ -x^2+2x & (0<x<2 \text{ のとき}). \end{cases}$

曲線 $y=|x(x-2)|$ と直線 $y=kx$ $(0<k<2)$ の共有点の $x$ 座標を求める.

$$x^2-2x=kx \quad (x\leqq 0,\ 2\leqq x)$$

より,

$$x\{x-(2+k)\}=0 \quad (x\leqq 0,\ 2\leqq x)$$

であるから,

$$k>0, \text{ すなわち, } 2+k>2$$

より,

$$x=0, \quad 2+k.$$

また,

$$-x^2+2x=kx \quad (0<x<2)$$

より,

$$x\{x-(2-k)\}=0 \quad (0<x<2)$$

であるから,

$$0<k<2, \text{ すなわち, } 0<2-k<2$$

より,

$$x=2-k.$$

よって，$S$ は次図の網掛け部分の面積である．

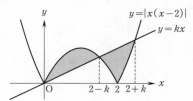

したがって，

$$S=\int_0^{2-k}\{(-x^2+2x)-kx\}\,dx$$
$$+\int_{2-k}^2\{kx-(-x^2+2x)\}\,dx$$
$$+\int_2^{2+k}\{kx-(x^2-2x)\}\,dx$$
$$=\int_0^{2-k}\{-x^2+(2-k)x\}\,dx$$
$$+\int_{2-k}^2\{x^2-(2-k)x\}\,dx$$
$$+\int_2^{2+k}\{-x^2+(2+k)x\}\,dx$$
$$=\left[-\frac{1}{3}x^3+\frac{1}{2}(2-k)x^2\right]_0^{2-k}$$
$$+\left[\frac{1}{3}x^3-\frac{1}{2}(2-k)x^2\right]_{2-k}^2$$
$$+\left[-\frac{1}{3}x^3+\frac{1}{2}(2+k)x^2\right]_2^{2+k}$$
$$=-\frac{1}{3}(2-k)^3+\frac{1}{2}(2-k)^3+\frac{8}{3}$$
$$-2(2-k)-\frac{1}{3}(2-k)^3+\frac{1}{2}(2-k)^3$$
$$-\frac{1}{3}(2+k)^3+\frac{1}{2}(2+k)^3+\frac{8}{3}-2(2+k)$$
$$=-\frac{1}{6}k^3+3k^2-2k+\frac{4}{3}.$$

**((1) の部分的別解)**

次図のように，各部分の面積を $S_1$, $S_2$, $S_3$, $S_4$ とすると，

$$S=S_1+S_2$$
$$=S_1+\{(S_2+S_3+S_4)+S_1-(S_1+S_3)-S_4\}$$
$$=2S_1+(S_2+S_3+S_4)-2S_4.$$
$$(S_1+S_3=S_4 \text{ を用いた})$$

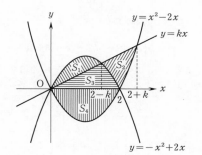

ここで，

$$S_1=\int_0^{2-k}\{(-x^2+2x)-kx\}\,dx$$
$$=-\int_0^{2-k}x\{x-(2-k)\}\,dx$$
$$=-\left(-\frac{1}{6}\right)(2-k-0)^3$$
$$=\frac{1}{6}(2-k)^3,$$
$$S_2+S_3+S_4=\int_0^{2+k}\{kx-(x^2-2x)\}\,dx$$
$$=-\int_0^{2+k}x\{x-(2+k)\}\,dx$$
$$=-\left(-\frac{1}{6}\right)(2+k-0)^3$$
$$=\frac{1}{6}(2+k)^3,$$
$$S_4=-\int_0^2(x^2-2x)\,dx$$
$$=-\int_0^2 x(x-2)\,dx$$
$$=-\left(-\frac{1}{6}\right)(2-0)^3$$
$$=\frac{4}{3}$$

であるから，

$$S=2\times\frac{1}{6}(2-k)^3+\frac{1}{6}(2+k)^3-2\times\frac{4}{3}$$
$$=-\frac{1}{6}k^3+3k^2-2k+\frac{4}{3}.$$

((1) の部分的別解終り)

(2) (1) の結果より，

$$\frac{dS}{dk}=-\frac{1}{2}k^2+6k-2$$

$$=-\frac{1}{2}(k^2-12k+4)$$
$$=-\frac{1}{2}\{k-(6-4\sqrt{2}\,)\}\{k-(6+4\sqrt{2}\,)\}$$

であるから，$0<k<2$ における $S$ の増減は次のようになる．

| $k$ | $(0)$ | $\cdots$ | $6-4\sqrt{2}$ | $\cdots$ | $(2)$ |
|---|---|---|---|---|---|
| $\dfrac{dS}{dk}$ | | $-$ | $0$ | $+$ | |
| $S$ | | $\searrow$ | | $\nearrow$ | |

したがって，$S$ を最小にする $k$ の値は，
$$k=6-4\sqrt{2}\,.$$

## 124 ──〈方針〉──

$y=f(x)$ のグラフをかいて考える．
(2)は $0\leqq a\leqq 1$ と $a\geqq 1$ で場合分けをする．

$(0\leqq a\leqq 1$ のとき$)$

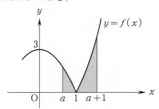

$(1\leqq a$ のとき$)$

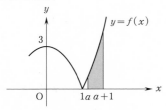

(1)
$$S(0)=\int_0^1 3|x^2-1|\,dx$$
$$=\int_0^1\{-3(x^2-1)\}\,dx$$
$$=\Big[-x^3+3x\Big]_0^1$$
$$=2.$$

(2) (ⅰ) $0\leqq a\leqq 1$ のとき．
$$S(a)=\int_a^1\{-3(x^2-1)\}\,dx+\int_1^{a+1}3(x^2-1)\,dx$$
$$=\Big[-x^3+3x\Big]_a^1+\Big[x^3-3x\Big]_1^{a+1}$$
$$=2-(-a^3+3a)+(a+1)^3$$
$$\qquad\qquad -3(a+1)-(-2)$$
$$=2a^3+3a^2-3a+2.$$

(ⅱ) $1\leqq a$ のとき．
$$S(a)=\int_a^{a+1}3(x^2-1)\,dx$$
$$=\Big[x^3-3x\Big]_a^{a+1}$$
$$=(a+1)^3-3(a+1)-(a^3-3a)$$
$$=3a^2+3a-2.$$

(ⅰ), (ⅱ) より，
$$S(a)=\begin{cases}2a^3+3a^2-3a+2 & (0\leqq a\leqq 1),\\ 3a^2+3a-2 & (1\leqq a).\end{cases}$$

(3) (ⅰ) $0<a<1$ のとき，(2) より，
$$S'(a)=6a^2+6a-3$$
$$=3(2a^2+2a-1).$$

$S'(a)=0$ を満たす $a$ を求める．
$$2a^2+2a-1=0.$$
$$a=\frac{-1\pm\sqrt{3}}{2}.$$

$0<a<1$ より，
$$a=\frac{-1+\sqrt{3}}{2}.$$

(ⅱ) $1<a$ のとき，(2) より，
$$S'(a)=6a+3$$
$$=3(2a+1)>0.$$

(ⅰ), (ⅱ) より，$S(a)$ の増減は次のようになる．

| $a$ | $0$ | $\cdots$ | $\dfrac{-1+\sqrt{3}}{2}$ | $\cdots$ | $1$ | $\cdots$ |
|---|---|---|---|---|---|---|
| $S'(a)$ | | $-$ | $0$ | $+$ | | $+$ |
| $S(a)$ | $2$ | $\searrow$ | 極小 | $\nearrow$ | $4$ | $\nearrow$ |

よって，$S(a)$ を最小にする $a$ の値は，
$$a=\frac{-1+\sqrt{3}}{2}.$$

# 125 ──〈方針〉

(2) 次図のような状況のとき，

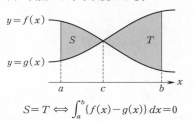

$$S=T \iff \int_a^b \{f(x)-g(x)\}\,dx=0$$

である．

$$C:y=f(x), \quad l:y=g(x)$$

とおくと，

$$f(x)=x(x-2)^2, \quad g(x)=ax.$$

(1) $C$ と $l$ の共有点の $x$ 座標は，$C$ と $l$ の方程式を連立して得られる

$$f(x)=g(x) \quad\text{すなわち}\quad f(x)-g(x)=0$$

の実数解である．

したがって，$C$ と $l$ が3点で交わり，交点の $x$ 座標が0以上となる条件は，$f(x)-g(x)=0$ が0以上の異なる3つの解をもつことである．

ここで，

$$\begin{aligned}f(x)-g(x)&=x(x-2)^2-ax\\&=x\{(x-2)^2-a\}\end{aligned}$$

であるから，$f(x)-g(x)=0$ の解は

$$(x-2)^2-a=0 \text{ の2解および } x=0$$

である．

したがって，$f(x)-g(x)=0$ が0以上の異なる3つの解をもつ条件は，

$$(x-2)^2=a \qquad\cdots①$$

が異なる2つの正の解をもつことであり，これは，$y=(x-2)^2$ のグラフと直線 $y=a$ が $x>0$ の範囲で2つの共有点をもつことと同値である．

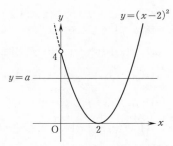

よって，グラフより求める $a$ の値の範囲は

$$0<a<4.$$

〔参考〕 $(x-2)^2-a=0$

は，

$$x^2-4x+4-a=0 \qquad\cdots㋐$$

となるので，㋐ が異なる2つの正の解をもつような $a$ の値の範囲を求めてもよい．

$$h(x)=x^2-4x+4-a$$

とおくと，$y=h(x)$ のグラフの軸が $x=2$ であることに注意して，

$$\begin{cases}h(2)=-a<0,\\h(0)=4-a>0.\end{cases}$$

よって，

$$0<a<4.$$

（参考終り）

(2) $0<a<4$ のとき，① の2解を $\alpha$，$\beta$ $(0<\alpha<\beta)$ とおくと，

$$f(x)-g(x)=x(x-\alpha)(x-\beta)$$

であるから，

$$0<x<\alpha \text{ において } f(x)>g(x),$$
$$\alpha<x<\beta \text{ において } f(x)<g(x).$$

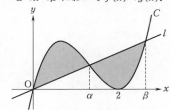

したがって，$C$ と $l$ とで囲まれた 2 つの図形の面積が等しくなる条件は，

$$\int_0^\alpha \{f(x)-g(x)\}\,dx = \int_\alpha^\beta \{g(x)-f(x)\}\,dx.$$

$$\int_0^\alpha \{f(x)-g(x)\}\,dx - \int_\alpha^\beta \{g(x)-f(x)\}\,dx = 0.$$

$$\int_0^\alpha \{f(x)-g(x)\}\,dx + \int_\alpha^\beta \{f(x)-g(x)\}\,dx = 0.$$

$$\int_0^\beta \{f(x)-g(x)\}\,dx = 0. \qquad \cdots ②$$

ここで，

$$\int_0^\beta \{f(x)-g(x)\}\,dx$$

$$= \int_0^\beta x(x-\alpha)(x-\beta)\,dx$$

$$= \int_0^\beta \{x^3-(\alpha+\beta)x^2+\alpha\beta x\}\,dx$$

$$= \left[\frac{1}{4}x^4 - \frac{\alpha+\beta}{3}x^3 + \frac{\alpha\beta}{2}x^2\right]_0^\beta$$

$$= \frac{1}{4}\beta^4 - \frac{\alpha+\beta}{3}\beta^3 + \frac{\alpha\beta}{2}\beta^2$$

$$= \frac{1}{12}\beta^3\{3\beta-4(\alpha+\beta)+6\alpha\}$$

$$= \frac{1}{12}\beta^3(2\alpha-\beta).$$

$\beta > 0$ であることも考慮すると，② が成り立つ条件は

$$\beta = 2\alpha. \qquad \cdots ③$$

一方，$\alpha$，$\beta$ は ① すなわち
$$x^2-4x+4-a=0$$
の 2 解であるから，解と係数の関係より，
$$\alpha+\beta=4, \quad \alpha\beta=4-a.$$
これらと ③ より，
$$\alpha=\frac{4}{3}, \quad \beta=\frac{8}{3}, \quad a=\frac{4}{9}.$$
($0<\alpha<\beta$，$0<a<4$ を満たす．)
よって，求める $a$ の値は，

$$a=\frac{4}{9}.$$

【注】 $y=x\left(x-\dfrac{\beta}{2}\right)(x-\beta)$ のグラフは点

$\left(\dfrac{\beta}{2},\ 0\right)$ に関して点対称であるから，

$$\int_0^\beta x\left(x-\frac{\beta}{2}\right)(x-\beta)\,dx = 0$$

であることを用いると，

$$\int_0^\beta \{f(x)-g(x)\}\,dx$$

$$= \int_0^\beta x(x-\alpha)(x-\beta)\,dx$$

$$= \int_0^\beta x\left(x-\frac{\beta}{2}+\frac{\beta}{2}-\alpha\right)(x-\beta)\,dx$$

$$= \int_0^\beta x\left(x-\frac{\beta}{2}\right)(x-\beta)\,dx + \left(\frac{\beta}{2}-\alpha\right)\int_0^\beta x(x-\beta)\,dx$$

$$= \left(\frac{\beta}{2}-\alpha\right)\cdot\left(-\frac{1}{6}\right)(\beta-0)^3$$

$$= \frac{1}{12}(2\alpha-\beta)\beta^3$$

となる．

（注終り）

# 126

(1) $y=f(x)$ と $y=g(x)$ が点 $(1,\ -1)$ で共通の接線をもつ条件は，

$$\begin{cases} f(1)=-1, & \cdots ① \\ g(1)=-1, & \cdots ② \\ f'(1)=g'(1) & \cdots ③ \end{cases}$$

である．

② より，
$$g(1)=2-4+k=-1$$
であるから，

$$\boldsymbol{k=1.}$$

① より，
$$f(1)=1+a+b+c=-1$$
であるから，
$$a+b+c=-2. \qquad \cdots ④$$
また，
$$\begin{cases} f'(x)=3x^2+2ax+b, \\ g'(x)=4x-4 \end{cases}$$
であるから，③ より，
$$3+2a+b=0. \qquad \cdots ⑤$$
一方，$f(x)$ は $x=-1$ で極値をもつから，
$$f'(-1)=3-2a+b=0. \qquad \cdots ⑥$$

④, ⑤, ⑥ より,
$$a=0, \quad b=-3, \quad c=1.$$
(このとき $f'(x)=0$ は相異なる 2 つの実数解をもち, $f(x)$ は $x=-1$ で確かに極値をもつ)

**((1) の別解)**

$y=f(x)$ と $y=g(x)$ が点 $(1, -1)$ で共通の接線をもつ条件は,
$$\begin{cases} f(1)=-1, & \cdots① \\ g(1)=-1, & \cdots② \\ f'(1)=g'(1) & \cdots③ \end{cases}$$
である.

② より,
$$g(1)=2-4+k=-1$$
であるから,
$$k=1.$$
$g'(x)=4(x-1)$ と ③ より,
$$f'(1)=g'(1)=0. \qquad \cdots⑦$$
一方, $f(x)$ は $x=-1$ で極値をもつから,
$$f'(-1)=0 \qquad \cdots①$$
が必要である.

$f(x)$ の 3 次の係数は 1 であるから, ⑦, ① より,
$$f'(x)=3(x+1)(x-1) \qquad \cdots⑨$$
とかける. とくに, $x=-1$ 前後の $f'(x)$ の符号が正から負に変わっているから, 確かに, $f(x)$ は $x=-1$ で極値をもつ.

⑨ と ① より,
$$\begin{aligned} f(x)+1 &= f(x)-(-1) \\ &= f(x)-f(1) \\ &= \int_1^x f'(t)\,dt \\ &= 3\int_1^x (t^2-1)\,dt \\ &= 3\left[\frac{t^3}{3}-t\right]_1^x \\ &= 3\left(\frac{x^3}{3}-x-\frac{1}{3}+1\right) \\ &= x^3-3x+2 \end{aligned}$$
となるから,
$$f(x)=x^3-3x+1$$

を得る.

よって,
$$a=0, \quad b=-3, \quad c=1$$
$$\text{((1) の別解終り)}$$

(2) (1) より,
$$f(x)=x^3-3x+1,$$
$$g(x)=2x^2-4x+1$$
であるから,
$$\begin{aligned} f(x)-g(x) &= x^3-2x^2+x \\ &= x(x-1)^2. \end{aligned}$$
$y=f(x)$ と $y=g(x)$ の共有点の $x$ 座標は, $f(x)-g(x)=0$ より,
$$x=0, \ 1.$$
また,
$$\begin{cases} f(x)<g(x) & (x<0), \\ f(x)>g(x) & (0<x<1, \ 1<x) \end{cases}$$
であるから,
$y=f(x)$ と $y=g(x)$ のグラフの位置関係は次のようになる.

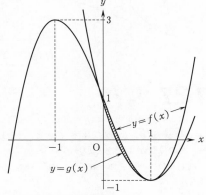

よって, 求める面積 $S$ は,
$$\begin{aligned} S &= \int_0^1 \{f(x)-g(x)\}\,dx \\ &= \int_0^1 (x^3-2x^2+x)\,dx \\ &= \left[\frac{x^4}{4}-\frac{2}{3}x^3+\frac{x^2}{2}\right]_0^1 \\ &= \frac{1}{12}. \end{aligned}$$

**【注】** 2曲線 $y=f(x)$ と $y=g(x)$ がある点 $(a, b)$ で共通の接線をもつ条件は,

$$\begin{cases} f(a)=b, \\ g(a)=b, \\ f'(a)=g'(a) \end{cases}$$

である.

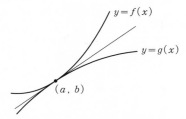

$$y=f(x)$$
$$y=g(x)$$
$$(a, b)$$

なお,「共通接線」という言葉は,次の図のような場合にも用いられることがあるので,両者を混同しないように注意すること.

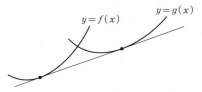

$$y=g(x)$$
$$y=f(x)$$

(注終り)

# **127**

(1) $l : y=ax+b$ と $C : y=f(x)$ の2接点の $x$ 座標を $\alpha$, $\beta$ $(\alpha<\beta)$ とすると,$f(x)$ の4次の係数が1であるから,

$$f(x)-(ax+b)=(x-\alpha)^2(x-\beta)^2 \quad \cdots ①$$

が成り立つ.
①より,

$$x^4+2x^3-3x^2-ax-b$$
$$=x^4-2(\alpha+\beta)x^3+(\alpha^2+4\alpha\beta+\beta^2)x^2$$
$$-2\alpha\beta(\alpha+\beta)x+\alpha^2\beta^2.$$

両辺の係数を比較して,

$$\begin{cases} \alpha+\beta=-1, & \cdots② \\ \alpha^2+4\alpha\beta+\beta^2=-3, & \cdots③ \\ a=2\alpha\beta(\alpha+\beta), & \cdots④ \\ b=-(\alpha\beta)^2. & \cdots⑤ \end{cases}$$

②, ③より,

$$(\alpha+\beta)^2+2\alpha\beta=-3.$$
$$(-1)^2+2\alpha\beta=-3.$$
$$\alpha\beta=-2. \quad \cdots⑥$$

②, ⑥を用いると,④, ⑤から,

$$\begin{cases} a=2\cdot(-2)\cdot(-1)=4, \\ b=-4. \end{cases}$$

さらに,②, ⑥より,$\alpha$, $\beta$ は,$t$ の2次方程式

$$t^2+t-2=0$$

の2解である.
これを解くと,

$$(t+2)(t-1)=0.$$
$$t=-2, 1.$$

$\alpha<\beta$ であるから,

$$\alpha=-2, \quad \beta=1$$

となって,確かに,$l$ と $C$ は相異なる2点で接している.
よって,求める $a$, $b$ の値は,

$$\boldsymbol{a=4}, \quad \boldsymbol{b=-4}.$$

(2) $l$ と $C$ の位置関係は,次のようになる.

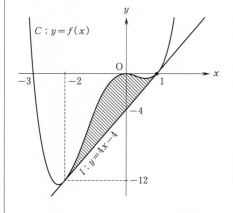

したがって,
$$A=\int_{-2}^{1}\{f(x)-(4x-4)\}\,dx$$
$$=\int_{-2}^{1}(x^4+2x^3-3x^2-4x+4)\,dx$$
$$=\left[\frac{x^5}{5}+\frac{x^4}{2}-x^3-2x^2+4x\right]_{-2}^{1}$$
$$=\frac{81}{10}.$$

(**$A$ の計算の別解**)
$$A=\int_{-2}^{1}\{f(x)-(4x-4)\}\,dx$$
$$=\int_{-2}^{1}(x+2)^2(x-1)^2\,dx$$
$$=\int_{-2}^{1}(x+2)^2\{(x+2)-3\}^2\,dx$$
$$=\int_{-2}^{1}\{(x+2)^4-6(x+2)^3+9(x+2)^2\}\,dx$$
$$=\left[\frac{1}{5}(x+2)^5-\frac{3}{2}(x+2)^4+3(x+2)^3\right]_{-2}^{1}$$
$$=\frac{81}{10}.$$

（$A$ の計算の別解終り）

【注】　一般に，次図の斜線部の面積を $S$ とすると，
$$S=\frac{a}{30}(\beta-\alpha)^5$$
となることが知られている.

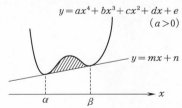
$$y=ax^4+bx^3+cx^2+dx+e$$
$$(a>0)$$
$y=mx+n$

**128**──〈方針〉──

$\dfrac{d}{dx}\displaystyle\int_{0}^{x}f(t)\,dt=f(x)$ を利用する.

与式より,
$$\int_{0}^{x}f(t)\,dt+\int_{0}^{1}(x^2+2xt+t^2)f'(t)\,dt=x^2+C.$$
$$\int_{0}^{x}f(t)\,dt+x^2\int_{0}^{1}f'(t)\,dt+2x\int_{0}^{1}tf'(t)\,dt$$
$$+\int_{0}^{1}t^2f'(t)\,dt=x^2+C. \qquad\cdots①$$

① の両辺を $x$ で微分すると,
$$f(x)+2x\int_{0}^{1}f'(t)\,dt+2\int_{0}^{1}tf'(t)\,dt=2x.$$
$$f(x)=2\left(1-\int_{0}^{1}f'(t)\,dt\right)x-2\int_{0}^{1}tf'(t)\,dt.$$

右辺は高々 1 次であるから，$a$, $b$ を定数として,
$$f(x)=ax+b$$
とおける.

このとき,
$$(① の左辺)=\int_{0}^{x}(at+b)\,dt+x^2\int_{0}^{1}a\,dt$$
$$+2x\int_{0}^{1}at\,dt+\int_{0}^{1}at^2\,dt$$
$$=\left[\frac{a}{2}t^2+bt\right]_{0}^{x}+x^2\Big[at\Big]_{0}^{1}$$
$$+2x\left[\frac{a}{2}t^2\right]_{0}^{1}+\left[\frac{a}{3}t^3\right]_{0}^{1}$$
$$=\left(\frac{a}{2}x^2+bx\right)+ax^2+ax+\frac{a}{3}$$
$$=\frac{3}{2}ax^2+(a+b)x+\frac{a}{3}.$$

① の両辺の係数を比較すると,
$$\frac{3}{2}a=1,\quad a+b=0,\quad \frac{a}{3}=C.$$
これより,
$$a=\frac{2}{3},\quad b=-\frac{2}{3},\quad C=\frac{2}{9}.$$
よって,
$$f(x)=\frac{2}{3}x-\frac{2}{3},\quad C=\frac{2}{9}.$$

**129**──〈方針〉──

$f(x)=x^n+g(x)$（$g(x)$ は $(n-1)$ 次以下の整式）とおいて，次数 $n$ の値を決定する.

(1)  $f(x)=x^n+g(x)$ とおく. ただし, $g(x)$ は $(n-1)$ 次以下の整式とする.

また, $g(x)$ の不定積分を $G(x)$ とするとき,

$$（左辺）=4\int_0^x\{t^n+g(t)\}\,dt$$

$$=4\Big[\frac{1}{n+1}t^{n+1}+G(t)\Big]_0^x$$

$$=\frac{4}{n+1}x^{n+1}+4G(x)-4G(0).$$

$$（G(x) \text{ は } n \text{ 次以下の整式}）$$

$$（右辺）=x\{x^n+g(x)-nx^{n-1}-g'(x)\}$$

$$=x^{n+1}+\underbrace{xg(x)-nx^n-xg'(x)}_{n \text{ 次以下}}.$$

両辺の $(n+1)$ 次の係数を比較して,

$$\frac{4}{n+1}=1.$$

$$\boldsymbol{n=3.}$$

(2)  (1) の結果から, $a$, $b$, $c$ を定数として,

$$f(x)=x^3+ax^2+bx+c$$

とおける. このとき,

$$（左辺）=4\int_0^x(t^3+at^2+bt+c)\,dt$$

$$=4\Big[\frac{1}{4}t^4+\frac{a}{3}t^3+\frac{b}{2}t^2+ct\Big]_0^x$$

$$=x^4+\frac{4}{3}ax^3+2bx^2+4cx. \quad \cdots ①$$

$$（右辺）=x\{(x^3+ax^2+bx+c)$$
$$\qquad\qquad -(3x^2+2ax+b)\}$$

$$=x^4+(a-3)x^3+(b-2a)x^2$$
$$\qquad\qquad +(c-b)x. \quad \cdots ②$$

①, ② の係数を比べて,

$$\begin{cases} \dfrac{4}{3}a=a-3, \\ 2b=b-2a, \\ 4c=c-b. \end{cases}$$

これを解いて,

$$a=-9, \quad b=18, \quad c=-6.$$

したがって,

$$\boldsymbol{f(x)=x^3-9x^2+18x-6.}$$

# 数　学　B

## 130

(1) 条件を満たす既約分数は,
$$\frac{1}{p}, \ \frac{2}{p}, \ \frac{3}{p}, \ \cdots, \ \frac{p-1}{p}$$
であるから, その個数は,
$$p-1 \ (個).$$

(2) $m+(k-1)$ 以上 $m+k$ 未満 $(k=1, 2, 3, \cdots, n-m)$ の分数で, 分母が $p$ である既約分数は,
$$m+(k-1)+\frac{1}{p}, \ \ m+(k-1)+\frac{2}{p},$$
$$m+(k-1)+\frac{3}{p}, \ \cdots, \ m+(k-1)+\frac{p-1}{p}$$
であるから, その個数は, $p-1$ (個).

よって, 求める個数は,
$$(p-1)(n-m) \ (個).$$

(3) $m+(k-1)$ 以上 $m+k$ 未満の分数で, 分母が $p$ である既約分数の総和 $S_k$ は,
$$S_k = \left\{m+(k-1)+\frac{1}{p}\right\} + \left\{m+(k-1)+\frac{2}{p}\right\}$$
$$+ \left\{m+(k-1)+\frac{3}{p}\right\} + \cdots$$
$$+ \left\{m+(k-1)+\frac{p-1}{p}\right\}$$
$$= (p-1)\{m+(k-1)\}$$
$$+ \frac{1}{p}\{1+2+3+\cdots+(p-1)\}$$
$$= (p-1)\{m+(k-1)\} + \frac{1}{p} \cdot \frac{(p-1) \cdot p}{2}$$
$$= (p-1)\left(m-\frac{1}{2}\right) + (p-1)k.$$

よって, 求める総和 $S$ は,
$$S = \sum_{k=1}^{n-m} S_k$$
$$= \sum_{k=1}^{n-m} \left\{(p-1)\left(m-\frac{1}{2}\right) + (p-1)k\right\}$$
$$= (p-1)\left(m-\frac{1}{2}\right)(n-m)$$

$$+ (p-1) \cdot \frac{(n-m)(n-m+1)}{2}$$
$$= \frac{1}{2}(p-1)(n-m)(n+m).$$

**((3) の別解)**

$m$ 以上 $n$ 未満の分数で, 分母が $p$ であるものは,
$$\frac{mp}{p}, \ \frac{mp+1}{p}, \ \frac{mp+2}{p}, \ \cdots, \ \frac{np-1}{p}. \ \cdots \text{①}$$
このうち, 既約でないものは,
$$\frac{mp}{p}, \ \frac{(m+1)p}{p}, \ \frac{(m+2)p}{p}, \ \cdots, \ \frac{(n-1)p}{p},$$
すなわち,
$$m, \ m+1, \ m+2, \ \cdots, \ n-1. \ \cdots \text{②}$$

求める総和 $S$ は, ① の分数の和から ② の整数の和を引いたものであるから,
$$S = \frac{np-mp}{2}\left(\frac{mp}{p} + \frac{np-1}{p}\right)$$
$$- \frac{n-m}{2}\{m+(n-1)\}$$
$$= \frac{n-m}{2}\{(mp+np-1)-(m+n-1)\}$$
$$= \frac{1}{2}(p-1)(n-m)(n+m).$$

((3) の別解終り)

## 131 ──〈方針〉──

(1) 題意の数列の公差を $d$, 公比を $r$ とおく.

(2) $S = \sum (等差数列) \times (等比数列)$ は, 公比 $r$ を両辺に掛けて,
$$S - rS$$
とし, これを計算すると等比数列の和が出てくる.

(1) 数列 $\{a_n\}$ の公差を $d$, 数列 $\{b_n\}$ の公比を $r \ (>0)$ とおくと,

$$a_1 = 1, \quad b_1 = 3$$

より,

$$\begin{cases} a_n = 1 + (n-1)d, \\ b_n = 3r^{n-1}. \end{cases}$$

$a_2 + 2b_2 = 21$ より,

$$(1+d) + 2 \cdot 3r = 21$$

であるから,

$$d + 6r = 20. \qquad \cdots ①$$

また, $a_4 + 2b_4 = 169$ より,

$$(1+3d) + 2 \cdot 3r^3 = 169$$

であるから,

$$d + 2r^3 = 56. \qquad \cdots ②$$

②$-$① より,

$$2r^3 - 6r = 36$$

であるから,

$$r^3 - 3r - 18 = 0.$$

これより,

$$(r-3)(r^2 + 3r + 6) = 0$$

であり, $r > 0$ であるから,

$$r = 3.$$

これと ① より,

$$d = 2.$$

したがって,

$$\begin{cases} \boldsymbol{a_n = 1 + (n-1) \cdot 2 = 2n - 1}, \\ \boldsymbol{b_n = 3 \cdot 3^{n-1} = 3^n}. \end{cases}$$

(2) (1) の結果より,

$$S_n = \sum_{k=1}^{n} \frac{a_k}{b_k} = \sum_{k=1}^{n} \frac{2k-1}{3^k}.$$

$n = 1$ のとき,

$$S_1 = \frac{a_1}{b_1} = \frac{1}{3}.$$

また, $n \geqq 2$ のとき,

$$S_n = \frac{1}{3} + \frac{3}{3^2} + \frac{5}{3^3} + \cdots + \frac{2n-1}{3^n} \quad \cdots ③$$

の両辺に $\frac{1}{3}$ を掛けると,

$$\frac{1}{3} S_n = \frac{1}{3^2} + \frac{3}{3^3} + \cdots + \frac{2n-3}{3^n} + \frac{2n-1}{3^{n+1}}.$$

$$\cdots ④$$

$n \geqq 2$ のとき, ③$-$④ より,

$$\frac{2}{3} S_n = \frac{1}{3} + 2\left( \frac{1}{3^2} + \frac{1}{3^3} + \cdots + \frac{1}{3^n} \right) - \frac{2n-1}{3^{n+1}}$$

$$= \frac{1}{3} + 2 \cdot \frac{\frac{1}{3^2} \left\{ 1 - \left( \frac{1}{3} \right)^{n-1} \right\}}{1 - \frac{1}{3}} - \frac{2n-1}{3^{n+1}}$$

$$= \frac{1}{3} + \frac{1}{3} \left\{ 1 - \left( \frac{1}{3} \right)^{n-1} \right\} - \frac{2n-1}{3^{n+1}}$$

$$= \frac{2}{3} - \frac{2(n+1)}{3^{n+1}}$$

であるから,

$$S_n = 1 - \frac{n+1}{3^n}.$$

これは $n = 1$ のときも成り立つ.

以上により,

$$\boldsymbol{S_n = 1 - \frac{n+1}{3^n}}.$$

# 132 ——〈方針〉

3 数 $a$, $b$, $c$ がこの順に等差数列に
なる条件は,

$$a + c = 2b,$$

等比数列になる条件は,

$$ac = b^2 \quad (\text{ただし}, \ abc \neq 0)$$

である.

$\alpha < 0 < \beta$ より,

$$\alpha\beta < 0.$$

これより, 3 数を適当に並べると等比数列
になるとすれば,

$$\alpha, \ \beta, \ \alpha\beta \quad (\text{または} \quad \alpha\beta, \ \beta, \ \alpha)$$

の順に等比数列になる.

ゆえに,

$$\alpha \cdot \alpha\beta = \beta^2.$$

$\beta \neq 0$ であるから,

$$\beta = \alpha^2. \qquad \cdots ①$$

① より, 3 数 $\alpha$, $\beta$, $\alpha\beta$ は, $\alpha$, $\alpha^2$, $\alpha^3$
と表せる. $\alpha < 0$ より, $\alpha^2 > 0$, $\alpha^3 < 0$ である
から, これらの 3 数を適当に並べると等差数
列になるとすれば, 次の (i), (ii) の場合があ
る.

(i) $\alpha$, $\alpha^3$, $\alpha^2$ (または $\alpha^2$, $\alpha^3$, $\alpha$) の順に
等差数列になる.

(ii) $\alpha^3$, $\alpha$, $\alpha^2$ (または $\alpha^2$, $\alpha$, $\alpha^3$) の順に等差数列になる.

(i)のとき,

$$\alpha + \alpha^2 = 2\alpha^3$$

より,

$$\alpha(\alpha-1)(2\alpha+1)=0.$$

$\alpha < 0$ より,

$$\alpha = -\frac{1}{2}.$$

このとき, ① より,

$$\beta = \frac{1}{4}.$$

(ii)のとき,

$$\alpha^3 + \alpha^2 = 2\alpha.$$
$$\alpha(\alpha+2)(\alpha-1)=0.$$

$\alpha < 0$ より,

$$\alpha = -2.$$

このとき, ① より,

$$\beta = 4.$$

(i), (ii) より, 求める $\alpha$, $\beta$ の組は,

$$(\alpha,\ \beta) = \left(-\frac{1}{2},\ \frac{1}{4}\right),\ (-2,\ 4).$$

# $133$ ──〈方針〉

数列 $\{a_n\}$ を実際に順序よく並べて規則性を調べる.

2 の倍数でも 3 の倍数でもない自然数を小さい方から順に並べると,

$$1,\ 5,\ 7,\ 11,\ 13,\ 17,\ \cdots$$

である. これらの数は, 6 で割ったときの余りが 1 であるか, または 5 である自然数である.

ここで, 小さい方から 2 つずつ取り出し, 組をつくる. すなわち,

$$(1,\ 5),\ (7,\ 11),\ (13,\ 17),\ \cdots.$$

この組において, 小さい方から $k$ 番目 ($k$ は正の整数) の組は,

$$(6k-5,\ 6k-1)$$

と表せる.

したがって,

$$a_{2k-1}=6k-5,\quad a_{2k}=6k-1$$

である.

(1)

$$1003 = 6 \times 168 - 5$$

であるから, 1003 は組で考えたときの小さい方から 168 番目の 2 数のうちで小さい方の数であるから, 全体で考えると,

$$168 \times 2 - 1 = \mathbf{335}\ (\text{項目})$$

の数である.

(2) $a_{2000}$ は組で考えたときの小さい方から 1000 番目の 2 数のうちで大きい方の数を表すから,

$$a_{2000} = 6 \times 1000 - 1$$
$$= \mathbf{5999}.$$

(3) 数列 $\{a_n\}$ の初項から第 $2m$ 項までの和は組で考えると, $(1,\ 5)$ から第 $m$ 番目の組, すなわち, $(6m-5,\ 6m-1)$ までの和である.

このことを用いると, 求める和は,

$$\sum_{k=1}^{2m} a_k = \sum_{k=1}^{m} \{(6k-5)+(6k-1)\}$$
$$= \sum_{k=1}^{m} (12k-6)$$
$$= 12 \cdot \frac{m(m+1)}{2} - 6m$$
$$= \mathbf{6m^2}.$$

# $134$ ──〈方針〉

(2)では $(1+2+\cdots+n)^2$ を展開すると $1^2+2^2+\cdots+n^2$ の他に 1, 2, 3, $\cdots$, $n$ の互いに相異なる 2 数の積の総和の 2 倍が現れることに着目する.

(1) $1 \cdot 2 + 2 \cdot 3 + \cdots + (n-1)n$

$$= \sum_{k=1}^{n-1} k(k+1)$$
$$= \sum_{k=1}^{n-1} (k^2+k)$$
$$= \frac{1}{6}(n-1)n(2n-1) + \frac{1}{2}(n-1)n$$
$$= \frac{1}{3}n(n-1)(n+1).$$

**((1)の別解)**

$$\sum_{k=1}^{n-1} k(k+1)$$
$$=\sum_{k=1}^{n-1} \frac{1}{3}\{k(k+1)(k+2)-(k-1)k(k+1)\}$$
$$=\frac{1}{3}(n-1)n(n+1).$$

**((1)の別解終り)**

(2)
$$(1+2+\cdots+n)^2$$
$$=(1^2+2^2+\cdots+n^2)+2\sum_{i<j} ij.$$

$\left(\begin{array}{l}\text{ここで, } \sum_{i<j} ij \text{ は } 1,\ 2,\ \cdots,\ n \text{ のうち,}\\ \text{互いに相異なる 2 数の積の総和を表す.}\end{array}\right)$

ゆえに,

$$\left\{\frac{n(n+1)}{2}\right\}^2=\frac{1}{6}n(n+1)(2n+1)+2\sum_{i<j} ij.$$

これより,

$$\sum_{i<j} ij=\frac{1}{2}\left\{\frac{n^2(n+1)^2}{4}-\frac{1}{6}n(n+1)(2n+1)\right\}$$
$$=\frac{1}{24}n(n+1)(n-1)(3n+2).$$

この総和には, (1)で求めた隣接する 2 数の積の総和が含まれるから, 求める総和は,

$$\frac{1}{24}n(n+1)(n-1)(3n+2)$$
$$-\frac{1}{3}n(n-1)(n+1)$$
$$=\frac{1}{8}n(n-1)(n+1)(n-2).$$

# 135

$$a_k=\frac{2}{k(k+2)}\quad(k=1,\ 2,\ 3,\ \cdots).$$
$$\cdots\text{①}$$

任意の自然数 $k$ に対して

$$a_k=\frac{p}{k}-\frac{p}{k+2}$$
$$=\frac{2p}{k(k+2)}\qquad\cdots\text{②}$$

が成り立つ条件は, ①, ② より,

$$2=2p.$$

ゆえに,

$$p=1.$$

よって,

$$a_k=\frac{1}{k}-\frac{1}{k+2}$$

より, $n\geqq 2$ のとき,

$$S_n=\sum_{k=1}^{n} a_k$$
$$=\sum_{k=1}^{n}\left(\frac{1}{k}-\frac{1}{k+2}\right)$$
$$=\sum_{k=1}^{n}\frac{1}{k}-\sum_{k=1}^{n}\frac{1}{k+2}$$
$$=\left(\frac{1}{1}+\frac{1}{2}+\frac{1}{3}+\cdots+\frac{1}{n}\right)$$
$$\quad-\left(\frac{1}{3}+\cdots+\frac{1}{n}+\frac{1}{n+1}+\frac{1}{n+2}\right)$$
$$=1+\frac{1}{2}-\frac{1}{n+1}-\frac{1}{n+2}$$
$$=\frac{n(3n+5)}{2(n+1)(n+2)}.$$

$S_1=a_1=\frac{2}{3}$ であるから, これは $n=1$ のときも成り立つ.

よって,

$$S_n=\frac{n(3n+5)}{2(n+1)(n+2)}.$$

ゆえに, 自然数 $n$ に対して,

$$S_n>\frac{5}{4}$$

となる条件は,

$$\frac{n(3n+5)}{2(n+1)(n+2)}>\frac{5}{4}.$$
$$4n(3n+5)>10(n+1)(n+2).$$
$$n^2-5n-10>0.$$
$$n(n-5)>10.$$

$1\leqq n\leqq 5$ のときは $n(n-5)\leqq 0$ であり,
$n=6$ のとき, $6(6-5)=6<10$,
$n=7$ のとき, $7(7-5)=14>10$.

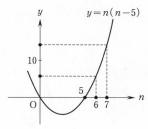

よって，

$$S_n > \frac{5}{4}$$

となる最小の自然数 $n$ の値は，

$$n=7.$$

## 136 ─〈方針〉

(1) $\{h_n\}$ の階差数列 $\{b_n\}$ を求め，$n \geqq 2$ のとき，

$$h_n = h_1 + \sum_{k=1}^{n-1} b_k$$

であることを用いる．

(1)

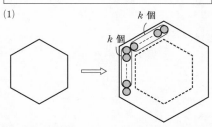

（$k$ 番目の図形）　　（$k+1$ 番目の図形）

$k$ 番目の図形の外側に $k \times 6 = 6k$（個）の碁石を付け加えることにより，$(k+1)$ 番目の図形ができるから，

$$h_{k+1} = h_k + 6k.$$

よって，数列 $\{h_n\}$ の階差数列は $\{6n\}$ である．

ゆえに，$n \geqq 2$ のとき，

$$h_n = h_1 + \sum_{k=1}^{n-1} 6k$$

$$= 1 + 6 \times \frac{1}{2}(n-1)n$$

$$= 3n^2 - 3n + 1.$$

これは $n=1$ のときも成り立つ．

したがって，

$$h_n = 3n^2 - 3n + 1.$$

(2) (1) の結果より，

$$h_1 + h_2 + \cdots + h_n$$

$$= \sum_{k=1}^{n}(3k^2 - 3k + 1)$$

$$= 3\sum_{k=1}^{n}k^2 - 3\sum_{k=1}^{n}k + \sum_{k=1}^{n}1$$

$$= 3 \cdot \frac{1}{6}n(n+1)(2n+1) - 3 \cdot \frac{1}{2}n(n+1) + n$$

$$= n^3.$$

## 137

(1) $n=1$ のとき，

$$\sum_{k=1}^{1}\frac{1}{a_k} = 1 \times (1^2 - 1) + 1.$$

よって，

$$a_1 = 1.$$

$n \geqq 2$ のとき，

$$\frac{1}{a_n} = \sum_{k=1}^{n}\frac{1}{a_k} - \sum_{k=1}^{n-1}\frac{1}{a_k}$$

$$= \{(n-1)n(n+1)+1\}$$

$$\quad - \{(n-2)(n-1)n+1\}$$

$$= 3n(n-1).$$

よって，

$$a_n = \frac{1}{3n(n-1)}.$$

以上をまとめて，

$$a_n = \begin{cases} 1 & (n=1), \\ \dfrac{1}{3n(n-1)} & (n \geqq 2). \end{cases}$$

(2) $S_1 = a_1 = 1.$

$n \geqq 2$ のとき，

$$S_n = a_1 + \sum_{k=2}^{n}a_k$$

$$= 1 + \frac{1}{3}\sum_{k=2}^{n}\frac{1}{k(k-1)}$$

$$= 1 + \frac{1}{3}\sum_{k=2}^{n}\left(\frac{1}{k-1} - \frac{1}{k}\right)$$

$$=1+\frac{1}{3}\left(\sum_{k=2}^{n}\frac{1}{k-1}-\sum_{k=2}^{n}\frac{1}{k}\right)$$

$$=1+\frac{1}{3}\left\{\left(\frac{1}{1}+\frac{1}{2}+\cdots+\frac{1}{n-1}\right)\right.$$
$$\left.-\left(\frac{1}{2}+\cdots+\frac{1}{n-1}+\frac{1}{n}\right)\right\}$$

$$=1+\frac{1}{3}\left(1-\frac{1}{n}\right)$$

$$=\frac{4}{3}-\frac{1}{3n}.$$

（これは $n=1$ のときも成り立つ）

以上をまとめて，

$$S_n=\frac{4}{3}-\frac{1}{3n}\quad(n=1,\ 2,\ 3,\ \cdots).$$

# 138

(i)　数列 $\{a_n\}$ が等差数列のとき，初項を $a$，公差を $d$ とおくと，

$$a_n=a+(n-1)d.$$

このとき，

$$T_n=\sum_{k=1}^{n}k\{a+(k-1)d\}$$

$$=(a-d)\sum_{k=1}^{n}k+d\sum_{k=1}^{n}k^2$$

$$=\frac{1}{2}n(n+1)(a-d)$$
$$+\frac{1}{6}n(n+1)(2n+1)d.$$

また，

$$S_n=\frac{1}{2}n(n+1)\qquad\cdots①$$

であるから，

$$\frac{T_n}{S_n}$$

$$=\frac{\frac{1}{2}n(n+1)(a-d)+\frac{1}{6}n(n+1)(2n+1)d}{\frac{1}{2}n(n+1)}$$

$$=(a-d)+\frac{1}{3}(2n+1)d$$

$$=a+(n-1)\cdot\frac{2}{3}d.$$

したがって，数列 $\left\{\dfrac{T_n}{S_n}\right\}$ は初項が $a$ で，公差が $\dfrac{2}{3}d$ の等差数列である．

(ii)　逆に，数列 $\left\{\dfrac{T_n}{S_n}\right\}$ が等差数列のとき，初項を $p$，公差を $q$ とおくと，

$$\frac{T_n}{S_n}=p+(n-1)q.$$
$$T_n=\{p+(n-1)q\}S_n.$$

①より，

$$T_n=\frac{1}{2}n(n+1)\{p+(n-1)q\}.$$

$n\geqq2$ のとき，

$$na_n=T_n-T_{n-1}$$
$$=\frac{1}{2}n(n+1)\{p+(n-1)q\}$$
$$-\frac{1}{2}(n-1)n\{p+(n-2)q\}$$
$$=\frac{1}{2}n[\{(n+1)-(n-1)\}p$$
$$+\{(n+1)(n-1)-(n-1)(n-2)\}q]$$
$$=\frac{1}{2}n\{2p+3(n-1)q\}.$$

よって，

$$a_n=p+(n-1)\cdot\frac{3}{2}q.\qquad\cdots②$$

また，$n=1$ のとき，

$$T_1=a_1,\ S_1=1,\ \frac{T_1}{S_1}=p$$

より，

$$a_1=p.$$

これは，②において $n=1$ のときの値と一致する．

したがって，数列 $\{a_n\}$ の一般項は，

$$a_n=p+(n-1)\cdot\frac{3}{2}q$$

で表されるから，数列 $\{a_n\}$ は初項が $p$ で，公差が $\dfrac{3}{2}q$ の等差数列である．

(i), (ii) より，題意は示された．

# 139 ──〈方針〉──

条件を満たす組 $(x, y)$ を $xy$ 平面上の点 $(x, y)$ に対応させて考える.

(1)は $y$ 軸に平行な直線上,
(2)は $x$ 軸に平行な直線上

の格子点の個数を調べるとよい.

(1)では, $y=\dfrac{1}{2}x^2$ において

$x$ が偶数のとき, $y$ は整数,
$x$ が奇数のとき, $y$ は整数でない

ことに注意.

$xy$ 平面上の点で, $x$ 座標, $y$ 座標のいずれも整数である点を格子点と呼ぶ.

(1) 条件の不等式の表す $xy$ 平面上の領域 $D$ は次図の網掛け部分(境界を含む).

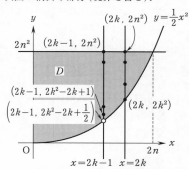

領域 $D$ に属する格子点の個数を求める.

(i) 直線 $x=2k-1$ ($k=1, 2, \cdots, n$)上の格子点の個数について.

$x=2k-1$ のとき,

$$y=\frac{1}{2}x^2$$
$$=\frac{1}{2}(2k-1)^2$$
$$=2k^2-2k+\frac{1}{2}$$

となるから, この直線上の格子点は

$(2k-1, 2k^2-2k+1), \cdots, (2k-1, 2n^2)$

であり, その個数は,

$$2n^2-(2k^2-2k+1)+1$$

$$=2n^2-2k^2+2k.$$

(ii) 直線 $x=2k$ ($k=0, 1, \cdots, n$)上の格子点の個数について.

$x=2k$ のとき,

$$y=\frac{1}{2}x^2$$
$$=\frac{1}{2}(2k)^2$$
$$=2k^2$$

となるから, この直線上の格子点は

$(2k, 2k^2), \cdots, (2k, 2n^2)$

であり, その個数は,

$$2n^2-2k^2+1.$$

(i), (ii) より, 求める整数の組 $(x, y)$ の個数は,

$$\sum_{k=1}^{n}(2n^2-2k^2+2k)+\sum_{k=0}^{n}(2n^2-2k^2+1)$$
$$=\sum_{k=1}^{n}(2n^2-2k^2+2k)$$
$$\quad+\{\underbrace{2n^2+1}_{\substack{(k=0\\のとき)}}+\sum_{k=1}^{n}(2n^2-2k^2+1)\}$$
$$=\sum_{k=1}^{n}\{(2n^2-2k^2+2k)+(2n^2-2k^2+1)\}$$
$$\quad+2n^2+1$$
$$=\sum_{k=1}^{n}(4n^2-4k^2+2k+1)+2n^2+1$$
$$=-4\sum_{k=1}^{n}k^2+2\sum_{k=1}^{n}k+(4n^2+1)\sum_{k=1}^{n}1$$
$$\quad+2n^2+1$$
$$=-4\cdot\frac{1}{6}n(n+1)(2n+1)+2\cdot\frac{1}{2}n(n+1)$$
$$\quad+(4n^2+1)\cdot n+2n^2+1$$
$$=\frac{1}{3}(8n^3+3n^2+4n+3).$$

(2) 条件の不等式の表す $xy$ 平面上の領域 $D'$ は次図の網掛け部分(境界を含む).

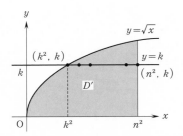

領域 $D'$ に属する格子点の個数を求める.

直線 $y=k$ $(k=0,\ 1,\ 2,\ \cdots,\ n)$ 上の格子点の個数について.

$y=\sqrt{x}$ において,$y=k$ のとき,
$$x=k^2$$
となるから,この直線上の格子点は
$$(k^2,\ k),\ (k^2+1,\ k),\ \cdots,\ (n^2,\ k)$$
であり,その個数は,
$$n^2-k^2+1.$$

よって,求める整数の組 $(x,\ y)$ の個数は,

$$\sum_{k=0}^{n}(n^2-k^2+1)$$
$$=-\sum_{k=0}^{n}k^2+(n^2+1)\sum_{k=0}^{n}1$$
$$=-\sum_{k=1}^{n}k^2+(n^2+1)\sum_{k=0}^{n}1$$
$$=-\frac{1}{6}n(n+1)(2n+1)+(n^2+1)(n+1)$$
$$=\frac{1}{6}(n+1)(4n^2-n+6).$$

# 140 ——〈方針〉

(1) 図形の対称性を利用する.

(2) $z$ を固定すると,(1)の結果が利用できる.

$xy$ 平面上の点 $(a,\ b)$ で $a$ と $b$ のどちらも整数となるものを格子点と呼ぶことにする.

(1) $xy$ 平面上において,

$$\begin{cases} x \geqq 0, \\ y \geqq 0, \\ \dfrac{x}{3}+\dfrac{y}{2} \leqq k \end{cases}$$

で表される領域を $D_k$ とすると,$D_k$ に含まれる格子点の個数が $a_k$ である.

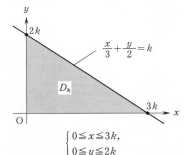

$$\begin{cases} 0 \leqq x \leqq 3k, \\ 0 \leqq y \leqq 2k \end{cases}$$

で表される領域に含まれる格子点の個数は,
$$(3k+1)(2k+1).$$

また,$\dfrac{x}{3}+\dfrac{y}{2}=k$,すなわち,

$$x=3k-\frac{3y}{2}$$

において,$x$ が整数となるのは,$y$ が偶数となるときであり,$0 \leqq y \leqq 2k$ の範囲にある偶数の個数は,
$$y=0,\ 2,\ 4,\ \cdots,\ 2k$$
の $(k+1)$ 個あるから,

$$線分\ \frac{x}{3}+\frac{y}{2}=k\ (0 \leqq y \leqq 2k)$$

上にある格子点の個数は,
$$k+1.$$

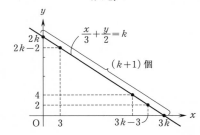

よって，

$$a_k=\frac{(3k+1)(2k+1)-(k+1)}{2}+(k+1)$$

$$=3k^2+3k+1.$$

（(1)の別解）

$$\frac{x}{3}+\frac{y}{2}\leqq k. \qquad \cdots①$$

①において，$y=2m$ $(m=0,\ 1,\ \cdots,\ k)$ とおくと，

$$\frac{x}{3}+\frac{2m}{2}\leqq k.$$

$$x\leqq 3k-3m.$$

これを満たす 0 以上の整数 $x$ の個数は，

$$3k-3m+1.$$

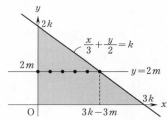

①において，

$y=2m-1$ $(m=1,\ 2,\ \cdots,\ k)$ とおくと，

$$\frac{x}{3}+\frac{2m-1}{2}\leqq k.$$

$$x\leqq 3k-3m+\frac{3}{2}.$$

これを満たす 0 以上の整数 $x$ の個数は，

$$3k-3m+2.$$

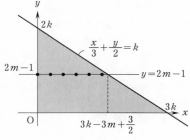

よって，

$$a_k=\sum_{m=0}^{k}(3k-3m+1)+\sum_{m=1}^{k}(3k-3m+2)$$

$$=3k+1+\sum_{m=1}^{k}(6k-6m+3)$$

$$=3k+1+\frac{(6k-3)+3}{2}\cdot k$$

$$=3k^2+3k+1.$$

（(1)の別解終り）

(2) $z=m$ $(m=0,\ 1,\ 2,\ \cdots,\ n)$ とおく。

このとき，$xy$ 平面において，

$$\begin{cases} x\geqq 0, \\ y\geqq 0, \\ \dfrac{x}{3}+\dfrac{y}{2}\leqq n-m \end{cases}$$

で表される領域に含まれる格子点の個数は，(1)より，

$$3(n-m)^2+3(n-m)+1.$$

よって，

$$b_n=\sum_{m=0}^{n}\{3(n-m)^2+3(n-m)+1\}$$

$$=3\sum_{m=0}^{n}(n-m)^2+3\sum_{m=0}^{n}(n-m)+(n+1)$$

$$=3\cdot\frac{1}{6}n(n+1)(2n+1)$$

$$\qquad\qquad +3\cdot\frac{1}{2}n(n+1)+(n+1)$$

$$=(n+1)^3.$$

【注】

$$\sum_{m=0}^{n}(n-m)=n+(n-1)+(n-2)+\cdots+1+0$$

$$=1+2+3+\cdots+n$$

$$=\sum_{k=1}^{n}k$$

$$=\frac{1}{2}n(n+1),$$

$$\sum_{m=0}^{n}(n-m)^2=n^2+(n-1)^2+(n-2)^2+\cdots+1^2+0^2$$

$$=1^2+2^2+3^2+\cdots+n^2$$

$$=\sum_{k=1}^{n}k^2$$

$$=\frac{1}{6}n(n+1)(2n+1).$$

（注終り）

## 141 ──〈方針〉──

群に分けて考える.

1 | 1, 2 | 1, 2, 3 | 1, …
第1群 第2群　第3群

$$1, 2, 3, \cdots, k$$

の $k$ 個の数をまとめて第 $k$ 群とよぶことにする.

(1) 10 が初めて現れるのは, 第 10 群の末項 (10 番目の数)である.

したがって, 初めから数えて,

$$1+2+3+\cdots+10=\frac{1}{2}\cdot10(10+1)$$
$$=\mathbf{55}\ (\textbf{項目})$$

に, 10 は初めて現れる.

(2) 第 100 項が第 $k$ 群に属するとすると,

$$1+2+3+\cdots+(k-1)<100\leqq1+2+3+\cdots+k,$$

すなわち,

$$\frac{1}{2}k(k-1)<100\leqq\frac{1}{2}k(k+1). \quad \cdots①$$

ここで, $k$ は自然数であり,

$$\frac{1}{2}\cdot13\cdot14=91, \ \frac{1}{2}\cdot14\cdot15=105$$

であるから, ① を満たす自然数 $k$ の値は,

$$k=14.$$

さらに,

$$100-91=9$$

より, 第 100 項は第 14 群の 9 番目の数である.

したがって, 第 100 項は **9** である.

(3) 1 は各群の初項に必ず現れるから, $n$ 回目に現れる 1 は, 第 $n$ 群の初項である.

したがって, この 1 は,

$$1+2+3+\cdots+(n-1)+1=\frac{1}{2}n(n-1)+1$$
$$=\frac{1}{2}(n^2-n+2)\ (\textbf{項目})$$

に現れる.

## 142 ──〈方針〉──

群に分けて考える.

$\dfrac{1}{2}$ | $\dfrac{1}{4}$, $\dfrac{3}{4}$ | $\dfrac{1}{8}$, $\dfrac{3}{8}$, $\dfrac{5}{8}$, $\dfrac{7}{8}$ | $\dfrac{1}{16}$, …
第1群 第2群　　第3群

分母が $2^k$ である $2^{k-1}$ 個の項をまとめて第 $k$ 群とよぶことにする.

(1) 分母が $2^n$ である項, すなわち, 第 $n$ 群の項の分子は順に,

$$1, 3, 5, \cdots, 2^n-1$$

であり, この数列は初項 1, 末項 $2^n-1$, 項数 $2^{n-1}$ の等差数列である.

よって, 分母が $2^n$ である項の分子の和は,

$$\frac{2^{n-1}}{2}\{1+(2^n-1)\}=2^{n-2}\cdot2^n.$$

したがって, 求める和は,

$$\frac{2^{n-2}\cdot2^n}{2^n}=2^{n-2}.$$

(2) 第 1000 項が第 $N$ 群に属するとすると, $N\geqq2$ であり,

$$\sum_{k=1}^{N-1}2^{k-1}<1000\leqq\sum_{k=1}^{N}2^{k-1},$$

すなわち,

$$1\cdot\frac{2^{N-1}-1}{2-1}<1000\leqq1\cdot\frac{2^N-1}{2-1}.$$
$$2^{N-1}-1<1000\leqq2^N-1. \quad \cdots①$$

ここで, $N$ は自然数であり,

$$2^9-1=512-1=511,$$
$$2^{10}-1=1024-1=1023$$

であるから, ① を満たす自然数 $N$ の値は,

$$N=10.$$

さらに,

$$1000-511=489$$

より, 第 1000 項は第 10 群の 489 番目の分数である.

よって, 第 1000 項は,

$$\frac{1+(489-1)\cdot2}{2^{10}}=\frac{977}{1024}$$

である.

(1)の結果より，第 $n$ 群に属する $2^{n-1}$ 個の分数の和が $2^{n-2}$ であることを考え合わせると，求める和は，

$$\sum_{k=1}^{9} 2^{k-2} + \frac{1}{2^{10}}(1+3+5+\cdots+977)$$

$$= \frac{1}{2}\cdot\frac{2^9-1}{2-1}+\frac{1}{2^{10}}\cdot\frac{489}{2}(1+977)$$

$$= \frac{2^9-1}{2}+\frac{489^2}{2^{10}}$$

$$= \frac{(2^9-1)2^9+489^2}{2^{10}}$$

$$= \frac{511\cdot512+489^2}{2^{10}}$$

$$= \frac{(500+11)(500+12)+(500-11)^2}{2^{10}}$$

$$= \frac{2\cdot500^2+(11+12-2\cdot11)500+11\cdot12+11^2}{2^{10}}$$

$$= \frac{500000+500+253}{2^{10}}$$

$$= \frac{500753}{1024}.$$

## 143 ──〈方針〉──

点 $(a,\ a^3-a^2)$ における $C$ の接線と $C$ の，接点以外の共有点の $x$ 座標を求め，それを利用して $a_n$ と $a_{n+1}$ の間に成り立つ関係式を求める．

$y=x^3-x^2$ のとき，

$$y'=3x^2-2x$$

であるから，$C$ 上の点 $(a,\ a^3-a^2)$ における $C$ の接線 $l$ の方程式は，

$$y=(3a^2-2a)(x-a)+a^3-a^2, \cdots ①$$

すなわち，

$$y=(3a^2-2a)x-2a^3+a^2.$$

したがって，

$$p=\boxed{3a^2-2a}, \quad q=\boxed{-2a^3+a^2}.$$

次に，$C$ と $l$ の交点の $x$ 座標を求める．

①と $C$ の方程式から $y$ を消去して，

$$x^3-x^2=(3a^2-2a)(x-a)+a^3-a^2.$$

$$x^3-a^3-(x^2-a^2)-(3a^2-2a)(x-a)=0.$$

$$(x-a)\{(x^2+ax+a^2)-(x+a)-(3a^2-2a)\}=0.$$

$$(x-a)\{x^2+(a-1)x-2a^2+a\}=0.$$

$$(x-a)^2(x+\boxed{2a-1})=0.$$

よって，

$$x=a, \quad -2a+1.$$

$a\neq\dfrac{1}{3}$ より，$a\neq-2a+1$ であるから，$C$ と $l$ は接点以外の共有点をもち，その共有点の $x$ 座標は $-2a+1$ である．

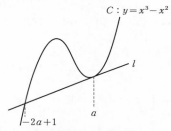

$$C:y=x^3-x^2$$

点 $A_{n+1}$ における $C$ の接線と $C$ の共有点のうち，$A_{n+1}$ 以外のものが $A_n$ であるから，

$$a_n=-2a_{n+1}+1.$$

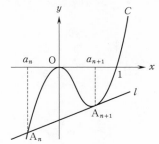

これより，

$$a_{n+1}=\boxed{-\frac{1}{2}a_n+\frac{1}{2}}. \quad \cdots ②$$

②は，

$$a_{n+1}-\frac{1}{3}=-\frac{1}{2}\left(a_n-\frac{1}{3}\right)$$

と変形できるから，$a_1=1$ であるとき，数列 $\left\{a_n-\dfrac{1}{3}\right\}$ は，初項 $a_1-\dfrac{1}{3}=\dfrac{2}{3}$，公比 $-\dfrac{1}{2}$ の等比数列である．

したがって，

$$a_n - \frac{1}{3} = \frac{2}{3}\left(-\frac{1}{2}\right)^{n-1}$$

より，

$$a_n = \boxed{\frac{2}{3}\left(-\frac{1}{2}\right)^{n-1} + \frac{1}{3}}.$$

# 144 ──〈方針〉──

(1)が(2)のヒント．

$a_{n+1} = 3a_n - n \quad (n=1,\ 2,\ 3,\ \cdots). \quad \cdots ①$

(1) 数列 $\{b_n\}$ が公比 3 の等比数列になることから，

$$b_{n+1} = 3b_n \quad (n=1,\ 2,\ 3,\ \cdots).$$

$b_n = a_n + pn + q,\ b_{n+1} = a_{n+1} + p(n+1) + q$ より，

$$a_{n+1} + p(n+1) + q = 3(a_n + pn + q).$$

整理して，

$$a_{n+1} = 3a_n + 2pn - p + 2q. \quad \cdots ②$$

②−① より，

$$(2p+1)n - p + 2q = 0.$$

これが，すべての自然数 $n$ に対して成り立つことから，

$$\begin{cases} 2p+1=0, \\ -p+2q=0. \end{cases}$$

これを解いて，

$$p = -\frac{1}{2}, \quad q = -\frac{1}{4}.$$

(2) (1)の結果より，

$$b_n = a_n - \frac{1}{2}n - \frac{1}{4}. \quad \cdots ③$$

$a_1 = 1$ より，

$$b_1 = 1 - \frac{1}{2} - \frac{1}{4}$$
$$= \frac{1}{4}.$$

ゆえに，数列 $\{b_n\}$ は初項 $\frac{1}{4}$，公比 3 の等比数列であるから，

$$b_n = \frac{1}{4} \cdot 3^{n-1}.$$

これと ③ より，

$$a_n - \frac{1}{2}n - \frac{1}{4} = \frac{1}{4} \cdot 3^{n-1}.$$

よって，

$$a_n = \frac{1}{4}(3^{n-1} + 2n + 1).$$

(3) (2)の結果より，

$$\sum_{k=1}^{n} a_k = \sum_{k=1}^{n} \frac{1}{4}(3^{k-1} + 2k + 1)$$
$$= \frac{1}{4}\left(\sum_{k=1}^{n} 3^{k-1} + 2\sum_{k=1}^{n} k + \sum_{k=1}^{n} 1\right)$$
$$= \frac{1}{4}\left\{\frac{3^n - 1}{3 - 1} + 2 \cdot \frac{1}{2}n(n+1) + n\right\}$$
$$= \frac{1}{8}(3^n + 2n^2 + 4n - 1).$$

# 145 ──〈方針〉──

(2) $\dfrac{1}{k(k+1)} = \dfrac{1}{k} - \dfrac{1}{k+1}$

を用いて変形する．

(1) $(n+1)a_n = (n-1)a_{n-1}$

の両辺に $n$ をかけると，

$$n(n+1)a_n = (n-1)na_{n-1}$$

であるから，

$$n(n+1)a_n = 1 \cdot 2a_1.$$

$a_1 = 50$ より，

$$n(n+1)a_n = 100.$$

したがって，

$$a_n = \frac{100}{n(n+1)}.$$

(2) (1)の結果より，

$$S_n = \sum_{k=1}^{n} \frac{100}{k(k+1)}$$
$$= 100\sum_{k=1}^{n}\left(\frac{1}{k} - \frac{1}{k+1}\right)$$
$$= 100\left\{\left(\frac{1}{1} + \frac{1}{2} + \cdots + \frac{1}{n}\right) \right.$$
$$\left. - \left(\frac{1}{2} + \cdots + \frac{1}{n} + \frac{1}{n+1}\right)\right\}$$
$$= 100\left(1 - \frac{1}{n+1}\right)$$
$$= \frac{100n}{n+1}.$$

(3) $S_n$ が整数となるのは，(2) の結果より，

$$\frac{100n}{n+1} \text{ が整数} \qquad \cdots ①$$

となるときである．

ここで，

$$\frac{100n}{n+1} = 100\left(1 - \frac{1}{n+1}\right)$$

$$= 100 - \frac{100}{n+1} \qquad \cdots ②$$

であるから，① が成り立つのは，

$$n+1 \text{ が } 100 \text{ の約数} \qquad \cdots ③$$

のときである．

さらに，② より，$S_n$ が最大となるのは，

$$\frac{100}{n+1} \text{ が最小}$$

となるときであるから，

$$n+1 \text{ が最大} \qquad \cdots ④$$

のときである．

③，④ より，$S_n$ が最大の整数となるのは，

$$n+1 = 100$$

すなわち，

$$n = 99$$

のときである．

したがって，最大の $S_n$ は，

$$S_{99} = 100 - \frac{100}{99+1}$$

$$= \mathbf{99}.$$

# 146 ——〈方針〉

長方形の部屋の左端では，タイルがどのように敷かれているかで場合分けする．

(1) 縦 2，横 $n$ の長方形の部屋をタイルで過不足なく敷きつめたとき，敷きつめ方は，部屋の左端に注目して，次の (i), (ii), (iii) に分類される．

(i) 二辺の長さが 1 と 2 の長方形のタイルを，図のように敷いた場合．

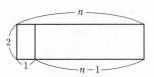

残った横 $n-1$，縦 2 の部分の敷きつめ方は，

$$A_{n-1} \text{ 通り}.$$

(ii) 二辺の長さが 1 と 2 の長方形のタイルを 2 枚，図のように敷いた場合．

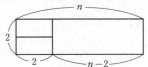

残った横 $n-2$，縦 2 の部分の敷きつめ方は，

$$A_{n-2} \text{ 通り}.$$

(iii) 一辺の長さが 2 の正方形のタイルを，図のように敷いた場合．

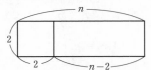

残った横 $n-2$，縦 2 の部分の敷きつめ方は，

$$A_{n-2} \text{ 通り}.$$

(i), (ii), (iii) は互いに排反であるから，

$$A_n = A_{n-1} + 2A_{n-2} \quad (n \geq 3). \quad \cdots ①$$

(2) ① より，

$$A_n + A_{n-1} = 2(A_{n-1} + A_{n-2}).$$

よって，数列 $\{A_{n+1} + A_n\}$ は，初項 $A_2 + A_1 = 4$，公比 2 の等比数列であるから，

$$A_{n+1} + A_n = 2^{n+1}. \qquad \cdots ②$$

また，① より，

$$A_n - 2A_{n-1} = -(A_{n-1} - 2A_{n-2}).$$

よって，数列 $\{A_{n+1} - 2A_n\}$ は，初項 $A_2 - 2A_1 = 1$，公比 $-1$ の等比数列であるから，

$$A_{n+1} - 2A_n = (-1)^{n-1}. \qquad \cdots ③$$

(②−③)÷3 より，

$$A_n=\frac{1}{3}\{2^{n+1}-(-1)^{n-1}\}$$

$$=\frac{1}{3}\{2^{n+1}+(-1)^n\} \quad (n\geqq1).$$

# 147 ──〈方針〉──

(1) $S_{n+1}-S_n=a_{n+1}$ を利用する．

(1) $\qquad S_{n+1}=4a_n+3 \quad (n\geqq1),\qquad \cdots①$

$\qquad S_n=4a_{n-1}+3 \quad (n\geqq2).\qquad \cdots②$

①−② より，$n\geqq2$ のとき，

$$S_{n+1}-S_n=4a_n-4a_{n-1}.$$

$S_{n+1}-S_n=a_{n+1}$ であるから，

$$a_{n+1}-4a_n+4a_{n-1}=0. \qquad \cdots③$$

(2) ③ より，

$$a_{n+1}-2a_n=2a_n-4a_{n-1}$$
$$=2(a_n-2a_{n-1}),$$

すなわち，

$$b_n=2b_{n-1} \quad (n\geqq2). \qquad \cdots④$$

また，$b_1=a_2-2a_1$ であり，① で $n=1$ と
すると，

$$S_2=4a_1+3.$$
$$a_1+a_2=4a_1+3.$$
$$a_2=3a_1+3=6.$$

よって，

$$b_1=6-2\cdot1=4.$$

これと ④ より，

$$b_n=4\cdot2^{n-1}=2^{n+1}.$$

(3) (2) より，

$$a_{n+1}-2a_n=2^{n+1}.$$

両辺を $2^{n+1}$ で割ると，

$$\frac{a_{n+1}}{2^{n+1}}-\frac{2a_n}{2^{n+1}}=1.$$

$$\frac{a_{n+1}}{2^{n+1}}-\frac{a_n}{2^n}=1,$$

すなわち，

$$c_{n+1}-c_n=1.$$

これと $c_1=\dfrac{a_1}{2^1}=\dfrac{1}{2}$ より，

$$c_n=\frac{1}{2}+1\cdot(n-1)=n-\frac{1}{2}.$$

(4) (3) より，

$$a_n=2^nc_n=\left(n-\frac{1}{2}\right)\cdot2^n.$$

# 148 ──〈方針〉──

題意より，$a_n+b_n=3^n$ が成り立つこ
とがわかるので，(2) で利用する．

(1) 以下，1 がまったく現れない場合も「偶
数回現れる」場合に含めるものとする．

$n$ 桁の数の左側に新しい数字（1，2 または
3）をつけ加えて，$n+1$ 桁の数を作ると考え
る．このとき，

(i) $a_{n+1}$ について，

(ア) $n$ 桁の数に 1 が奇数回現れていると
すれば，2 または 3 をつけ加えればよい．

(イ) $n$ 桁の数に 1 が偶数回現れていると
すれば，1 をつけ加えればよい．

(ア)，(イ)は互いに排反であるから，

$$a_{n+1}=2a_n+b_n.$$

(ii) $b_{n+1}$ について，

(ウ) $n$ 桁の数に 1 が奇数回現れていると
すれば，1 をつけ加えればよい．

(エ) $n$ 桁の数に 1 が偶数回現れていると
すれば，2 または 3 をつけ加えればよい．

(ウ)，(エ)は互いに排反であるから，

$$b_{n+1}=a_n+2b_n.$$

(2) (1) より，

$$\begin{cases} a_{n+1}=2a_n+b_n, & \cdots① \\ b_{n+1}=a_n+2b_n. & \cdots② \end{cases}$$

①+② より，

$$a_{n+1}+b_{n+1}=3(a_n+b_n).$$
$$a_n+b_n=(a_1+b_1)3^{n-1}.$$

ここで，$a_1=1$，$b_1=2$ より，

$$a_n+b_n=3^n. \qquad \cdots③$$

また，①−② より，

$$a_{n+1}-b_{n+1}=a_n-b_n.$$
$$a_n-b_n=a_1-b_1=-1. \qquad \cdots④$$

③，④ より，

$$a_n=\frac{3^n-1}{2}, \quad b_n=\frac{3^n+1}{2}.$$

# 149 ──〈方針〉

2円が外接する問題では，次図のような直角三角形で三平方の定理の利用を考えるとよい．

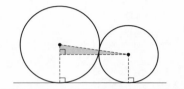

(1), (2)　$P_n$ ($n \geqq 0$) の $x$ 座標を $x_n$ とし，円 $C_n$ ($n \geqq 0$) の半径を $r_n$ とする．

$x_0 = 0$，$x_1 = 2$，$r_0 = r_1 = 1$ である．

また，条件 (a), (b) から，

$$0 < \cdots < x_{n+1} < x_n < \cdots < x_2 < x_1.$$

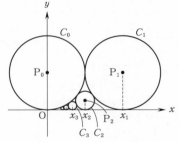

$n \geqq 1$ のとき，$P_n$ から $y$ 軸に下ろした垂線の足を $A_n$ とすると，2円 $C_0$, $C_n$ が外接することから，

$$
\begin{aligned}
P_n A_n &= \sqrt{P_0 P_n{}^2 - P_0 A_n{}^2} \\
&= \sqrt{(1 + r_n)^2 - (1 - r_n)^2} \\
&= 2\sqrt{r_n}.
\end{aligned}
$$

よって，

$$x_n = 2\sqrt{r_n}. \qquad \cdots \text{①}$$

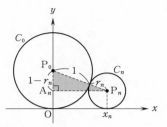

また，$n \geqq 1$ のとき，$P_{n+1}$ を通り $x$ 軸に平行な直線に，$P_n$ から下ろした垂線の足を $B_n$ とすると，

$$
\begin{aligned}
B_n P_{n+1} &= \sqrt{P_n P_{n+1}{}^2 - P_n B_n{}^2} \\
&= \sqrt{(r_n + r_{n+1})^2 - (r_n - r_{n+1})^2} \\
&= 2\sqrt{r_n r_{n+1}}.
\end{aligned}
$$

よって，

$$x_n - x_{n+1} = 2\sqrt{r_n r_{n+1}}. \qquad \cdots \text{②}$$

①の $n$ を $n+1$ で置き換えて，

$$x_{n+1} = 2\sqrt{r_{n+1}}. \qquad \cdots \text{③}$$

①，②，③ より，

$$
\begin{aligned}
x_n - x_{n+1} &= 2 \cdot \frac{x_n}{2} \cdot \frac{x_{n+1}}{2} \\
&= \frac{1}{2} x_n x_{n+1}.
\end{aligned}
$$

両辺を $x_n x_{n+1}$ ($> 0$) で割ると，

$$\frac{1}{x_{n+1}} - \frac{1}{x_n} = \frac{1}{2}.$$

また，

$$\frac{1}{x_1} = \frac{1}{2}.$$

したがって，数列 $\left\{ \dfrac{1}{x_n} \right\}$ ($n \geqq 1$) は，初項 $\dfrac{1}{2}$，公差 $\dfrac{1}{2}$ の等差数列であるから，

$$\frac{1}{x_n} = \frac{1}{2} + \frac{1}{2}(n - 1)$$

$$=\frac{n}{2}.$$

よって,

$$x_n=\frac{2}{n}\quad(n\geqq1)$$

であり, また ① より,

$$r_n=\frac{1}{4}x_n{}^2$$
$$=\frac{1}{4}\left(\frac{2}{n}\right)^2$$
$$=\frac{1}{n^2}\quad(n\geqq1).$$

$P_n$ の座標は $(x_n,\ r_n)$ であるから,

(1) $P_3$ の座標は, $\left(\dfrac{2}{3},\ \dfrac{1}{9}\right)$.

(2) $P_n$ の座標は,

$$\begin{cases}n\geqq1\ \text{のとき},\ \left(\dfrac{2}{n},\ \dfrac{1}{n^2}\right),\\ n=0\ \text{のとき},\ (0,\ 1).\end{cases}$$

# 150

$$\frac{1}{1\cdot2}+\frac{1}{3\cdot4}+\frac{1}{5\cdot6}+\cdots+\frac{1}{(2n-1)\cdot2n}\leqq\frac{3}{4}-\frac{1}{4n}.$$
$$\cdots(*)$$

(I) $n=1$ のとき.

$$(\text{左辺})=\frac{1}{1\cdot2}=\frac{1}{2},$$
$$(\text{右辺})=\frac{3}{4}-\frac{1}{4}=\frac{1}{2}$$

より, $(*)$ は成立する.

(II) $n=k$ のとき, $(*)$ が成立すると仮定すると,

$$\frac{1}{1\cdot2}+\frac{1}{3\cdot4}+\frac{1}{5\cdot6}+\cdots+\frac{1}{(2k-1)\cdot2k}\leqq\frac{3}{4}-\frac{1}{4k}.$$

両辺に $\dfrac{1}{(2k+1)(2k+2)}$ を加えて,

$$\frac{1}{1\cdot2}+\frac{1}{3\cdot4}+\frac{1}{5\cdot6}+$$
$$\cdots+\frac{1}{(2k-1)\cdot2k}+\frac{1}{(2k+1)(2k+2)}$$
$$\leqq\frac{3}{4}-\frac{1}{4k}+\frac{1}{(2k+1)(2k+2)}.$$

ここで,

$$\frac{3}{4}-\frac{1}{4(k+1)}-\left\{\frac{3}{4}-\frac{1}{4k}+\frac{1}{(2k+1)(2k+2)}\right\}$$
$$=\frac{1}{4k}-\frac{1}{4(k+1)}-\frac{1}{2(2k+1)(k+1)}$$
$$=\frac{(k+1)-k}{4k(k+1)}-\frac{1}{2(2k+1)(k+1)}$$
$$=\frac{(2k+1)-2k}{4k(k+1)(2k+1)}$$
$$=\frac{1}{4k(k+1)(2k+1)}>0$$

となるから,

$$\frac{1}{1\cdot2}+\frac{1}{3\cdot4}+\frac{1}{5\cdot6}+\cdots+\frac{1}{(2k+1)(2k+2)}$$
$$\leqq\frac{3}{4}-\frac{1}{4(k+1)}$$

が成立する.

よって, $n=k+1$ のときも $(*)$ は成立する.

(I), (II) より, すべての自然数 $n$ に対して $(*)$ は成立する.

# 151 ——〈方針〉

$\alpha,\ \beta$ は, $t$ の2次方程式
$$t^2-(\alpha+\beta)t+\alpha\beta=0$$
の2解であることを用いて, $P_{n+2}$ を $P_{n+1}$ と $P_n$ で表し, 数学的帰納法を用いて証明する.

$$\begin{cases}\alpha+\beta=(1+\sqrt{2})+(1-\sqrt{2})=2,\\ \alpha\beta=(1+\sqrt{2})(1-\sqrt{2})=-1\end{cases}$$

より, $\alpha,\ \beta$ は, $t$ の2次方程式
$$t^2-2t-1=0$$
の2解である.

よって,

$$\alpha^2-2\alpha-1=0\quad\text{すなわち}\quad\alpha^2=2\alpha+1$$

であり, 同様に,

$$\beta^2=2\beta+1$$

であるから, $P_n=\alpha^n+\beta^n\ (n=1,\ 2,\ 3,\ \cdots)$ に対して,

$$P_{n+2}=\alpha^{n+2}+\beta^{n+2}$$
$$=\alpha^n(2\alpha+1)+\beta^n(2\beta+1)$$

$$\begin{aligned}
&=2(\alpha^{n+1}+\beta^{n+1})+\alpha^n+\beta^n\\
&=2P_{n+1}+P_n \qquad \cdots ①
\end{aligned}$$

が成り立つ.

「$P_n$ は 4 の倍数ではない偶数」 $\cdots(\ast)$

であることを数学的帰納法により示す.

(I) $n=1,\ 2$ のとき.

$$P_1=\alpha+\beta=2,$$
$$P_2=\alpha^2+\beta^2=(\alpha+\beta)^2-2\alpha\beta=6$$

であり，2，6 はともに 4 の倍数ではない偶数であるから，$n=1,\ 2$ のとき $(\ast)$ は成り立つ.

(II) $n=k,\ k+1$ のとき，$(\ast)$ が成り立つと仮定する.

このとき，整数 $M,\ N$ を用いて，

$$P_k=4M+2, \quad P_{k+1}=4N+2$$

と表すことができ，

$$\begin{aligned}
P_{k+2}&=2P_{k+1}+P_k \qquad (①より)\\
&=2(4N+2)+(4M+2)\\
&=4(M+2N+1)+2
\end{aligned}$$

となる. $M+2N+1$ は整数であるから，$P_{k+2}$ は 4 の倍数ではない偶数となり，$n=k+2$ に対しても $(\ast)$ は成り立つ.

以上 (I)，(II) より，すべての自然数 $n$ に対して，$P_n$ は 4 の倍数ではない偶数である.

**(部分的別解)**

$P_{n+2}$ を $P_{n+1}$，$P_n$ で表すのは，次のようにもできる.

$$\begin{aligned}
P_{n+2}&=\alpha^{n+2}+\beta^{n+2}\\
&=(\alpha+\beta)(\alpha^{n+1}+\beta^{n+1})-\alpha^{n+1}\beta-\alpha\beta^{n+1}\\
&=(\alpha+\beta)(\alpha^{n+1}+\beta^{n+1})-\alpha\beta(\alpha^n+\beta^n)\\
&=2P_{n+1}+P_n.
\end{aligned}$$

(部分的別解終り)

## 152 ──〈方針〉

「$n=k,\ k+1$ のとき成り立つと仮定して，$n=k+2$ のときにも成り立つことを示す」

このタイプの帰納法を利用する.

$-1<t<1$ のとき，

「$t=\cos\theta$ となる $\theta$ を用いて，

$$a_n=\frac{\sin n\theta}{\sin\theta} \qquad \cdots(\ast)$$

と表すことができる」

このことがすべての自然数 $n$ で成り立つことを数学的帰納法で示す.

(I) $n=1,\ 2$ のとき.

$$a_1=1=\frac{\sin\theta}{\sin\theta},$$
$$a_2=2t=2\cos\theta=\frac{\sin 2\theta}{\sin\theta}$$

であるから $(\ast)$ は成り立つ.

(II) $n=k,\ k+1$ のとき，$(\ast)$ が成り立つと仮定すると，

$$a_k=\frac{\sin k\theta}{\sin\theta}, \quad a_{k+1}=\frac{\sin(k+1)\theta}{\sin\theta}.$$

このとき，

$$\begin{aligned}
a_{k+2}&=2ta_{k+1}-a_k\\
&=2\cos\theta\cdot\frac{\sin(k+1)\theta}{\sin\theta}-\frac{\sin k\theta}{\sin\theta}\\
&=\frac{\sin\{(k+1)\theta+\theta\}+\sin\{(k+1)\theta-\theta\}}{\sin\theta}-\frac{\sin k\theta}{\sin\theta}\\
&=\frac{\sin(k+2)\theta}{\sin\theta}.
\end{aligned}$$

よって，$n=k+2$ のときも $(\ast)$ は成り立つ.

(I)，(II) より，すべての自然数 $n$ について $(\ast)$ は成り立つ.

**【注】** 式変形の途中で積和の公式

$$\sin\alpha\cos\beta=\frac{1}{2}\{\sin(\alpha+\beta)+\sin(\alpha-\beta)\}$$

を用いたが，加法定理で計算してもよい.

$$\begin{aligned}
&2\cos\theta\sin(k+1)\theta-\sin k\theta\\
&=2\cos\theta(\sin k\theta\cos\theta+\cos k\theta\sin\theta)-\sin k\theta\\
&=\sin k\theta(2\cos^2\theta-1)+\cos k\theta(2\sin\theta\cos\theta)\\
&=\sin k\theta\cos 2\theta+\cos k\theta\sin 2\theta\\
&=\sin(k+2)\theta.
\end{aligned}$$

(注終り)

## 153 ──〈方針〉

(2) の 帰 納 法 は，「$n=1, 2, \cdots, m$ のとき成り立つと仮定して，$n=m+1$ のときにも成り立つことを示す」というタイプ．

(1) $\qquad 6\sum_{k=1}^{n} a_k{}^2 = a_n a_{n+1}(2a_{n+1}-1)$ …(*)

において，$n=1$ とすれば，
$$6a_1{}^2 = a_1 a_2(2a_2-1).$$
$a_1=1$ より，
$$6 = a_2(2a_2-1).$$
$$(2a_2+3)(a_2-2)=0.$$
$a_2>0$ より，
$$\boldsymbol{a_2=2}.$$
同様に，(*) において，$n=2$ とすれば，
$$6(a_1{}^2+a_2{}^2) = a_2 a_3(2a_3-1).$$
$a_1=1,\ a_2=2$ より，
$$30 = 2a_3(2a_3-1).$$
$$(2a_3+5)(a_3-3)=0.$$
$a_3>0$ より，
$$\boldsymbol{a_3=3}.$$
(2) $\qquad a_n=n \qquad\qquad$ …(**)
と推測される．以下 (**) を数学的帰納法で示す．

(I) $n=1$ のとき，(**) は成り立つ．

(II) $n=1, 2, \cdots, m$ のとき，(**) が成り立つと仮定すれば，
$$a_1=1,\ a_2=2,\ \cdots,\ a_m=m. \quad\text{…①}$$
(*) において，$n=m$ とすれば，
$$6\sum_{k=1}^{m} a_k{}^2 = a_m a_{m+1}(2a_{m+1}-1).$$
ここで，帰納法の仮定 ① を用いれば，
$$6\sum_{k=1}^{m} k^2 = m a_{m+1}(2a_{m+1}-1).$$
$$m(m+1)(2m+1) = m a_{m+1}(2a_{m+1}-1).$$
$$(m+1)(2m+1) = a_{m+1}(2a_{m+1}-1).$$
$$(2a_{m+1}+2m+1)\{a_{m+1}-(m+1)\}=0.$$
$a_{m+1}>0$ より，
$$a_{m+1}=m+1.$$

したがって，$n=m+1$ のときも (**) は成り立つ．

(I)，(II) より，すべての自然数 $n$ に対して，
$$\boldsymbol{a_n=n}.$$

## 154 ──〈方針〉

(3) 数列 $\{a_n\}$ に関する漸化式を作る．

$$\begin{cases} f_1(x)=x^2+1, & \text{…①} \\ x(f_{n+1}(x)+x+2)=3\displaystyle\int_0^x f_n(t)\,dt. & \text{…②} \end{cases}$$

(1) ② に $n=1$ を代入して，
$$\begin{aligned} x(f_2(x)+x+2) &= 3\int_0^x f_1(t)\,dt \\ &= 3\int_0^x (t^2+1)\,dt \quad(\text{① より}) \\ &= 3\left[\frac{1}{3}t^3+t\right]_0^x \\ &= x^3+3x. \end{aligned}$$
$f_2(x)$ は整式であるから，
$$f_2(x)+x+2 = x^2+3.$$
よって，
$$\boldsymbol{f_2(x)=x^2-x+1}.$$
(2) $n=1, 2, 3, \cdots$ に対して，
「$f_n(x)=x^2+a_n x+1$ と表せる」 …(*)
ことを数学的帰納法を用いて証明する．

(I) $n=1$ のとき．
$f_1(x)=x^2+1$ であるから，$a_1=0$ とすれば (*) は成立する．

(II) $n=k$ のとき，(*) が成立すると仮定すると，
$$f_k(x)=x^2+a_k x+1.$$
このとき，② より，
$$\begin{aligned} x(f_{k+1}(x)+x+2) &= 3\int_0^x f_k(t)\,dt \\ &= 3\int_0^x (t^2+a_k t+1)\,dt \\ &= 3\left[\frac{1}{3}t^3+\frac{a_k}{2}t^2+t\right]_0^x \\ &= x^3+\frac{3}{2}a_k x^2+3x. \end{aligned}$$

$f_{k+1}(x)$ は整式であるから,

$$f_{k+1}(x)+x+2=x^2+\frac{3}{2}a_k x+3.$$

$$f_{k+1}(x)=x^2+\left(\frac{3}{2}a_k-1\right)x+1.$$

$$a_{k+1}=\frac{3}{2}a_k-1 \qquad \cdots \text{③}$$

とすれば $n=k+1$ のときも (*) は成立する.

(I), (II) より, $n=1, 2, 3, \cdots$ に対して (*) は成立する.

(3) (2) の ③ より,

$$a_{n+1}=\frac{3}{2}a_n-1.$$

これを変形すると,

$$a_{n+1}-2=\frac{3}{2}(a_n-2).$$

よって, 数列 $\{a_n-2\}$ は, 初項 $a_1-2$, 公比 $\frac{3}{2}$ の等比数列である.

$a_1=0$ であるから,

$$a_n-2=-2\cdot\left(\frac{3}{2}\right)^{n-1}.$$

$$a_n=2-2\left(\frac{3}{2}\right)^{n-1}.$$

よって,

$$f_n(x)=x^2+\left\{2-2\left(\frac{3}{2}\right)^{n-1}\right\}x+1.$$

# 155

(1) $$a_1+b_1\sqrt{2}=3+\sqrt{2}$$

であり, $a_1$, $b_1$ は有理数, $\sqrt{2}$ は無理数であるから,

$$a_1=3, \quad b_1=1.$$

また,

$$(3+\sqrt{2})^2=11+6\sqrt{2}$$

であるから,

$$a_2+b_2\sqrt{2}=11+6\sqrt{2}.$$

同様にして,

$$a_2=11, \quad b_2=6.$$

(2) $$a_{n+1}+b_{n+1}\sqrt{2}$$
$$=(3+\sqrt{2})^{n+1}$$

$$=(3+\sqrt{2})^n(3+\sqrt{2})$$
$$=(a_n+b_n\sqrt{2})(3+\sqrt{2})$$
$$=(3a_n+2b_n)+(a_n+3b_n)\sqrt{2}.$$

$a_{n+1}$, $b_{n+1}$, $3a_n+2b_n$, $a_n+3b_n$ は有理数であり, $\sqrt{2}$ は無理数であるから,

$$\begin{cases} a_{n+1}=3a_n+2b_n, \\ b_{n+1}=a_n+3b_n. \end{cases}$$

(3) $n$ が奇数のとき, $a_n$, $b_n$ がともに奇数であることを数学的帰納法で示す.

(I) $n=1$ のとき, (1) より成り立つ.

(II) $n=2k-1$ のとき成り立つと仮定する.

すなわち,

$$a_{2k-1}, \ b_{2k-1} \text{ が奇数}$$

であるとき, (2) より,

$$\begin{aligned} a_{2k+1}&=3a_{2k}+2b_{2k} \\ &=3(3a_{2k-1}+2b_{2k-1})+2(a_{2k-1}+3b_{2k-1}) \\ &=11a_{2k-1}+12b_{2k-1}. \end{aligned}$$

仮定より, これは奇数である.

また,

$$\begin{aligned} b_{2k+1}&=a_{2k}+3b_{2k} \\ &=3a_{2k-1}+2b_{2k-1}+3(a_{2k-1}+3b_{2k-1}) \\ &=6a_{2k-1}+11b_{2k-1}. \end{aligned}$$

仮定より, これは奇数である.

したがって, $n=2k+1$ のときも成立する.

(I), (II) より, すべての正の奇数 $n$ に対して $a_n$, $b_n$ がともに奇数であることが示せた.

次に, (2) より,

$$\begin{cases} a_{2m}=3a_{2m-1}+2b_{2m-1}, \\ b_{2m}=a_{2m-1}+3b_{2m-1}. \end{cases} \quad (m=1, 2, \cdots)$$

$a_{2m-1}$, $b_{2m-1}$ は奇数であるから,

$$a_{2m} \text{ は奇数}, \ b_{2m} \text{ は偶数となる}.$$

したがって, $n$ が偶数のとき, $a_n$ が奇数で, $b_n$ は偶数である.

## 156 ──〈方針〉──

(2) (1)を利用する.
$$P(X=k)=P(X\leq k)-P(X\leq k-1).$$
(3) $\qquad V(X)=E(X^2)-\{E(X)\}^2.$

(1)  $X\leq k$ となるのは,

「2回とも $k$ 以下の番号の
ついたカードを取りだす」  …(*)

場合であるから,

$$P(X\leq k)=\left(\frac{k}{n}\right)^2.$$

(2)  $X=k$ となるのは, (*) のうち,

「少なくとも1回番号 $k$ の
ついたカードを取りだす」

場合である.

これは, (*) のうち

「2回とも $k-1$ 以下の番号の
ついたカードを取りだす」

場合を除いた事象であるから,

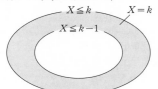

$$P(X=k)=P(X\leq k)-P(X\leq k-1)$$
$$=\left(\frac{k}{n}\right)^2-\left(\frac{k-1}{n}\right)^2$$
$$=\frac{2k-1}{n^2}.$$

$P(X\leq 0)=0$ と解釈すると, これは
$1\leq k\leq n$ で成り立つ.

よって, $X$ の確率分布は,

$$P(X=k)=\frac{2k-1}{n^2}\quad(k=1,\ 2,\ \cdots,\ n).$$

(3)  まず,

$$E(X)=\sum_{k=1}^{n}kP(X=k)$$
$$=\frac{1}{n^2}\sum_{k=1}^{n}k(2k-1)$$
$$=\frac{1}{n^2}\left\{2\cdot\frac{n(n+1)(2n+1)}{6}-\frac{n(n+1)}{2}\right\}$$

$$=\frac{(n+1)(4n-1)}{6n}.$$

また,

$$E(X^2)=\sum_{k=1}^{n}k^2P(X=k)$$
$$=\frac{1}{n^2}\sum_{k=1}^{n}k^2(2k-1)$$
$$=\frac{1}{n^2}\left\{2\cdot\frac{n^2(n+1)^2}{4}-\frac{n(n+1)(2n+1)}{6}\right\}$$
$$=\frac{(n+1)(3n^2+n-1)}{6n}.$$

であるから,

$$V(X)=E(X^2)-\{E(X)^2\}$$
$$=\frac{(n+1)(3n^2+n-1)}{6n}$$
$$\qquad-\left\{\frac{(n+1)(4n-1)}{6n}\right\}^2$$
$$=\frac{(n+1)(n-1)(2n^2+1)}{36n^2}.$$

【注】 $V(X)$ の定義は次の通りであるが,
これで求めるのは計算が大変である.

$$V(X)=\sum_{k=1}^{n}\{k-E(X)\}^2P(X=k).$$

そこで, $V(X)$ を求める際には, 次の公
式を使うことが多い.

$$V(X)=E(X^2)-\{E(X)\}^2.$$

これは, $V(X)$ の定義式から, 次のよう
にして導かれる.

$m=E(X),\ p_k=P(X=k)$ とおくと,

$$V(X)=\sum_{k=1}^{n}(k-m)^2p_k$$
$$=\sum_{k=1}^{n}(k^2-2mk+m^2)p_k$$
$$=\sum_{k=1}^{n}k^2p_k-2m\sum_{k=1}^{n}kp_k+m^2\sum_{k=1}^{n}p_k$$
$$=E(X^2)-2m\cdot m+m^2\cdot 1$$
$$=E(X^2)-\{E(X)\}^2.$$

(注終り)

## 157 ──〈方針〉──

⑴ $P(A)P(B)$, $P(A\cap B)$ をそれぞれ求めてから考える.

⑵ $X$, $Y$ を確率変数とすると,
$$E(X+Y)=E(X)+E(Y).$$
特に, $X$, $Y$ が独立であるとき,
$$V(X+Y)=V(X)+V(Y).$$
また, $Y=aX+b$ ($a$, $b$ は定数) であるとき,
$$E(Y)=aE(X)+b,$$
$$V(Y)=a^2V(X).$$

⑴ 事象 $E$ が起こる確率を $P(E)$ と表す.
$$P(A)=\left(\frac{3}{6}\right)^3=\frac{1}{8},$$
$$P(B)=\frac{6}{6}\cdot\frac{5}{6}\cdot\frac{4}{6}=\frac{5}{9}$$
であるから,
$$P(A)P(B)=\frac{1}{8}\cdot\frac{5}{9}=\frac{5}{72}. \quad \cdots ①$$

$A\cap B$ は, 2, 4, 6 の目がそれぞれ1回ずつ出る事象であるから,
$$P(A\cap B)=\frac{3}{6}\cdot\frac{2}{6}\cdot\frac{1}{6}=\frac{1}{36}. \quad \cdots ②$$

①, ②より,
$$P(A)P(B)\neq P(A\cap B)$$
であるから,

**$A$ と $B$ は独立でない**.

⑵ $i$ 回目 ($i=1$, 2, 3) に出る目の数を $X_i$ とする.

各 $i$ に対して,
$$E(X_i)=1\cdot\frac{1}{6}+2\cdot\frac{1}{6}+3\cdot\frac{1}{6}+4\cdot\frac{1}{6}+5\cdot\frac{1}{6}+6\cdot\frac{1}{6}$$
$$=\frac{7}{2},$$
$$V(X_i)=E(X_i{}^2)-\{E(X_i)\}^2$$
$$=1^2\cdot\frac{1}{6}+2^2\cdot\frac{1}{6}+3^2\cdot\frac{1}{6}+4^2\cdot\frac{1}{6}+5^2\cdot\frac{1}{6}$$
$$+6^2\cdot\frac{1}{6}-\left(\frac{7}{2}\right)^2$$
$$=\frac{35}{12}.$$

$X=X_1+X_2+X_3$ であるから,
$$E(X)=E(X_1)+E(X_2)+E(X_3)$$
$$=3\cdot\frac{7}{2}$$
$$=\frac{21}{2}$$
であり, $X_1$, $X_2$, $X_3$ は互いに独立であるから,
$$V(X)=V(X_1)+V(X_2)+V(X_3)$$
$$=3\cdot\frac{35}{12}$$
$$=\frac{35}{4}.$$

$Y=2X$ より,
$$E(Y)=2E(X)=2\cdot\frac{21}{2}=\mathbf{21},$$
$$V(Y)=2^2V(X)=4\cdot\frac{35}{4}=\mathbf{35}.$$

## 158 ──〈方針〉──

⑴ 事象 $A$, $B$, $C$ の起こる確率が順に $p$, $q$, $r$ ($p+q+r=1$) であるとき, $A$ が $a$ 回, $B$ が $b$ 回, $C$ が $c$ 回起こる確率は,
$$\frac{(a+b+c)!}{a!b!c!}p^aq^br^c.$$

⑵ 確率変数 $X$ が二項分布 $B(n, p)$ に従うとき,
$$E(X)=np, \quad V(X)=np(1-p).$$
確率変数 $X$ が正規分布 $N(m, \sigma^2)$ に従うとき,
$$Z=\frac{X-m}{\sigma}$$
で定まる $Z$ は標準正規分布 $N(0, 1)$ に従う.

サイコロを投げて, 1, 2 の目が出る事象を $A$, 3, 4, 5 の目が出る事象を $B$, 6 の目が出る事象を $C$ とすると,
$$P(A)=\frac{2}{6}=\frac{1}{3}, \quad P(B)=\frac{3}{6}=\frac{1}{2},$$
$$P(C)=\frac{1}{6}.$$

また，事象 $A$ が $a$ 回，事象 $B$ が $b$ 回，事象 $C$ が $c$ 回起こったとすると，得点の合計は

$$0a+1b+100c=100c+b.$$

(1) サイコロを5回投げて得点の合計が102点になるとき，

$$\begin{cases} 総回数 \ a+b+c=5, \\ 得点の合計 \ 100c+b=102. \end{cases}$$

$a$, $b$, $c$ が0以上の整数であることも考慮すると，

$$a=2, \quad b=2, \quad c=1.$$

よって，求める確率は

$$\frac{5!}{2!2!1!}\left(\frac{1}{3}\right)^2\left(\frac{1}{2}\right)^2\left(\frac{1}{6}\right)^1=\frac{5}{36}.$$

(2) $X$ は合計得点を100で割った余りであるから，

$$X=\begin{cases} b \ (0 \leqq b \leqq 99), \\ 0 \ (b=100) \end{cases}$$

である．

$b$ は二項分布 $B\left(100, \frac{1}{2}\right)$ に従い，

$P(b=100)=\left(\frac{1}{2}\right)^{100}$ は非常に小さい値であるから，

$$E(X) \doteqdot E(b)=100 \cdot \frac{1}{2}=50,$$

$$V(X) \doteqdot V(b)=100 \cdot \frac{1}{2} \cdot \left(1-\frac{1}{2}\right)=25.$$

よって，$X$ は正規分布 $N(50, 25)$ に近似的に従うから，

$$Z=\frac{X-50}{\sqrt{25}}=\frac{1}{5}(X-50)$$

とおくと，$Z$ は標準正規分布 $N(0, 1)$ に近似的に従う．

したがって，求める確率は近似的に

$$\begin{aligned} P(X \leqq 46) &=P(Z \leqq -0.8) \\ &=0.5-P(0 \leqq Z \leqq 0.8) \\ &=0.5-0.2881 \\ &=\mathbf{0.2119.} \end{aligned}$$

# 159

(1) $n$ 回コインを投げて表が $k$ 回 $(0 \leqq k \leqq n)$ 出るとき，

$$\begin{aligned} X_n &=(+1) \times k+(-1) \times (n-k) \\ &=2k-n \qquad \cdots ① \end{aligned}$$

であり，この確率は，

$$_n\mathrm{C}_k\left(\frac{1}{2}\right)^k\left(\frac{1}{2}\right)^{n-k}=\frac{_n\mathrm{C}_k}{2^n}$$

となる．

よって，$X_4$ の確率分布は次のようになる．

| $X_4$ | $-4$ | $-2$ | $0$ | $2$ | $4$ |
|---|---|---|---|---|---|
| $P$ | $\frac{1}{16}$ | $\frac{4}{16}$ | $\frac{6}{16}$ | $\frac{4}{16}$ | $\frac{1}{16}$ |

したがって，$X_4$ の平均 $E(X_4)$ および分散 $V(X_4)$ について，

$$E(X_4)=-4 \cdot \frac{1}{16}-2 \cdot \frac{4}{16}+0 \cdot \frac{6}{16}+2 \cdot \frac{4}{16}+4 \cdot \frac{1}{16}$$
$$=0$$

であり，

$$\begin{aligned} E(X_4{}^2)=&(-4)^2 \cdot \frac{1}{16}+(-2)^2 \cdot \frac{4}{16} \\ &+0^2 \cdot \frac{6}{16}+2^2 \cdot \frac{4}{16}+4^2 \cdot \frac{1}{16} \\ =&4 \end{aligned}$$

より，

$$V(X_4)=E(X_4{}^2)-\{E(X_4)\}^2=4-0^2=4$$

となる．

また，$X_5$ の確率分布は次のようになる．

| $X_5$ | $-5$ | $-3$ | $-1$ | $1$ | $3$ | $5$ |
|---|---|---|---|---|---|---|
| $P$ | $\frac{1}{32}$ | $\frac{5}{32}$ | $\frac{10}{32}$ | $\frac{10}{32}$ | $\frac{5}{32}$ | $\frac{1}{32}$ |

したがって，$X_5$ の平均 $E(X_5)$ および分散 $V(X_5)$ について，

$$\begin{aligned} E(X_5)=&-5 \cdot \frac{1}{32}-3 \cdot \frac{5}{32}-1 \cdot \frac{10}{32} \\ &+1 \cdot \frac{10}{32}+3 \cdot \frac{5}{32}+5 \cdot \frac{1}{32} \\ =&0 \end{aligned}$$

であり，
$$E(X_5{}^2)=(-5)^2\cdot\frac{1}{32}+(-3)^2\cdot\frac{5}{32}$$
$$+(-1)^2\cdot\frac{10}{32}+1^2\cdot\frac{10}{32}$$
$$+3^2\cdot\frac{5}{32}+5^2\cdot\frac{1}{32}$$
$$=5$$

より，
$$V(X_5)=E(X_5{}^2)-\{E(X_5)\}^2=5-0^2=\boldsymbol{5}$$
となる．

**((1)の部分的別解)**

$n$ 回コインを投げたときの表が出た回数 $Y_n$ を確率変数とみなすと，$Y_n$ は二項分布 $B(n,\ p)$ に従うから，
$$E(Y_n)=np,\quad V(Y_n)=np(1-p).$$

特に，$p=\dfrac{1}{2}$ のとき
$$E(Y_n)=\frac{n}{2},\quad V(Y_n)=\frac{n}{4}.$$

① より $X_n=2Y_n-n$ であるから，
$$E(X_n)=2E(Y_n)-n=0,$$
$$V(X_n)=2^2V(Y_n)=n.$$

したがって，
$$E(X_4)=E(X_5)=\boldsymbol{0},$$
$$V(X_4)=\boldsymbol{4},\quad V(X_5)=\boldsymbol{5}.$$
(（1）の部分的別解終り)

(2) 動点 P の移動は次の図のようである．ただし，丸囲みの数字は移動経路の数である．

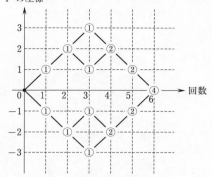

P の座標

したがって，求める確率は，
$$4\left(\frac{1}{2}\right)^6=\boldsymbol{\frac{1}{16}}$$
である．

(3) $X_1$ の平均 $E(X_1)$ は，
$$E(X_1)=1\cdot p-1(1-p)=\boldsymbol{2p-1}$$
である．また，
$$E(X_1{}^2)=1^2\cdot p+(-1)^2(1-p)=1$$
より $X_1$ の分散 $V(X_1)$ は，
$$V(X_1)=E(X_1{}^2)-\{E(X_1)\}^2$$
$$=1-(2p-1)^2$$
$$=\boldsymbol{4p(1-p)}$$
となる．

次に，$k$ 回目 $(0\leqq k\leqq n)$ に表が出れば $Z_k=1$，裏が出れば $Z_k=-1$ で $Z_k$ を定めると，
$$X_n=Z_1+Z_2+\cdots+Z_n$$
である．さらに，
$$E(Z_k)=E(X_1)=2p-1$$
であるから，
$$E(X_n)=E(Z_1)+E(Z_2)+\cdots+E(Z_n)$$
$$=\boldsymbol{n(2p-1)}$$
となり，$Z_k\ (0\leqq k\leqq n)$ が独立であることと，
$$V(Z_k)=V(X_1)=4p(1-p)$$
より，
$$V(X_n)=V(Z_1)+V(Z_2)+\cdots+V(Z_n)$$
$$=\boldsymbol{4np(1-p)}$$
となる．

132

【注】（(1)の**部分的別解**）と同様の手法で $E(X_n)$, $V(X_n)$ を求めることもできる.

(4) ① より,
$$X_{100}=2k-100$$
であるから, $X_{100}=28$ となるとき,
$$2k-100=28 \quad すなわち \quad k=64$$
である. よって, 標本比率は,
$$\frac{64}{100}=0.64$$
となるから, $p$ に対する信頼度 95 % の信頼区間は,
$$\left[0.64-1.96\sqrt{\frac{0.64\times0.36}{100}},\ 0.64+1.96\sqrt{\frac{0.64\times0.36}{100}}\right]$$
すなわち,
$$[0.54592,\ 0.73408]$$
である.

## *160* ──〈方針〉──

A 型の薬の効き目があった人数 $X$ を確率変数とみなす.

B 型の薬の有効率が与えられているから, これをもとにした確率分布に $X$ が従うと考えたとき, $X\geqq134$ となる確率が $\dfrac{5\%}{2}$ より大きいか小さいかで判断する.

A 型の薬の効き目があった人数 $X$ を確率変数とみなす.

B 型の薬の有効率が 0.6 であるから, A 型の薬が B 型の薬と同じ有効率であると仮定すると, $X$ は二項分布 $B(200,\ 0.6)$ に従うことになる.

このとき,
$$E(X)=200\cdot0.6=120,$$
$$V(X)=200\cdot0.6\cdot(1-0.6)=48.$$
よって, $X$ は正規分布 $N(120,\ 48)$ に近似的に従うから,
$$Z=\frac{X-120}{\sqrt{48}}=\frac{\sqrt{3}}{12}(X-120)$$

とおくと, $Z$ は標準正規分布 $N(0,\ 1)$ に近似的に従う.

$X\geqq134$ は $Z\geqq\dfrac{7\sqrt{3}}{6}$ と同値であり,
$$\left(\frac{7\sqrt{3}}{6}\right)^2=\frac{49}{12}>4$$
であるから,
$$\frac{7\sqrt{3}}{6}>2>1.96$$
である.

したがって,
$$P(X\geqq134)=P\left(Z\geqq\frac{7\sqrt{3}}{6}\right)<0.025$$
となるから, 仮説は棄却される.

よって, 有意水準 5 % で A 型の薬は B 型の薬より

**すぐれているといえる.**

# 数　学　Ⅲ

## 161 ──〈方針〉

(1) $\lim_{h \to 0}(1+h)^{\frac{1}{h}}=e$ を利用する.

**(1)**
$$\left(\frac{x+3}{x-3}\right)^x=\left(1+\frac{6}{x-3}\right)^x.$$

ここで, $h=\dfrac{6}{x-3}$ とおくと, $x \to \infty$ のと

き $h \to 0$ であり, $x=3+\dfrac{6}{h}$ であるから,

$$\begin{aligned}
\boldsymbol{\lim_{x \to \infty}}\left(\frac{x+3}{x-3}\right)^x &= \lim_{h \to 0}(1+h)^{3+\frac{6}{h}}\\
&= \lim_{h \to 0}\left\{(1+h)^{\frac{1}{h}}\right\}^6(1+h)^3\\
&= e^6 \cdot (1+0)^3\\
&= \boldsymbol{e^6}.
\end{aligned}$$

**(2)**
$$f(x)=\frac{\sqrt{2x^2+a}-x-1}{(x-1)^2}$$

とおく.

$\lim_{x \to 1}f(x)$ が有限な値になるには

$$\begin{aligned}
\lim_{x \to 1}(\sqrt{2x^2+a}-x-1) &= \lim_{x \to 1}f(x)(x-1)^2\\
&= 0
\end{aligned}$$

となることが必要である.

よって,
$$\sqrt{2+a}-2=0.$$
$$a=2.$$

このとき,
$$\begin{aligned}
f(x) &= \frac{\sqrt{2x^2+2}-x-1}{(x-1)^2}\\
&= \frac{(2x^2+2)-(x+1)^2}{(x-1)^2\{\sqrt{2x^2+2}+(x+1)\}}\\
&= \frac{(x-1)^2}{(x-1)^2(\sqrt{2x^2+2}+x+1)}\\
&= \frac{1}{\sqrt{2x^2+2}+x+1}
\end{aligned}$$

より,

$$\lim_{x \to 1}f(x)=\frac{1}{4}.$$

よって,

$$\boldsymbol{a=2}, \quad \boldsymbol{b=\frac{1}{4}}.$$

## 162 ──〈方針〉

$7x+6$ と $9x$ の大小で場合分けして, はさみうちの原理(【注1】参照)が適用できるように不等式を作る.

$$a_n=\sqrt[n]{(7x+6)^n+(9x)^n}$$

とおく.

(ⅰ) $7x+6 \geqq 9x$, すなわち, $0<x \leqq 3$ のとき.
$$\begin{aligned}
(0<)\ (7x+6)^n &\leqq (7x+6)^n+(9x)^n\\
&\leqq (7x+6)^n+(7x+6)^n
\end{aligned}$$

が成り立つから, 辺々 $\dfrac{1}{n}$ 乗して,

$$7x+6 \leqq a_n \leqq 2^{\frac{1}{n}}(7x+6).$$

$\lim_{n \to \infty}2^{\frac{1}{n}}=2^0=1$ であるから, はさみうちの

原理より,

$$\lim_{n \to \infty}a_n=7x+6.$$

(ⅱ) $7x+6<9x$, すなわち, $x>3$ のとき.
$$\begin{aligned}
(0<)\ (9x)^n &\leqq (7x+6)^n+(9x)^n\\
&\leqq (9x)^n+(9x)^n
\end{aligned}$$

が成り立つから, 辺々 $\dfrac{1}{n}$ 乗して,

$$9x \leqq a_n \leqq 2^{\frac{1}{n}} \cdot 9x.$$

(ⅰ)と同様に考えて,
$$\lim_{n \to \infty}a_n=9x.$$

以上により,
$$\begin{aligned}
&\lim_{n \to \infty}\sqrt[n]{(7x+6)^n+(9x)^n}\\
&=\begin{cases} \boldsymbol{7x+6} & (0<x \leqq 3),\\ \boldsymbol{9x} & (x>3). \end{cases}
\end{aligned}$$

**【注1】** 数列 $\{a_n\}$, $\{b_n\}$, $\{c_n\}$ に対して，すべての $n$ について $a_n \le c_n \le b_n$ のとき，
$$\lim_{n \to \infty} a_n = \lim_{n \to \infty} b_n = \alpha \ \text{ならば} \ \lim_{n \to \infty} c_n = \alpha.$$
これを**はさみうちの原理**という．

(注1終り)

**(別解)**

(i) $7x+6 > 9x$, すなわち，$0 < x < 3$ のとき．
$$\{(7x+6)^n + (9x)^n\}^{\frac{1}{n}} = (7x+6)\left\{1+\left(\frac{9x}{7x+6}\right)^n\right\}^{\frac{1}{n}}$$
が成り立つ．

ここで，$b_n = \left\{1+\left(\dfrac{9x}{7x+6}\right)^n\right\}^{\frac{1}{n}}$ とおくと，$b_n > 0$ であるから，
$$\log b_n = \frac{1}{n} \log\left\{1+\left(\frac{9x}{7x+6}\right)^n\right\}.$$

$0 < \dfrac{9x}{7x+6} < 1$ より，
$$\lim_{n \to \infty}\left(\frac{9x}{7x+6}\right)^n = 0$$
であるから，
$$n \to \infty \ \text{のとき} \ \log b_n \to 0,$$
すなわち，
$$n \to \infty \ \text{のとき} \ b_n \to 1.$$
よって，
$$\lim_{n \to \infty} \sqrt[n]{(7x+6)^n + (9x)^n}$$
$$= \lim_{n \to \infty}\{(7x+6)b_n\}$$
$$= 7x+6.$$

(ii) $7x+6 < 9x$, すなわち，$x > 3$ のとき．
$$\{(7x+6)^n + (9x)^n\}^{\frac{1}{n}} = (9x)\left\{1+\left(\frac{7x+6}{9x}\right)^n\right\}^{\frac{1}{n}}$$
が成り立つ．

ここで，$c_n = \left\{1+\left(\dfrac{7x+6}{9x}\right)^n\right\}^{\frac{1}{n}}$ とおくと，$c_n > 0$ であるから，
$$\log c_n = \frac{1}{n} \log\left\{1+\left(\frac{7x+6}{9x}\right)^n\right\}.$$

$0 < \dfrac{7x+6}{9x} < 1$ より，
$$\lim_{n \to \infty}\left(\frac{7x+6}{9x}\right)^n = 0$$

であるから，
$$n \to \infty \ \text{のとき} \ \log c_n \to 0,$$
すなわち，
$$n \to \infty \ \text{のとき} \ c_n \to 1.$$
よって，
$$\lim_{n \to \infty} \sqrt[n]{(7x+6)^n + (9x)^n} = \lim_{n \to \infty}\{(9x)c_n\}$$
$$= 9x.$$

(iii) $x = 3$ のとき．
$$\lim_{n \to \infty} \sqrt[n]{(27)^n + (27)^n} = \lim_{n \to \infty} 27 \cdot 2^{\frac{1}{n}}$$
$$= 27.$$

以上により，
$$\lim_{n \to \infty} \sqrt[n]{(7x+6)^n + (9x)^n}$$
$$= \begin{cases} 7x+6 & (0 < x \le 3), \\ 9x & (x > 3). \end{cases}$$

(別解終り)

**【注2】** 本問と同様に考察すると，
$a \ge b > 0$ のとき
$$\lim_{n \to \infty} \sqrt[n]{a^n + b^n} = a$$
を得る．

(注2終り)

# 163 ──〈方針〉

(1) 初項 $a$, 公差 $d$ の等差数列 $\{a_n\}$ の一般項は $a_n = a+(n-1)d$.

(2) 無限級数 $\displaystyle\sum_{k=1}^{\infty} a_k$ の和を求めるには，部分和の極限を求めればよい．特に，無限等比級数 $\displaystyle\sum_{k=1}^{\infty} ar^{k-1}$ が収束するための条件は，$a = 0$ または $-1 < r < 1$ であり，
$$\begin{cases} a = 0 \ \text{のとき和は} \ 0, \\ -1 < r < 1 \ \text{のとき和は} \ \dfrac{a}{1-r}. \end{cases}$$

(1) 数列 $\{a_n\}$ の初項を $a$, 公差を $d$ とおくと，
$$a_n = a+(n-1)d.$$
$a_5 = 14$, $a_{10} = 29$ より，

$$\begin{cases} a+4d=14, \\ a+9d=29. \end{cases}$$

これを解くと，

$$a=2, \quad d=3.$$

よって，

$$\boldsymbol{a_n}=2+3(n-1)$$
$$=\boldsymbol{3n-1}.$$

(2) (1) の結果より，

$$\sum_{k=1}^{\infty} 2^{-a_k} = \sum_{k=1}^{\infty} 2^{1-3k}$$
$$=\sum_{k=1}^{\infty} 2\left(\frac{1}{8}\right)^{k}$$
$$=\sum_{k=1}^{\infty} \frac{1}{4}\left(\frac{1}{8}\right)^{k-1}.$$

よって，$\displaystyle\sum_{k=1}^{\infty} 2^{-a_k}$ は初項 $\dfrac{1}{4}$，公比 $\dfrac{1}{8}$ の無限等比級数であり，$-1<(公比)<1$ が成り立つから収束して，和は，

$$\sum_{k=1}^{\infty} 2^{-a_k} = \cfrac{\cfrac{1}{4}}{1-\cfrac{1}{8}}$$
$$=\boldsymbol{\frac{2}{7}}.$$

次に，$\displaystyle\sum_{k=1}^{\infty} \frac{1}{a_k a_{k+1}}$ に対して，

$$S_n = \sum_{k=1}^{n} \frac{1}{a_k a_{k+1}}$$

とすると，(1) の結果より，

$$S_n = \sum_{k=1}^{n} \frac{1}{(3k-1)(3k+2)}$$
$$=\frac{1}{3}\sum_{k=1}^{n}\left(\frac{1}{3k-1}-\frac{1}{3k+2}\right)$$
$$=\frac{1}{3}\left(\sum_{k=1}^{n}\frac{1}{3k-1}-\sum_{k=1}^{n}\frac{1}{3k+2}\right)$$
$$=\frac{1}{3}\left\{\left(\frac{1}{2}+\frac{1}{5}+\cdots+\frac{1}{3n-1}\right)\right.$$
$$\left.-\left(\frac{1}{5}+\cdots+\frac{1}{3n-1}+\frac{1}{3n+2}\right)\right\}$$
$$=\frac{1}{3}\left(\frac{1}{2}-\frac{1}{3n+2}\right).$$

これより，

$$\lim_{n\to\infty} S_n = \lim_{n\to\infty}\frac{1}{3}\left(\frac{1}{2}-\frac{1}{3n+2}\right)$$
$$=\frac{1}{6}.$$

よって，$\displaystyle\sum_{k=1}^{\infty}\frac{1}{a_k a_{k+1}}$ は収束して，和は，

$$\sum_{k=1}^{\infty}\frac{1}{\boldsymbol{a_k a_{k+1}}}=\boldsymbol{\frac{1}{6}}.$$

【注1】 $k$ に関する恒等式

$$\frac{1}{(3k-1)(3k+2)}=\frac{1}{3}\left(\frac{1}{3k-1}-\frac{1}{3k+2}\right)$$
$$\cdots(*)$$

の導き方について，

$$((*) \,の左辺)=\frac{(3k+2)-(3k-1)}{(3k-1)(3k+2)}\times\frac{1}{3}$$
$$=\frac{1}{3}\left(\frac{1}{3k-1}-\frac{1}{3k+2}\right)$$
$$=((*) \,の右辺)$$

とすればよい．

(注1終り)

【注2】 一般項が

$$a_n = f(n+1)-f(n) \quad (n=1,\ 2,\ 3,\ \cdots)$$

という形（すなわち，数列 $\{f(n)\}$ の階差数列が $\{a_n\}$）で表される数列 $\{a_n\}$ の初項から第 $n$ 項までの和は，

$$\sum_{k=1}^{n} a_k = \sum_{k=1}^{n}\{f(k+1)-f(k)\}$$
$$=\{f(2)+\cdots+f(n)+f(n+1)\}$$
$$-\{f(1)+f(2)+\cdots+f(n)\}$$
$$=f(n+1)-f(1),$$

すなわち，

$$\sum_{k=1}^{n} a_k = f(n+1)-f(1)$$

が成り立つ．

(注2終り)

136

## 164 ──〈方針〉

(2) $k=1$, 2, 3, … のとき,
$$0<\frac{1}{2^k}\leqq\frac{1}{2}<\frac{\pi}{4}$$
であるから, (1) において $\theta=\frac{1}{2^k}$ として

考えてよい. これを用いて,
$$a_k=b_k-b_{k-1}$$
となるような $b_k$ を発見する.

---

(1) $\dfrac{1}{2\tan\theta}-\dfrac{1}{\tan 2\theta}=\dfrac{1}{2\tan\theta}-\dfrac{1-\tan^2\theta}{2\tan\theta}$

$\qquad\qquad\qquad\quad=\dfrac{\tan^2\theta}{2\tan\theta}$

$\qquad\qquad\qquad\quad=\dfrac{1}{2}\tan\theta$

であるから,
$$\frac{1}{2}\tan\theta=\frac{1}{2\tan\theta}-\frac{1}{\tan 2\theta}.$$

(2) $\theta_n=\dfrac{1}{2^n}$ $(n=0,\ 1,\ 2,\ \cdots)$ とおく.

$k=1$, 2, 3, … のとき,
$$0<\frac{1}{2^k}\leqq\frac{1}{2}<\frac{\pi}{4}$$
であるから, (1) において $\theta=\theta_k=\dfrac{1}{2^k}$ とおい

てよく, このとき,
$$\frac{1}{2}\tan\theta_k=\frac{1}{2\tan\theta_k}-\frac{1}{\tan 2\theta_k}$$
$$=\frac{1}{2\tan\theta_k}-\frac{1}{\tan\theta_{k-1}}.$$

したがって,

$a_k=\dfrac{1}{2^k}\tan\theta_k$

$\quad=\dfrac{1}{2^{k-1}}\left(\dfrac{1}{2\tan\theta_k}-\dfrac{1}{\tan\theta_{k-1}}\right)$

$\quad=\dfrac{1}{2^k\tan\theta_k}-\dfrac{1}{2^{k-1}\tan\theta_{k-1}}$

$\quad=\dfrac{\theta_k}{\tan\theta_k}-\dfrac{\theta_{k-1}}{\tan\theta_{k-1}}.$

$b_k=\dfrac{\theta_k}{\tan\theta_k}$ $(k=0,\ 1,\ 2,\ \cdots)$ とおくと,
$$a_k=b_k-b_{k-1}.$$

よって,

$\displaystyle\sum_{k=1}^{n}a_k=\sum_{k=1}^{n}(b_k-b_{k-1})$

$\qquad\quad=\displaystyle\sum_{k=1}^{n}b_k-\sum_{k=1}^{n}b_{k-1}$

$\qquad\quad=(b_1+b_2+\cdots+b_{n-1}+b_n)$
$\qquad\qquad\qquad-(b_0+b_1+b_2+\cdots+b_{n-1})$

$\qquad\quad=b_n-b_0$

$\qquad\quad=\dfrac{\theta_n}{\tan\theta_n}-\dfrac{\theta_0}{\tan\theta_0}$

$\qquad\quad=\dfrac{1}{2^n\tan\dfrac{1}{2^n}}-\dfrac{1}{\tan 1}.$

(3) $\displaystyle\lim_{n\to\infty}\theta_n=\lim_{n\to\infty}\frac{1}{2^n}=0$ より,

$\displaystyle\lim_{n\to\infty}\frac{\theta_n}{\tan\theta_n}=\lim\left(\frac{\theta_n}{\sin\theta_n}\cdot\cos\theta_n\right)$

$\qquad\qquad\quad=1\cdot\cos 0$

$\qquad\qquad\quad=1.$

よって,

$\displaystyle\sum_{k=1}^{\infty}a_k=\lim_{n\to\infty}\sum_{k=1}^{n}a_k$

$\qquad\quad=1-\dfrac{1}{\tan 1}.$

## 165 ──〈方針〉

$\dfrac{a_1+a_2+\cdots+a_n}{n}$ を,
$$f'(\alpha)=\lim_{h\to 0}\frac{f(\alpha+h)-f(\alpha)}{h}$$
が利用できる形に変形してゆく.

---

等比数列 $a_0$, $a_1$, …, $a_n$ の公比を $r$ とお

く, $k=0$, 1, …, $n$ に対して,
$$a_k=a_0\cdot r^k$$
$$=r^k.$$

$a_n=2$ より,
$$r^n=2.$$

$a_k$ $(k=0,\ 1,\ \cdots,\ n)$ が正の実数であるこ

とから,
$$r=2^{\frac{1}{n}}.$$

したがって,

$$\frac{a_1 + a_2 + \cdots + a_n}{n}$$
$$= \frac{r + r^2 + \cdots + r^n}{n}$$
$$= \frac{1}{n} \cdot \frac{r(1 - r^n)}{1 - r} \quad (r \neq 1 \text{ より})$$
$$= \frac{1}{n} \cdot \frac{r}{r - 1} \quad (r^n = 2 \text{ より})$$
$$= \frac{1}{n}\left(1 + \frac{1}{2^{\frac{1}{n}} - 1}\right).$$

今,
$$u = \frac{1}{n}$$
とおくと, $n \to \infty$ のとき, $u \to +0$ であり,

$$\lim_{n \to \infty} \frac{a_1 + a_2 + \cdots + a_n}{n} = \lim_{n \to \infty} \frac{1}{n}\left(1 + \frac{1}{2^{\frac{1}{n}} - 1}\right)$$
$$= \lim_{u \to +0} u\left(1 + \frac{1}{2^u - 1}\right)$$
$$= \lim_{u \to +0} \left(u + \frac{1}{\frac{2^u - 1}{u}}\right)$$
$$\cdots ①$$

を得る.

ここで, $f(x) = 2^x$ とおくと,
$$\lim_{u \to +0} \frac{2^u - 1}{u} = \lim_{u \to +0} \frac{f(0 + u) - f(0)}{u}$$
$$= f'(0) \qquad \cdots ②$$
が成り立ち,
$$f'(x) = 2^x \log 2$$
より,
$$f'(0) = \log 2.$$
よって,
$$\lim_{u \to +0} \frac{2^u - 1}{u} = \log 2.$$
これを ① に用いて,
$$\lim_{n \to \infty} \frac{a_1 + a_2 + \cdots + a_n}{n} = \frac{1}{\log 2}.$$

【注1】 ② について, $u\left(= \frac{1}{n}\right)$ は 0 に近づくとき $\frac{1}{2}, \frac{1}{3}, \cdots, \frac{1}{n}, \cdots$ のように有理数値しかとらないが, 実数 $h$ に対して,

$$\lim_{h \to 0} \frac{f(0 + h) - f(0)}{h} = f'(0)$$
により, 極限値 $f'(0)$ の存在が保証されているので, ② は成り立つ.

(注1 終り)

【注2】 $2 = e^{\log 2}$ だから
$$\frac{2^u - 1}{u} = \frac{e^{u \log 2} - 1}{u}.$$

$t = u \log 2$ とおくと, $u \to +0$ のとき, $t \to +0$ であり,
$$\lim_{t \to 0} \frac{e^t - 1}{t} = 1$$
であるから,
$$\lim_{u \to +0} \frac{2^u - 1}{u} = \lim_{t \to +0} \frac{e^t - 1}{t} \cdot \log 2 = \log 2.$$

(注2 終り)

(別解)
$$\left(\begin{array}{l} a_k = r^k, \quad r = 2^{\frac{1}{n}} \quad (k = 0,\ 1,\ \cdots,\ n) \\ \text{を導くまでは [解答] と同じ.} \end{array}\right)$$

これより, $f(x) = 2^x$ とおくと,
$$a_k = 2^{\frac{k}{n}}$$
$$= f\left(\frac{k}{n}\right)$$
であり, さらに,
$$S_n = \frac{a_1 + a_2 + \cdots + a_n}{n}$$
とおくと,
$$S_n = \frac{1}{n} \sum_{k=1}^{n} a_k$$
$$= \frac{1}{n} \sum_{k=1}^{n} f\left(\frac{k}{n}\right).$$
これより,
$$\lim_{n \to \infty} S_n = \int_0^1 f(x)\, dx$$
$$= \int_0^1 2^x\, dx$$
$$= \left[\frac{2^x}{\log 2}\right]_0^1$$
$$= \frac{1}{\log 2}.$$

(別解終り)

# 166

(1) AB=8, BC=7, ∠C=90° より,

$$CA=\sqrt{8^2-7^2}=\sqrt{15}.$$

△ABC の面積を2通りに表して,

$$\frac{1}{2}(AB+BC+CA)r_1=\frac{1}{2}\cdot BC\cdot CA.$$

$$r_1=\frac{BC\cdot CA}{AB+BC+CA}$$

$$=\frac{7\sqrt{15}}{8+7+\sqrt{15}}$$

$$=\frac{\sqrt{15}-1}{2}.$$

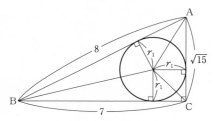

(2) $\cos B=\dfrac{BC}{AB}=\dfrac{7}{8}$ で, $0<B<\dfrac{\pi}{2}$ より,

$\sin\dfrac{B}{2}>0$ であるから,

$$\sin\frac{B}{2}=\sqrt{\frac{1-\cos B}{2}}=\sqrt{\frac{1}{16}}=\frac{1}{4}.$$

**((1), (2) の別解)**

円 $O_1$ と辺 AB, BC, CA との接点をそれぞれ P, Q, R とすると, ∠C=90° と合わせて,

$$CQ=CR=r_1.$$

さらに,

$$AB=8, \quad BC=7,$$
$$CA=\sqrt{AB^2-BC^2}=\sqrt{15}$$

であるから,

$$AP=AR=\sqrt{15}-r_1,$$
$$BP=BQ=7-r_1.$$

よって, AP+BP=AB より,

$$\sqrt{15}-r_1+7-r_1=8.$$

$$r_1=\frac{\sqrt{15}-1}{2}.$$

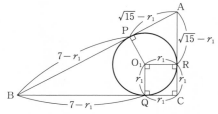

∠ABC の2等分線と辺 CA との交点を D とすると, AD:DC=AB:BC=8:7 で, CA=$\sqrt{15}$ より,

$$AD=\frac{8}{15}\sqrt{15}, \quad CD=\frac{7}{15}\sqrt{15}.$$

よって,

$$BD=\sqrt{BC^2+CD^2}=7\sqrt{1+\frac{1}{15}}=\frac{28}{\sqrt{15}}.$$

ゆえに,

$$\sin\frac{B}{2}=\frac{CD}{BD}=\frac{7}{28}=\frac{1}{4}.$$

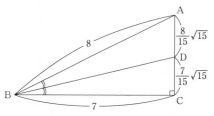

**((1), (2) の別解終り)**

(3) 以下すべて $n=1, 2, 3, \cdots$ とする.

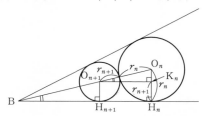

円 $O_n$ の中心を $O_n$, $O_n$ から辺 BC へ下ろした垂線の足を $H_n$, 線分 $O_nH_n$ へ点 $O_{n+1}$ から下ろした垂線の足を $K_n$ とすると,

$$O_nO_{n+1}=r_n+r_{n+1}, \quad O_nK_n=r_n-r_{n+1},$$
$$\angle O_nO_{n+1}K_n=\frac{B}{2}, \quad \angle O_nK_nO_{n+1}=\frac{\pi}{2}$$

より,

$$\frac{r_n-r_{n+1}}{r_n+r_{n+1}}=\sin\frac{B}{2}=\frac{1}{4}\quad(\text{(2)より}).$$

よって,

$$r_{n+1}=\frac{3}{5}r_n.$$

ゆえに,

$$r_n=r_1\left(\frac{3}{5}\right)^{n-1}.$$

さらに, $S_n=\pi r_n{}^2$ より,

$$S_n=\pi r_1{}^2\left(\frac{9}{25}\right)^{n-1}.$$

ここで, $0<\dfrac{9}{25}<1$ であるから, 初項 $\pi r_1{}^2$,

公比 $\dfrac{9}{25}$ の無限等比級数 $\displaystyle\sum_{n=1}^{\infty}S_n$ は収束し,

$$\sum_{n=1}^{\infty}S_n=\frac{\pi r_1{}^2}{1-\dfrac{9}{25}}=\frac{25}{16}\pi r_1{}^2$$

$$=\frac{25}{16}\pi\left(\frac{\sqrt{15}-1}{2}\right)^2\quad(\text{(1)より})$$

$$=\frac{25(8-\sqrt{15})}{32}\pi.$$

# 167 ──〈方針〉──

三角関数の極限の問題では

$$\lim_{x\to0}\frac{\sin x}{x}=1$$

の利用を考える.

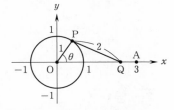

(1) 線分 OQ の長さを $l$ とする.

$0<\theta<\pi$ のとき, $\triangle$OQP に余弦定理を用いると,

$$2^2=1^2+l^2-2\cdot1\cdot l\cdot\cos\theta.$$

これより,

$$l^2-2(\cos\theta)l-3=0$$

であるから,

$$l=\cos\theta\pm\sqrt{\cos^2\theta+3}.$$

$l>0$ より,

$$l=\cos\theta+\sqrt{\cos^2\theta+3}.$$

また, $\theta=0$ のとき, $l=3$ であり,

$\theta=\pi$ のとき, $l=1$ である.

以上により,

$$\mathbf{OQ}=\cos\theta+\sqrt{\cos^2\theta+3}.$$

(2) A$(3,\ 0)$ であるから,

$$L=3-l$$

$$=3-(\cos\theta+\sqrt{\cos^2\theta+3})$$

$$=3-\cos\theta-\sqrt{\cos^2\theta+3}.$$

よって,

$$\frac{L}{\theta^2}=\frac{(3-\cos\theta)-\sqrt{\cos^2\theta+3}}{\theta^2}$$

$$=\frac{(3-\cos\theta)^2-(\cos^2\theta+3)}{\{(3-\cos\theta)+\sqrt{\cos^2\theta+3}\}\theta^2}$$

$$=\frac{6(1-\cos\theta)}{(3-\cos\theta+\sqrt{\cos^2\theta+3})\theta^2}$$

$$=\frac{6}{3-\cos\theta+\sqrt{\cos^2\theta+3}}\cdot\left(\frac{\sin\theta}{\theta}\right)^2\cdot\frac{1}{1+\cos\theta}$$

より,

$$\lim_{\theta\to0}\frac{L}{\theta^2}=\frac{6}{3-1+\sqrt{1+3}}\cdot1^2\cdot\frac{1}{1+1}$$

$$=\frac{6}{4}\cdot\frac{1}{2}$$

$$=\frac{3}{4}.$$

## *168* ──〈方針〉

(1) 2つの円が外接する条件は

(中心間の距離)＝(半径の和)

であり，2つの円の一方が他方に内接する条件は

(中心間の距離)＝(半径の差)

である．

(2) $\theta=\dfrac{\pi}{n}$ とおくと，$n\to\infty$ のとき $\theta\to 0$ であるから，$\displaystyle\lim_{n\to\infty}\dfrac{\sin\theta}{\theta}=1$ が成り立つ．

(1)

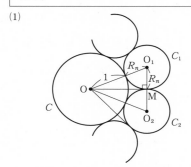

上図のように，$C$ の中心を O とし，$C$ に外接し，さらに隣り合う2つが外接する円を $C_1$，$C_2$ とする．$C_1$，$C_2$ の中心をそれぞれ O$_1$，O$_2$ とし，線分 O$_1$O$_2$ の中点を M とする．

$$\angle O_1OM=\dfrac{2\pi}{2n}=\dfrac{\pi}{n}$$

であるから，$\triangle O_1OM$ に着目して，

$$\sin\angle O_1OM=\dfrac{O_1M}{OO_1},$$

すなわち，

$$\sin\dfrac{\pi}{n}=\dfrac{R_n}{1+R_n}.$$

よって，

$$R_n=\dfrac{\sin\dfrac{\pi}{n}}{1-\sin\dfrac{\pi}{n}}.$$

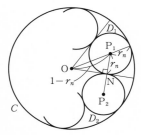

また，上図のように $C$ に内接し，さらに隣り合う2つが外接する円を $D_1$，$D_2$ とする．$D_1$，$D_2$ の中心をそれぞれ P$_1$，P$_2$ とし，線分 P$_1$P$_2$ の中点を N とする．

$$\angle P_1ON=\dfrac{2\pi}{2n}=\dfrac{\pi}{n}$$

であるから，$\triangle P_1ON$ に着目して，

$$\sin\angle P_1ON=\dfrac{P_1N}{OP_1},$$

すなわち，

$$\sin\dfrac{\pi}{n}=\dfrac{r_n}{1-r_n}.$$

よって，

$$r_n=\dfrac{\sin\dfrac{\pi}{n}}{1+\sin\dfrac{\pi}{n}}.$$

(2) $\theta=\dfrac{\pi}{n}$ とおくと，$n\to\infty$ のとき $\theta\to+0$ であり，

$$n^2(R_n-r_n)$$

$$=n^2\left(\dfrac{\sin\dfrac{\pi}{n}}{1-\sin\dfrac{\pi}{n}}-\dfrac{\sin\dfrac{\pi}{n}}{1+\sin\dfrac{\pi}{n}}\right)$$

$$=\left(\dfrac{\pi}{\theta}\right)^2\left(\dfrac{\sin\theta}{1-\sin\theta}-\dfrac{\sin\theta}{1+\sin\theta}\right)$$

$$=\dfrac{\pi^2}{\theta^2}\cdot\dfrac{2\sin^2\theta}{1-\sin^2\theta}$$

$$=2\pi^2\left(\dfrac{\sin\theta}{\theta}\right)^2\cdot\dfrac{1}{\cos^2\theta}.$$

$\theta\to 0$ のとき，

$$\dfrac{\sin\theta}{\theta}\to 1,\quad \dfrac{1}{\cos^2\theta}\to 1$$

であるから，

$$\lim_{n\to\infty} n^2(R_n - r_n)$$

$$= \lim_{\theta\to +0} 2\pi^2 \left(\frac{\sin\theta}{\theta}\right)^2 \cdot \frac{1}{\cos^2\theta}$$

$$= 2\pi^2.$$

# *169* ──〈方針〉──

(2) $\displaystyle\lim_{t\to -\infty}\left(1+\frac{1}{t}\right)^t = e.$

(1)

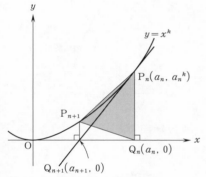

$y = x^k$ $(k>1)$, $y' = kx^{k-1}$ から，点 $P_n$ における接線の方程式は，

$$y - a_n{}^k = ka_n{}^{k-1}(x - a_n).$$

条件(ⅲ)より，点 $Q_{n+1}$ はこの接線上にあるから，

$$-a_n{}^k = ka_n{}^{k-1}(a_{n+1} - a_n).$$

ここで，$a_n = 0$ とすると条件(ⅲ)に反するから，

$$a_n \neq 0.$$

したがって，

$$-a_n = k(a_{n+1} - a_n).$$

$$a_{n+1} = \frac{k-1}{k}a_n \quad (n=0,\ 1,\ 2,\ \cdots). \quad \cdots\text{①}$$

これより，数列 $\{a_n\}$ は初項 $a_0 = 1$，公比 $\frac{k-1}{k}$ の等比数列であるから，

$$a_n = \left(\frac{k-1}{k}\right)^n \quad (n=0,\ 1,\ 2,\ \cdots).$$

(2) $k>1$ であるから $a_n > 0$ $(n=0,\ 1,\ 2,\ \cdots)$ に注意して，

$$S_n = \frac{1}{2}P_nQ_n \cdot |a_n - a_{n+1}|$$

$$= \frac{1}{2}a_n{}^k \left|a_n - \frac{k-1}{k}a_n\right| \quad (\text{① より})$$

$$= \frac{1}{2k}a_n{}^{k+1}$$

$$= \frac{1}{2k}\left(\frac{k-1}{k}\right)^{(k+1)n}.$$

数列 $\{S_n\}$ $(n=0,\ 1,\ 2,\ \cdots)$ は初項 $\frac{1}{2k}$，公比 $\left(\frac{k-1}{k}\right)^{k+1}$ の等比数列であり，$k>1$ より $0<(\text{公比})<1$ であるから，

$$S = \sum_{n=0}^{\infty} S_n$$

$$= \frac{1}{2k} \cdot \frac{1}{1 - \left(\frac{k-1}{k}\right)^{k+1}}.$$

次に，

$$kS = \frac{1}{2} \cdot \frac{1}{1 - \left(\frac{k-1}{k}\right)^{k+1}}.$$

$$\left(\frac{k-1}{k}\right)^{k+1} = \left(1 - \frac{1}{k}\right)\left(1 - \frac{1}{k}\right)^k$$

$$= \left(1 - \frac{1}{k}\right) \cdot \left\{1 + \left(-\frac{1}{k}\right)\right\}^{-(-k)}.$$

$-\frac{1}{k} = t$ とおくと，$k\to\infty$ のとき $t\to 0$ となり，

$$\left\{1 + \left(-\frac{1}{k}\right)\right\}^{-(-k)} = \frac{1}{(1+t)^{\frac{1}{t}}}$$

$$\longrightarrow \frac{1}{e} \ (k\to\infty),$$

$$\left(1 - \frac{1}{k}\right) \longrightarrow 1 \ (k\to\infty).$$

これより，

$$\left(\frac{k-1}{k}\right)^{k+1} \longrightarrow \frac{1}{e} \ (k\to\infty).$$

よって，

$$\lim_{k\to\infty} kS = \frac{1}{2} \cdot \frac{1}{1 - \frac{1}{e}} = \frac{e}{2(e-1)}.$$

# 170 ──〈方針〉

(2) 与えられた領域と直線 $x=$（整数）の共通部分である線分上に現れる格子点の個数を数える.

(3) $\dfrac{a(n)}{\sqrt{n^3}}$ を $k$ の不等式で「はさみうち」する.または,$\displaystyle\lim_{n\to\infty}\dfrac{k}{\sqrt{n}}=1$ を利用する.

---

$xy$ 平面上で,$x$,$y$ 座標の値がともに整数である点を,格子点という.

$y=n-x^2$ で表されるグラフと $x$ 軸とで囲まれる領域（境界を含む）を $D_n$ とすると,$a(n)$ は $D_n$ 内の格子点の個数を表す.

(1) $a(5)$ は $D_5$ 内の格子点の個数である.$D_5$ が $y$ 軸に関して対称であることに注意して,

$$a(5)=6+2(5+2)$$
$$=20.$$

(2) $D_n$ と直線 $x=l$ が共有点をもつのは

$$-\sqrt{n}\leqq l\leqq\sqrt{n} \qquad \cdots\text{①}$$

のときであり,このとき,$D_n$ と $x=l$ の共通部分は 2 点 $(l,\ 0)$,$(l,\ n-l^2)$ を端点とする線分.この線分上の格子点の個数を $N(l)$ とおくと,

$$N(l)=\begin{cases}n-l^2+1 & (l\ \text{が①を満たす整数}),\\ 0 & (\text{その他})\end{cases}$$

であり,条件より $k$ は $\sqrt{n}$ をこえない最大の整数であるから,$l$ のとり得る整数値は,

$$-k,\ -k+1,\ \cdots,\ -1,\ 0,\ 1,\ 2,\ \cdots,\ k$$

である.また,$D_n$ が $y$ 軸に関して対称であ

ることに注意して,

$$a(n)=N(0)+2\sum_{l=1}^{k}N(l)$$
$$=(n+1)+2\sum_{l=1}^{k}\{-l^2+(n+1)\}$$
$$=(n+1)-2\cdot\frac{1}{6}k(k+1)(2k+1)$$
$$\qquad\qquad +2(n+1)k$$
$$=\frac{1}{3}(2k+1)(3n+3-k^2-k).$$

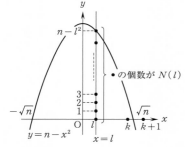

(3) $k$ の条件より,

$$k\leqq\sqrt{n}<k+1. \qquad \cdots\text{②}$$

これより,

$$k^2\leqq n<(k+1)^2$$

であるから,(2)の結果から,

$$\frac{1}{3}(2k+1)(3k^2+3-k^2-k)\leqq a(n)$$
$$<\frac{1}{3}(2k+1)\{3(k+1)^2+3-k^2-k\}.$$

$$\frac{1}{3}(2k+1)(2k^2-k+3)\leqq a(n)$$
$$<\frac{1}{3}(2k+1)(2k^2+5k+6).$$

また,②より,

$$\frac{1}{(k+1)^3}<\frac{1}{\sqrt{n^3}}\leqq\frac{1}{k^3}.$$

したがって,

$$\frac{1}{3}\cdot\frac{(2k+1)(2k^2-k+3)}{(k+1)^3}<\frac{a(n)}{\sqrt{n^3}}$$
$$<\frac{1}{3}\cdot\frac{(2k+1)(2k^2+5k+6)}{k^3}.$$

ここで,

$$\lim_{k\to\infty}\frac{1}{3}\cdot\frac{(2k+1)(2k^2-k+3)}{(k+1)^3}$$

$$=\lim_{k\to\infty}\frac{1}{3}\cdot\frac{\left(2+\dfrac{1}{k}\right)\left(2-\dfrac{1}{k}+\dfrac{3}{k^2}\right)}{\left(1+\dfrac{1}{k}\right)^3}$$

$$=\frac{4}{3},$$

$$\lim_{k\to\infty}\frac{1}{3}\cdot\frac{(2k+1)(2k^2+5k+6)}{k^3}$$

$$=\lim_{k\to\infty}\frac{1}{3}\left(2+\frac{1}{k}\right)\left(2+\frac{5}{k}+\frac{6}{k^2}\right)$$

$$=\frac{4}{3}$$

であり，②より，$n\to\infty$ のとき，$k\to\infty$ であるから，はさみうちの原理より，

$$\lim_{n\to\infty}\frac{a(n)}{\sqrt{n^3}}=\frac{4}{3}.$$

**((3)の別解)**

$k$ の条件より，

$$k\leq\sqrt{n}<k+1.$$

$$\frac{1}{1+\dfrac{1}{k}}<\frac{k}{\sqrt{n}}\leq1. \qquad\cdots\text{③}$$

ここで，$n\to\infty$ のとき，$k\to\infty$ であり，

$$\lim_{k\to\infty}\left(1+\frac{1}{k}\right)=1$$

が成り立つから，③にはさみうちの原理を用いて，

$$\lim_{n\to\infty}\frac{k}{\sqrt{n}}=1. \qquad\cdots\text{④}$$

(2)の結果より，

$$\frac{a(n)}{\sqrt{n^3}}=\frac{1}{3}\cdot\frac{(2k+1)(3n+3-k^2-k)}{n\sqrt{n}}$$

$$=\frac{1}{3}\left(2\cdot\frac{k}{\sqrt{n}}+\frac{1}{\sqrt{n}}\right)\left\{3+\frac{3}{n}-\left(\frac{k}{\sqrt{n}}\right)^2\right.$$

$$\left.-\frac{1}{\sqrt{n}}\cdot\frac{k}{\sqrt{n}}\right\}$$

となるから，④を用いて，

$$\lim_{n\to\infty}\frac{a(n)}{\sqrt{n^3}}=\frac{1}{3}(2+0)(3+0-1^2-0)$$

$$=\frac{4}{3}.$$

((3)の別解終り)

**〔参考〕**

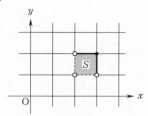

座標平面上で，隣り合う4つの格子点を頂点とする一辺の長さ1の正方形から領域 $S$ を図のように定めると，その面積は1であり，$S$ と格子点は1対1に対応する．

したがって，本問において，$n$ が十分大きいとき，$D_n$ の面積と $D_n$ 内の格子点の個数は，ほぼ等しい(誤差は $y=n-x^2$ と共有点をもつ正方形から生じる)．

これより，

$$a(n)\fallingdotseq\int_{-\sqrt{n}}^{\sqrt{n}}(n-x^2)\,dx$$

$$=\frac{4}{3}(\sqrt{n})^3.$$

ゆえに，

$$\lim_{n\to\infty}\frac{a(n)}{\sqrt{n^3}}=\frac{4}{3}.$$

(参考終り)

# 171 ——〈方針〉————

(3) 数学的帰納法で証明する．

(1) $f(x)=x^2-3$ のとき，$f'(x)=2x.$

$y=f(x)$ 上の点 $(a_1,\ f(a_1))$ における接線の方程式は，

$$y=f'(a_1)(x-a_1)+f(a_1)$$

より，

$$y=2a_1x-a_1^2-3.$$

$y=0$ とすると，

$$2a_1x=a_1^2+3.$$

$a_1=2$ より，

$$x=\frac{7}{4}.$$

よって，

$$a_2 = \frac{7}{4}.$$

(2) $y = f(x)$ 上の点 $(a_n, f(a_n))$ における接線の方程式は，

$$y = f'(a_n)(x - a_n) + f(a_n)$$

より，

$$y = 2a_n x - a_n^2 - 3.$$

$y = 0$ とすると，

$$2a_n x = a_n^2 + 3. \qquad \cdots ①$$

ここで，$a_1 = 2 > 0$ であり，$a_n > 0$ ならば ① より，

$$x = \frac{1}{2}\left(a_n + \frac{3}{a_n}\right),$$

であるから，

$$a_{n+1} = \frac{1}{2}\left(a_n + \frac{3}{a_n}\right) > 0.$$

よって，帰納的に $a_n > 0$ であり，このとき，① より，

$$x = \frac{1}{2}\left(a_n + \frac{3}{a_n}\right)$$

であるから，

$$a_{n+1} = \frac{1}{2}\left(a_n + \frac{3}{a_n}\right). \qquad \cdots ②$$

(3) $\quad \lceil a_n \geqq \sqrt{3} \rfloor \qquad \cdots (*)$

がすべての自然数 $n$ に対して成り立つことを数学的帰納法で示す．

(I) $n = 1$ のとき．

$2 > \sqrt{3}$ であるから，$a_1 = 2$ より，

$$a_1 \geqq \sqrt{3}.$$

よって，$n = 1$ のとき，$(*)$ は成り立つ．

(II) $n = k$ ($k$ は自然数) のとき，$(*)$ が成り立つと仮定すると，

$$a_k \geqq \sqrt{3}. \qquad \cdots ③$$

次に $n = k+1$ のときを考える．

② において $n = k$ とすると，

$$a_{k+1} = \frac{1}{2}\left(a_k + \frac{3}{a_k}\right).$$

これより，

$$a_{k+1} - \sqrt{3} = \frac{1}{2}\left(a_k + \frac{3}{a_k}\right) - \sqrt{3}$$

$$= \frac{1}{2} \cdot \frac{a_k^2 - 2\sqrt{3}\, a_k + 3}{a_k}$$

$$= \frac{1}{2} \cdot \frac{(a_k - \sqrt{3})^2}{a_k}$$

であるから，仮定 ③ を用いると，

$$a_{k+1} - \sqrt{3} \geqq 0,$$

すなわち，

$$a_{k+1} \geqq \sqrt{3}.$$

したがって，$n = k+1$ のときも $(*)$ は成り立つ．

以上 (I)，(II) より，すべての自然数 $n$ に対して，$(*)$ は成り立つ．

(4) ② を用いて (3) と同様に計算すると，

$$a_{n+1} - \sqrt{3} = \frac{1}{2} \cdot \frac{a_n - \sqrt{3}}{a_n} \cdot (a_n - \sqrt{3})$$

$$= \left(\frac{1}{2} - \frac{\sqrt{3}}{2a_n}\right)(a_n - \sqrt{3}).$$

(3) より，

$$a_n - \sqrt{3} \geqq 0$$

であり，また，

$$\frac{\sqrt{3}}{2a_n} > 0$$

であるから，

$$\left(\frac{1}{2} - \frac{\sqrt{3}}{2a_n}\right)(a_n - \sqrt{3}) \leqq \frac{1}{2}(a_n - \sqrt{3}).$$

したがって，

$$a_{n+1} - \sqrt{3} \leqq \frac{1}{2}(a_n - \sqrt{3}).$$

これより，$n \geqq 2$ のとき，

$$a_n - \sqrt{3} \leqq \frac{1}{2}(a_{n-1} - \sqrt{3})$$

であり，これをくり返し用いると，

$$a_n - \sqrt{3} \leqq \left(\frac{1}{2}\right)^{n-1}(a_1 - \sqrt{3})$$

が成り立ち，$a_1 = 2$ より，

$$a_n - \sqrt{3} \leqq \left(\frac{1}{2}\right)^{n-1}(2 - \sqrt{3}). \qquad \cdots ④$$

一方，(3) より，

$$a_n - \sqrt{3} \geqq 0 \qquad \cdots ⑤$$

であるから，④，⑤ より，$n \geqq 1$ において，

$$0 \leqq a_n - \sqrt{3} \leqq \left(\frac{1}{2}\right)^{n-1}(2 - \sqrt{3})$$

が成り立つ.

$$\lim_{n\to\infty}\left(\frac{1}{2}\right)^{n-1}(2-\sqrt{3})=0$$

であるから, はさみうちの原理より,

$$\lim_{n\to\infty}(a_n-\sqrt{3})=0,$$

すなわち,

$$\lim_{n\to\infty}a_n=\sqrt{3}.$$

# 172 ──〈方針〉──

(1) (*) の左辺の式を $f(x)$ とおき, 増減を調べる.

(2) $y=f(x)$ のグラフから $a_n$ の範囲を絞り込み, はさみうちの原理に持ち込む.

(1) $f(x)=2x^3+3nx^2-3(n+1)$ とおくと,

$$\begin{aligned}f'(x)&=6x^2+6nx\\&=6x(x+n).\end{aligned}$$

よって, $f(x)$ の増減は次のようになる.

| $x$ | $\cdots$ | $-n$ | $\cdots$ | $0$ | $\cdots$ |
|---|---|---|---|---|---|
| $f'(x)$ | $+$ | $0$ | $-$ | $0$ | $+$ |
| $f(x)$ | ↗ | 極大 | ↘ | 極小 | ↗ |

極小値は $f(0)=-3(n+1)<0$.
また,

$$\lim_{x\to\infty}f(x)=\infty.$$

よって, 曲線 $y=f(x)$ と $x$ 軸との交点が, $x>0$ の範囲にはただひとつであることがわかり, 題意は示された.

(2)
$$f(1)=2+3n-3(n+1)=-1,$$
$$\begin{aligned}f(2)&=2\cdot2^3+3n\cdot2^2-3(n+1)\\&=9n+13>0.\end{aligned}$$

これと $f(x)$ の増減表から, $x>0$ で $y=f(x)$ のグラフは次のようになる.

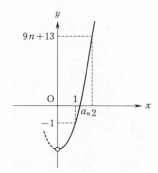

よって, $1<a_n<2$ であることがわかる.
ところで,

$$2a_n{}^3+3na_n{}^2-3(n+1)=0$$

より,

$$a_n{}^2(2a_n+3n)=3(n+1).$$
$$a_n{}^2=\frac{3n+3}{3n+2a_n}.$$

ここで, $1<a_n<2$ であるから,

$$\frac{3n+3}{3n+4}<a_n{}^2<\frac{3n+3}{3n+2}.$$

$$\frac{3+\dfrac{3}{n}}{3+\dfrac{4}{n}}<a_n{}^2<\frac{3+\dfrac{3}{n}}{3+\dfrac{2}{n}}.$$

$$\lim_{n\to\infty}\frac{3+\dfrac{3}{n}}{3+\dfrac{4}{n}}=1,\quad \lim_{n\to\infty}\frac{3+\dfrac{3}{n}}{3+\dfrac{2}{n}}=1\ \ \text{であるから,}$$

はさみうちの原理により,

$$\lim_{n\to\infty}a_n{}^2=1.$$

これと $a_n>0$ により,

$$\lim_{n\to\infty}a_n=1.$$

【注】 (*) $\iff 2x^3-3=-3n(x^2-1)$
であるから, 方程式 (*) の実数解は, 2 曲線
$$y=2x^3-3,$$
$$y=-3n(x^2-1)$$
の交点の $x$ 座標である.

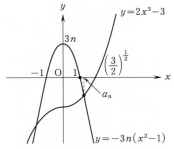

グラフより，方程式 (∗) が正の解をただ 1
つ持つこと，および $\lim_{n \to \infty} a_n = 1$ がわかる.

(注終り)

# 173 ——〈方針〉——

(1) すべての実数 $s$, $t$ に対して成り立
つわけだから，当然 $s=0$, $t=0$ のとき
も成り立つ.
(2) $f'(0)$ の定義式
$$f'(0) = \lim_{h \to 0} \frac{f(h) - f(0)}{h}$$
を思いだそう.

(1) $\qquad f(s+t) = f(s)e^t + f(t)e^s. \qquad \cdots ①$
① に $s=0$, $t=0$ を代入すると，
$$f(0) = f(0) + f(0).$$
$$\boldsymbol{f(0) = 0.}$$

(2) $f(0) = 0$ より，
$$\lim_{h \to 0} \frac{\boldsymbol{f(h)}}{\boldsymbol{h}} = \lim_{h \to 0} \frac{f(h) - f(0)}{h}$$
$$= f'(0)$$
$$= 1.$$

(3) $\lim_{h \to 0} \dfrac{f(x+h) - f(x)}{h}$
$$= \lim_{h \to 0} \frac{f(x)e^h + f(h)e^x - f(x)}{h}$$
$$= \lim_{h \to 0} \left\{ \frac{f(h)}{h} e^x + \frac{e^h - 1}{h} f(x) \right\}$$
$$= e^x + f(x).$$
$$\left( (2) \text{ と } \lim_{h \to 0} \frac{e^h - 1}{h} = 1 \text{ より} \right)$$

よって，$f(x)$ はすべての $x$ において微分
可能であり，
$$\boldsymbol{f'(x) = e^x + f(x).} \qquad \cdots ②$$
(4) $g(x) = f(x)e^{-x}$ より，
$$g'(x) = f'(x)e^{-x} - f(x)e^{-x}$$
$$= \{e^x + f(x)\}e^{-x} - f(x)e^{-x} \quad (② \text{ より})$$
$$= 1.$$
したがって，
$$g(x) = x + C. \quad (C : \text{定数})$$
$$f(x)e^{-x} = x + C.$$
$$f(x) = (x + C)e^x.$$
$f(0) = 0$ より $C = 0$ であるから，
$$\boldsymbol{f(x) = xe^x.}$$

# 174

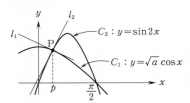

(1) 点 P の $x$ 座標を $p$ とおくと，
$$\sqrt{a} \cos p = \sin 2p.$$
$$\sqrt{a} \cos p = 2 \sin p \cos p.$$
$$2 \cos p \left( \sin p - \frac{\sqrt{a}}{2} \right) = 0.$$

$0 < p < \dfrac{\pi}{2}$ より，
$$\sin p = \frac{\sqrt{a}}{2}. \qquad \cdots ①$$
$$\left( \begin{array}{l} 0 < \dfrac{\sqrt{a}}{2} < 1 \text{ だから，} \sin p = \dfrac{\sqrt{a}}{2} \text{ を} \\ \text{満たす } p \text{ は，} 0 < p < \dfrac{\pi}{2} \text{ に 1 つだけ} \\ \text{存在する.} \end{array} \right)$$
$y = \sqrt{a} \cos x$ より，
$$y' = -\sqrt{a} \sin x. \qquad \cdots ②$$
$y = \sin 2x$ より，
$$y' = 2 \cos 2x. \qquad \cdots ③$$

点 P における $C_1$ と $C_2$ の接線をそれぞれ $l_1$, $l_2$ とし, $l_1$ と $l_2$ が $x$ 軸の正の向きとなす角をそれぞれ $\alpha_1$, $\alpha_2$ とする.

$\left(\text{ただし, } -\dfrac{\pi}{2}<\alpha_1<\dfrac{\pi}{2}, \ -\dfrac{\pi}{2}<\alpha_2<\dfrac{\pi}{2}\right)$

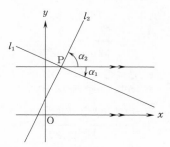

$\tan\alpha_1=(l_1 \text{ の傾き})$

$\qquad =-\sqrt{a}\sin p \quad (\text{② より})$

$\qquad =-\dfrac{a}{2}. \quad (\text{① より})$

$\tan\alpha_2=(l_2 \text{ の傾き})$

$\qquad =2\cos 2p \quad (\text{③ より})$

$\qquad =2(1-2\sin^2 p)$

$\qquad =2\left(1-2\cdot\dfrac{a}{4}\right) \quad (\text{① より})$

$\qquad =2-a.$

ここで,

$\tan\alpha_1\tan\alpha_2=-\dfrac{a}{2}(2-a)$

$\qquad\qquad\quad =\dfrac{1}{2}(a-1)^2-\dfrac{1}{2}$

$\qquad\qquad\quad \geqq -\dfrac{1}{2}$

より,

$$\tan\alpha_1\tan\alpha_2\neq -1$$

である. また, このことから, $l_1$ と $l_2$ は垂直にはならないこともわかる.

$\theta$ は, $\alpha_2-\alpha_1$ と $\pi-(\alpha_2-\alpha_1)$ のうち $0$ と $\dfrac{\pi}{2}$ の間にある方の角であるから,

$\boldsymbol{\tan\theta}=|\tan(\alpha_2-\alpha_1)|$

$\qquad =\left|\dfrac{\tan\alpha_2-\tan\alpha_1}{1+\tan\alpha_1\tan\alpha_2}\right|$

$\qquad =\left|\dfrac{2-a+\dfrac{a}{2}}{1-\dfrac{a}{2}(2-a)}\right|$

$\qquad =\left|\dfrac{4-a}{a^2-2a+2}\right|$

$\qquad =\dfrac{\boldsymbol{4-a}}{\boldsymbol{a^2-2a+2}}.$

$\left(\begin{array}{l}0<a<4 \text{ より, } 4-a>0.\\ \text{また, } a^2-2a+2=(a-1)^2+1>0.\end{array}\right)$

(2) $0<\theta<\dfrac{\pi}{2}$ より, $\theta$ が最大になるのは

$\tan\theta\left(=\dfrac{4-a}{a^2-2a+2}\right)$ が最大になるときである.

$$f(a)=\dfrac{4-a}{a^2-2a+2}$$

とおくと,

$f'(a)=\dfrac{-(a^2-2a+2)-(4-a)(2a-2)}{(a^2-2a+2)^2}$

$\qquad =\dfrac{a^2-8a+6}{(a^2-2a+2)^2}$

$\qquad =\dfrac{\{a-(4-\sqrt{10})\}\{a-(4+\sqrt{10})\}}{(a^2-2a+2)^2}.$

$0<a<4$ における $f(a)$ の増減は, 次のようになる.

| $a$ | $(0)$ | $\cdots$ | $4-\sqrt{10}$ | $\cdots$ | $(4)$ |
|---|---|---|---|---|---|
| $f'(a)$ | | $+$ | $0$ | $-$ | |
| $f(a)$ | | $\nearrow$ | | $\searrow$ | |

よって,

$$a=4-\sqrt{10}$$

のときに $\theta$ は最大になる.

148

## 175 ──〈方針〉

曲線 $y=f(x)$ 上の点 $(a,\ f(a))$ における法線は，

$\begin{cases} f'(a)\neq0 \text{ のとき，} \\ \qquad y-f(a)=-\dfrac{1}{f'(a)}(x-a). \\ f'(a)=0 \text{ のとき，} \\ \qquad x=a. \end{cases}$

また，

$$\lim_{q\to x}\frac{\log q-\log x}{q-x}=\frac{d}{dx}\log x$$

（$\log x$ の導関数の定義）

$$=\frac{1}{x}.$$

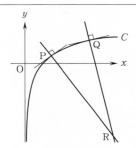

$C：y=\log x$

より，

$$y'=\frac{1}{x}.$$

$P(p,\ \log p)$ における $C$ の法線は，

$$y-\log p=-p(x-p),$$

すなわち，

$$y=\boxed{-px+p^2+\log p}. \quad\cdots①$$

$Q(q,\ \log q)$ における $C$ の法線は，同様にして，

$$y=-qx+q^2+\log q. \quad\cdots②$$

①と②の交点 $R$ の $x$ 座標は，①－②より，

$$0=-(p-q)x+p^2-q^2+\log p-\log q$$

となり，

$$x=\boxed{p+q+\frac{\log p-\log q}{p-q}}.$$

$q\to p$ とすると，

$$\lim_{q\to p}\left(p+q+\frac{\log p-\log q}{p-q}\right)$$

$$=2p+\frac{d}{dp}\log p$$

$$=2p+\frac{1}{p}.$$

以上により，$q\to p$ のとき，点 $R$ の $x$ 座標は，

$$\boxed{2p+\frac{1}{p}}$$

に限りなく近づく．これを①に代入すると，$R$ の $y$ 座標が限りなく近づく値は，

$$y=-p\left(2p+\frac{1}{p}\right)+p^2+\log p$$

$$=\boxed{-p^2-1+\log p}.$$

## 176 ──〈方針〉

$0<x<\dfrac{\pi}{2}$ において，$f'(x)$ の符号が正から負に変わる箇所があればよい．

$f(x)=\dfrac{a-\cos x}{a+\sin x}.$

$$f'(x)=\frac{(a+\sin x)\sin x-(a-\cos x)\cos x}{(a+\sin x)^2}$$

$$=\frac{a(\sin x-\cos x)+1}{(a+\sin x)^2}$$

$$=\frac{\sqrt{2}\,a\sin\left(x-\frac{\pi}{4}\right)+1}{(a+\sin x)^2}.$$

$g(x)=\sqrt{2}\,a\sin\left(x-\dfrac{\pi}{4}\right)+1$ とおく．

$f(x)$ が $x=\alpha$ で極大値をもつ条件は，

　$f(\alpha)$ が存在し，$x=\alpha$ で

　$f'(x)$ の符号が正から負に変わる

ことである．

$(a+\sin x)^2\geqq0$ より，これは，

$$a+\sin\alpha\neq0 \quad\cdots①$$

かつ，

　$x=\alpha$ で $g(x)$ の符号が
　正から負に変わる　　$\cdots②$

ことと同値である．

$0<x<\dfrac{\pi}{2}$ において,

$$-\dfrac{\pi}{4}<x-\dfrac{\pi}{4}<\dfrac{\pi}{4}$$

より, $\sin\left(x-\dfrac{\pi}{4}\right)$ は単調増加であるから,

② を満たす $\alpha$ が $0<\alpha<\dfrac{\pi}{2}$ に存在する条件は,

$$\begin{cases} a<0, \\ g(0)=-a+1>0, \\ g\left(\dfrac{\pi}{2}\right)=a+1<0. \end{cases}$$

よって,

$$a<-1$$

であり, このとき ① も成り立つ.

したがって, $f(x)$ が極大値をもつような $a$ の値の範囲は,

$$a<-1.$$

このとき, $f(x)$ は $x=\alpha$ において極大となり, $f'(\alpha)=0$ より,

$$a(\sin\alpha-\cos\alpha)+1=0.$$

$$\sin\alpha-\cos\alpha=-\dfrac{1}{a}. \qquad \cdots②$$

また, (極大値)$=2$ より, $f(\alpha)=2$.

$$\dfrac{a-\cos\alpha}{a+\sin\alpha}=2.$$

$$2\sin\alpha+\cos\alpha=-a. \qquad \cdots③$$

②, ③ より,

$$\begin{cases} \sin\alpha=-\dfrac{1}{3}\left(a+\dfrac{1}{a}\right), \\ \cos\alpha=-\dfrac{1}{3}\left(a-\dfrac{2}{a}\right). \end{cases}$$

これと $\sin^2\alpha+\cos^2\alpha=1$ より,

$$\dfrac{1}{9}\left(a+\dfrac{1}{a}\right)^2+\dfrac{1}{9}\left(a-\dfrac{2}{a}\right)^2=1.$$

$$a^2+2+\dfrac{1}{a^2}+a^2-4+\dfrac{4}{a^2}=9.$$

$$2a^4-11a^2+5=0.$$

$$(2a^2-1)(a^2-5)=0.$$

$a<-1$ より,

$$a=-\sqrt{5}.$$

## 177 ——〈方針〉

与えられた関数は偶関数であるから, $0\leqq x\leqq\dfrac{\pi}{2}$ の範囲で考えれば十分である.

$f(x)=\cos x+\dfrac{\sqrt{3}}{4}x^2$ とおく.

$f(-x)=f(x)$ より, $f(x)$ は偶関数であるから, $0\leqq x\leqq\dfrac{\pi}{2}$ の範囲で考えれば十分である.

$$f'(x)=-\sin x+\dfrac{\sqrt{3}}{2}x,$$

$$f''(x)=-\cos x+\dfrac{\sqrt{3}}{2}$$

より, $f'(x)$ の増減は次のようになる.

| $x$ | $0$ | $\cdots$ | $\dfrac{\pi}{6}$ | $\cdots$ | $\dfrac{\pi}{2}$ |
|---|---|---|---|---|---|
| $f''(x)$ | | $-$ | $0$ | $+$ | |
| $f'(x)$ | | $\searrow$ | | $\nearrow$ | |

$$f'(0)=0, \quad f'\left(\dfrac{\pi}{2}\right)=-1+\dfrac{\sqrt{3}}{4}\pi$$

ここで,

$$\dfrac{\sqrt{3}}{4}\pi>\dfrac{1.7}{4}\times3.1=\dfrac{5.27}{4}>1$$

であるから,

$$f'\left(\dfrac{\pi}{2}\right)>0.$$

よって, $0\leqq x\leqq\dfrac{\pi}{2}$ における $y=f'(x)$ のグラフは次のようになる.

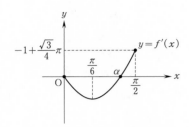

このグラフより, $f'(x)=0$ $\left(\dfrac{\pi}{6}<x<\dfrac{\pi}{2}\right)$ を満たす $x$ がただ 1 つ存在し, それを $\alpha$ とすると, $f(x)$ の増減は次のようになる.

| $x$ | $0$ | $\cdots$ | $\alpha$ | $\cdots$ | $\dfrac{\pi}{2}$ |
|---|---|---|---|---|---|
| $f'(x)$ | | $-$ | $0$ | $+$ | |
| $f(x)$ | | $\searrow$ | | $\nearrow$ | |

$$f(0)=1, \quad f\left(\dfrac{\pi}{2}\right)=\dfrac{\sqrt{3}}{16}\pi^2$$

ここで,
$$\dfrac{\sqrt{3}}{16}\pi^2>\dfrac{1.7}{16}\times(3.1)^2=\dfrac{16.337}{16}>1$$

であるから, $x=\dfrac{\pi}{2}$ のとき $f(x)$ は最大となる.

よって, 求める最大値は,
$$f\left(\dfrac{\pi}{2}\right)=\dfrac{\sqrt{3}}{16}\boldsymbol{\pi^2}.$$

# 178 ──〈方針〉

(2) (1)で求めた $\theta$ の関数を微分して,
$0<\theta<\dfrac{\pi}{2}$ の範囲での増減を調べる.

(1)

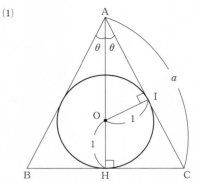

半径 1 の円に外接する AB＝AC の二等辺三角形 ABC について, 円の中心を O, 円と辺 BC, AC との接点をそれぞれ H, I とし, AC＝$a$ とおく. 二等辺三角形の対称性より, A, O, H はこの順に一直線上にある.

このとき, $\angle$CAH＝$\theta$ $\left(0<\theta<\dfrac{\pi}{2}\right)$ であるから, 図より,

$$\begin{aligned}
\text{OI} &= \text{OA}\sin\theta \\
&= (\text{AH}-\text{OH})\sin\theta \\
&= (a\cos\theta-1)\sin\theta.
\end{aligned}$$

OI＝1 より,
$$1=(a\cos\theta-1)\sin\theta.$$
$$a\sin\theta\cos\theta=1+\sin\theta.$$

$0<\theta<\dfrac{\pi}{2}$ より $\sin\theta\cos\theta>0$ だから,

$$\text{AC}=a=\dfrac{1+\sin\theta}{\sin\theta\cos\theta}.$$

((1)の部分的別解)

三角形 ABC の内接円の半径が 1 であるので, 三角形 ABC の面積を $S$ とすれば,
$$S=\dfrac{1}{2}(\text{AB}+\text{BC}+\text{CA}).$$

一方で,
$$S=\dfrac{1}{2}\text{BC}\cdot\text{AH}$$

でもあるから,
$$\text{BC}\cdot\text{AH}=\text{AB}+\text{BC}+\text{CA}.$$
$$2a\sin\theta\cdot a\cos\theta=a+2a\sin\theta+a.$$

$$2a^2\sin\theta\cos\theta=2a(1+\sin\theta).$$

$a>0$ だから，両辺を $2a$ で割って，

$$a\sin\theta\cos\theta=1+\sin\theta.$$

((1)の部分的別解終り)

(2) $f(\theta)=\dfrac{1+\sin\theta}{\sin\theta\cos\theta}\left(0<\theta<\dfrac{\pi}{2}\right)$ とおけば，

$$f'(\theta)=\frac{\cos\theta\cdot\sin\theta\cos\theta-(1+\sin\theta)(\cos^2\theta-\sin^2\theta)}{\sin^2\theta\cos^2\theta}.$$

$f'(\theta)$ について，（分母）$>0$ であり，

（分子）

$$=\sin\theta(1-\sin^2\theta)-(1+\sin\theta)(1-2\sin^2\theta)$$
$$=(1+\sin\theta)\{\sin\theta(1-\sin\theta)-(1-2\sin^2\theta)\}$$
$$=(1+\sin\theta)(\sin^2\theta+\sin\theta-1)$$
$$=(1+\sin\theta)\left(\sin\theta-\frac{-1-\sqrt5}{2}\right)\left(\sin\theta-\frac{-1+\sqrt5}{2}\right).$$

$0\leqq\theta\leqq\dfrac{\pi}{2}$ において $\sin\theta$ の値は $0$ から $1$ まで単調に増加する．よって，$0<\theta<\dfrac{\pi}{2}$ においては $1+\sin\theta>0$，

$\sin\theta-\dfrac{-1-\sqrt5}{2}=\sin\theta+\dfrac{1+\sqrt5}{2}>0$ である

から，$f'(\theta)$ は $\sin\theta=\dfrac{-1+\sqrt5}{2}$ を満たす $\theta$ の前後で負から正に変化する．

よって，$\sin\theta=\dfrac{-1+\sqrt5}{2}$ を満たす $\theta$ を $\alpha\left(0<\alpha<\dfrac{\pi}{2}\right)$ とすれば，$f(\theta)$ の増減は次の通りである．

| $\theta$ | $(0)$ | $\cdots$ | $\alpha$ | $\cdots$ | $\left(\dfrac{\pi}{2}\right)$ |
|---|---|---|---|---|---|
| $f'(\theta)$ | | $-$ | $0$ | $+$ | |
| $f(\theta)$ | | $\searrow$ | 最小 | $\nearrow$ | |

これより，$f(\theta)(=\mathrm{AC})$ が最小となるときの $\theta$ は $\theta=\alpha$ であり，そのとき，

$$\sin\theta=\frac{-1+\sqrt5}{2}.$$

# 179

(1)

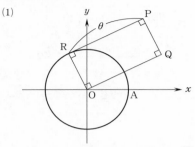

上図のように点を定めると，$\overline{\mathrm{PR}}=\overset{\frown}{\mathrm{AR}}$ より，

$$\mathrm{R}(\cos\theta,\ \sin\theta).$$

また，$\angle\mathrm{AOQ}=\theta-\dfrac{\pi}{2}$ より，

$$\mathrm{Q}\left(\theta\cos\left(\theta-\frac{\pi}{2}\right),\ \theta\sin\left(\theta-\frac{\pi}{2}\right)\right),$$

すなわち，

$$\mathrm{Q}(\theta\sin\theta,\ -\theta\cos\theta).$$

したがって，

$$\overrightarrow{\mathrm{OP}}=\overrightarrow{\mathrm{OQ}}+\overrightarrow{\mathrm{OR}}$$
$$=(\theta\sin\theta+\cos\theta,\ \sin\theta-\theta\cos\theta).$$

よって，糸の終点 P の座標は，

$$(\boldsymbol{\theta\sin\theta+\cos\theta,\ \sin\theta-\theta\cos\theta}).$$

また，

$$|\overrightarrow{\mathrm{OP}}|^2=(\theta\sin\theta+\cos\theta)^2$$
$$+(\sin\theta-\theta\cos\theta)^2$$
$$=(\theta^2+1)(\sin^2\theta+\cos^2\theta)$$
$$=\theta^2+1.$$

よって，糸の終点と原点との距離は，

$$|\overrightarrow{\mathrm{OP}}|=\sqrt{\boldsymbol{\theta^2+1}}.$$

(2) $f(\theta)=\theta\sin\theta+\cos\theta$ とおくと，

$$f'(\theta)=\sin\theta+\theta\cos\theta-\sin\theta$$
$$=\theta\cos\theta.$$

$0\leqq\theta\leqq\pi$ における $f(\theta)$ の増減は次のようになる．

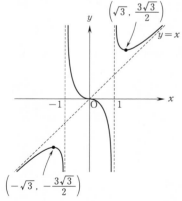

| $\theta$ | $0$ | $\cdots$ | $\dfrac{\pi}{2}$ | $\cdots$ | $\pi$ |
|---|---|---|---|---|---|
| $f'(\theta)$ | | $+$ | $0$ | $-$ | |
| $f(\theta)$ | | $\nearrow$ | $\dfrac{\pi}{2}$ | $\searrow$ | |

よって，$\theta=\dfrac{\pi}{2}$ のとき，糸の終点の $x$ 座標は最大となる．このときの糸の終点の座標は，

$$\left(\dfrac{\pi}{2},\ 1\right).$$

# $\boldsymbol{180}$ ——〈方針〉——

(3) 方程式に含まれる文字定数 $k$ を分離し，解の個数をグラフの共有点の個数と考える．

(1)
$$\lim_{x\to\infty}\left(\dfrac{x^3}{x^2-1}-x\right)=\lim_{x\to\infty}\dfrac{x}{x^2-1}$$
$$=\lim_{x\to\infty}\dfrac{\dfrac{1}{x}}{1-\dfrac{1}{x^2}}$$
$$=0.$$

(2) $f(x)=\dfrac{x^3}{x^2-1}$ とおくと，

$$f'(x)=\dfrac{3x^2(x^2-1)-x^3\cdot 2x}{(x^2-1)^2}$$
$$=\dfrac{x^2(x^2-3)}{(x^2-1)^2},$$
$$f''(x)=\dfrac{(4x^3-6x)(x^2-1)^2-(x^4-3x^2)\cdot 2(x^2-1)\cdot 2x}{(x^2-1)^4}$$
$$=\dfrac{2x\{(2x^2-3)(x^2-1)-2x^2(x^2-3)\}}{(x^2-1)^3}$$
$$=\dfrac{2x(x^2+3)}{(x^2-1)^3}.$$

また，

$$f(-x)=-f(x)$$

より，$y=f(x)$ のグラフは原点に関して対称であるから，$x\geqq 0$ における $f(x)$ の増減，グラフの凹凸を調べると，次のようになる．

| $x$ | $0$ | $\cdots$ | $1$ | $\cdots$ | $\sqrt{3}$ | $\cdots$ |
|---|---|---|---|---|---|---|
| $f'(x)$ | $0$ | $-$ | | $-$ | $0$ | $+$ |
| $f''(x)$ | $0$ | $-$ | | $+$ | $+$ | $+$ |
| $f(x)$ | $0$ | $\searrow$ | | $\searrow$ | $\dfrac{3\sqrt{3}}{2}$ | $\nearrow$ |

よって，$f(x)$ は，

$x=\sqrt{3}$ で極小値 $\dfrac{3\sqrt{3}}{2}$ をとり，

$x=-\sqrt{3}$ で極大値 $-\dfrac{3\sqrt{3}}{2}$ をとる．

また，$y=f(x)$ のグラフは，

変曲点 $(0,\ 0)$ をもつ．

一方，

$$\lim_{x\to 1\pm 0}f(x)=\pm\infty\quad\text{（複号同順）}$$

より，$y=f(x)$ のグラフは直線 $x=1$ を漸近線にもち，また(1)より，

$$\lim_{x\to\infty}\{f(x)-x\}=0$$

であるから，$y=x$ もまた $y=f(x)$ の漸近線である．

以上により，対称性から，$y=f(x)$ のグラフの概形は次のようになる．

(3)
$$x^3-kx^2+k=0\qquad\cdots(*)$$

とおく．

$x=\pm 1$ は $(*)$ の解ではないから，

$$(*)\iff k=\dfrac{x^3}{x^2-1}.$$

したがって，方程式 (*) の異なる実数解の個数は，曲線 $y=f(x)$ と直線 $y=k$ の共有点の個数に一致するから，(2)のグラフと $y=k$ の共有点の個数を調べて，

$$\begin{cases} k<-\dfrac{3\sqrt{3}}{2},\ \dfrac{3\sqrt{3}}{2}<k \text{ のとき，3 個,} \\[2mm] k=\pm\dfrac{3\sqrt{3}}{2} \qquad\qquad\ \text{のとき，2 個,} \\[2mm] -\dfrac{3\sqrt{3}}{2}<k<\dfrac{3\sqrt{3}}{2} \quad \text{のとき，1 個.} \end{cases}$$

【注】 関数 $f(x)$ および実数 $a,\ b$ について，

$$\begin{cases} \lim_{x\to\infty}\{f(x)-(ax+b)\}=0, \\[2mm] \lim_{x\to-\infty}\{f(x)-(ax+b)\}=0 \end{cases}$$

のいずれかが成り立つとき，直線 $y=ax+b$ は，曲線 $y=f(x)$ の漸近線である.

(注終り)

# 181

(1) $f(x)=(x-1)e^x$ とおくと，

$$f'(x)=e^x+(x-1)e^x=xe^x,$$
$$f''(x)=e^x+xe^x=(x+1)e^x.$$

また，

$$\lim_{x\to-\infty}f(x)=\lim_{x\to-\infty}(x-1)e^x=0,$$
$$\lim_{x\to\infty}f(x)=\lim_{x\to\infty}(x-1)e^x=\infty.$$

よって，$f(x)$ の増減は次のようになる.

| $x$ | $(-\infty)$ | $\cdots$ | $-1$ | $\cdots$ | $0$ | $\cdots$ | $(\infty)$ |
|---|---|---|---|---|---|---|---|
| $f'(x)$ | | $-$ | $-$ | $-$ | $0$ | $+$ | |
| $f''(x)$ | | $-$ | $0$ | $+$ | $+$ | $+$ | |
| $f(x)$ | $(0)$ | $\searrow$ | $-\dfrac{2}{e}$ | $\searrow$ | $-1$ | $\nearrow$ | $(\infty)$ |

極値は，$x=0$ のとき極小値 $-1$ をとり，変曲点は $\left(-1,\ -\dfrac{2}{e}\right)$.

グラフの概形は次図のようになる.

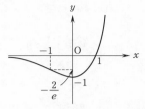

(2) $y=e^x$ 上の点 $(t,\ e^t)$ における接線の方程式は，

$$y=e^t(x-t)+e^t.$$
$$y=e^t(x-t+1).$$

これが点 $(0,\ b)$ を通るとき，

$$b=e^t(-t+1).$$
$$(t-1)e^t=-b. \qquad \cdots①$$

接点が 2 つあれば，接線が 2 本引けるから，題意を満たす条件は，方程式 ① が相異なる 2 つの実数解をもつことである.

すなわち，(1)の $f(x)$ に対し，$y=f(x)$ と $y=-b$ が 2 つの共有点を持つことである.

よって，グラフより，求める $b$ の範囲は，

$$-1<-b<0.$$
$$\boldsymbol{0<b<1.}$$

# 182 ──〈方針〉

(3) 対数をとり，定数 $a$ を分離する.

(1) $$f(x)=\frac{2\sqrt{x}}{e}-\log x \quad (x>0)$$

とおくと，

$$f'(x)=\frac{1}{e\sqrt{x}}-\frac{1}{x}=\frac{\sqrt{x}-e}{ex}.$$

よって，$f(x)$ の増減は次のようになる.

| $x$ | $(0)$ | $\cdots$ | $e^2$ | $\cdots$ |
|---|---|---|---|---|
| $f'(x)$ | | $-$ | $0$ | $+$ |
| $f(x)$ | | $\searrow$ | | $\nearrow$ |

これより，$x>0$ における $f(x)$ の最小値は，

$$f(e^2)=2-\log e^2=0$$

であるから，

154

$$f(x) \geqq 0 \quad (x>0),$$

すなわち,

$$\log x \leqq \frac{2\sqrt{x}}{e} \quad (x>0)$$

が成り立つ.

(2) $x>1$ のとき,(1)より,

$$0 < \log x \leqq \frac{2\sqrt{x}}{e}$$

が成り立つから,

$$0 < \frac{\log x}{x^2} \leqq \frac{2}{ex\sqrt{x}}.$$

さらに,

$$\lim_{x \to \infty} \frac{2}{ex\sqrt{x}} = 0.$$

よって,はさみうちの原理より,

$$\lim_{x \to \infty} \frac{\log x}{x^2} = 0.$$

(3) $\qquad e^{ax^2} = x \qquad \cdots ①$

は,$x \leqq 0$ のとき解をもたない.

$x>0$ のとき,① は,以下の変形により ② と同値である.

$$\log e^{ax^2} = \log x.$$
$$ax^2 = \log x.$$
$$a = \frac{\log x}{x^2}. \qquad \cdots ②$$

$g(x) = \dfrac{\log x}{x^2}$ $(x>0)$ とおくと,② を満たす実数 $x$ は,$xy$ 平面における 2 つのグラフ $y=g(x)$ と $y=a$ の共有点の $x$ 座標に等しい.

$$g'(x) = \frac{\dfrac{1}{x} \cdot x^2 - (\log x) \cdot 2x}{x^4}$$
$$= \frac{1 - 2\log x}{x^3}$$

より,$g(x)$ の増減は次のようになる.

| $x$ | $(0)$ | $\cdots$ | $\sqrt{e}$ | $\cdots$ |
|---|---|---|---|---|
| $g'(x)$ | | $+$ | $0$ | $-$ |
| $g(x)$ | | ↗ | $\dfrac{1}{2e}$ | ↘ |

また,

$$\lim_{x \to +0} g(x) = -\infty,$$
$$\lim_{x \to \infty} g(x) = 0 \ ((2)より).$$

よって,$y=g(x)$ のグラフは次のようになる.

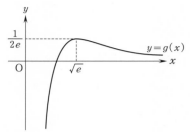

したがって,求める実数解の個数は,

$$\begin{cases} a > \dfrac{1}{2e} \text{ のとき,0 個,} \\ a = \dfrac{1}{2e},\ a \leqq 0 \text{ のとき,1 個,} \\ 0 < a < \dfrac{1}{2e} \text{ のとき,2 個.} \end{cases}$$

# 183

$f(x) = x \log x$ とおくと,

$$f'(x) = \log x + 1$$

であるから,$C_1$ 上の点 $(s,\ s\log s)$ $(s>0)$ における接線の方程式は

$$y = (\log s + 1)(x - s) + s\log s,$$

すなわち,

$$y = (\log s + 1)x - s. \qquad \cdots ①$$

一方,$g(x) = ax^2$ とおくと,

$$g'(x) = 2ax$$

であるから,$C_2$ 上の点 $(t,\ at^2)$ における接線の方程式は,

$$y = 2at(x - t) + at^2,$$

すなわち,

$$y = 2atx - at^2. \qquad \cdots ②$$

① と ② が一致するとき,

$$\begin{cases} \log s + 1 = 2at, & \cdots ③ \\ s = at^2 & \cdots ④ \end{cases}$$

が成り立つ.

よって，③かつ④を満たす実数 $(s, t)$ の異なる組の個数が $C_1$ と $C_2$ の両方に接する直線の本数である.

③において，$a>0$ であるから，

$$t=\frac{\log s+1}{2a}. \quad \cdots ⑤$$

これを④に代入すると，

$$s=\frac{(\log s+1)^2}{4a}.$$

$s>0$ より，

$$\frac{(\log s+1)^2}{4s}=a. \quad \cdots ⑥$$

⑤より，$s\ (>0)$ の値1つに対し，実数 $t$ の値が1つだけ定まるから，$C_1$，$C_2$ の両方に接する直線の本数は，⑥を満たす異なる実数 $s\ (>0)$ の個数と一致する．さらにその個数は，曲線 $y=\frac{(\log s+1)^2}{4s}$ と直線 $y=a$ の共有点の個数と一致する.

$h(s)=\frac{(\log s+1)^2}{4s}\ (s>0)$ とおくと，

$$h'(s)=\frac{1}{4}\cdot\frac{2(\log s+1)\cdot\frac{1}{s}\cdot s-(\log s+1)^2}{s^2}$$
$$=\frac{(\log s+1)(1-\log s)}{4s^2}.$$

よって，$s>0$ における $h(s)$ の増減は次のようになる.

| $s$ | $(0)$ | $\cdots$ | $\dfrac{1}{e}$ | $\cdots$ | $e$ | $\cdots$ |
|---|---|---|---|---|---|---|
| $h'(s)$ | | $-$ | $0$ | $+$ | $0$ | $-$ |
| $h(s)$ | | $\searrow$ | $0$ | $\nearrow$ | $\dfrac{1}{e}$ | $\searrow$ |

さらに，

$$\lim_{s\to+0}h(s)=\infty,$$
$$\lim_{s\to\infty}h(s)=\lim_{s\to\infty}\frac{1}{4}\cdot\frac{(\log s)^2}{s}\left(1+\frac{1}{\log s}\right)^2$$
$$=0.$$

以上より，$y=h(s)$ のグラフの概形は次のようになる.

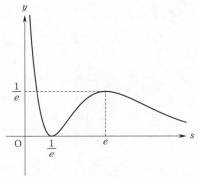

したがって，このグラフと直線 $y=a$ $(a>0)$ の共有点の個数を調べることにより，求める直線の本数は，

$$\begin{cases} 0<a<\dfrac{1}{e} \text{ のとき，3本,} \\[2mm] a=\dfrac{1}{e} \text{ のとき，2本,} \\[2mm] a>\dfrac{1}{e} \text{ のとき，1本.} \end{cases}$$

【注】 $C_2$ が放物線であるから，⑥は次のように導くこともできる.

①が $y=ax^2$ に接する条件は，

$$ax^2=(\log s+1)x-s,$$

すなわち，

$$ax^2-(\log s+1)x+s=0$$

が重解をもつことである.

よって，（判別式）$=0$ より，

$$(\log s+1)^2-4as=0.$$

$s>0$ より，

$$\frac{(\log s+1)^2}{4s}=a. \quad \cdots ⑥$$

（注終り）

〔参考〕 解答において，接線①の傾き $\log s+1$ は $s\ (>0)$ に関して単調増加であるから，$s\ (>0)$ が異なれば $C_1$ と $C_2$ の両方に接する直線（①の表す直線）も異なる.

（参考終り）

## 184 ──〈方針〉──

(3) $\dfrac{101}{100}=1+\dfrac{1}{100}$, $\dfrac{100}{99}=1+\dfrac{1}{99}$ である.

(1) $\dfrac{d}{dx}\{\log f(x)\}=\dfrac{1}{f(x)}\cdot f'(x).$

一方,

$$\log f(x)=\log (1+x)^{\frac{1}{x}}=\dfrac{\log (1+x)}{x}$$

より,

$$\dfrac{d}{dx}\{\log f(x)\}$$
$$=\dfrac{d}{dx}\left\{\dfrac{\log (1+x)}{x}\right\}$$
$$=\dfrac{\dfrac{1}{1+x}\cdot x-1\cdot \log (1+x)}{x^2}$$
$$=\dfrac{x-(1+x)\log (1+x)}{x^2(1+x)}.$$

以上により,

$$f'(x)=f(x)\cdot \dfrac{x-(1+x)\log (1+x)}{x^2(1+x)}$$
$$=\dfrac{(1+x)^{\frac{1}{x}-1}\{x-(1+x)\log (1+x)\}}{x^2}.$$

(2) $x>0$ において $f(x)$ が単調に減少することを示せばよい.

$$g(x)=x-(1+x)\log (1+x)\quad (x\geqq 0)$$
とおくと,

$$g'(x)=1-\log (1+x)-(1+x)\cdot \dfrac{1}{1+x}$$
$$=-\log (1+x)$$
$$<0\quad (x>0)$$

であるから, $g(x)$ は $x\geqq 0$ において単調に減少する.

さらに,

$$g(0)=0$$

であるから, $x>0$ においてつねに

$$g(x)<0.$$

これと(1)より, $x>0$ において,

$$f'(x)<0$$

であるから, $f(x)$ は $x>0$ において単調に減少する.

よって, 示された.

(3) (2)において,

$$x_1=\dfrac{1}{100},\quad x_2=\dfrac{1}{99}$$

とすると,

$$\left(1+\dfrac{1}{100}\right)^{100}>\left(1+\dfrac{1}{99}\right)^{99},$$

すなわち,

$$\left(\dfrac{101}{100}\right)^{100}>\left(\dfrac{100}{99}\right)^{99}.$$

さらに,

$$\dfrac{101}{100}>1$$

より,

$$\left(\dfrac{101}{100}\right)^{101}>\left(\dfrac{101}{100}\right)^{100}$$

であるから,

$$\left(\dfrac{101}{100}\right)^{101}>\left(\dfrac{100}{99}\right)^{99}.$$

## 185

(1) 周の長さが $1$ であるから, 正 $n$ 角形の一辺の長さは $\dfrac{1}{n}$ である.

外接円の中心を O, 半径を $r_n$, O から正 $n$ 角形の $1$ つの辺 AB に下ろした垂線の足を H とする.

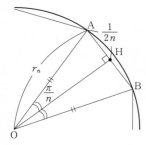

図より,

$$\sin \dfrac{\pi}{n}=\dfrac{\dfrac{1}{2n}}{r_n}.$$

これより,

$$r_n = \frac{1}{2n\sin\frac{\pi}{n}}.$$

(2) $S_n = (\triangle\text{OAB の面積}) \times n$

$$= \frac{1}{2} r_n^2 \left(\sin\frac{2\pi}{n}\right) n$$

$$= \frac{1}{2} \cdot \frac{1}{4n^2\sin^2\frac{\pi}{n}} \cdot \left(2\sin\frac{\pi}{n}\cos\frac{\pi}{n}\right) \cdot n$$

$$= \frac{\cos\frac{\pi}{n}}{4n\sin\frac{\pi}{n}}.$$

ここで，$n \to \infty$ のとき $\frac{\pi}{n} \to 0$ であることに注意すると，

$$\lim_{n\to\infty} S_n = \lim_{n\to\infty} \frac{\cos\frac{\pi}{n}}{4\pi} \cdot \frac{\frac{\pi}{n}}{\sin\frac{\pi}{n}} = \frac{1}{4\pi}.$$

(3) $0 < x$ に対し，$f(x) = \dfrac{x\cos x}{4\pi\sin x}$ とおく。

このとき，

$f'(x)$

$$= \frac{(\cos x - x\sin x)\cdot\sin x - \cos x \cdot x\cos x}{4\pi\sin^2 x}$$

$$= \frac{\sin 2x - 2x}{8\pi\sin^2 x}.$$

一般に，$t \geqq \dfrac{\pi}{2}$ に対し，$\sin t \leqq 1 < \dfrac{\pi}{2} \leqq t$ より，

$$\sin t < t.$$

よって，問題文の仮定と合わせると，

$$t > 0 \text{ に対し，} \sin t < t.$$

これより，$x > 0$ のとき $f'(x) < 0$ であるから，$f(x)$ は単調減少関数である。

よって，$n \geqq 3$ に対し，

$$f\left(\frac{\pi}{n+1}\right) > f\left(\frac{\pi}{n}\right), \text{ すなわち，} S_{n+1} > S_n.$$

---

# 186 ──〈方針〉

(2) $f'(x)$ の符号変化を調べるため，パラメータ $k$ を分離して考える。

(1) $g'(x) = \dfrac{3(x+1)^2 \cdot x^2 - (x+1)^3 \cdot 2x}{x^4}$

$$= \frac{(x+1)^2(x-2)}{x^3}$$

より，$x > 0$ における $g(x)$ の増減は次のようになる。

| $x$ | $(0)$ | $\cdots$ | $2$ | $\cdots$ |
|---|---|---|---|---|
| $g'(x)$ | | $-$ | $0$ | $+$ |
| $g(x)$ | | $\searrow$ | $\dfrac{27}{4}$ | $\nearrow$ |

(2) $f'(x) = -\dfrac{1}{x^2} + \dfrac{2k}{(x+1)^3}$

$$= \frac{1}{(x+1)^3}\left\{2k - \frac{(x+1)^3}{x^2}\right\}$$

$$= \frac{1}{(x+1)^3}\{2k - g(x)\}$$

より，$x > 0$ において $f(x)$ が極値をもつための条件は，

「$2k - g(x)$ の符号が変化すること」 $\cdots(*)$

である。

ここで，

$$\lim_{x\to+0} g(x) = \infty, \quad \lim_{x\to\infty} g(x) = \infty$$

に注意すると，(1) の結果と合わせ，$y = g(x)$ のグラフは次のようになる。

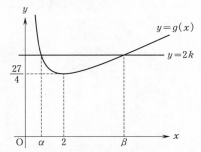

(*) が成立することは，曲線 $y = g(x)$ と

直線 $y=2k$ が 2 点で交わることと同値であるから,

$$2k > \frac{27}{4}$$

より,求める $k$ の値の範囲は,

$$k > \frac{27}{8}.$$

【注】 $k \geqq \frac{27}{8}$ としてはならない.$k=\frac{27}{8}$ のときは $f'(2)=0$ が成り立つが,$x=2$ において $f(x)$ は極値をとらない.

$f'(a)=0$ が成立しても $f(x)$ が $x=a$ で極値をとるとは限らない.

(注終り)

(3) $f(x)$ が $x=a$ において極値をとるとき,
$$f'(a)=0 \text{ すなわち } 2k=g(a)$$
であるから,
$$k=\frac{1}{2}g(a)=\frac{(a+1)^3}{2a^2}.$$

したがって,
$$f(a)=\frac{1}{a}-\frac{k}{(a+1)^2}$$
$$=\frac{1}{a}-\frac{(a+1)^3}{2a^2}\cdot\frac{1}{(a+1)^2}$$
$$=\frac{1}{a}-\frac{a+1}{2a^2}$$
$$=\frac{a-1}{2a^2}.$$

(4) $k$ が (2) の範囲にあるとき,曲線 $y=g(x)$ と直線 $y=2k$ は 2 つの交点をもち,これらの $x$ 座標を $\alpha$,$\beta$ ($\alpha<\beta$) とおくと,(2) の図より,
$$\alpha<2<\beta$$
が成り立ち,$x>0$ における $f(x)$ の増減は次のようになる.

| $x$ | (0) | $\cdots$ | $\alpha$ | $\cdots$ | $\beta$ | $\cdots$ |
|---|---|---|---|---|---|---|
| $f'(x)$ | | $-$ | $0$ | $+$ | $0$ | $-$ |
| $f(x)$ | | $\searrow$ | | $\nearrow$ | | $\searrow$ |

よって,$f(x)$ の極大値は $f(\beta)$ であり,(3) より,

$$f(\beta)=\frac{\beta-1}{2\beta^2}.$$

したがって,
$$\frac{1}{8}-f(\beta)=\frac{1}{8}-\frac{\beta-1}{2\beta^2}$$
$$=\frac{(\beta-2)^2}{8\beta^2}$$

であり,$\beta>2$ より,

$$\frac{1}{8}-f(\beta)>0.$$

$$f(\beta)<\frac{1}{8}.$$

よって,$f(x)$ の極大値は $\frac{1}{8}$ より小さい.

## 187 ――〈方針〉―

(1) 動点 P の速度ベクトル $\vec{v}$ は
$$\vec{v}=\left(\frac{dx}{dt},\ \frac{dy}{dt}\right),$$
P の速さ $V$ は
$$V=|\vec{v}|$$
で与えられる.

(3) $$\frac{dy}{dx}=\frac{\dfrac{dy}{dt}}{\dfrac{dx}{dt}}$$
を用いる.

(1) $\dfrac{dx}{dt}=-\sin t \cdot \cos t+(\cos t-2)\cdot(-\sin t)$
$$=2\sin t-2\sin t\cos t$$
$$=2\sin t-\sin 2t,$$
$\dfrac{dy}{dt}=\sin t\cdot\sin t+(2-\cos t)\cdot\cos t$
$$=2\cos t-(\cos^2 t-\sin^2 t)$$
$$=2\cos t-\cos 2t$$
であるから,
$$\vec{v}=\left(\frac{dx}{dt},\ \frac{dy}{dt}\right)$$
とするとき,
$V^2=|\vec{v}|^2$
$$=(2\sin t-\sin 2t)^2+(2\cos t-\cos 2t)^2$$

$$= 4(\sin^2 t + \cos^2 t) + (\sin^2 2t + \cos^2 2t)$$
$$\qquad -4(\cos 2t \cos t + \sin 2t \sin t)$$
$$= 5 - 4\cos t.$$

よって,

$$V = \sqrt{5 - 4\cos t}.$$

(2) $V = \sqrt{3}$ のとき,

$$5 - 4\cos t = 3$$

より,

$$\cos t = \frac{1}{2}.$$

よって, $0 \leqq t \leqq \pi$ より,

$$t = \frac{\pi}{3}.$$

このとき,

$$x = \left(\cos \frac{\pi}{3} - 2\right) \cdot \cos \frac{\pi}{3}$$
$$= \left(\frac{1}{2} - 2\right) \cdot \frac{1}{2}$$
$$= -\frac{3}{4},$$
$$y = \left(2 - \cos \frac{\pi}{3}\right) \cdot \sin \frac{\pi}{3}$$
$$= \left(2 - \frac{1}{2}\right) \cdot \frac{\sqrt{3}}{2}$$
$$= \frac{3\sqrt{3}}{4}$$

であるから, 求める P の座標は,

$$\left(-\frac{3}{4}, \ \frac{3\sqrt{3}}{4}\right).$$

(3) $t = \frac{\pi}{3}$ のとき,

$$\frac{dx}{dt} = 2\sin \frac{\pi}{3} - \sin \frac{2}{3}\pi$$
$$= 2 \cdot \frac{\sqrt{3}}{2} - \frac{\sqrt{3}}{2}$$
$$= \frac{\sqrt{3}}{2},$$
$$\frac{dy}{dt} = 2\cos \frac{\pi}{3} - \cos \frac{2\pi}{3}$$
$$= 2 \cdot \frac{1}{2} - \left(-\frac{1}{2}\right)$$
$$= \frac{3}{2}$$

より,

$$\frac{dy}{dx} = \frac{\dfrac{dy}{dt}}{\dfrac{dx}{dt}}$$
$$= \frac{\dfrac{3}{2}}{\dfrac{\sqrt{3}}{2}}$$
$$= \sqrt{3}.$$

よって, 点 P における $C$ の接線の方程式は,

$$y - \frac{3\sqrt{3}}{4} = \sqrt{3}\left(x + \frac{3}{4}\right),$$

すなわち,

$$y = \sqrt{3}\,x + \frac{3\sqrt{3}}{2}.$$

## 188 ──〈方針〉──

(1) $g(x) = f(x) - x$ とおいて,
$$g(0) \geqq 0, \quad g(1) \leqq 0$$
を示す.

(2) 平均値の定理
「$a < b$ のとき,
$$\frac{f(b) - f(a)}{b - a} = f'(c), \quad a < c < b$$
を満たす $c$ が少なくとも1つ存在する」
を用いる.

(1) $g(x) = f(x) - x$ とおくと,

$$g(0) = f(0) \geqq 0, \qquad \cdots ①$$
$$g(1) = f(1) - 1 \leqq 0. \qquad \cdots ②$$

$g(x)$ は $0 \leqq x \leqq 1$ で連続であるから中間値の定理より, $g(x) = 0 \ (0 \leqq x \leqq 1)$ となる $x$ が存在する.

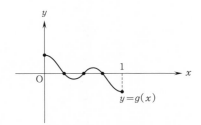

$y=g(x)$

したがって，$y=f(x)$ のグラフと直線 $y=x$ は共有点をもつ．

(2) まず，$0 \leq x_k \leq 1$ と仮定すると，
$$0 \leq f(x_k) \leq 1,$$
すなわち，
$$0 \leq x_{k+1} \leq 1$$
であり，これと $0 \leq x_1 \leq 1$ より，帰納的に，すべての自然数 $n$ に対して
$$0 \leq x_n \leq 1$$
である．

次に，$|f'(x)| \leq \dfrac{1}{2}$ より，
$$g'(x) = f'(x) - 1 < 0$$
であるから，$g(x)$ は $0 \leq x \leq 1$ で減少関数である．

このことと ①，② より，
$$g(x) = 0 \quad (0 \leq x \leq 1)$$
を満たす $x$ がただ1つ存在する．

それを $x = \alpha$ とおくと，
$$\alpha = f(\alpha),$$
$$x_{n+1} = f(x_n)$$
より，
$$x_{n+1} - \alpha = f(x_n) - f(\alpha). \quad \cdots ③$$
$x_n \neq \alpha$ のとき平均値の定理より，
$$\frac{f(x_n) - f(\alpha)}{x_n - \alpha} = f'(c)$$
となる $c$ が $x_n$ と $\alpha$ の間に存在する．

すなわち，
$$f(x_n) - f(\alpha) = (x_n - \alpha)f'(c) \quad \cdots ④$$
となる $c$ が $x_n$ と $\alpha$ の間に存在する．

$x_n = \alpha$ のときも ④ を満たす $c$ が $c = \alpha$ として存在する．

したがって，③，④ より，
$$x_{n+1} - \alpha = (x_n - \alpha)f'(c).$$

$0 \leq c \leq 1$ より，$|f'(c)| \leq \dfrac{1}{2}$ であるから，
$$|x_{n+1} - \alpha| = |x_n - \alpha||f'(c)|$$
$$\leq \frac{1}{2}|x_n - \alpha|.$$
よって，
$$0 \leq |x_n - \alpha| \leq \left(\frac{1}{2}\right)^{n-1}|x_1 - \alpha|.$$
$\displaystyle \lim_{n \to \infty} \left(\frac{1}{2}\right)^{n-1}|x_1 - \alpha| = 0$ であるから，はさみうちの原理により，
$$\lim_{n \to \infty}|x_n - \alpha| = 0.$$
よって，
$$\lim_{n \to \infty} x_n = \alpha.$$
したがって，数列 $\{x_n\}$ は $n \to \infty$ のとき収束する．

# 189 ──〈方針〉

(1) $\displaystyle \int_1^e tf(t)\,dt$ が定数であることに着目して，$\displaystyle \int_1^e tf(t)\,dt = k$ とおき，$k$ の方程式を作って $k$ の値を求める．

(2) $\dfrac{d}{dx}\displaystyle \int_a^x g(t)\,dt = g(x)$（$a$ は定数）を用いる．

(1) $$f(x) = 2\log x - \int_1^e tf(t)\,dt. \quad \cdots ①$$
$\displaystyle \int_1^e tf(t)\,dt$ は定数であるから，
$$k = \int_1^e tf(t)\,dt \quad \cdots ②$$
とおくと，① は，
$$f(x) = 2\log x - k. \quad \cdots ③$$
②，③ より，
$$k = \int_1^e t(2\log t - k)\,dt$$
$$= \int_1^e (2t\log t - kt)\,dt. \quad \cdots ④$$

ここで
$$\int 2t \log t \, dt = t^2 \log t - \int t^2 \cdot \frac{1}{t} \, dt$$
$$= t^2 \log t - \frac{1}{2} t^2 + C$$
$$\qquad (C \text{ は積分定数})$$

であるから，④ は，
$$k = \left[ t^2 \log t - \frac{1}{2} t^2 - \frac{1}{2} k t^2 \right]_1^e$$
$$= -\frac{e^2 - 1}{2} k + \frac{e^2 + 1}{2}.$$

したがって，
$$\frac{e^2 + 1}{2} k = \frac{e^2 + 1}{2}$$

より，
$$k = 1.$$

よって，これを ③ に代入して，
$$\boldsymbol{f(x) = 2 \log x - 1.}$$

(2) $\displaystyle \int_0^x e^t f(x-t) \, dt = f(x) - e^x$ …⑤

⑤ の左辺において，$u = x - t$ とおくと，
$$t = x - u, \quad dt = -du.$$

また，$t$ と $u$ の対応は次のようになる．

| $t$ | $0 \rightarrow x$ |
|---|---|
| $u$ | $x \rightarrow 0$ |

よって，
$$\int_0^x e^t f(x-t) \, dt = \int_x^0 e^{x-u} f(u) \cdot (-1) \, du$$
$$= e^x \int_0^x e^{-u} f(u) \, du$$

であるから，⑤ は，
$$e^x \int_0^x e^{-u} f(u) \, du = f(x) - e^x.$$

この両辺に，$e^{-x}$ をかけて，
$$\int_0^x e^{-u} f(u) \, du = e^{-x} f(x) - 1. \quad \text{…⑥}$$

ここで，$f(x)$ が実数全体で定義された連続関数であるから，⑥ の左辺は任意の実数 $x$ で微分可能である．したがって，$f(x)$ も実数全体で微分可能である．

⑥ の両辺を $x$ で微分して，

$$e^{-x} f(x) = -e^{-x} f(x) + e^{-x} f'(x).$$
$$e^{-x} \{ 2f(x) - f'(x) \} = 0.$$

$e^{-x} > 0$ であるから，
$$2f(x) - f'(x) = 0.$$

よって，
$$\{ e^{-2x} f(x) \}' = -2e^{-2x} f(x) + e^{-2x} f'(x)$$
$$= -e^{-2x} \{ 2f(x) - f'(x) \}$$
$$= 0.$$

したがって，
$$e^{-2x} f(x) = A \quad (A \text{ は定数})$$

とおけるから，
$$f(x) = A e^{2x}.$$

一方，⑥ はすべての実数 $x$ に対して成り立つから，$x = 0$ に対しても成り立つ．すなわち，
$$\int_0^0 e^{-u} f(u) \, du = f(0) - 1.$$

ここで，
$$\int_0^0 e^{-u} f(u) \, du = 0, \quad f(0) = A$$

であるから，
$$A = 1.$$

よって，
$$\boldsymbol{f(x) = e^{2x}.}$$

## $\boldsymbol{190}$ ——〈方針〉——

(2) $m = n$，$m \neq n$ の場合それぞれについて，三角関数の 1 次式に変形してから積分する．

(1) $\displaystyle \int_{-\pi}^{\pi} x \sin 2x \, dx$
$$= \left[ -\frac{1}{2} x \cos 2x \right]_{-\pi}^{\pi} + \frac{1}{2} \int_{-\pi}^{\pi} \cos 2x \, dx$$
$$= -\frac{1}{2} (\pi + \pi) + \frac{1}{2} \left[ \frac{1}{2} \sin 2x \right]_{-\pi}^{\pi}$$
$$= -\pi.$$

(2)(i) $m = n$ のとき．
$$\sin mx \sin nx = \sin^2 mx$$
$$= \frac{1}{2} (1 - \cos 2mx)$$

であるから，

$$\int_{-\pi}^{\pi}\sin mx\sin nx\,dx=\frac{1}{2}\int_{-\pi}^{\pi}(1-\cos 2mx)\,dx$$
$$=\frac{1}{2}\Big[x-\frac{\sin 2mx}{2m}\Big]_{-\pi}^{\pi}$$
$$=\pi.$$

(ii) $m\neq n$ のとき．

$$\sin mx\sin nx=\frac{1}{2}\{\cos (m-n)x-\cos (m+n)x\}$$

であるから，

$$\int_{-\pi}^{\pi}\sin mx\sin nx\,dx$$
$$=\frac{1}{2}\int_{-\pi}^{\pi}\{\cos (m-n)x-\cos (m+n)x\}\,dx$$
$$=\frac{1}{2}\Big[\frac{\sin (m-n)x}{m-n}-\frac{\sin (m+n)x}{m+n}\Big]_{-\pi}^{\pi}$$
$$=0.$$

以上により，

$$\int_{-\pi}^{\pi}\boldsymbol{\sin mx\sin nx\,dx}=\begin{cases}\boldsymbol{\pi}\ \ (\boldsymbol{m=n}),\\ \boldsymbol{0}\ \ (\boldsymbol{m\neq n}).\end{cases}$$

(3) $\displaystyle I=\int_{-\pi}^{\pi}(x-a\sin x-b\sin 2x)^2\,dx$

$$=\int_{-\pi}^{\pi}(x^2+a^2\sin^2 x+b^2\sin^2 2x-2ax\sin x$$
$$+2ab\sin x\sin 2x-2bx\sin 2x)\,dx.$$

ここで，

$$\int_{-\pi}^{\pi}x^2\,dx=\Big[\frac{x^3}{3}\Big]_{-\pi}^{\pi}=\frac{2}{3}\pi^3,$$
$$\int_{-\pi}^{\pi}x\sin x\,dx=\Big[-x\cos x\Big]_{-\pi}^{\pi}+\int_{-\pi}^{\pi}\cos x\,dx$$
$$=(\pi+\pi)+\Big[\sin x\Big]_{-\pi}^{\pi}$$
$$=2\pi.$$

であり，(1) より，

$$\int_{-\pi}^{\pi}x\sin 2x\,dx=-\pi.$$

さらに，(2) より，

$$\int_{-\pi}^{\pi}\sin^2 x\,dx=\int_{-\pi}^{\pi}\sin^2 2x\,dx=\pi,$$
$$\int_{-\pi}^{\pi}\sin x\sin 2x\,dx=0$$

であるから，

$$I=\frac{2}{3}\pi^3+\pi a^2+\pi b^2-4\pi a+2\pi b$$

$$=\pi\{(a-2)^2+(b+1)^2-5\}+\frac{2}{3}\pi^3.$$

したがって，$I$ は，

$$a=2,\ \ b=-1$$

のとき最小となり，最小値は，

$$\frac{2}{3}\pi^3-5\pi.$$

【注】　　　　$-x\sin (-2x)=x\sin 2x$
より，$x\sin 2x$ は偶関数であるから，

$$\int_{-\pi}^{\pi}x\sin 2x\,dx=2\int_{0}^{\pi}x\sin 2x\,dx$$

として計算してもよい．

本問に登場する被積分関数

$$\sin mx\sin nx,\ \ x\sin mx$$

はいずれも偶関数であるから，すべて同様の積分計算ができる．

（注終り）

# *191*

(1) $f'(x)=(1-x)e^{-x}.$
$f''(x)=(x-2)e^{-x}.$
これと

$$\lim_{x\to\infty}f(x)=0,\ \ \lim_{x\to-\infty}f(x)=-\infty$$

より，$y=f(x)$ の増減，凹凸とグラフは次のようになる．

| $x$ | $\cdots$ | 1 | $\cdots$ | 2 | $\cdots$ |
|---|---|---|---|---|---|
| $f'(x)$ | $+$ | 0 | $-$ | $-$ | $-$ |
| $f''(x)$ | $-$ | $-$ | $-$ | 0 | $+$ |
| $f(x)$ | $\nearrow$ | $e^{-1}$ | $\searrow$ | $2e^{-2}$ | $\searrow$ |

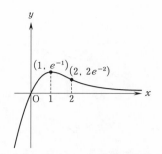

(2) 変曲点における $y=f(x)$ の接線を $l$ とすると，$l$ の方程式は，

$$y=-e^{-2}x+4e^{-2}.$$

$$g(x)=f(x)-(-e^{-2}x+4e^{-2})$$

とおくと，

$$g'(x)=f'(x)+e^{-2}, \quad g''(x)=f''(x).$$

$g''(x)$ の符号は $f''(x)$ の符号に等しく，(1)の増減表より，$g'(x)$ は $x=2$ で最小値をとる．

このことと $g'(2)=0$ より，$x\neq2$ において $g'(x)>0$ であるから，$g(x)$ の増減は次のようになる．

| $x$ | $\cdots$ | $2$ | $\cdots$ |
|---|---|---|---|
| $g'(x)$ | $+$ | $0$ | $+$ |
| $g(x)$ | ↗ | $0$ | ↗ |

これより，$g(x)=0$ を満たす実数は 2 以外には存在せず，題意が示された．

**((2)の別解)**

変曲点における $y=f(x)$ の接線を $l$ とする．

$l$ と $y=f(x)$ との共有点が，変曲点以外に存在すると仮定し，その $x$ 座標を $\alpha$ ($\alpha\neq2$) とする．

$$F(x)=f(x)-f'(2)(x-2)-f(2)$$

とおくと，$F(x)$ は微分可能であるから，平均値の定理により，

$$F(2)-F(\alpha)=F'(c)(2-\alpha),$$

を満たす $c$ が 2 と $\alpha$ の間に存在する．

このとき，

$$F(2)=F(\alpha)=0$$

より，

$$F'(c)=0.$$
$$f'(c)-f'(2)=0.$$
$$f'(c)=f'(2) \quad (c\neq2). \quad \cdots\text{①}$$

ところが，$f''(x)$ の符号より，$f'(x)$ は $x=2$ でのみ最小値 $f'(2)$ をとり，このことに ① は矛盾する．

以上により，$y=f(x)$ と $l$ との共有点は変曲点のみである．

**((2)の別解終り)**

(3) $0\leqq x<2$ において $l$ は $y=f(x)$ のグラフの上側にある．

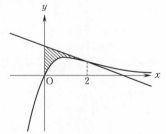

$$\int xe^{-x}\,dx=-xe^{-x}-\int(-e^{-x})\,dx$$
$$=-(x+1)e^{-x}+C \quad (C\text{ は積分定数})$$

より，求める面積は，

$$\int_0^2(-e^{-2}x+4e^{-2}-xe^{-x})\,dx$$
$$=\left[-\frac{e^{-2}}{2}x^2+4e^{-2}x+(x+1)e^{-x}\right]_0^2$$
$$=9e^{-2}-1.$$

**〔参考〕** **((2)の別解)** で用いた「平均値の定理」は次のものである．

$f(x)$ が，$a\leqq x\leqq b$ において連続で，かつ $a<x<b$ において微分可能であれば，

$$f'(c)=\frac{f(b)-f(a)}{b-a}$$

なる $c$ が，$a<x<b$ に少なくとも 1 つ存在する．

**(参考終り)**

164

## 192

$f(x)=\sqrt{x}-a\log x \quad (x>0)$

とおくと，

$$f'(x)=\frac{1}{2\sqrt{x}}-\frac{a}{x}=\frac{\sqrt{x}-2a}{2x}.$$

$a>0$ より，$f'(x)=0$ とおくと，$x=4a^2$ となり，$f(x)$ の増減は次のようになる．

| $x$ | $(0)$ | $\cdots$ | $4a^2$ | $\cdots$ |
|---|---|---|---|---|
| $f'(x)$ | | $-$ | $0$ | $+$ |
| $f(x)$ | $(\infty)$ | $\searrow$ | 極小 | $\nearrow$ |

また，

$$\lim_{x\to+0}f(x)=\infty, \quad \lim_{x\to\infty}f(x)=\infty,$$
$$f(4a^2)=2a-a\log 4a^2$$
$$=2a(1-\log 2a).$$

2 曲線が 1 点のみを共有するのは，方程式 $f(x)=0$ がただ 1 つの実数解をもつときであり，この条件は，

$$f(4a^2)=0.$$
$$2a(1-\log 2a)=0.$$

よって，求める $a$ の値は，

$$a=\frac{e}{2}.$$

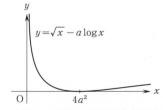

このとき，2 曲線の位置関係は次図のようになる．

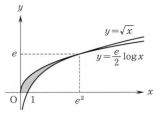

したがって，求める面積は，

$$\int_0^{e^2}\sqrt{x}\,dx-\int_1^{e^2}\frac{e}{2}\log x\,dx$$
$$=\left[\frac{2}{3}x^{\frac{3}{2}}\right]_0^{e^2}-\frac{e}{2}\Big[x\log x-x\Big]_1^{e^2}$$
$$=\frac{2}{3}e^3-\frac{e}{2}(2e^2-e^2+1)$$
$$=\frac{1}{6}e(e^2-3).$$

【注】 $y=\log x$ 上の点 $(1,\ 0)$ における接線は，

$$y=x-1.$$

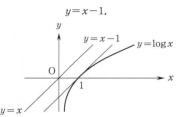

$y=\log x$ は上に凸であるから，$x>1$ のとき，

$$\log x<x-1.$$
$$\log x<x.$$

$x=t^{\frac{1}{3}}$ とすると，

$$\frac{1}{3}\log t<t^{\frac{1}{3}}.$$
$$\frac{\log t}{\sqrt{t}}<3t^{-\frac{1}{6}}.$$

$t\to\infty$ のとき，$t>1$ としてよいから，

$$0<\frac{\log t}{\sqrt{t}}<3t^{-\frac{1}{6}}.$$
$$\lim_{t\to\infty}\frac{\log t}{\sqrt{t}}=0.$$

したがって，

$$\lim_{x\to\infty}f(x)=\lim_{x\to\infty}\sqrt{x}\left(1-a\cdot\frac{\log x}{\sqrt{x}}\right)$$
$$=\infty.$$

（注終り）

# *193*

(1) $\theta$ の定義から，

$$a\cos\theta=\sin\theta\ \left(0\le\theta\le\frac{\pi}{2}\right).$$

$\theta=\dfrac{\pi}{2}$ はこの式を満たさないから

$\cos\theta\ne0$ であり，両辺を $\cos\theta$ で割ると，

$$a=\tan\theta.$$

よって，右図より，

$$\boldsymbol{\sin\theta=\frac{a}{\sqrt{a^2+1}}},$$

$$\boldsymbol{\cos\theta=\frac{1}{\sqrt{a^2+1}}}.$$

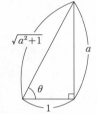

(2) $C_1$ と $x$ 軸，$y$ 軸で
囲まれた図形の面積を
$S_0$ とし，$C_1$，$C_2$ と $y$ 軸で囲まれた図形の
面積を $S$ とすると，

$$S=\frac{1}{2}S_0.\qquad\cdots(*)$$

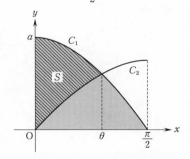

ここで，

$$S_0=\int_0^{\frac{\pi}{2}}a\cos x\,dx=\Big[a\sin x\Big]_0^{\frac{\pi}{2}}$$
$$=a.$$
$$S=\int_0^{\theta}(a\cos x-\sin x)\,dx$$

$$=\Big[a\sin x+\cos x\Big]_0^{\theta}$$
$$=a\sin\theta+\cos\theta-1$$
$$=a\cdot\frac{a}{\sqrt{a^2+1}}+\frac{1}{\sqrt{a^2+1}}-1$$
$$=\frac{a^2+1}{\sqrt{a^2+1}}-1$$
$$=\sqrt{a^2+1}-1.$$

よって，$(*)$ が成り立つとき，

$$\sqrt{a^2+1}-1=\frac{1}{2}a.$$
$$2\sqrt{a^2+1}=a+2.$$

$a>0$ より，両辺ともに正であるから，

$$4(a^2+1)=(a+2)^2.$$
$$3a^2-4a=0.$$

$a>0$ より，

$$\boldsymbol{a=\frac{4}{3}}.$$

# *194*

(1) $y=xe^x$ より，

$$y'=e^x+xe^x$$
$$=(x+1)e^x.$$

したがって，$y=xe^x$ の増減は次のようになる．

| $x$ | $\cdots$ | $-1$ | $\cdots$ |
|---|---|---|---|
| $y'$ | $-$ | $0$ | $+$ |
| $y$ | $\searrow$ | $-\dfrac{1}{e}$ | $\nearrow$ |

これより，曲線 $y=xe^x$ の概形は次図のようになる．

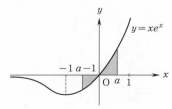

よって，

$$S(a) = \int_{a-1}^{0} (-xe^x)\, dx + \int_{0}^{a} xe^x\, dx$$

$$= \left[ -xe^x \right]_{a-1}^{0} - \int_{a-1}^{0} (-e^x)\, dx$$

$$+ \left[ xe^x \right]_{0}^{a} - \int_{0}^{a} e^x\, dx$$

$$= (a-1)e^{a-1} + \left[ e^x \right]_{a-1}^{0} + ae^a - \left[ e^x \right]_{0}^{a}$$

$$= (a-1)e^{a-1} + 1 - e^{a-1} + ae^a - (e^a - 1)$$

$$= (a-2)e^{a-1} + (a-1)e^a + 2.$$

(2)　$S'(a) = e^{a-1} + (a-2)e^{a-1} + e^a + (a-1)e^a$

$$= (a-1)e^{a-1} + ae^a$$

$$= \{(a-1) + ae\}e^{a-1}$$

$$= \{(e+1)a - 1\}e^{a-1}$$

より，$S'(a) = 0$ のとき，

$$a = \frac{1}{e+1}.$$

よって，$S(a)$ の増減は次のようになる．

| $a$ | 0 | $\cdots$ | $\dfrac{1}{e+1}$ | $\cdots$ | 1 |
|---|---|---|---|---|---|
| $S'(a)$ | | $-$ | 0 | $+$ | |
| $S(a)$ | | $\searrow$ | | $\nearrow$ | |

したがって，$S(a)$ を最小にする $a$ の値は，

$$a = \frac{1}{e+1}.$$

# 195 ──〈方針〉

(1)　$t \leqq \dfrac{1}{e}$，$\dfrac{1}{e} < t < 1$，$t \geqq 1$ に分けて計算する．

(1)(i)　$t \leqq \dfrac{1}{e}$ のとき．

$$f(t) = \int_{0}^{1} (e^{-x} - t)\, dx$$

$$= \left[ -e^{-x} - tx \right]_{0}^{1}$$

$$= -t - \frac{1}{e} + 1.$$

(ii)　$\dfrac{1}{e} < t < 1$ のとき．

$e^{-x} - t = 0$ を解くと，

$$x = -\log t.$$

よって，

$$f(t) = \int_{0}^{-\log t} (e^{-x} - t)\, dt$$

$$+ \int_{-\log t}^{1} (-e^{-x} + t)\, dt$$

$$= \left[ -e^{-x} - tx \right]_{0}^{-\log t} + \left[ e^{-x} + tx \right]_{-\log t}^{1}$$

$$= -e^{\log t} + t\log t + 1 + \frac{1}{e} + t$$

$$- (e^{\log t} - t\log t)$$

$$= -t + t\log t + 1 + \frac{1}{e} + t\log t$$

$$(e^{\log t} = t \text{ より})$$

$$= 2t\log t - t + \frac{1}{e} + 1.$$

(iii)　$t \geqq 1$ のとき．

$$f(t) = \int_{0}^{1} (-e^{-x} + t)\, dx$$

$$= \left[ e^{-x} + tx \right]_{0}^{1}$$

$$= t + \frac{1}{e} - 1.$$

以上により，

$$f(t) = \begin{cases} -t - \dfrac{1}{e} + 1 & \left( t \leqq \dfrac{1}{e} \right), \\ 2t\log t - t + \dfrac{1}{e} + 1 & \left( \dfrac{1}{e} < t < 1 \right), \\ t + \dfrac{1}{e} - 1 & (t \geqq 1). \end{cases}$$

(2)　$\dfrac{1}{e} < t < 1$ のとき，

$$f'(t) = 2\log t + 2t \cdot \frac{1}{t} - 1$$

$$=2\log t+1.$$

よって，$f(t)$ の増減は次のようになる．

| $t$ | $\left(\dfrac{1}{e}\right)$ | $\cdots$ | $\dfrac{1}{\sqrt{e}}$ | $\cdots$ | $(1)$ |
|---|---|---|---|---|---|
| $f'(t)$ | | $-$ | $0$ | $+$ | |
| $f(t)$ | | $\searrow$ | $f\left(\dfrac{1}{\sqrt{e}}\right)$ | $\nearrow$ | |

$t\leqq\dfrac{1}{e}$，$t\geqq1$ のとき，$f(t)$ はそれぞれ単調

減少，単調増加であるから，$t=\dfrac{1}{\sqrt{e}}$ のとき

最小で，最小値は，

$$f\left(\frac{1}{\sqrt{e}}\right)=2\cdot\frac{1}{\sqrt{e}}\log\frac{1}{\sqrt{e}}-\frac{1}{\sqrt{e}}+\frac{1}{e}+1$$

$$=\left(\frac{1}{\sqrt{e}}-1\right)^2.$$

# 196

(1) $f(x)=\cos x-kx$ とおくと，
$$f'(x)=-\sin x-k.$$

$0<x<\dfrac{\pi}{2}$ のとき，$\sin x>0$ であるから，

$k>0$ より，
$$f'(x)<0.$$

よって，$f(x)$ は $0\leqq x\leqq\dfrac{\pi}{2}$ で単調減少．

また，
$$f(0)=1>0,$$
$$f\left(\frac{\pi}{2}\right)=-\frac{\pi}{2}k<0.$$

したがって，$f(x)=0$，すなわち，

$\cos x=kx$ は区間 $\left(0,\dfrac{\pi}{2}\right)$ にただ1つの解を

もつ．

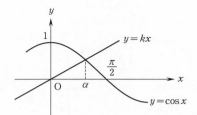

(2) (1) より，

$$\cos\alpha=k\alpha,\ \text{すなわち，}\ k=\frac{\cos\alpha}{\alpha}$$

が成り立ち，

$$|\cos x-kx|=\begin{cases}\cos x-kx & (0\leqq x\leqq\alpha),\\ kx-\cos x & \left(\alpha\leqq x\leqq\dfrac{\pi}{2}\right)\end{cases}$$

であるから，

$$S=\int_0^\alpha(\cos x-kx)\,dx+\int_\alpha^{\frac{\pi}{2}}(kx-\cos x)\,dx$$

$$=\left[\sin x-\frac{1}{2}kx^2\right]_0^\alpha+\left[\frac{1}{2}kx^2-\sin x\right]_\alpha^{\frac{\pi}{2}}$$

$$=2\left(\sin\alpha-\frac{1}{2}k\alpha^2\right)+\frac{\pi^2}{8}k-1$$

$$=2\left(\sin\alpha-\frac{1}{2}\cdot\frac{\cos\alpha}{\alpha}\cdot\alpha^2\right)+\frac{\pi^2}{8}\cdot\frac{\cos\alpha}{\alpha}-1$$

$$=2\sin\alpha-\alpha\cos\alpha+\frac{\pi^2}{8}\cdot\frac{\cos\alpha}{\alpha}-1.$$

(3) $k>0$ のとき，$0<\alpha<\dfrac{\pi}{2}$ である．

$$\frac{dS}{d\alpha}=2\cos\alpha-(\cos\alpha-\alpha\sin\alpha)$$
$$+\frac{\pi^2}{8}\cdot\frac{(-\sin\alpha)\alpha-\cos\alpha}{\alpha^2}$$
$$=\frac{1}{8\alpha^2}(\alpha\sin\alpha+\cos\alpha)(8\alpha^2-\pi^2)$$

より，$\dfrac{dS}{d\alpha}=0$ のとき，

$$\alpha^2=\frac{\pi^2}{8},\ \text{すなわち，}\ \alpha=\frac{\sqrt{2}}{4}\pi.$$

したがって，$S$ の増減は次のようになる．

| $\alpha$ | (0) | $\cdots$ | $\dfrac{\sqrt{2}}{4}\pi$ | $\cdots$ | $\left(\dfrac{\pi}{2}\right)$ |
|---|---|---|---|---|---|
| $\dfrac{dS}{d\alpha}$ | | $-$ | $0$ | $+$ | |
| $S$ | | $\searrow$ | 最小 | $\nearrow$ | |

よって，$S$ は $\alpha=\dfrac{\sqrt{2}}{4}\pi$ で最小となる．

ゆえに，$S$ を最小にする $k$ の値は，

$$k=\frac{\cos\dfrac{\sqrt{2}}{4}\pi}{\dfrac{\sqrt{2}}{4}\pi}=\frac{2\sqrt{2}}{\pi}\cos\frac{\sqrt{2}}{4}\pi.$$

# 197

$$\frac{dx}{dt}=2t, \quad \frac{dy}{dt}=2t+1.$$

これより，次の増減表を得る．

| $t$ | $\cdots$ | $-\dfrac{1}{2}$ | $\cdots$ | $0$ | $\cdots$ |
|---|---|---|---|---|---|
| $\dfrac{dx}{dt}$ | $-$ | $-$ | $-$ | $0$ | $+$ |
| $x$ | $\searrow$ | $\dfrac{5}{4}$ | $\searrow$ | $1$ | $\nearrow$ |
| $\dfrac{dy}{dt}$ | $-$ | $0$ | $+$ | $+$ | $+$ |
| $y$ | $\searrow$ | $-\dfrac{9}{4}$ | $\nearrow$ | $-2$ | $\nearrow$ |

さらに，

$$\lim_{t\to\pm\infty} x=\infty, \quad \lim_{t\to\pm\infty} y=\infty.$$

また，$y=0$ を解くと，

$$t^2+t-2=0.$$
$$t=-2, \ 1.$$

対応する $x$ の値は，

$$x=5, \ 2.$$

以上により，点 $(x, y)$ の描く曲線の概形は次のとおり．

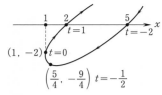

したがって，求める図形の面積 $S$ は，

$S =$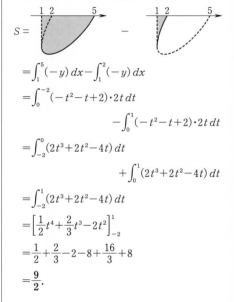

$$=\int_1^5(-y)\,dx-\int_1^2(-y)\,dx$$
$$=\int_0^{-2}(-t^2-t+2)\cdot 2t\,dt$$
$$\qquad -\int_0^1(-t^2-t+2)\cdot 2t\,dt$$
$$=\int_{-2}^0(2t^3+2t^2-4t)\,dt$$
$$\qquad +\int_0^1(2t^3+2t^2-4t)\,dt$$
$$=\int_{-2}^1(2t^3+2t^2-4t)\,dt$$
$$=\left[\frac{1}{2}t^4+\frac{2}{3}t^3-2t^2\right]_{-2}^1$$
$$=\frac{1}{2}+\frac{2}{3}-2-8+\frac{16}{3}+8$$
$$=\frac{9}{2}.$$

# 198 ——〈方針〉

(3) 求める面積 $S$ は，

$$S=\int_0^{\frac{\pi}{2}}y\,dx$$

であり，$x=\theta\sin\theta$ と置換する．

(1) $\displaystyle\int x\sin 2x\,dx$

$$=x\left(-\frac{1}{2}\cos 2x\right)-\int\left(-\frac{1}{2}\cos 2x\right)dx$$
$$=-\frac{1}{2}x\cos 2x+\frac{1}{2}\int\cos 2x\,dx$$
$$=-\frac{1}{2}x\cos 2x+\frac{1}{4}\sin 2x+C.$$

（**C** は積分定数）

(2) $I=\displaystyle\int x^2\cos^2 x\,dx$ とおくと，

$$I=\int x^2\cdot\frac{1+\cos 2x}{2}dx$$
$$=\frac{1}{6}x^3+\frac{1}{2}\int x^2\cos 2x\,dx.$$

ここで，

$$\int x^2\cos 2x\,dx$$
$$=x^2\cdot\frac{1}{2}\sin 2x-\int 2x\cdot\frac{1}{2}\sin 2x\,dx$$
$$=\frac{1}{2}x^2\sin 2x-\int x\sin 2x\,dx$$
$$=\frac{1}{2}x^2\sin 2x+\frac{1}{2}x\cos 2x-\frac{1}{4}\sin 2x-C$$

（(1) より）

$$=\frac{1}{2}x\cos 2x+\frac{1}{2}\Big(x^2-\frac{1}{2}\Big)\sin 2x-C.$$

したがって，

$$I=\frac{1}{6}x^3+\frac{1}{4}x\cos 2x$$
$$+\frac{1}{4}\Big(x^2-\frac{1}{2}\Big)\sin 2x+C'.$$

（**C'** は積分定数）

(3) 求める面積を $S$ とすると，

$$S=\int_0^{\frac{\pi}{2}}y\,dx.$$

ここで，$x=\theta\sin\theta$ より，

$$\frac{dx}{d\theta}=\sin\theta+\theta\cos\theta,$$

| $x$ | $0\ \to\ \frac{\pi}{2}$ |
|---|---|
| $\theta$ | $0\ \to\ \frac{\pi}{2}$ |

であるから，

$$S=\int_0^{\frac{\pi}{2}}y\frac{dx}{d\theta}d\theta$$
$$=\int_0^{\frac{\pi}{2}}\theta\cos\theta(\sin\theta+\theta\cos\theta)\,d\theta$$
$$=\frac{1}{2}\int_0^{\frac{\pi}{2}}\theta\sin 2\theta\,d\theta+\int_0^{\frac{\pi}{2}}\theta^2\cos^2\theta\,d\theta$$
$$=\frac{1}{2}\Big[-\frac{1}{2}\theta\cos 2\theta+\frac{1}{4}\sin 2\theta\Big]_0^{\frac{\pi}{2}}$$

$$+\Big[\frac{1}{6}\theta^3+\frac{1}{4}\theta\cos 2\theta+\frac{1}{4}\Big(\theta^2-\frac{1}{2}\Big)\sin 2\theta\Big]_0^{\frac{\pi}{2}}$$

（(1)，(2) より）

$$=\frac{1}{2}\cdot\frac{\pi}{4}+\Big(\frac{\pi^3}{48}-\frac{\pi}{8}\Big)$$
$$=\frac{\pi^3}{48}.$$

# 199 ──〈方針〉

(1) 部分積分を利用して $I$ と $J$ の連立方程式をつくる．

(2) $t=x-n\pi$ とおいて置換積分して，$|\sin t|$ の周期を利用して絶対値記号をはずす．

(3) 無限等比級数の和の公式を利用する．

(1) $I=\displaystyle\int(-e^{-x})'\sin x\,dx$

$$=-e^{-x}\sin x-\int(-e^{-x})\cos x\,dx$$
$$=-e^{-x}\sin x+J,\qquad\cdots①$$

$$J=\int(-e^{-x})'\cos x\,dx$$
$$=-e^{-x}\cos x-\int(-e^{-x})(-\sin x)\,dx$$
$$=-e^{-x}\cos x-I.\qquad\cdots②$$

①に②を代入して，

$$I=-e^{-x}\sin x-e^{-x}\cos x-I.$$

よって，

$$I=-\frac{1}{2}e^{-x}(\sin x+\cos x)+C.$$

（**C** は積分定数）

(2) $e^{-x}|\sin x|\geqq0$ であるから，

$$S_n=\int_{n\pi}^{(n+1)\pi}e^{-x}|\sin x|\,dx.$$

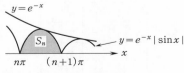

$S_n$ に対して，$t=x-n\pi$ とおくと，

$$dt = dx.$$

| $x$ | $n\pi$ | $\to$ | $(n+1)\pi$ |
|---|---|---|---|
| $t$ | $0$ | $\to$ | $\pi$ |

したがって,

$$S_n = \int_0^\pi e^{-t-n\pi}|\sin(t+n\pi)|\,dt$$

$$= e^{-n\pi}\int_0^\pi e^{-t}|\sin t|\,dt$$

$$= (e^{-\pi})^n\int_0^\pi e^{-t}\sin t\,dt$$

$$= (e^{-\pi})^n\left[-\frac{1}{2}e^{-x}(\sin x+\cos x)\right]_0^\pi$$

$$= \frac{1}{2}(e^{-\pi})^n(e^{-\pi}+1).$$

(3) (2) の結果より,

$$\sum_{k=0}^\infty S_k = \sum_{k=0}^\infty \frac{1}{2}(e^{-\pi}+1)(e^{-\pi})^k.$$

これは,初項 $\frac{1}{2}(e^{-\pi}+1)$,公比 $e^{-\pi}$ の無限等比級数であり,$-1<($公比$)<1$ を満たすから収束して,和は,

$$\frac{\frac{1}{2}(e^{-\pi}+1)}{1-e^{-\pi}} = \frac{1}{2}\cdot\frac{e^\pi+1}{e^\pi-1}.$$

よって,

$$\sum_{k=0}^\infty S_k = \frac{1}{2}\cdot\frac{e^\pi+1}{e^\pi-1}.$$

# *200*

(1) $$y = \frac{\log x}{x} \quad (x>0).$$

$$y' = \frac{\frac{1}{x}\cdot x - \log x}{x^2} = \frac{1-\log x}{x^2}.$$

よって,$y$ の増減は次のようになる.

| $x$ | $(0)$ | $\cdots$ | $e$ | $\cdots$ |
|---|---|---|---|---|
| $y'$ | | $+$ | $0$ | $-$ |
| $y$ | | $\nearrow$ | $\dfrac{1}{e}$ | $\searrow$ |

さらに,

$$\lim_{x\to+0}\frac{\log x}{x} = -\infty, \quad \lim_{x\to\infty}\frac{\log x}{x} = 0.$$

よって,グラフ $G$ の概形は次のようになる.

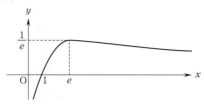

(2)

求める体積を $V$ とすると,

$$V = \pi\int_1^{e^n}\left(\frac{\log x}{x}\right)^2 dx.$$

ここで,$\log x = t$ とおくと,

$$\frac{1}{x}dx = dt.$$

$$dx = x\,dt = e^t\,dt.$$

また,$x = e^t$ より,

| $x$ | $1 \to e^n$ |
|---|---|
| $t$ | $0 \to n$ |

よって,

$$V = \pi\int_0^n\left(\frac{t}{e^t}\right)^2\cdot e^t\,dt$$

$$= \pi\int_0^n t^2 e^{-t}\,dt$$

$$= \pi\left\{\left[-t^2 e^{-t}\right]_0^n + 2\int_0^n t e^{-t}\,dt\right\}$$

$$= \pi\left\{-n^2 e^{-n} + 2\left(\left[-t e^{-t}\right]_0^n + \int_0^n e^{-t}\,dt\right)\right\}$$

$$= \pi\left(-n^2 e^{-n} - 2n e^{-n} + 2\left[-e^{-t}\right]_0^n\right)$$

$$= \pi\{(-n^2 - 2n - 2)e^{-n} + 2\}$$

$$=\Big(2-\frac{n^2+2n+2}{e^n}\Big)\pi.$$

# 201 ——〈方針〉

(2) $a\leqq x\leqq b$ において，$f(x)\leqq 2$ とするとき，曲線 $y=f(x)$ $(a\leqq x\leqq b)$ と直線 $y=2$ の間の部分を直線 $y=2$ のまわりに 1 回転してできる回転体の体積 $V$ は，

$$V=\int_a^b\pi\{2-f(x)\}^2\,dx.$$

$y=(\sqrt{x}-\sqrt{2})^2$ $(x\geqq 0)$ において，$x>0$ のとき，

$$y'=2(\sqrt{x}-\sqrt{2})\cdot\frac{1}{2\sqrt{x}}$$
$$=\frac{\sqrt{x}-\sqrt{2}}{\sqrt{x}}$$

であるから，$y$ の増減は次のようになる．

| $x$ | $0$ | $\cdots$ | $2$ | $\cdots$ | $(+\infty)$ |
|---|---|---|---|---|---|
| $y'$ | | $-$ | $0$ | $+$ | |
| $y$ | $2$ | $\searrow$ | $0$ | $\nearrow$ | $(+\infty)$ |

よって，曲線 $C$ の概形は次図のようになる．

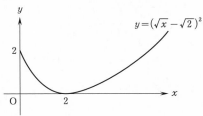

(1) $$S=\int_0^2(\sqrt{x}-\sqrt{2})^2\,dx$$
$$=\int_0^2(x-2\sqrt{2}\sqrt{x}+2)\,dx$$
$$=\Big[\frac{1}{2}x^2-\frac{4\sqrt{2}}{3}x\sqrt{x}+2x\Big]_0^2$$
$$=\frac{2}{3}.$$

(2) 曲線 $C$ と直線 $y=2$ の交点において，

$$(\sqrt{x}-\sqrt{2})^2=2.$$
$$\sqrt{x}-\sqrt{2}=\pm\sqrt{2}.$$
$$x=0,\ 8.$$

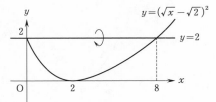

$$V=\int_0^8\pi\{2-(\sqrt{x}-\sqrt{2})^2\}^2\,dx$$
$$=\pi\int_0^8(x^2-4\sqrt{2}\,x\sqrt{x}+8x)\,dx$$
$$=\pi\Big[\frac{1}{3}x^3-\frac{8\sqrt{2}}{5}x^2\sqrt{x}+4x^2\Big]_0^8$$
$$=\frac{256}{15}\pi.$$

# 202 ——〈方針〉

(2) $K$ のうち，$x$ 軸より下の部分を，$x$ 軸に関して対称に移動した図形を考える．

(1) $$\cos 2x-(-\sin x)$$
$$=1-2\sin^2 x+\sin x$$
$$=(1-\sin x)(1+2\sin x)$$

であり，$0\leqq x<\frac{\pi}{2}$ において $0\leqq\sin x<1$ であるから，

$$\cos 2x>-\sin x\ \ \Big(0\leqq x<\frac{\pi}{2}\Big).$$

これに注意して，領域 $K$ を図示すると，次図の網掛け部分となる（境界を含む）．

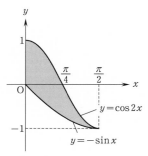

求める $K$ の面積は，

$$\int_0^{\frac{\pi}{2}} \{\cos 2x - (-\sin x)\}\,dx$$

$$= \left[\frac{1}{2}\sin 2x - \cos x\right]_0^{\frac{\pi}{2}}$$

$$= 1.$$

(2) 題意の回転体は，次図の網掛け部分を $x$ 軸のまわりに1回転して得られる回転体である．

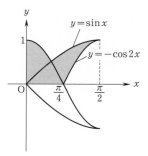

2曲線 $y = \sin x$，$y = \cos 2x$ の $0 \leqq x \leqq \dfrac{\pi}{2}$ における交点の $x$ 座標を求める．

$$\sin x = \cos 2x.$$
$$\sin x - (1 - 2\sin^2 x) = 0.$$
$$2\sin^2 x + \sin x - 1 = 0.$$
$$(2\sin x - 1)(\sin x + 1) = 0.$$

$0 \leqq x \leqq \dfrac{\pi}{2}$ より，

$$x = \frac{\pi}{6}.$$

以上により，求める回転体の体積は，

$$\pi\int_0^{\frac{\pi}{6}}\cos^2 2x\,dx + \pi\int_{\frac{\pi}{6}}^{\frac{\pi}{2}}\sin^2 x\,dx$$

$$\qquad\qquad - \pi\int_{\frac{\pi}{4}}^{\frac{\pi}{2}}(-\cos 2x)^2\,dx$$

$$= \pi\int_0^{\frac{\pi}{6}}\frac{1+\cos 4x}{2}\,dx + \pi\int_{\frac{\pi}{6}}^{\frac{\pi}{2}}\frac{1-\cos 2x}{2}\,dx$$

$$\qquad\qquad - \pi\int_{\frac{\pi}{4}}^{\frac{\pi}{2}}\frac{1+\cos 4x}{2}\,dx$$

$$= \frac{\pi}{2}\left[x + \frac{\sin 4x}{4}\right]_0^{\frac{\pi}{6}} + \frac{\pi}{2}\left[x - \frac{\sin 2x}{2}\right]_{\frac{\pi}{6}}^{\frac{\pi}{2}}$$

$$\qquad\qquad - \frac{\pi}{2}\left[x + \frac{\sin 4x}{4}\right]_{\frac{\pi}{4}}^{\frac{\pi}{2}}$$

$$= \frac{\pi}{2}\left(\frac{\pi}{6} + \frac{\sqrt{3}}{8}\right) + \frac{\pi}{2}\left(\frac{\pi}{2} - \frac{\pi}{6} + \frac{\sqrt{3}}{4}\right)$$

$$\qquad\qquad - \frac{\pi}{2}\left(\frac{\pi}{2} - \frac{\pi}{4}\right)$$

$$= \frac{\pi^2}{8} + \frac{3\sqrt{3}\,\pi}{16}.$$

## **203** ──〈方針〉──

$x$ 軸のまわりに1回転してできる立体の体積を $V_x$，$y$ 軸のまわりに1回転してできる立体の体積を $V_y$ とすると，

$$V_x = \pi\int_a^b y^2\,dx, \qquad V_y = \pi\int_c^d x^2\,dy.$$

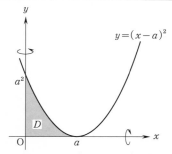

$D$ を $x$ 軸のまわりに1回転してできる立体の体積を $V_x$，$y$ 軸のまわりに1回転してできる立体の体積を $V_y$ とする．

$$V_x = \pi \int_0^a (x-a)^4 \, dx$$

$$= \pi \left[ \frac{1}{5}(x-a)^5 \right]_0^a$$

$$= \frac{\pi}{5} a^5.$$

$0 \le x \le a$ において,

$$y = (x-a)^2 \iff x = a - \sqrt{y}.$$

よって,

$$V_y = \pi \int_0^{a^2} x^2 \, dy$$

$$= \pi \int_0^{a^2} (a-\sqrt{y})^2 \, dy$$

$$= \pi \int_0^{a^2} (a^2 - 2a\sqrt{y} + y) \, dy$$

$$= \pi \left[ a^2 y - \frac{4}{3} a y \sqrt{y} + \frac{1}{2} y^2 \right]_0^{a^2}$$

$$= \frac{\pi}{6} a^4.$$

したがって, $V_x = V_y$ のとき,

$$\frac{\pi}{5} a^5 = \frac{\pi}{6} a^4.$$

$$a = \frac{5}{6}.$$

【注】 $V_y$ は次のように計算してもよい.

$y = (x-a)^2$ より,

$$dy = 2(x-a) \, dx,$$

| $y$ | $0 \longrightarrow a^2$ |
|---|---|
| $x$ | $a \longrightarrow 0$ |

であるから,

$$V_y = \pi \int_0^{a^2} x^2 \, dy$$

$$= \pi \int_a^0 x^2 \cdot 2(x-a) \, dx$$

$$= 2\pi \int_a^0 (x^3 - ax^2) \, dx$$

$$= 2\pi \left[ \frac{1}{4} x^4 - \frac{a}{3} x^3 \right]_a^0$$

$$= \frac{\pi}{6} a^4.$$

(注終り)

## 204 ——〈方針〉——

座標軸に垂直な平面による断面積を考える. $x$ 軸に垂直な平面を考えれば, 断面は直角二等辺三角形となり, 断面積は容易に求められる.

体積を求める部分は次図の網掛け部分の立体になる.

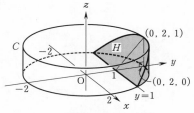

この立体の, 平面 $x=t$ $(-\sqrt{3} < t < \sqrt{3})$ による断面は, 次図の △PQR になる.

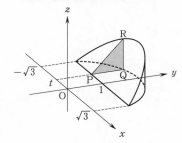

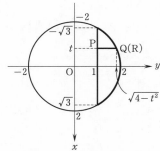

これは, 直角をはさむ二辺の長さが $\sqrt{4-t^2}-1$ の直角二等辺三角形であるから, 断面積は,

174

$$\frac{1}{2}(\sqrt{4-t^2}-1)^2.$$

よって，求める体積 $V$ は，

$$V=\int_{-\sqrt{3}}^{\sqrt{3}}\frac{1}{2}(\sqrt{4-t^2}-1)^2\,dt$$

$$=2\cdot\frac{1}{2}\int_{0}^{\sqrt{3}}(5-t^2-2\sqrt{4-t^2})\,dt$$

$$=\left[5t-\frac{1}{3}t^3\right]_{0}^{\sqrt{3}}-2\int_{0}^{\sqrt{3}}\sqrt{4-t^2}\,dt$$

$$=4\sqrt{3}-2\int_{0}^{\sqrt{3}}\sqrt{4-t^2}\,dt.$$

ここで，$\displaystyle\int_{0}^{\sqrt{3}}\sqrt{4-t^2}\,dt$ は次図の網掛け部分の面積を表す．

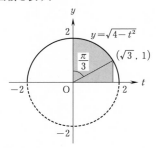

したがって，

$$\int_{0}^{\sqrt{3}}\sqrt{4-t^2}\,dt=\frac{1}{2}\cdot2^2\cdot\frac{\pi}{3}+\frac{1}{2}\cdot\sqrt{3}\cdot1$$

$$=\frac{2}{3}\pi+\frac{\sqrt{3}}{2}$$

であり，

$$V=4\sqrt{3}-2\left(\frac{2}{3}\pi+\frac{\sqrt{3}}{2}\right)$$

$$=3\sqrt{3}-\frac{4}{3}\boldsymbol{\pi}.$$

【注】　定積分 $\displaystyle\int_{0}^{\sqrt{3}}\sqrt{4-t^2}\,dt$ の計算は，

$t=2\sin\theta\ \left(-\dfrac{\pi}{2}\leqq\theta\leqq\dfrac{\pi}{2}\right)$ とする置換積分法を利用してもよい．

（注終り）

**〔別解〕**

体積を求める立体の，平面 $y=t\ (1<t<2)$ による断面は，次図の長方形 PQRS になる．

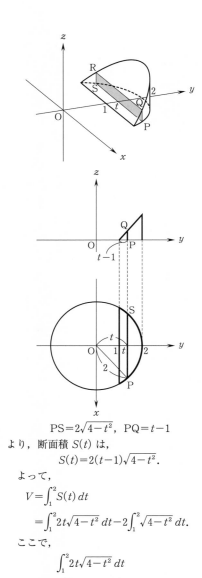

$PS=2\sqrt{4-t^2}$，$PQ=t-1$

より，断面積 $S(t)$ は，

$$S(t)=2(t-1)\sqrt{4-t^2}.$$

よって，

$$V=\int_{1}^{2}S(t)\,dt$$

$$=\int_{1}^{2}2t\sqrt{4-t^2}\,dt-2\int_{1}^{2}\sqrt{4-t^2}\,dt.$$

ここで，

$$\int_{1}^{2}2t\sqrt{4-t^2}\,dt$$

$$=\int_{1}^{2}\{-(4-t^2)^{\frac{1}{2}}(4-t^2)'\}\,dt$$

$$=\left[-\frac{2}{3}(4-t^2)^{\frac{3}{2}}\right]_{1}^{2}$$

$$=\frac{2}{3}\cdot3\sqrt{3}$$

$=2\sqrt{3}$.

また，$\displaystyle\int_1^2\sqrt{4-t^2}\,dt$ は次図の網掛け部分の面積を表す．

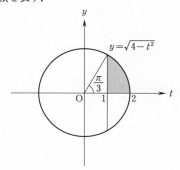

したがって，

$$\int_1^2\sqrt{4-t^2}\,dt=\frac{1}{2}\cdot2^2\cdot\frac{\pi}{3}-\frac{1}{2}\cdot1\cdot\sqrt{3}$$

$$=\frac{2}{3}\pi-\frac{\sqrt{3}}{2}.$$

よって，

$$V=2\sqrt{3}-2\left(\frac{2}{3}\pi-\frac{\sqrt{3}}{2}\right)$$

$$=3\sqrt{3}-\frac{4}{3}\pi.$$

（別解終り）

# 205 ──〈方針〉──

　回転体の体積を求めるときは，回転軸に垂直な平面による切り口を考える．

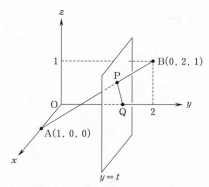

　点 Q$(0,\ t,\ 0)$ $(0\le t\le2)$ を通り，$y$ 軸に垂直な平面 $y=t$ と $l$ との交点を P とする．

　P は $l$ 上にあるから，$k$ を実数として，

$$\overrightarrow{\mathrm{OP}}=(1-k)\overrightarrow{\mathrm{OA}}+k\overrightarrow{\mathrm{OB}}$$

$$=(1-k,\ 0,\ 0)+(0,\ 2k,\ k)$$

$$=(1-k,\ 2k,\ k)$$

と表せる．

　P の $y$ 座標は $t$ であるから，

$$2k=t.$$

$$k=\frac{t}{2}.$$

　よって，P の座標を $t$ を用いて表すと，

$$\mathrm{P}\left(1-\frac{t}{2},\ t,\ \frac{t}{2}\right).$$

　したがって，曲面 $S$ の平面 $y=t$ による切り口は，Q を中心とする半径 PQ の円であるから，求める体積は，

$$\int_0^2\pi\mathrm{PQ}^2\,dt$$

$$=\pi\int_0^2\left\{\left(1-\frac{t}{2}\right)^2+\left(\frac{t}{2}\right)^2\right\}dt$$

$$=\pi\int_0^2\left(1-t+\frac{t^2}{2}\right)dt$$

$$=\pi\left[t-\frac{t^2}{2}+\frac{t^3}{6}\right]_0^2$$

$$=\frac{4}{3}\pi.$$

## 206 ──〈方針〉

(1) 平面 $y=1$ 上で，直線 PR と直線 QR の方程式を立て，それらと $z=t$ を連立して，辺 PR および QR と平面 $z=t$ の交点を求める．

(2) 交わりの線分を含む直線に回転の中心から下ろした垂線の足が線分上にあるときと，線分上にないときで，断面積を表す式が異なることに注意する．

(1)

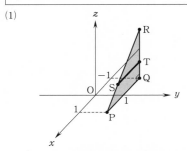

平面 $z=t$ と線分 PR，線分 QR の交点をそれぞれ S，T とする．△PQR は平面 $y=1$ 上にあるから，この平面上で考える．

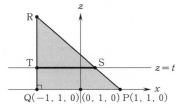

直線 PR は $z=-x+1$ かつ $y=1$，
直線 QR は $x=-1$ かつ $y=1$
であるから，$z=t$ を代入して，

$$\mathrm{S}(-t+1,\ 1,\ t),\quad \mathrm{T}(-1,\ 1,\ t).$$

(2) $\mathrm{U}(0,\ 0,\ t)$ とおくと，△PQR を $z$ 軸のまわりに回転して得られる立体を，平面 $z=t$ によって切った断面は，平面 $z=t$ 上で線分 ST を点 U のまわりに 1 回転して得られる図形（円環）である．直線 ST に U から下ろした垂線の足を H とすると，

$$\mathrm{H}(0,\ 1,\ t).$$

(ⅰ) 線分 ST 上に点 H があるとき．

（以下 4 つの図は平面 $z=t$ 上の図）

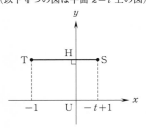

$0\leqq -t+1$ より，

$$0<t\leqq 1.$$

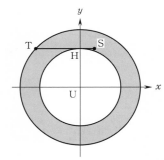

このとき，$z=t$ による立体の断面の面積 $S(t)$ は，

$$\begin{aligned}S(t)&=\pi\mathrm{UT}^2-\pi\mathrm{UH}^2\\&=\pi(1^2+1^2)-\pi(0^2+1^2)\\&=\pi.\end{aligned}$$

(ⅱ) 線分 ST 上に点 H がないとき．

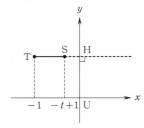

$-t+1<0$ より,

$$1<t<2.$$

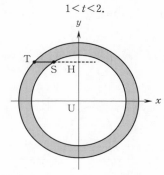

$$S(t)=\pi \text{UT}^2-\pi \text{US}^2$$
$$=\pi(1^2+1^2)-\pi\{(-t+1)^2+1^2\}$$
$$=\pi\{1-(1-t)^2\}.$$

(ⅰ), (ⅱ) より, 求める体積は,

$$\int_0^1 \pi\,dt+\int_1^2 \pi\{1-(1-t)^2\}\,dt$$
$$=\pi\Big[t\Big]_0^1+\pi\Big[t-\frac{1}{3}(t-1)^3\Big]_1^2$$
$$=\pi+\pi\Big(2-1-\frac{1}{3}\Big)$$
$$=\frac{5\pi}{3}.$$

## 207 ——〈方針〉——

(1) $t=\tan\theta$ とおいて,

$$1+\tan^2\theta=\frac{1}{\cos^2\theta}$$

を利用する.

(2) $x^2+y^2+\log(1+z^2)\leqq \log 2$ の定める立体を平面 $z=t$ で切断すると, 切断面は $(0,\ 0,\ t)$ を中心とする半径

$$\sqrt{\log 2-\log(1+t^2)}$$

の円であるから, この断面積は容易に得られる.

(1) $t=\tan\theta$ とおくと,

$$dt=\frac{1}{\cos^2\theta}\,d\theta,\quad \begin{array}{c|ccc} t & 0 & \to & 1 \\ \hline \theta & 0 & \to & \frac{\pi}{4} \end{array}$$

であるから,

$$\int_0^1 \frac{t^2}{1+t^2}\,dt=\int_0^{\frac{\pi}{4}}\frac{\tan^2\theta}{1+\tan^2\theta}\cdot\frac{1}{\cos^2\theta}\,d\theta$$
$$=\int_0^{\frac{\pi}{4}}\tan^2\theta\,d\theta$$
$$=\int_0^{\frac{\pi}{4}}\Big(\frac{1}{\cos^2\theta}-1\Big)d\theta$$
$$=\Big[\tan\theta-\theta\Big]_0^{\frac{\pi}{4}}$$
$$=1-\frac{\pi}{4}.$$

(2) $x^2+y^2+\log(1+z^2)\leqq \log 2$

において, $z=t$ とすると,

$$x^2+y^2\leqq \log 2-\log(1+t^2).$$

ここで, $x^2+y^2\geqq 0$ であるから,

$$\log 2-\log(1+t^2)\geqq 0.$$
$$\log(1+t^2)\leqq \log 2.$$
$$1+t^2\leqq 2.$$
$$t^2\leqq 1.$$

したがって, $t$ の値の範囲は,

$$-1\leqq t\leqq 1.$$

このとき, $x^2+y^2+\log(1+z^2)\leqq \log 2$ で表される立体を, 平面 $z=t$ により切断した切断面は $(0,\ 0,\ t)$ を中心とする半径

$$\sqrt{\log 2-\log(1+t^2)}$$

の円である.

よって, 求める体積を $V$ とすると,

$$V=\int_{-1}^1 \pi\{\sqrt{\log 2-\log(1+t^2)}\}^2\,dt$$
$$=2\pi\int_0^1\{\log 2-\log(1+t^2)\}\,dt.$$

ここで, (1)を用いると,

$$\int_0^1 \log(1+t^2)\,dt$$
$$=\Big[t\log(1+t^2)\Big]_0^1-\int_0^1\frac{2t^2}{1+t^2}\,dt$$
$$=\log 2-2\Big(1-\frac{\pi}{4}\Big)$$
$$=\log 2-2+\frac{\pi}{2}$$

であるから,

$$V = 2\pi \left\{ \log 2 \Big[ t \Big]_0^1 - \left( \log 2 - 2 + \frac{\pi}{2} \right) \right\}$$
$$= 2\pi \left( 2 - \frac{\pi}{2} \right)$$
$$= 4\pi - \pi^2.$$

【注】 $y = f(x)$ において,
$$f(-x) = f(x)$$
が成り立つとき, $f(x)$ を**偶関数**という.

$f(x)$ が偶関数のとき,
$$\int_{-a}^{a} f(x)\,dx = 2\int_0^a f(x)\,dx$$
が成り立つ. (2)では, これを用いた.

(注終り)

## 208 ──〈方針〉

$$\int \frac{1}{\sin x}\,dx = \int \frac{\sin x}{\sin^2 x}\,dx$$
$$= \int \frac{\sin x}{1 - \cos^2 x}\,dx.$$

(1) $\quad y = \log(\sqrt{2}\sin x)$
$$= \log\sqrt{2} + \log(\sin x)$$
より,
$$y' = \frac{\cos x}{\sin x}.$$
$$y'' = \frac{(-\sin x)\cdot \sin x - \cos x \cdot \cos x}{\sin^2 x}$$
$$= -\frac{1}{\sin^2 x} < 0.$$

$0 < x < \pi$ より, $y' = 0$ となるのは $x = \dfrac{\pi}{2}$ のときである.

よって, $y$ の増減, 凹凸は次のようになる.

| $x$ | $0$ | $\cdots$ | $\dfrac{\pi}{2}$ | $\cdots$ | $\pi$ |
|---|---|---|---|---|---|
| $y'$ | | $+$ | $0$ | $-$ | |
| $y''$ | | $-$ | $-$ | $-$ | |
| $y$ | | $\nearrow$ | $\log\sqrt{2}$ | $\searrow$ | |

また,

$$\lim_{x \to +0} y = -\infty, \quad \lim_{x \to \pi - 0} y = -\infty.$$

$\log(\sqrt{2}\sin x) = 0 \ (0 < x < \pi)$ を解くと,
$$x = \frac{\pi}{4}, \ \frac{3}{4}\pi.$$

したがって, グラフは次のようになる.

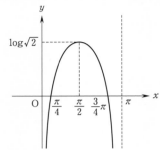

(2) 求める長さを $l$ とおくと,
$$l = \int_{\frac{\pi}{4}}^{\frac{3}{4}\pi} \sqrt{1 + (y')^2}\,dx.$$

ここで, $\dfrac{\pi}{4} \le x \le \dfrac{3}{4}\pi$ のとき $\sin x > 0$ であることに注意すると,

$$\sqrt{1 + (y')^2} = \sqrt{1 + \left( \frac{\cos x}{\sin x} \right)^2}$$
$$= \sqrt{\frac{1}{\sin^2 x}}$$
$$= \frac{1}{\sin x}.$$

したがって,
$$l = \int_{\frac{\pi}{4}}^{\frac{3\pi}{4}} \frac{1}{\sin x}\,dx.$$

ここで,
$$\frac{1}{\sin x} = \frac{\sin x}{\sin^2 x}$$
$$= \frac{\sin x}{1 - \cos^2 x}$$
$$= \frac{1}{2}\left( \frac{\sin x}{1 - \cos x} + \frac{\sin x}{1 + \cos x} \right)$$
$$= \frac{1}{2}\left\{ \frac{(1 - \cos x)'}{1 - \cos x} - \frac{(1 + \cos x)'}{1 + \cos x} \right\}.$$

よって,
$$l = \frac{1}{2}\Big[ \log(1 - \cos x) - \log(1 + \cos x) \Big]_{\frac{\pi}{4}}^{\frac{3}{4}\pi}$$

$$=\frac{1}{2}\left[\log\frac{1-\cos x}{1+\cos x}\right]_{\frac{\pi}{4}}^{\frac{3}{4}\pi}$$

$$=\frac{1}{2}\left(\log\frac{1+\dfrac{1}{\sqrt{2}}}{1-\dfrac{1}{\sqrt{2}}}-\log\frac{1-\dfrac{1}{\sqrt{2}}}{1+\dfrac{1}{\sqrt{2}}}\right)$$

$$=\log\frac{1+\dfrac{1}{\sqrt{2}}}{1-\dfrac{1}{\sqrt{2}}}$$

$$=\log\frac{\sqrt{2}+1}{\sqrt{2}-1}$$

$$=2\log(\sqrt{2}+1).$$

【注】 $l=\displaystyle\int_{\frac{\pi}{4}}^{\frac{3}{4}\pi}\frac{\sin x}{1-\cos^2 x}dx$ に対し，

$\cos x=t$ とおくと，

| $x$ | $\frac{\pi}{4}$ | $\to$ | $\frac{3}{4}\pi$ |
|---|---|---|---|
| $t$ | $\frac{1}{\sqrt{2}}$ | $\to$ | $-\frac{1}{\sqrt{2}}$ |

$$-\sin x\,dx=dt.$$

$$l=\int_{\frac{1}{\sqrt{2}}}^{-\frac{1}{\sqrt{2}}}\frac{1}{1-t^2}(-dt)$$

$$=\int_{-\frac{1}{\sqrt{2}}}^{\frac{1}{\sqrt{2}}}\frac{1}{1-t^2}dt$$

$$=\int_{-\frac{1}{\sqrt{2}}}^{\frac{1}{\sqrt{2}}}\frac{1}{2}\left(\frac{1}{1-t}+\frac{1}{1+t}\right)dt$$

$$=\frac{1}{2}\left[-\log(1-t)+\log(1+t)\right]_{-\frac{1}{\sqrt{2}}}^{\frac{1}{\sqrt{2}}}$$

$$=2\log(\sqrt{2}+1).$$

(注終り)

## 209 ──〈方針〉──

「円 $C_2$ が円 $C_1$ に外接しながら滑ることなく転がる」ことから，

「$C_1$ において接点の描く円弧の長さ」

＝「$C_2$ において接点の描く円弧の長さ」

(1)

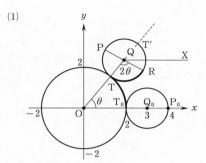

$C_1$，$C_2$ の接点を T とし，点 P の点 Q に関する対称点を R とする.

また，$\theta=0$ のときの P，Q，T をそれぞれ $P_0$，$Q_0$，$T_0$ とする.

円 $C_2$ が円 $C_1$ に外接しながら滑ることなく転がるから，

「$C_1$ において接点の描く円弧の長さ」

＝「$C_2$ において接点の描く円弧の長さ」

となる. すなわち，

$$\overarc{T_0T}=\overarc{RT}.$$
$$2\theta=\angle TQR.$$

そこで，T の Q に関する対称点を T′ とすると，

$$\angle T'QP=2\theta.$$

Q を端点として $x$ 軸の正方向と平行で同じ向きの半直線を QX とすると，

$$\angle XQP=\angle XQT'+\angle T'QP$$
$$=\theta+2\theta=3\theta.$$

よって，半直線 QX から線分 QP へ測った角は $3\theta$ である.

(2) $OQ=3$ より，

$$\overrightarrow{OQ}=3(\cos\theta,\ \sin\theta).$$

また，(1)より，

$$\overrightarrow{QP}=(\cos3\theta,\ \sin3\theta).$$

$\overrightarrow{OP}=\overrightarrow{OQ}+\overrightarrow{QP}$ より，

$$(x,\ y)=3(\cos\theta,\ \sin\theta)+(\cos3\theta,\ \sin3\theta).$$

$$\begin{cases}x=3\cos\theta+\cos3\theta,\\ y=3\sin\theta+\sin3\theta.\end{cases}$$

(3) $y=3\sin\theta+\sin3\theta$ より，

$$\frac{dy}{d\theta} = 3\cos\theta + 3\cos 3\theta$$

$$= 6\cos\theta\cos 2\theta. \qquad \cdots ①$$

したがって，$0 \leqq \theta \leqq 2\pi$ における $y$ の増減は次のようになる．

| $\theta$ | $0$ | $\cdots$ | $\frac{\pi}{4}$ | $\cdots$ | $\frac{\pi}{2}$ | $\cdots$ | $\frac{3}{4}\pi$ |
|---|---|---|---|---|---|---|---|
| $\frac{dy}{d\theta}$ | | $+$ | $0$ | $-$ | $0$ | $+$ | $0$ |
| $y$ | $0$ | $\nearrow$ | $2\sqrt{2}$ | $\searrow$ | $2$ | $\nearrow$ | $2\sqrt{2}$ |

| $\frac{5}{4}\pi$ | $\cdots$ | $\frac{3}{2}\pi$ | $\cdots$ | $\frac{7}{4}\pi$ | $\cdots$ | $2\pi$ |
|---|---|---|---|---|---|---|
| | $+$ | $0$ | $-$ | $0$ | $+$ | |
| $-2\sqrt{2}$ | $\nearrow$ | $-2$ | $\searrow$ | $-2\sqrt{2}$ | $\nearrow$ | $0$ |

よって，$y$ の最大値は $\mathbf{2\sqrt{2}}$．

(4) $x = 3\cos\theta + \cos 3\theta$ より，

$$\frac{dx}{d\theta} = -3\sin\theta - 3\sin 3\theta$$

$$= -6\sin 2\theta \cos\theta. \qquad \cdots ②$$

①，② より，

$$\left(\frac{dx}{d\theta},\ \frac{dy}{d\theta}\right) = 6\cos\theta(-\sin 2\theta,\ \cos 2\theta).$$

このとき，

$$\sqrt{\left(\frac{dx}{d\theta}\right)^2 + \left(\frac{dy}{d\theta}\right)^2} = 6|\cos\theta|.$$

したがって，$\theta$ が $0 \leqq \theta \leqq 2\pi$ の範囲を動くときの点 P の描く曲線の長さを $L$ とすると，

$$L = \int_0^{2\pi} \sqrt{\left(\frac{dx}{d\theta}\right)^2 + \left(\frac{dy}{d\theta}\right)^2}\, d\theta$$

$$= \int_0^{2\pi} 6|\cos\theta|\, d\theta.$$

ここで，$\int_0^{2\pi} |\cos\theta|\, d\theta$ は次図の網掛け部分の面積に相当する．

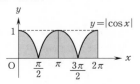

よって，

$$L = 6 \times 4\int_0^{\frac{\pi}{2}} \cos\theta\, d\theta = 24\Big[\sin\theta\Big]_0^{\frac{\pi}{2}} = \mathbf{24}.$$

# 210 ──〈方針〉

(1) $\displaystyle \lim_{n\to\infty} \frac{1}{n}\sum_{k=1}^{n} f\left(\frac{k}{n}\right) = \int_0^1 f(x)\, dx.$

(2) $\displaystyle a_n = \frac{1}{n}\sqrt[n]{(3n+1)(3n+2)\cdots(4n)}$

$$= 3\cdot\sqrt[n]{\left(1+\frac{1}{3n}\right)\left(1+\frac{2}{3n}\right)\cdots\left(1+\frac{n}{3n}\right)}$$

とおいて，

$$\lim_{n\to\infty} \log a_n$$

を考える．

(1) $\displaystyle \lim_{n\to\infty} \frac{1}{n}\sum_{k=1}^{n} \log\left(1+\frac{k}{3n}\right)$

$$= \int_0^1 \log\left(1+\frac{x}{3}\right)dx$$

$$= \int_0^1 \left\{3\left(1+\frac{x}{3}\right)\right\}' \log\left(1+\frac{x}{3}\right)dx$$

$$= \left[3\left(1+\frac{x}{3}\right)\log\left(1+\frac{x}{3}\right)\right]_0^1$$

$$\qquad\qquad - \int_0^1 3\left(1+\frac{x}{3}\right)\cdot\frac{\frac{1}{3}}{1+\frac{x}{3}}\, dx$$

$$= 4\log\frac{4}{3} - \Big[x\Big]_0^1$$

$$= \mathbf{4\log\frac{4}{3} - 1}.$$

【注】 $1 + \frac{x}{3} = t$ とおくと，

$$x = 3t - 3.$$

$$dx = 3\, dt. \qquad \begin{array}{c|ccc} x & 0 & \to & 1 \\ \hline t & 1 & \to & \frac{4}{3} \end{array}$$

$$\int_0^1 \log\left(1+\frac{x}{3}\right)dx = \int_1^{\frac{4}{3}} \log t\cdot 3\, dt$$

$$= 3\int_1^{\frac{4}{3}} (t)' \log t\, dt$$

$$= 3\left\{\Big[t\log t\Big]_1^{\frac{4}{3}} - \int_1^{\frac{4}{3}} t\cdot\frac{1}{t}\, dt\right\}$$

$$=3\left\{\frac{4}{3}\log\frac{4}{3}-\left[t\right]_1^{\frac{4}{3}}\right\}$$

$$=4\log\frac{4}{3}-1.$$

（注終り）

(2) $$a_n=\frac{1}{n}\sqrt[n]{(3n+1)(3n+2)\cdots(4n)}$$

とおくと，

$$a_n=\sqrt[n]{\left(\frac{1}{n}\right)^n\cdot3\left(n+\frac{1}{3}\right)\cdot3\left(n+\frac{2}{3}\right)\cdot\cdots\cdot3\left(n+\frac{n}{3}\right)}$$

$$=\sqrt[n]{3^n\left(\frac{1}{n}\right)^n\left(n+\frac{1}{3}\right)\left(n+\frac{2}{3}\right)\cdots\left(n+\frac{n}{3}\right)}$$

$$=3\left\{\left(1+\frac{1}{3n}\right)\left(1+\frac{2}{3n}\right)\cdots\left(1+\frac{n}{3n}\right)\right\}^{\frac{1}{n}}.$$

$$\log a_n=\log3+\frac{1}{n}\log\left(1+\frac{1}{3n}\right)\left(1+\frac{2}{3n}\right)\cdots\left(1+\frac{n}{3n}\right)$$

$$=\log3+\frac{1}{n}\sum_{k=1}^n\log\left(1+\frac{k}{3n}\right).$$

(1) より，

$$\lim_{n\to\infty}\log a_n=\log3+4\log\frac{4}{3}-1$$

$$=\log3+\log\left(\frac{4}{3}\right)^4-\log e$$

$$=\log\left\{3\cdot\left(\frac{4}{3}\right)^4\cdot\frac{1}{e}\right\}$$

$$=\log\frac{256}{27e}.$$

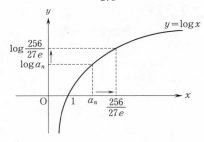

よって，

$$（与式）=\lim_{n\to\infty}a_n=\frac{256}{27e}.$$

## 211 ——〈方針〉

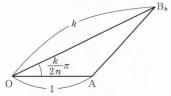

(1) $$S_k=\frac{1}{2}\cdot OA\cdot OB_k\cdot\sin\angle AOB_k$$

$$=\frac{1}{2}\cdot1\cdot k\cdot\sin\frac{k}{2n}\pi$$

$$=\frac{1}{2}k\sin\frac{k}{2n}\pi.$$

(2) (1) の結果より，

$$\lim_{n\to\infty}\frac{1}{n^2}\sum_{k=1}^n S_k$$

$$=\lim_{n\to\infty}\frac{1}{n^2}\sum_{k=1}^n\frac{1}{2}k\sin\frac{k}{2n}\pi$$

$$=\lim_{n\to\infty}\frac{1}{n}\sum_{k=1}^n\frac{1}{2}\left(\frac{k}{n}\right)\sin\left(\frac{\pi}{2}\cdot\frac{k}{n}\right)$$

$$=\int_0^1\frac{1}{2}x\sin\left(\frac{\pi}{2}x\right)dx$$

$$=\frac{1}{2}\left\{\left[x\cdot\left(-\frac{2}{\pi}\right)\cos\left(\frac{\pi}{2}x\right)\right]_0^1\right.$$

$$\left.-\int_0^1 1\cdot\left(-\frac{2}{\pi}\right)\cos\left(\frac{\pi}{2}x\right)dx\right\}$$

$$=\frac{1}{2}\left\{0-0+\frac{2}{\pi}\left[\frac{2}{\pi}\sin\left(\frac{\pi}{2}x\right)\right]_0^1\right\}$$

$$=\frac{1}{2}\cdot\frac{2}{\pi}\cdot\frac{2}{\pi}$$

$$=\frac{2}{\pi^2}.$$

## 212 ——〈方針〉

(1)　$f(\theta)=\sin\theta-\dfrac{2}{\pi}\theta$ とおくと,

$$f'(\theta)=\cos\theta-\dfrac{2}{\pi}.$$

$0<\theta<\dfrac{\pi}{2}$ において $\cos\theta$ は単調減少であり, $0<\dfrac{2}{\pi}<1$ であるから,

$$\cos\alpha=\dfrac{2}{\pi}\left(0<\alpha<\dfrac{\pi}{2}\right)$$

となる $\alpha$ がただ 1 つ存在し, $f(\theta)$ の増減は次のようになる.

| $\theta$ | 0 | $\cdots$ | $\alpha$ | $\cdots$ | $\dfrac{\pi}{2}$ |
|---|---|---|---|---|---|
| $f'(\theta)$ | | $+$ | $0$ | $-$ | |
| $f(\theta)$ | 0 | $\nearrow$ | | $\searrow$ | 0 |

よって, $0<\theta<\dfrac{\pi}{2}$ において $f(\theta)>0$ となり,

$$\sin\theta>\dfrac{2}{\pi}\theta.$$

**((1)の別解)**

$y=\sin\theta$ について,

$y''=-\sin\theta$ より, $0<\theta<\dfrac{\pi}{2}$ において $y''<0$ となるから, $y=\sin\theta$ のグラフは上に凸であり, $(0,0)$ と $\left(\dfrac{\pi}{2},1\right)$ を結ぶ線分よりも, 両端を除けば上側にある.

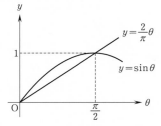

よって, $0<\theta<\dfrac{\pi}{2}$ において,

$$\sin\theta>\dfrac{2}{\pi}\theta.$$

《(1)の別解終り》

(2)　まず,

$$0<e^{-n^2\sin\theta}.\qquad\cdots\text{①}$$

また, (1)より, $0<\theta<\dfrac{\pi}{2}$ において,

$$-n^2\sin\theta<-\dfrac{2}{\pi}n^2\theta$$

であり,

$$e^{-n^2\sin\theta}<e^{-\frac{2}{\pi}n^2\theta}.$$

これより,

$$\int_0^{\frac{\pi}{2}}e^{-n^2\sin\theta}d\theta<\int_0^{\frac{\pi}{2}}e^{-\frac{2}{\pi}n^2\theta}d\theta$$
$$=\left[-\dfrac{\pi}{2n^2}e^{-\frac{2}{\pi}n^2\theta}\right]_0^{\frac{\pi}{2}}$$
$$=\dfrac{\pi}{2n^2}(1-e^{-n^2}).$$

①とあわせて,

$$0<n\int_0^{\frac{\pi}{2}}e^{-n^2\sin\theta}d\theta<\dfrac{\pi}{2n}(1-e^{-n^2}).$$

$\displaystyle\lim_{n\to\infty}\dfrac{\pi}{2n}(1-e^{-n^2})=0$ であるから, はさみうちの原理により,

$$\lim_{n\to\infty}n\int_0^{\frac{\pi}{2}}e^{-n^2\sin\theta}d\theta=0.$$

# 213 ─〈方針〉

(1)　$\log x$ は増加関数であるから,
　　$k\leqq x\leqq k+1$ のとき,
$$\log k\leqq\log x\leqq\log(k+1)$$
であることを利用する.

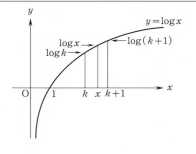

(1)　$\log x$ は増加関数であるから，

　$k=1,\ 2,\ 3,\ \cdots$ に対して，

　　「$k\leqq x\leqq k+1$ のとき，

　　　$\log k\leqq \log x\leqq \log(k+1)$」　　$\cdots$①

が成り立つ．

①より，

$$\int_k^{k+1}\log k\,dx\leqq \int_k^{k+1}\log x\,dx\leqq \int_k^{k+1}\log(k+1)\,dx.$$

$$\log k\leqq \int_k^{k+1}\log x\,dx\leqq \log(k+1).\quad \cdots②$$

(ⅰ)　②の左の不等式より，

$$\sum_{k=1}^{n}\log k\leqq \sum_{k=1}^{n}\int_k^{k+1}\log x\,dx.$$

$\log 1+\log 2+\cdots+\log n$

$$\leqq \int_1^2\log x\,dx+\int_2^3\log x\,dx+\cdots+\int_n^{n+1}\log x\,dx.$$

$$\log(1\cdot 2\cdots\cdots n)\leqq \int_1^{n+1}\log x\,dx.$$

ここで，

$$\log(1\cdot 2\cdots\cdots n)=\log(n!),$$

$$\int_1^{n+1}\log x\,dx=\int_1^{n+1}(x)'\log x\,dx$$

$$=\Big[x\log x\Big]_1^{n+1}-\int_1^{n+1}x\cdot\frac{1}{x}\,dx$$

$$=(n+1)\log(n+1)-\int_1^{n+1}dx$$

$$=(n+1)\log(n+1)-n.$$

よって，

$$\log(n!)\leqq (n+1)\log(n+1)-n.\quad \cdots③$$

(ⅱ)　②の右の不等式より，$n\geqq 2$ のとき，

$$\sum_{k=1}^{n-1}\int_k^{k+1}\log x\,dx\leqq \sum_{k=1}^{n-1}\log(k+1).$$

(ⅰ)と同様にして，

$$\int_1^{n}\log x\,dx\leqq \log(2\cdot 3\cdots\cdots n).$$

ここで，

$$\int_1^{n}\log x\,dx=\Big[x(\log x-1)\Big]_1^{n}$$

$$=n\log n-n+1.$$

よって，

$$n\log n-n+1\leqq \log(n!).\quad \cdots④$$

④は $n=1$ のときも成り立つ．

③，④より，自然数 $n$ に対して，

$$n\log n-n+1\leqq \log(n!)\leqq (n+1)\log(n+1)-n.$$

(2)　十分大きい自然数 $n$ に対して，

$$n\log n-n>0$$

であるから，そのとき(1)の不等式の各辺を $n\log n-n$ で割って，

$$\frac{n\log n-n+1}{n\log n-n}\leqq \frac{\log(n!)}{n\log n-n}$$

$$\leqq \frac{(n+1)\log(n+1)-n}{n\log n-n}.\quad \cdots⑤$$

ここで，$n\to\infty$ を考えるのであるから，$\log n\neq 0$ としてよい．

$$\frac{n\log n-n+1}{n\log n-n}=\frac{1-\dfrac{1}{\log n}+\dfrac{1}{n\log n}}{1-\dfrac{1}{\log n}}$$

$$\to 1\quad (n\to\infty).$$

$$\frac{(n+1)\log(n+1)-n}{n\log n-n}$$

$$=\frac{\dfrac{n+1}{n}\cdot\dfrac{\log(n+1)}{\log n}-\dfrac{1}{\log n}}{1-\dfrac{1}{\log n}}$$

$$=\frac{\left(1+\dfrac{1}{n}\right)\cdot\dfrac{\log n\left(1+\dfrac{1}{n}\right)}{\log n}-\dfrac{1}{\log n}}{1-\dfrac{1}{\log n}}$$

$$=\frac{\left(1+\dfrac{1}{n}\right)\left\{1+\dfrac{\log\left(1+\dfrac{1}{n}\right)}{\log n}\right\}-\dfrac{1}{\log n}}{1-\dfrac{1}{\log n}}$$

$$\to 1\quad (n\to\infty).$$

よって，はさみうちの原理により，⑤から，

$$\lim_{n\to\infty}\frac{\log(n!)}{n\log n-n}=1.$$

184

## 214 ──〈方針〉

(3) $f(x) \geqq g(x)$ $(a \leqq x \leqq b)$ のとき,
$$\int_a^b f(x)\,dx \geqq \int_a^b g(x)\,dx.$$
(等号は $f(x)$, $g(x)$ が一致するときの
み成立)

(4) $x_{n-1} \cdot x_n > x_n{}^2 > x_n \cdot x_{n+1}.$

(1) $n \geqq 2$ のとき,
$$x_n = \int_0^{\frac{\pi}{2}} \cos^{n-1}\theta (\sin\theta)'\,d\theta$$
$$= \left[\cos^{n-1}\theta \sin\theta\right]_0^{\frac{\pi}{2}}$$
$$\qquad + (n-1)\int_0^{\frac{\pi}{2}} \cos^{n-2}\theta \sin^2\theta\,d\theta$$
$$= (n-1)\int_0^{\frac{\pi}{2}} \cos^{n-2}\theta(1-\cos^2\theta)\,d\theta$$
$$= (n-1)(x_{n-2} - x_n).$$
よって,
$$x_n = \frac{n-1}{n} x_{n-2} \quad (n \geqq 2). \qquad \cdots①$$

(2) ① の両辺に $nx_{n-1}$ をかけて,
$$nx_n x_{n-1} = (n-1)x_{n-1}x_{n-2} \quad (n \geqq 2).$$
よって,数列 $\{nx_n x_{n-1}\}$ の各項の値は等
しく,
$$nx_n x_{n-1} = 1 \cdot x_1 x_0 \quad (n \geqq 1).$$
ここで,
$$x_1 = \int_0^{\frac{\pi}{2}} \cos\theta\,d\theta = \left[\sin\theta\right]_0^{\frac{\pi}{2}} = 1,$$
$$x_0 = \int_0^{\frac{\pi}{2}} d\theta = \left[\theta\right]_0^{\frac{\pi}{2}} = \frac{\pi}{2}$$
であるから,
$$x_n x_{n-1} = \frac{\pi}{2n} \quad (n \geqq 1). \qquad \cdots②$$

(3) $0 < \theta < \frac{\pi}{2}$ において,
$$0 < \cos\theta < 1.$$
$\cos^n\theta$ $(> 0)$ をかけて,
$$0 < \cos^{n+1}\theta < \cos^n\theta.$$
$0 \leqq \theta \leqq \frac{\pi}{2}$ で積分して,

$$0 < \int_0^{\frac{\pi}{2}} \cos^{n+1}\theta\,d\theta < \int_0^{\frac{\pi}{2}} \cos^n\theta\,d\theta.$$
よって,$x_n > 0$ であり,
$$x_n > x_{n+1} \quad (n \geqq 0). \qquad \cdots③$$

(4) ③ より,
$$x_{n+1} < x_n < x_{n-1} \quad (n \geqq 1).$$
各辺に $x_n$ $(> 0)$ をかけて,
$$x_n x_{n+1} < x_n{}^2 < x_{n-1}x_n \quad (n \geqq 1).$$
② より,
$$\frac{\pi}{2(n+1)} < x_n{}^2 < \frac{\pi}{2n} \quad (n \geqq 1).$$
よって,
$$\frac{\pi}{2} \cdot \frac{n}{n+1} < nx_n{}^2 < \frac{\pi}{2} \quad (n \geqq 1).$$
$\displaystyle \lim_{n\to\infty} \frac{\pi}{2} \cdot \frac{n}{n+1} = \frac{\pi}{2}$ であるから,はさみう
ちの原理により,
$$\lim_{n\to\infty} nx_n{}^2 = \frac{\pi}{2}.$$

## 215 ──〈方針〉

$I_n + I_{n+2}$ は,
$$I_n + I_{n+2} = \int_0^{\frac{\pi}{4}} \tan^n\theta \cdot \frac{1}{\cos^2\theta}\,d\theta$$
として計算する.

(1) $$I_1 = \int_0^{\frac{\pi}{4}} \tan\theta\,d\theta$$
$$= \left[-\log(\cos\theta)\right]_0^{\frac{\pi}{4}}$$
$$= -\log\frac{1}{\sqrt{2}}$$
$$= \frac{1}{2}\log 2.$$

$$I_n + I_{n+2} = \int_0^{\frac{\pi}{4}} \tan^n\theta\,d\theta + \int_0^{\frac{\pi}{4}} \tan^{n+2}\theta\,d\theta$$
$$= \int_0^{\frac{\pi}{4}} \tan^n\theta(1 + \tan^2\theta)\,d\theta$$
$$= \int_0^{\frac{\pi}{4}} \tan^n\theta \cdot \frac{1}{\cos^2\theta}\,d\theta$$
$$= \left[\frac{1}{n+1}\tan^{n+1}\theta\right]_0^{\frac{\pi}{4}}$$

$$=\frac{1}{n+1}.$$

(2) $0\leqq\theta\leqq\frac{\pi}{4}$ のとき，$0\leqq\tan\theta\leqq1$ であるから，

$$0\leqq\tan^{n+1}\theta\leqq\tan^n\theta.$$

よって，

$$\int_0^{\frac{\pi}{4}}\tan^{n+1}\theta\,d\theta\leqq\int_0^{\frac{\pi}{4}}\tan^n\theta\,d\theta.$$

$$I_n\geqq I_{n+1}.$$

(3) $n\geqq3$ として，(1)，(2) を用いると，

$$\frac{1}{n+1}=I_n+I_{n+2}\leqq I_n+I_n=2I_n,$$

$$\frac{1}{n-1}=I_{n-2}+I_n\geqq I_n+I_n=2I_n.$$

これより，$n\geqq3$ のとき，

$$\frac{1}{2(n+1)}\leqq I_n\leqq\frac{1}{2(n-1)}.$$

$$\frac{n}{2(n+1)}\leqq nI_n\leqq\frac{n}{2(n-1)}.$$

ここで，

$$\lim_{n\to\infty}\frac{n}{2(n+1)}=\lim_{n\to\infty}\frac{1}{2\left(1+\frac{1}{n}\right)}=\frac{1}{2},$$

$$\lim_{n\to\infty}\frac{n}{2(n-1)}=\lim_{n\to\infty}\frac{1}{2\left(1-\frac{1}{n}\right)}=\frac{1}{2}$$

であるから，はさみうちの原理により，

$$\lim_{n\to\infty}nI_n=\frac{1}{2}.$$

# *216* ──〈方針〉

(1) $x=\tan\theta$ とおいて置換積分する．
(2) $a<x<b$ でつねに $g(x)>1$ であれば

$$h(x)>0 \text{ のとき，}\frac{h(x)}{g(x)}<h(x)$$

となり，これより，

$$\int_a^b\frac{h(x)}{g(x)}\,dx<\int_a^b h(x)\,dx$$

となることを利用する．

(1) $x=\tan\theta$ とおくと，

$$\frac{dx}{d\theta}=\frac{1}{\cos^2\theta}.$$

| $x$ | $0\to1$ |
|---|---|
| $\theta$ | $0\to\dfrac{\pi}{4}$ |

よって，

$$\int_0^1\frac{dx}{1+x^2}=\int_0^{\frac{\pi}{4}}\frac{1}{1+\tan^2\theta}\cdot\frac{1}{\cos^2\theta}\,d\theta$$

$$=\int_0^{\frac{\pi}{4}}d\theta$$

$$=\frac{\pi}{4}.$$

(2) $-1+x^2-x^4+\cdots+(-1)^{n+1}x^{2n}$
は初項 $-1$，公比 $-x^2$ $(\neq1)$，項数 $n+1$ の等比数列の和であるから，

$$-1+x^2-x^4+\cdots+(-1)^{n+1}x^{2n}$$

$$=(-1)\cdot\frac{1-(-x^2)^{n+1}}{1-(-x^2)}$$

$$=\frac{-1+(-x^2)^{n+1}}{1+x^2}$$

$$=\frac{-1+(-1)^{n+1}x^{2n+2}}{1+x^2}.$$

よって，

$$f_n(x)=\frac{1}{1+x^2}-1+x^2-\cdots+(-1)^{n+1}x^{2n}$$

$$=\frac{1}{1+x^2}+\frac{-1+(-1)^{n+1}x^{2n+2}}{1+x^2}$$

$$=\frac{(-1)^{n+1}x^{2n+2}}{1+x^2}.$$

よって，$x>0$ のとき，

$$|f_n(x)|=\left|\frac{(-1)^{n+1}x^{2n+2}}{1+x^2}\right|$$

$$=\frac{x^{2n+2}}{1+x^2}.$$

ここで，$0<x<1$ のとき，

$$\frac{1}{2}<\frac{1}{1+x^2}<1$$

より，

$$\frac{x^{2n+2}}{1+x^2}<x^{2n+2}.$$

したがって，

$$|f_n(x)|<x^{2n+2}\quad(0<x<1)$$

であるから,

$$\int_0^1 |f_n(x)|\,dx < \int_0^1 x^{2n+2}\,dx$$

$$= \left[\frac{1}{2n+3}x^{2n+3}\right]_0^1$$

$$= \frac{1}{2n+3}.$$

(3) (2) より,

$$\left|\int_0^1 f_n(x)\,dx\right| \leqq \int_0^1 |f_n(x)|\,dx$$

$$< \frac{1}{2n+3}. \qquad \cdots ①$$

$$\int_0^1 f_n(x)\,dx$$

$$= \int_0^1 \left\{\frac{1}{1+x^2} - 1 + x^2 - x^4 + x^6 - \cdots\right.$$

$$\left. \cdots + (-1)^{n+1}x^{2n}\right\}dx$$

$$= \int_0^1 \frac{1}{1+x^2}\,dx$$

$$+ \int_0^1 \{-1 + x^2 - x^4 + x^6 - \cdots + (-1)^{n+1}x^{2n}\}\,dx$$

$$= \frac{\pi}{4} + \left[-x + \frac{1}{3}x^3 - \frac{1}{5}x^5 + \frac{1}{7}x^7 - \cdots\right.$$

$$\left. \cdots + \frac{(-1)^{n+1}}{2n+1}x^{2n+1}\right]_0^1$$

$$= \frac{\pi}{4} - 1 + \frac{1}{3} - \frac{1}{5} + \frac{1}{7} - \cdots + \frac{(-1)^{n+1}}{2n+1}.$$

これと ① より,

$$\left|\frac{\pi}{4} - \left\{1 - \frac{1}{3} + \frac{1}{5} - \cdots + \frac{(-1)^n}{2n+1}\right\}\right| < \frac{1}{2n+3}.$$

ここで,

$$\lim_{n\to\infty}\frac{1}{2n+3} = 0$$

と, はさみうちの原理により,

$$\lim_{n\to\infty}\left|\frac{\pi}{4} - \left\{1 - \frac{1}{3} + \frac{1}{5} - \cdots + \frac{(-1)^n}{2n+1}\right\}\right| = 0.$$

よって,

$$\lim_{n\to\infty}\left\{1 - \frac{1}{3} + \frac{1}{5} - \cdots + \frac{(-1)^n}{2n+1}\right\} = \frac{\pi}{4}.$$

## 217 ──〈方針〉

(5) (4)で得られた漸化式を利用して, 部分和

$$\sum_{k=1}^{n-1}\frac{1}{(k+1)!} \quad (n \geqq 2)$$

を $a_1$ と $a_n$ を用いて表す.

(1)

$$a_1 = \int_0^1 te^{-t}\,dt$$

$$= \left[-(t+1)e^{-t}\right]_0^1$$

$$= 1 - \frac{2}{e}.$$

(2) $0 \leqq t \leqq 1$ のとき, $t^n \leqq t$ であることを用いると,

$$t^n e^{-t} \leqq te^{-t}.$$

これより,

$$\frac{1}{n!}\int_0^1 t^n e^{-t}\,dt \leqq \frac{1}{n!}\int_0^1 te^{-t}\,dt$$

であるから,

$$a_n \leqq \frac{a_1}{n!}.$$

(3) $0 \leqq t \leqq 1$ のとき, $t^n e^{-t} \geqq 0$ であるから,

$$a_n = \frac{1}{n!}\int_0^1 t^n e^{-t}\,dt \geqq 0.$$

これと (1), (2) より,

$$0 \leqq a_n \leqq \frac{1}{n!}\left(1 - \frac{2}{e}\right).$$

$$\lim_{n\to\infty}\frac{1}{n!}\left(1 - \frac{2}{e}\right) = 0$$ であるから, はさみうちの原理により,

$$\lim_{n\to\infty} a_n = 0.$$

(4)

$$a_{n+1} = \frac{1}{(n+1)!}\int_0^1 t^{n+1}e^{-t}\,dt$$

$$= \frac{1}{(n+1)!}\left\{\left[-t^{n+1}e^{-t}\right]_0^1 + (n+1)\int_0^1 t^n e^{-t}\,dt\right\}$$

$$= -\frac{1}{e(n+1)!} + \frac{1}{n!}\int_0^1 t^n e^{-t}\,dt$$

$$= a_n - \frac{1}{e(n+1)!}.$$

(5) (4) より,

$$\frac{1}{(k+1)!} = e(a_k - a_{k+1}). \quad (k=1,\ 2,\ 3,\ \cdots)$$

$n \geqq 2$ のとき，

$$\sum_{k=1}^{n-1} \frac{1}{(k+1)!} = e\sum_{k=1}^{n-1}(a_k - a_{k+1})$$

$$= e\{(a_1 - \not{a_2}) + (\not{a_2} - \not{a_3}) + \cdots + (\not{a_{n-1}} - a_n)\}$$

$$= e(a_1 - a_n).$$

よって，(1)，(3) より，

$$\lim_{n\to\infty}\left(\frac{1}{2!} + \frac{1}{3!} + \cdots + \frac{1}{n!}\right) = \lim_{n\to\infty} e(a_1 - a_n)$$

$$= ea_1$$

$$= e\left(1 - \frac{2}{e}\right)$$

$$= e - 2.$$

# *218* ——〈方針〉————

(3) $V = vt$ と (2)で得られる式を連立して，$h$ と $t$ の関係式を求める．

(1) $\displaystyle\int \log(y+1)\,dy$

$$= \int (y+1)' \log(y+1)\,dy$$

$$= (y+1)\log(y+1) - \int (y+1)\cdot\frac{1}{y+1}\,dy$$

$$= (y+1)\log(y+1) - y + C.$$

**($C$ は積分定数)**

(2)

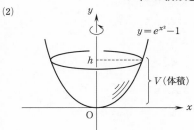

$x \geqq 0$，$y \geqq 0$ において，

$$y = e^{x^2} - 1 \iff e^{x^2} = y+1$$
$$\iff x^2 = \log(y+1).$$

よって，

$$V = \int_0^h \pi x^2\,dy$$

$$= \int_0^h \pi \log(y+1)\,dy \qquad \cdots ①$$

$$= \pi\Big[(y+1)\log(y+1) - y\Big]_0^h$$

$$= \pi\{(h+1)\log(h+1) - h\}.$$

(3) 条件より，$V = vt$ であり，これと ① より，

$$\int_0^h \pi \log(y+1)\,dy = vt.$$

両辺を $t$ で微分して，

$$\pi\{\log(h+1)\}\frac{dh}{dt} = v.$$

$$\frac{dh}{dt} = \frac{v}{\pi \log(h+1)}.$$

よって，$h = e^{10} - 1$ のとき，

$$\frac{dh}{dt} = \frac{v}{\pi \log e^{10}}$$

$$= \frac{v}{10\pi}.$$

# 数 学 C

## 219 ──〈方針〉──

一般に，相異なる 3 点 A，B，C について，

3 点 A，B，C が一直線上にある
$\iff \overrightarrow{AC}=k\overrightarrow{AB}$ を満たす実数 $k$ が存在する．

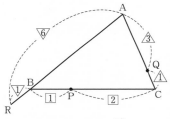

(1) 点 P の位置ベクトルを $\overrightarrow{p}$ とおくと，

$$\overrightarrow{AP}=\overrightarrow{p}-\overrightarrow{a}$$
$$=\frac{2\overrightarrow{b}+\overrightarrow{c}}{3}-\overrightarrow{a}$$
$$=-\overrightarrow{a}+\frac{2}{3}\overrightarrow{b}+\frac{1}{3}\overrightarrow{c}.$$

$$\overrightarrow{AQ}=\frac{3}{4}\overrightarrow{AC}$$
$$=\frac{3}{4}(\overrightarrow{c}-\overrightarrow{a})$$
$$=-\frac{3}{4}\overrightarrow{a}+\frac{3}{4}\overrightarrow{c}.$$

$$\overrightarrow{AR}=\frac{6}{5}\overrightarrow{AB}$$
$$=\frac{6}{5}(\overrightarrow{b}-\overrightarrow{a})$$
$$=-\frac{6}{5}\overrightarrow{a}+\frac{6}{5}\overrightarrow{b}.$$

(2) (1) の結果より，

$$\overrightarrow{RP}=\overrightarrow{AP}-\overrightarrow{AR}$$
$$=\left(-\overrightarrow{a}+\frac{2}{3}\overrightarrow{b}+\frac{1}{3}\overrightarrow{c}\right)-\left(-\frac{6}{5}\overrightarrow{a}+\frac{6}{5}\overrightarrow{b}\right)$$
$$=\frac{1}{5}\overrightarrow{a}-\frac{8}{15}\overrightarrow{b}+\frac{1}{3}\overrightarrow{c}. \qquad \cdots①$$

$$\overrightarrow{RQ}=\overrightarrow{AQ}-\overrightarrow{AR}$$
$$=\left(-\frac{3}{4}\overrightarrow{a}+\frac{3}{4}\overrightarrow{c}\right)-\left(-\frac{6}{5}\overrightarrow{a}+\frac{6}{5}\overrightarrow{b}\right)$$
$$=\frac{9}{20}\overrightarrow{a}-\frac{6}{5}\overrightarrow{b}+\frac{3}{4}\overrightarrow{c}. \qquad \cdots②$$

①，② より，

$$\overrightarrow{RQ}=\frac{9}{4}\overrightarrow{RP}$$

が成立するから，3 点 P，Q，R は一直線上にある．

## 220 ──〈方針〉──

$\overrightarrow{AB}$，$\overrightarrow{AD}$ を用いて，各点の位置関係を調べていく．

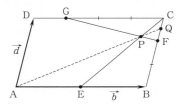

$\overrightarrow{b}=\overrightarrow{AB}$，$\overrightarrow{d}=\overrightarrow{AD}$ とおくと，与えられた条件より，

$$\overrightarrow{AC}=\overrightarrow{b}+\overrightarrow{d}, \qquad \overrightarrow{AE}=\frac{1}{2}\overrightarrow{b},$$
$$\overrightarrow{AF}=\overrightarrow{b}+\frac{2}{3}\overrightarrow{d}, \qquad \overrightarrow{AG}=\overrightarrow{d}+\frac{1}{4}\overrightarrow{b}.$$

P は直線 CE 上にあるから，$s$ を実数として，

$$\overrightarrow{AP}=(1-s)\overrightarrow{AE}+s\overrightarrow{AC}$$
$$=(1-s)\cdot\frac{1}{2}\overrightarrow{b}+s(\overrightarrow{b}+\overrightarrow{d})$$
$$=\frac{1+s}{2}\overrightarrow{b}+s\overrightarrow{d} \qquad \cdots①$$

と表せる．

さらに，P は直線 FG 上にあるから，$t$ を

実数として,
$$\overrightarrow{\text{AP}}=(1-t)\overrightarrow{\text{AF}}+t\overrightarrow{\text{AG}}$$
$$=(1-t)\left(\vec{b}+\frac{2}{3}\vec{d}\right)+t\left(\vec{d}+\frac{1}{4}\vec{b}\right)$$
$$=\left(1-\frac{3}{4}t\right)\vec{b}+\frac{2+t}{3}\vec{d} \quad \cdots ②$$

と表せる.

$\vec{b}$ と $\vec{d}$ は 1 次独立であるから, ①, ② より,
$$\begin{cases} \dfrac{1+s}{2}=1-\dfrac{3}{4}t, \\ s=\dfrac{2+t}{3}. \end{cases}$$

これを解くと,
$$s=\frac{8}{11}, \quad t=\frac{2}{11}.$$

$s=\dfrac{8}{11}$ を ① に代入して,
$$\overrightarrow{\text{AP}}=\frac{19}{22}\vec{b}+\frac{8}{11}\vec{d}.$$

Q は直線 AP 上にあるから, $k$ を実数として,
$$\overrightarrow{\text{AQ}}=k\overrightarrow{\text{AP}}$$
$$=k\left(\frac{19}{22}\vec{b}+\frac{8}{11}\vec{d}\right)$$
$$=\frac{19}{22}k\vec{b}+\frac{8}{11}k\vec{d}$$

と表せる.

さらに, Q は直線 BC 上にあるから,
$$\frac{19}{22}k=1.$$
$$k=\frac{22}{19}.$$

よって,
$$\mathbf{AP} : \mathbf{PQ}=1 : (k-1)$$
$$=1 : \frac{3}{19}$$
$$=19 : 3.$$

# *221*

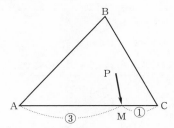

点 M は線分 AC を 3:1 に内分するから,
$$\overrightarrow{\text{PM}}=\frac{1}{4}\overrightarrow{\text{PA}}+\frac{3}{4}\overrightarrow{\text{PC}}.$$

また, $\overrightarrow{\text{PA}}+2\overrightarrow{\text{PB}}+3\overrightarrow{\text{PC}}=\vec{0}$ が成立するとき,
$$\overrightarrow{\text{PB}}=-\frac{1}{2}\overrightarrow{\text{PA}}-\frac{3}{2}\overrightarrow{\text{PC}}=-2\overrightarrow{\text{PM}}$$

となるから, 3 点 B, P, M は一直線上にあり,
$$\text{BP} : \text{PM}=2 : 1.$$

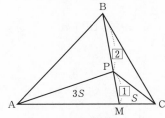

ここで, $S=\triangle\text{PCM}$ とおくと,
$$\triangle\text{PAM}=3S$$
であり,
$$S_1=\triangle\text{PAB}=2\triangle\text{PAM}=6S,$$
$$S_2=\triangle\text{PBC}=2\triangle\text{PCM}=2S,$$
$$S_3=\triangle\text{PCA}=\triangle\text{PAM}+\triangle\text{PCM}=4S.$$
よって,
$$S_1 : S_2 : S_3=6S : 2S : 4S$$
$$=3 : 1 : 2.$$

## 222 ——〈方針〉——

(1) 点 C が直線 DE 上にあることを式で表す.

(2) $\dfrac{S}{T}$ を $x$, $y$ の式で表し, さらに(1)で得た等式を用いて $x$ のみの式で表す.

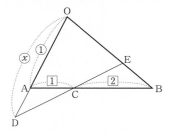

(1) 点 C は辺 AB を $1:2$ に内分するから,

$$\overrightarrow{OC}=\frac{2\overrightarrow{OA}+\overrightarrow{OB}}{1+2}$$

$$=\frac{2}{3}\overrightarrow{OA}+\frac{1}{3}\overrightarrow{OB}. \quad \cdots①$$

また, 点 C は直線 DE 上にもあるから, $k$ を実数として,

$$\overrightarrow{OC}=\overrightarrow{OD}+k\overrightarrow{DE}$$

と表せる.

これより,

$$\overrightarrow{OC}=\overrightarrow{OD}+k(\overrightarrow{OE}-\overrightarrow{OD})$$

$$=(1-k)\overrightarrow{OD}+k\overrightarrow{OE} \quad \cdots(*)$$

$$=(1-k)x\overrightarrow{OA}+ky\overrightarrow{OB}. \quad \cdots②$$

$\overrightarrow{OA}$, $\overrightarrow{OB}$ は 1 次独立であるから, ①, ② より,

$$\frac{2}{3}=(1-k)x, \quad \frac{1}{3}=ky.$$

これらの 2 式より $x$, $y$ はいずれも 0 でないことがわかり,

$$\frac{2}{3x}=1-k, \quad \frac{1}{3y}=k.$$

辺々加えて $k$ を消去することにより,

$$\frac{2}{3x}+\frac{1}{3y}=1,$$

すなわち,

$$\frac{2}{x}+\frac{1}{y}=3.$$

【注1】 △ODE があり, $\overrightarrow{OC}=s\overrightarrow{OD}+t\overrightarrow{OE}$ のとき, 点 C が直線 DE 上にあるための必要十分条件は $s+t=1$ が成り立つことである.

解答中の (*) 式は, このことを用いて得ることもできる ($s=1-k$, $t=k$ とおくとよい). (注1終り)

【注2】 図より $x$, $y$ はともに 0 でないから,

$$\overrightarrow{OA}=\frac{1}{x}\overrightarrow{OD}, \quad \overrightarrow{OB}=\frac{1}{y}\overrightarrow{OE}$$

が成り立ち, ① に代入することにより,

$$\overrightarrow{OC}=\frac{2}{3x}\overrightarrow{OD}+\frac{1}{3y}\overrightarrow{OE}$$

と表せる.

ここで, 【注1】で述べたことにより,

$$\frac{2}{3x}+\frac{1}{3y}=1, \quad \text{すなわち}, \quad \frac{2}{x}+\frac{1}{y}=3$$

を得ることもできる. (注2終り)

(2) $\angle AOB=\theta$ とおくと,

$$\frac{S}{T}=\frac{\frac{1}{2}OA\cdot OB\sin\theta}{\frac{1}{2}OD\cdot OE\sin\theta}=\frac{OA}{OD}\cdot\frac{OB}{OE}=\frac{1}{xy}.$$

$\dfrac{1}{x}=u$ とおく.

$x\geqq1$ であるから $0<u\leqq1$ であり,

$$\frac{1}{y}=3-\frac{2}{x}=3-2u$$

となるから,

$$\frac{S}{T}=\frac{1}{x}\cdot\frac{1}{y}=u(3-2u)$$

$$=-2\left(u-\frac{3}{4}\right)^2+\frac{9}{8}.$$

$0<u\leqq1$ であるから, $u=\dfrac{3}{4}$, すなわち,

**$x=\dfrac{4}{3}$ のとき, $\dfrac{S}{T}$ は最大値 $\dfrac{9}{8}$ をとる.**

# 223 ──〈方針〉──

(2) △OAB に対して,
$$\overrightarrow{OP}=\alpha\overrightarrow{OA}+\beta\overrightarrow{OB}$$
で表される点 P が △OAB の内部にある条件は,
$$\alpha>0,\ \ \beta>0,\ \ \alpha+\beta<1.$$

(1) $\overrightarrow{OP}+\overrightarrow{AP}+\overrightarrow{BP}=k\overrightarrow{OA}.$
$\overrightarrow{OP}+(\overrightarrow{OP}-\overrightarrow{OA})+(\overrightarrow{OP}-\overrightarrow{OB})=k\overrightarrow{OA}.$

$$\overrightarrow{OP}=\frac{1+k}{3}\overrightarrow{OA}+\frac{1}{3}\overrightarrow{OB}.\qquad\cdots①$$

(2) ① で表される P が △OAB の内部にあることから,
$$\begin{cases}\dfrac{1+k}{3}>0,\\[2mm]\dfrac{1+k}{3}+\dfrac{1}{3}<1.\end{cases}$$
よって,
$$\boldsymbol{-1<k<1.}$$

(3) ① より, P は辺 OB を 1:2 に内分する点を通り, 辺 OA に平行な直線上を動く.

さらに, P は △OAB の内部にあるから, 求める範囲は次図の線分 A′B′（両端を除く）となる.

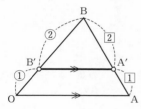

# 224

(1) 半直線 OX, OY 上にそれぞれ点 D, E を
$$OD=OE=1$$
となるようにとり, さらに線分 OD, OE を隣り合う 2 辺とするひし形の残りの頂点を F とする.

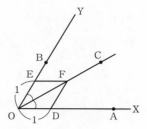

このとき,
$$\overrightarrow{OF}=\overrightarrow{OD}+\overrightarrow{OE}.\qquad\cdots①$$
また, $\vec{a}$ と $\overrightarrow{OD}$ は同じ向きで, 大きさの比が $|\vec{a}|:1$ であるから,
$$\overrightarrow{OD}=\frac{\vec{a}}{|\vec{a}|}\qquad\cdots②$$
であり, $\vec{b}$ と $\overrightarrow{OE}$ は同じ向きで, 大きさの比が $|\vec{b}|:1$ であるから,
$$\overrightarrow{OE}=\frac{\vec{b}}{|\vec{b}|}.\qquad\cdots③$$

①, ②, ③ より,
$$\overrightarrow{OF}=\frac{\vec{a}}{|\vec{a}|}+\frac{\vec{b}}{|\vec{b}|}.$$

また, F と C はともに ∠XOY の二等分線上にあるから, 実数 $t$ を用いて,
$$\vec{c}=t\overrightarrow{OF}$$
と表せる.

ゆえに,
$$\vec{c}=t\left(\frac{\vec{a}}{|\vec{a}|}+\frac{\vec{b}}{|\vec{b}|}\right)$$
と表せる.

((1)の別解)

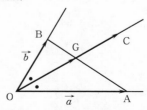

∠AOB の二等分線と AB の交点を G とおく.

$AG:BG=|\vec{a}|:|\vec{b}|$ より,

$$\overrightarrow{OG}=\frac{|\vec{b}|\vec{a}+|\vec{a}|\vec{b}}{|\vec{a}|+|\vec{b}|}. \quad \cdots(*_1)$$

また，点 C は直線 OG 上にあるから，

$$\overrightarrow{OC}=k\overrightarrow{OG} \quad \cdots(*_2)$$

と表せる．

$(*_1)$，$(*_2)$ より，

$$\overrightarrow{OC}=\frac{k}{|\vec{a}|+|\vec{b}|}(|\vec{b}|\vec{a}+|\vec{a}|\vec{b})$$

$$=\frac{k|\vec{a}||\vec{b}|}{|\vec{a}|+|\vec{b}|}\left(\frac{\vec{a}}{|\vec{a}|}+\frac{\vec{b}}{|\vec{b}|}\right)$$

$$=t\left(\frac{\vec{a}}{|\vec{a}|}+\frac{\vec{b}}{|\vec{b}|}\right). \quad \left(t=\frac{k|\vec{a}||\vec{b}|}{|\vec{a}|+|\vec{b}|}\right)$$

((1) の別解終り)

(2)

P は ∠XOY の二等分線上にあるから，(1) より，実数 $t$ を用いて，

$$\vec{p}=t\left(\frac{\vec{a}}{|\vec{a}|}+\frac{\vec{b}}{|\vec{b}|}\right)$$

$$=\frac{t}{2}\vec{a}+\frac{t}{3}\vec{b} \quad \cdots④$$

と表せる．

さらに，P は ∠XAB の二等分線上にあるから，実数 $s$ を用いて，

$$\overrightarrow{AP}=s\left(\frac{\vec{a}}{|\vec{a}|}+\frac{\overrightarrow{AB}}{|\overrightarrow{AB}|}\right)$$

$$=s\left(\frac{\vec{a}}{2}+\frac{\overrightarrow{AB}}{4}\right)$$

と表せる．

ここで，

$$\overrightarrow{AP}=\vec{p}-\vec{a},$$
$$\overrightarrow{AB}=\vec{b}-\vec{a}$$

より，

$$\vec{p}-\vec{a}=s\left(\frac{\vec{a}}{2}+\frac{\vec{b}-\vec{a}}{4}\right).$$

$$\vec{p}=\left(1+\frac{s}{4}\right)\vec{a}+\frac{s}{4}\vec{b}. \quad \cdots⑤$$

$\vec{a}\neq\vec{0}$，$\vec{b}\neq\vec{0}$，$\vec{a}\not\parallel\vec{b}$ であるから，④，⑤ より，

$$\begin{cases}\dfrac{t}{2}=1+\dfrac{s}{4}, \\[2mm] \dfrac{t}{3}=\dfrac{s}{4}.\end{cases}$$

$$s=8, \quad t=6.$$

したがって，

$$\vec{p}=3\vec{a}+2\vec{b}.$$

# 225 ──〈方針〉

(ア) $\begin{cases}\overrightarrow{OP}=s\overrightarrow{OA}+t\overrightarrow{OB}, \\ s\geqq0, \quad t\geqq0, \quad s+t\geqq1\end{cases}$

のとき，点 P の存在範囲は下図の網掛け部分(境界を含む)．

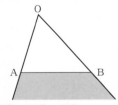

(イ) $\begin{cases}\overrightarrow{OP}=s\overrightarrow{OA}+t\overrightarrow{OB}, \\ s\geqq0, \quad t\geqq0, \quad s+t\leqq1\end{cases}$

のとき，点 P の存在範囲は下図の網掛け部分(境界を含む)．

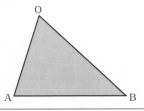

$$\overrightarrow{OP}=s\overrightarrow{OA}+t\overrightarrow{OB}.$$

(1) (i) $s\geqq0$，$t\geqq0$，$s+t\geqq1$ のとき．

点 P の存在しうる領域は，次図の網掛け

部分(境界を含む)である.

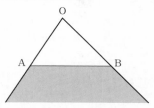

(ii) $s \geqq 0$, $t \geqq 0$, $s+t \leqq 3$ のとき.

$$\begin{cases} \overrightarrow{\mathrm{OP}} = \dfrac{s}{3}(3\overrightarrow{\mathrm{OA}}) + \dfrac{t}{3}(3\overrightarrow{\mathrm{OB}}), \\ s \geqq 0, \quad t \geqq 0, \quad \dfrac{s}{3} + \dfrac{t}{3} \leqq 1. \end{cases}$$

$s_1 = \dfrac{s}{3}$, $t_1 = \dfrac{t}{3}$, $\overrightarrow{\mathrm{OA_1}} = 3\overrightarrow{\mathrm{OA}}$, $\overrightarrow{\mathrm{OB_1}} = 3\overrightarrow{\mathrm{OB}}$

とおくと,

$$\begin{cases} \overrightarrow{\mathrm{OP}} = s_1 \overrightarrow{\mathrm{OA_1}} + t_1 \overrightarrow{\mathrm{OB_1}}, \\ s_1 \geqq 0, \quad t_1 \geqq 0, \quad s_1 + t_1 \leqq 1. \end{cases}$$

したがって, 点 P の存在しうる領域は, 次図の網掛け部分(境界を含む)である.

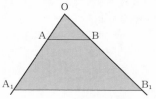

(i), (ii) より, 点 P の存在しうる領域は, 次図の網掛け部分(境界を含む)であり, その面積は,

$$3^2 S - S = 8S$$

より, $S$ の 8 倍である.

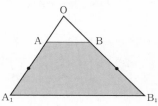

(2) $1 \leqq s + 2t \leqq 3$ のとき.

$$\begin{cases} \overrightarrow{\mathrm{OP}} = s\overrightarrow{\mathrm{OA}} + 2t\left(\dfrac{1}{2}\overrightarrow{\mathrm{OB}}\right), \\ s \geqq 0, \quad t \geqq 0, \quad 1 \leqq s + 2t \leqq 3. \end{cases}$$

$t_2 = 2t$, $\overrightarrow{\mathrm{OB_2}} = \dfrac{1}{2}\overrightarrow{\mathrm{OB}}$ とおくと,

$$\begin{cases} \overrightarrow{\mathrm{OP}} = s\overrightarrow{\mathrm{OA}} + t_2 \overrightarrow{\mathrm{OB_2}}, \\ s \geqq 0, \quad t_2 \geqq 0, \quad 1 \leqq s + t_2 \leqq 3. \end{cases}$$

よって, (1)と同様にして, 点 P の存在しうる領域は, 次図の網掛け部分(境界を含む)であり, その面積は,

$$3 \cdot \dfrac{3}{2} S - \dfrac{1}{2} S = 4S$$

より, $S$ の 4 倍である.

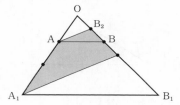

# 226 ——〈方針〉

$|\vec{a} - t\vec{b}|^2$ を展開して $t$ の 2 次関数とみなす.

$$\begin{aligned} \vec{a} \cdot \vec{b} &= |\vec{a}||\vec{b}| \cos \theta \\ &= 3 \cdot 1 \cdot \cos 60° \\ &= \dfrac{3}{2}. \end{aligned}$$

よって,

$$\begin{aligned} |\vec{a} - t\vec{b}|^2 &= |\vec{a}|^2 - 2t\vec{a} \cdot \vec{b} + t^2 |\vec{b}|^2 \\ &= 9 - 2t \cdot \dfrac{3}{2} + t^2 \\ &= t^2 - 3t + 9 \\ &= \left(t - \dfrac{3}{2}\right)^2 + \dfrac{27}{4}. \end{aligned}$$

したがって, $|\vec{a} - t\vec{b}|^2$ は $t = \dfrac{3}{2}$ のとき最小値 $\dfrac{27}{4}$ をとる.

ゆえに, $|\vec{a} - t\vec{b}|$ の最小値は,

$$\sqrt{\frac{27}{4}}=\frac{3}{2}\sqrt{3}$$

であり, そのときの $t$ の値は,

$$t=\frac{3}{2}.$$

**(別解)**

$$\vec{a}=\overrightarrow{OA}, \ \vec{b}=\overrightarrow{OB}, \ \vec{a}-t\vec{b}=\overrightarrow{OP}$$

とおく.

$t$ が実数全体を動くとき, 点 P は, 点 A を通り $\overrightarrow{OB}$ に平行な直線 $l$ を描く.

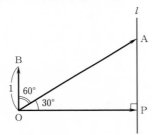

$|\overrightarrow{OP}|$ が最小になるのは

$$\overrightarrow{OP}\perp l$$

となるときであり, このとき,

$$\angle AOP=30°$$

であるから, $|\overrightarrow{OP}|$ の最小値は,

$$|\overrightarrow{OA}|\cos 30°=\frac{3}{2}\sqrt{3}.$$

また, このとき,

$$|\overrightarrow{PA}|=|\overrightarrow{OA}|\sin 30°=\frac{3}{2}$$

であり, $|\overrightarrow{OB}|=1$ であるから,

$$\overrightarrow{PA}=\frac{3}{2}\overrightarrow{OB}.$$

$$\vec{a}-(\vec{a}-t\vec{b})=\frac{3}{2}\vec{b}.$$

$$t\vec{b}=\frac{3}{2}\vec{b}.$$

$$t=\frac{3}{2}.$$

(別解終り)

# 227 ──〈方針〉

$\vec{a}=(a_1, \ a_2), \ \vec{b}=(b_1, \ b_2)$ のとき,

$\vec{a}\perp\vec{b}$ ($\vec{a}$ と $\vec{b}$ が垂直)

$\iff \vec{a}\cdot\vec{b}=a_1b_1+a_2b_2=0.$

$\vec{a}\ /\!/\ \vec{b}$ ($\vec{a}$ と $\vec{b}$ が平行)

$\iff \vec{b}=k\vec{a}$ ($k$ は実数).

$$\vec{a}+\vec{b}=(3, \ x-1),$$
$$2\vec{a}-3\vec{b}=(-4, \ 2x+3).$$

(1) $\vec{a}+\vec{b}, \ 2\vec{a}-3\vec{b}$ が垂直であるとき,

$$(\vec{a}+\vec{b})\cdot(2\vec{a}-3\vec{b})=0.$$
$$3\cdot(-4)+(x-1)(2x+3)=0.$$
$$2x^2+x-15=0.$$
$$(2x-5)(x+3)=0.$$

よって,

$$x=\frac{5}{2}, \ -3.$$

(2) $\vec{a}+\vec{b}, \ 2\vec{a}-3\vec{b}$ が平行であるとき,

$$2\vec{a}-3\vec{b}=k(\vec{a}+\vec{b})$$

を満たす実数 $k$ がある.

両辺の成分を比べて,

$$\begin{cases} -4=3k, & \cdots ① \\ 2x+3=k(x-1). & \cdots ② \end{cases}$$

① より,

$$k=-\frac{4}{3}.$$

② に代入して,

$$2x+3=-\frac{4}{3}(x-1).$$

$$x=-\frac{1}{2}.$$

(3) $$\vec{a}\cdot\vec{b}=|\vec{a}||\vec{b}|\cos 60°$$

より,

$$1\cdot 2+x\cdot(-1)=\sqrt{1+x^2}\sqrt{5}\cdot\frac{1}{2}.$$
$$2(2-x)=\sqrt{5(1+x^2)}.$$
$$4(2-x)^2=5(1+x^2). \quad (x\leqq 2)$$
$$x^2+16x-11=0. \quad (x\leqq 2)$$

よって,

$$x=-8\pm 5\sqrt{3}.$$

# 228 ──〈方針〉

(2) 直線 AI と辺 BC の交点を D とすると，AD は ∠BAC の二等分線であるから，
$$BD:DC=AB:AC.$$
また，BI は ∠ABD の二等分線であるから，
$$AI:ID=AB:BD.$$

(1) G は △ABC の重心であるから，
$$\overrightarrow{AG}=\frac{\overrightarrow{AB}+\overrightarrow{AC}}{3}$$
$$=\frac{1}{3}\overrightarrow{AB}+\frac{1}{3}\overrightarrow{AC}.$$

(2)

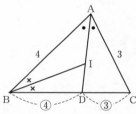

直線 AI と辺 BC との交点を D とおくと，AD は ∠BAC の二等分線であるから，
$$BD:DC=AB:AC$$
$$=4:3.$$
よって，
$$BD=\frac{4}{7}a.$$
また，BI は ∠ABD の二等分線であるから，
$$AI:ID=AB:BD$$
$$=4:\frac{4}{7}a$$
$$=7:a.$$
よって，
$$\overrightarrow{AI}=\frac{7}{7+a}\overrightarrow{AD}$$
$$=\frac{7}{7+a}\cdot\frac{3\overrightarrow{AB}+4\overrightarrow{AC}}{7}$$
$$=\frac{3}{7+a}\overrightarrow{AB}+\frac{4}{7+a}\overrightarrow{AC}.$$

(3) (1), (2) より，
$$\overrightarrow{GI}=\overrightarrow{AI}-\overrightarrow{AG}$$
$$=\frac{2-a}{3(7+a)}\overrightarrow{AB}+\frac{5-a}{3(7+a)}\overrightarrow{AC}.$$
また，
$$\overrightarrow{BC}=-\overrightarrow{AB}+\overrightarrow{AC}$$
であるから，GI∥BC となるのは，
$$\frac{2-a}{3(7+a)}=-\frac{5-a}{3(7+a)}$$
のときである．
これより，
$$2-a=-(5-a).$$
よって，
$$a=\frac{7}{2}.$$

(4) △ABC において，余弦定理より，
$$BC^2=AB^2+AC^2-2AB\cdot AC\cos A.$$
$$a^2=4^2+3^2-2\overrightarrow{AB}\cdot\overrightarrow{AC}.$$
よって，
$$\overrightarrow{AB}\cdot\overrightarrow{AC}=\frac{25-a^2}{2}.$$
GI⊥BC より，
$$\overrightarrow{GI}\cdot\overrightarrow{BC}=0.$$
$$\{(2-a)\overrightarrow{AB}+(5-a)\overrightarrow{AC}\}\cdot(-\overrightarrow{AB}+\overrightarrow{AC})=0.$$
$$(a-2)|\overrightarrow{AB}|^2+(5-a)|\overrightarrow{AC}|^2-3\overrightarrow{AB}\cdot\overrightarrow{AC}=0.$$
$$16(a-2)+9(5-a)-3\cdot\frac{25-a^2}{2}=0.$$
$$3a^2+14a-49=0.$$
$$(3a-7)(a+7)=0.$$
4-3<a<4+3 より，【注】参照
$$a=\frac{7}{3}.$$

【注】 △ABC において，
$$|AB-AC|<BC<AB+AC.$$
（三角形の成立条件）

（注終り）

# 229

(1)

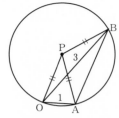

点 P が △OAB の外心であることから,
$$|\overrightarrow{OP}|=|\overrightarrow{AP}|=|\overrightarrow{BP}|$$
が成立する.

これを変形して,
$$\begin{cases} |\overrightarrow{OP}|^2=|\overrightarrow{OP}-\overrightarrow{OA}|^2, \\ |\overrightarrow{OP}|^2=|\overrightarrow{OP}-\overrightarrow{OB}|^2. \end{cases}$$
$$\begin{cases} 2\overrightarrow{OP}\cdot\overrightarrow{OA}=|\overrightarrow{OA}|^2, \\ 2\overrightarrow{OP}\cdot\overrightarrow{OB}=|\overrightarrow{OB}|^2. \end{cases}$$
$\overrightarrow{OP}=s\overrightarrow{OA}+t\overrightarrow{OB}$ より,
$$\begin{cases} 2(s|\overrightarrow{OA}|^2+t\overrightarrow{OA}\cdot\overrightarrow{OB})=|\overrightarrow{OA}|^2, \\ 2(s\overrightarrow{OA}\cdot\overrightarrow{OB}+t|\overrightarrow{OB}|^2)=|\overrightarrow{OB}|^2. \end{cases}$$
$|\overrightarrow{OA}|=1$, $|\overrightarrow{OB}|=3$, $\overrightarrow{OA}\cdot\overrightarrow{OB}=2$ …(*)
を代入して,
$$\begin{cases} 2s+4t=1, \\ 4s+18t=9. \end{cases}$$
これを解いて,
$$s=-\frac{9}{10}, \quad t=\frac{7}{10}.$$

(2)

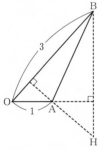

点 H が △OAB の垂心であることから,
$$OA\perp BH, \quad OB\perp AH$$

が成立する.

これより,
$$\begin{cases} \overrightarrow{OA}\cdot(\overrightarrow{OH}-\overrightarrow{OB})=0, \\ \overrightarrow{OB}\cdot(\overrightarrow{OH}-\overrightarrow{OA})=0. \end{cases}$$
$$\begin{cases} \overrightarrow{OA}\cdot\overrightarrow{OH}=\overrightarrow{OA}\cdot\overrightarrow{OB}, \\ \overrightarrow{OB}\cdot\overrightarrow{OH}=\overrightarrow{OA}\cdot\overrightarrow{OB}. \end{cases}$$
$\overrightarrow{OH}=u\overrightarrow{OA}+v\overrightarrow{OB}$ より,
$$\begin{cases} u|\overrightarrow{OA}|^2+v\overrightarrow{OA}\cdot\overrightarrow{OB}=\overrightarrow{OA}\cdot\overrightarrow{OB}, \\ u\overrightarrow{OA}\cdot\overrightarrow{OB}+v|\overrightarrow{OB}|^2=\overrightarrow{OA}\cdot\overrightarrow{OB}. \end{cases}$$
(*) を代入して,
$$\begin{cases} u+2v=2, \\ 2u+9v=2. \end{cases}$$
これを解いて,
$$u=\frac{14}{5}, \quad v=-\frac{2}{5}.$$

# 230 ──〈方針〉

(1) $|\overrightarrow{OA}+\sqrt{3}\,\overrightarrow{OB}|^2=|-2\overrightarrow{OC}|^2$ である
ことを利用する.

(2) $\cos\angle AOC=\dfrac{\overrightarrow{OA}\cdot\overrightarrow{OC}}{|\overrightarrow{OA}||\overrightarrow{OC}|}$ を用いる.

(3) $\triangle ABC=\triangle OAB+\triangle OAC+\triangle OBC$
である.

$$\overrightarrow{OA}+\sqrt{3}\,\overrightarrow{OB}+2\overrightarrow{OC}=\overrightarrow{0}. \quad\cdots①$$

(1) ① より,
$$\overrightarrow{OA}+\sqrt{3}\,\overrightarrow{OB}=-2\overrightarrow{OC}.$$
よって,
$$|\overrightarrow{OA}+\sqrt{3}\,\overrightarrow{OB}|^2=|-2\overrightarrow{OC}|^2.$$
$$|\overrightarrow{OA}|^2+2\sqrt{3}\,\overrightarrow{OA}\cdot\overrightarrow{OB}+3|\overrightarrow{OB}|^2=4|\overrightarrow{OC}|^2.$$
ここで,
$$|\overrightarrow{OA}|=|\overrightarrow{OB}|=|\overrightarrow{OC}|=1$$
であるから,
$$1+2\sqrt{3}\,\overrightarrow{OA}\cdot\overrightarrow{OB}+3=4.$$
よって,
$$\overrightarrow{OA}\cdot\overrightarrow{OB}=0.$$
また, ① より, 同様にして,
$$|\overrightarrow{OA}+2\overrightarrow{OC}|^2=|-\sqrt{3}\,\overrightarrow{OB}|^2.$$
$$1+4\overrightarrow{OA}\cdot\overrightarrow{OC}+4=3.$$
$$\overrightarrow{OA}\cdot\overrightarrow{OC}=-\frac{1}{2}.$$

(2) (1) より，$\overrightarrow{OA}\cdot\overrightarrow{OB}=0$ であり，$\overrightarrow{OA}\neq\vec{0}$，$\overrightarrow{OB}\neq\vec{0}$ であるから，

$$\angle AOB=\frac{\pi}{2}.$$

また，$\overrightarrow{OA}\cdot\overrightarrow{OC}=-\dfrac{1}{2}$ より，

$$\cos\angle AOC=\frac{\overrightarrow{OA}\cdot\overrightarrow{OC}}{|\overrightarrow{OA}||\overrightarrow{OC}|}=-\frac{1}{2}.$$

よって，

$$\angle AOC=\frac{2\pi}{3}.$$

(3) ① より，

$$\overrightarrow{OC}=-\frac{\overrightarrow{OA}+\sqrt{3}\,\overrightarrow{OB}}{2}$$

$$=-\frac{\sqrt{3}+1}{2}\cdot\frac{\overrightarrow{OA}+\sqrt{3}\,\overrightarrow{OB}}{\sqrt{3}+1}.$$

AB を $\sqrt{3}:1$ に内分する点を D とすると，

$$\overrightarrow{OC}=-\frac{\sqrt{3}+1}{2}\overrightarrow{OD}$$

となり，$\overrightarrow{OC}$ と $\overrightarrow{OD}$ は逆向きである.

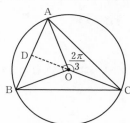

よって，点 O は △ABC の内部にあるから，

△ABC＝△OAB＋△OAC＋△OBC

$$=\frac{1}{2}\cdot1\cdot1+\frac{1}{2}\cdot1\cdot1\sin\frac{2\pi}{3}+\frac{1}{2}\cdot1\cdot1\sin\frac{5\pi}{6}$$

$$=\frac{1}{2}\Bigl(1+\frac{\sqrt{3}}{2}+\frac{1}{2}\Bigr)$$

$$=\frac{3+\sqrt{3}}{4}.$$

(4) $|\overrightarrow{BC}|^2=|\overrightarrow{OB}-\overrightarrow{OC}|^2$

$$=|\overrightarrow{OB}|^2-2\overrightarrow{OB}\cdot\overrightarrow{OC}+|\overrightarrow{OC}|^2$$

$$=2-2\cdot1\cdot1\cos\frac{5\pi}{6}$$

$$=2+\sqrt{3}$$

$$=\frac{(1+\sqrt{3})^2}{2}.$$

よって，

$$|\overrightarrow{BC}|=\frac{1+\sqrt{3}}{\sqrt{2}}$$

$$=\frac{\sqrt{2}+\sqrt{6}}{2}.$$

また，A から BC に引いた垂線の長さを $h$ とすると，

$$\triangle ABC=\frac{1}{2}\cdot BC\cdot h$$

であるから，

$$h=\frac{2\triangle ABC}{BC}=\frac{2\cdot\dfrac{3+\sqrt{3}}{4}}{\dfrac{\sqrt{2}+\sqrt{6}}{2}}$$

$$=\frac{3+\sqrt{3}}{\sqrt{6}+\sqrt{2}}=\frac{\sqrt{3}(\sqrt{3}+1)}{\sqrt{2}(\sqrt{3}+1)}$$

$$=\frac{\sqrt{3}}{\sqrt{2}}=\frac{\sqrt{6}}{2}.$$

〔参考〕 直角二等辺三角形 OAB に着目して，

$$AB=\sqrt{2}.$$

円周角の定理から，

$$\angle ABC=\frac{1}{2}\angle AOC=\frac{\pi}{3}.$$

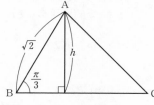

よって，

$$h=\sqrt{2}\sin\frac{\pi}{3}=\frac{\sqrt{6}}{2}.$$

（参考終り）

## 231 ——〈方針〉—

$P(x,\ y)$ とおき，$x,\ y$ の満たす関係式を求める.

P($x$, $y$) とおく.

(1) $\vec{p}=(x,\ y)$, $\vec{a}=(0,\ 1)$ より,

$\vec{a}+\vec{p}=(x,\ y+1)$, $\vec{a}-\vec{p}=(-x,\ -y+1)$.

$\cdots$①

ゆえに,

$(x,\ y+1)\cdot(-x,\ -y+1)=0$.

$-x^2-y^2+1=0$.

$x^2+y^2=1$.

よって, 求める点 P の軌跡は,

**原点を中心とする半径 1 の円.**

(2) ① より,

$|(x,\ y+1)|=|(-x,\ -y+1)|$.

両辺を 2 乗して,

$x^2+(y+1)^2=(-x)^2+(-y+1)^2$.

$y=0$.

よって, 求める点 P の軌跡は,

**直線 $y=0$ ($x$ 軸).**

(3) $\vec{a}\cdot\vec{p}=y$ であるから,

$\sqrt{2}\,y=\sqrt{x^2+y^2}$.

両辺を 2 乗して,

$2y^2=x^2+y^2$ かつ $y\geqq0$,

すなわち,

$y=\pm x$ かつ $y\geqq0$.

よって, 求める点 P の軌跡は,

**折れ線** $\begin{cases} y=x & (x\geqq0 \text{ のとき}), \\ y=-x & (x<0 \text{ のとき}). \end{cases}$

**(別解)**

(1) $(\vec{a}+\vec{p})\cdot(\vec{a}-\vec{p})=0$ より,

$|\vec{a}|^2-|\vec{p}|^2=0$,

すなわち,

$|\overrightarrow{OP}|=|\overrightarrow{OA}|$.

$|\overrightarrow{OA}|=1$ であるから, P が描く図形は,

**O を中心とした半径 1 の円.**

(2) $|\vec{a}+\vec{p}|=|\vec{a}-\vec{p}|$ より,

$|\vec{a}+\vec{p}|^2=|\vec{a}-\vec{p}|^2$.

$|\vec{a}|^2+|\vec{p}|^2+2\vec{a}\cdot\vec{p}=|\vec{a}|^2+|\vec{p}|^2-2\vec{a}\cdot\vec{p}$.

$\vec{a}\cdot\vec{p}=0$.

すなわち,

$\overrightarrow{OA}\cdot\overrightarrow{OP}=0$. $\cdots$②

P=O は ② を満たす.

P≠O のとき, ② より,

$\angle\text{AOP}=\dfrac{\pi}{2}$.

よって, P が描く図形は,

**$x$ 軸.**

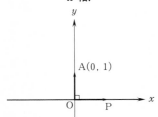

(3) P=O のとき,

$\sqrt{2}\,\vec{a}\cdot\vec{p}=|\vec{p}|$ $\cdots$③

は成り立つ.

P≠O のとき, $\vec{a}$ と $\vec{p}$ のなす角を $\theta$ ($0\leqq\theta\leqq\pi$) とおくと, ③ より,

$\sqrt{2}\,|\vec{a}||\vec{p}|\cos\theta=|\vec{p}|$.

$|\vec{a}|=1$ であるから,

$\cos\theta=\dfrac{1}{\sqrt{2}}$.

よって,

$\theta=\dfrac{\pi}{4}$.

これより, P が描く図形は次図の**折れ線**である.

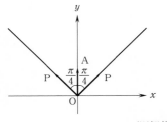

（別解終り）

# 232 ―〈方針〉―

(2), (3)では, ベクトルの始点を円の中心 O にして計算する.

(1)

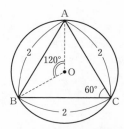

正三角形 ABC の外接円 $O$ の半径を $R$ とすると，正弦定理より，

$$\frac{2}{\sin 60°}=2R.$$

よって，

$$R=\frac{2}{\sqrt{3}}=\frac{2\sqrt{3}}{3}.$$

(2) 円周角と中心角の関係より，円 $O$ の中心 $O$ に対し，

$$\angle AOB=2\angle ACB$$
$$=120°.$$

同様に，

$$\angle BOC=\angle COA=120°.$$

また，A，B，C，P は円周上の点であるから，

$$|\overrightarrow{OA}|=|\overrightarrow{OB}|=|\overrightarrow{OC}|=|\overrightarrow{OP}|=\frac{2\sqrt{3}}{3}.$$

よって，

$$\overrightarrow{OA}\cdot\overrightarrow{OB}=\overrightarrow{OB}\cdot\overrightarrow{OC}=\overrightarrow{OC}\cdot\overrightarrow{OA}$$
$$=\frac{2\sqrt{3}}{3}\cdot\frac{2\sqrt{3}}{3}\cos 120°$$
$$=-\frac{2}{3}.$$

これらを用いて，

$$\overrightarrow{PA}\cdot\overrightarrow{PB}$$
$$=(\overrightarrow{OA}-\overrightarrow{OP})\cdot(\overrightarrow{OB}-\overrightarrow{OP})$$
$$=\overrightarrow{OA}\cdot\overrightarrow{OB}-(\overrightarrow{OA}+\overrightarrow{OB})\cdot\overrightarrow{OP}+|\overrightarrow{OP}|^2$$
$$=-\frac{2}{3}-(\overrightarrow{OA}+\overrightarrow{OB})\cdot\overrightarrow{OP}+\frac{4}{3}$$
$$=\frac{2}{3}-(\overrightarrow{OA}+\overrightarrow{OB})\cdot\overrightarrow{OP}. \quad\cdots①$$

同様にして，

$$\overrightarrow{PB}\cdot\overrightarrow{PC}=\frac{2}{3}-(\overrightarrow{OB}+\overrightarrow{OC})\cdot\overrightarrow{OP}. \quad\cdots②$$

$$\overrightarrow{PC}\cdot\overrightarrow{PA}=\frac{2}{3}-(\overrightarrow{OC}+\overrightarrow{OA})\cdot\overrightarrow{OP}. \quad\cdots③$$

①，②，③ より，

$$\overrightarrow{PA}\cdot\overrightarrow{PB}+\overrightarrow{PB}\cdot\overrightarrow{PC}+\overrightarrow{PC}\cdot\overrightarrow{PA}$$
$$=2-2(\overrightarrow{OA}+\overrightarrow{OB}+\overrightarrow{OC})\cdot\overrightarrow{OP}$$
$$=2-6\left(\frac{\overrightarrow{OA}+\overrightarrow{OB}+\overrightarrow{OC}}{3}\right)\cdot\overrightarrow{OP}.$$

正三角形において，重心と外心は一致するから，

$$\frac{\overrightarrow{OA}+\overrightarrow{OB}+\overrightarrow{OC}}{3}=\vec{0}. \quad\cdots④$$

よって，

$$\overrightarrow{PA}\cdot\overrightarrow{PB}+\overrightarrow{PB}\cdot\overrightarrow{PC}+\overrightarrow{PC}\cdot\overrightarrow{PA}=2.$$

(3) ④ より，

$$\overrightarrow{OA}+\overrightarrow{OB}=-\overrightarrow{OC}$$

となり，① に代入して，

$$\overrightarrow{PA}\cdot\overrightarrow{PB}=\frac{2}{3}+\overrightarrow{OC}\cdot\overrightarrow{OP}.$$

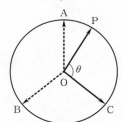

$\overrightarrow{OC}$ と $\overrightarrow{OP}$ のなす角を $\theta$（$0°\leqq\theta\leqq180°$）とすると，

$$\overrightarrow{OC}\cdot\overrightarrow{OP}=\frac{2\sqrt{3}}{3}\cdot\frac{2\sqrt{3}}{3}\cos\theta$$
$$=\frac{4}{3}\cos\theta$$

となるから，

$$\overrightarrow{PA}\cdot\overrightarrow{PB}=\frac{2}{3}+\frac{4}{3}\cos\theta.$$

$0°\leqq\theta\leqq180°$ のとき，

$$-1\leqq\cos\theta\leqq1$$

であるから，$\overrightarrow{PA}\cdot\overrightarrow{PB}$ の

$$\begin{cases}最大値は \quad \mathbf{2} \quad (\cos\theta=1 \text{ のとき}),\\[2mm] 最小値は -\dfrac{2}{3} \quad (\cos\theta=-1 \text{ のとき}).\end{cases}$$

((2), (3) の別解)

$$A\left(-1, -\frac{1}{\sqrt{3}}\right), \ B\left(1, -\frac{1}{\sqrt{3}}\right),$$
$$C\left(0, \frac{2}{\sqrt{3}}\right)$$

となるように座標軸を設定し,

$$P\left(\frac{2}{\sqrt{3}}\cos\varphi, \ \frac{2}{\sqrt{3}}\sin\varphi\right)$$

とおく.

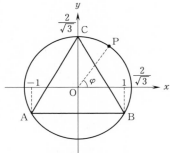

(2) $\overrightarrow{PA}$
$$=\left(-1-\frac{2}{\sqrt{3}}\cos\varphi, \ -\frac{1}{\sqrt{3}}-\frac{2}{\sqrt{3}}\sin\varphi\right),$$
$\overrightarrow{PB}$
$$=\left(1-\frac{2}{\sqrt{3}}\cos\varphi, \ -\frac{1}{\sqrt{3}}-\frac{2}{\sqrt{3}}\sin\varphi\right),$$
$\overrightarrow{PC}$
$$=\left(-\frac{2}{\sqrt{3}}\cos\varphi, \ \frac{2}{\sqrt{3}}-\frac{2}{\sqrt{3}}\sin\varphi\right)$$

であるから,

$$\overrightarrow{PA}\cdot\overrightarrow{PB}$$
$$=-\frac{2}{3}+\frac{4}{3}(\sin^2\varphi+\cos^2\varphi)+\frac{4}{3}\sin\varphi$$
$$=\frac{2}{3}+\frac{4}{3}\sin\varphi.$$
$$\overrightarrow{PB}\cdot\overrightarrow{PC}=\frac{2}{3}-\frac{2}{3}\sin\varphi-\frac{2}{\sqrt{3}}\cos\varphi.$$
$$\overrightarrow{PC}\cdot\overrightarrow{PA}=\frac{2}{3}-\frac{2}{3}\sin\varphi+\frac{2}{\sqrt{3}}\cos\varphi.$$

よって,
$$\overrightarrow{PA}\cdot\overrightarrow{PB}+\overrightarrow{PB}\cdot\overrightarrow{PC}+\overrightarrow{PC}\cdot\overrightarrow{PA}=2.$$

(3) $$\overrightarrow{PA}\cdot\overrightarrow{PB}=\frac{2}{3}+\frac{4}{3}\sin\varphi$$

であり,
$$-1\leqq\sin\varphi\leqq1$$

であるから, $\overrightarrow{PA}\cdot\overrightarrow{PB}$ の

$$\begin{cases} \text{最大値は} \quad 2 \quad (\sin\varphi=1 \text{ のとき}), \\ \text{最小値は} -\frac{2}{3} \quad (\sin\varphi=-1 \text{ のとき}). \end{cases}$$

((2), (3) の別解終り)

# 233 ──〈方針〉─

(1) 与えられた等式を変形して,
$|\overrightarrow{OP}-\overrightarrow{OC}|=(\text{定数})$ の形にする.
(3) 与えられた等式を変形して, (1)の
円の半径と線分 OC の長さの比を求め
る.

(1) $\overrightarrow{OA}=\vec{a}, \ \overrightarrow{OB}=\vec{b}, \ \overrightarrow{OP}=\vec{p}$ とおくと,
$$2|\vec{p}|^2-\vec{a}\cdot\vec{p}+2\vec{b}\cdot\vec{p}-\vec{a}\cdot\vec{b}=0$$
より,
$$|\vec{p}|^2-\frac{\vec{a}-2\vec{b}}{2}\cdot\vec{p}=\frac{\vec{a}\cdot\vec{b}}{2}.$$

ここで, $\vec{c}=\dfrac{\vec{a}-2\vec{b}}{4}$ とおくと,

$$|\vec{p}|^2-2\vec{c}\cdot\vec{p}=\frac{\vec{a}\cdot\vec{b}}{2}.$$

両辺に $|\vec{c}|^2=\dfrac{|\vec{a}-2\vec{b}|^2}{16}$ を加えると,

$$|\vec{p}|^2-2\vec{c}\cdot\vec{p}+|\vec{c}|^2=\frac{|\vec{a}-2\vec{b}|^2+8\vec{a}\cdot\vec{b}}{16}.$$

したがって,
$$|\vec{p}-\vec{c}|^2=\frac{|\vec{a}+2\vec{b}|^2}{16}.$$

$r=\dfrac{|\vec{a}+2\vec{b}|}{4}$ とおくと,
$$|\vec{p}-\vec{c}|=r$$

となるから, 点 P の軌跡は $\overrightarrow{OC}=\vec{c}$ を満た
す点 C を中心とする半径 $r$ の円である.

(2) (1) より,
$$\overrightarrow{OC}=\frac{\overrightarrow{OA}-2\overrightarrow{OB}}{4}.$$

(3) 与えられた等式より,

$$|\vec{a}|^2+5\vec{a}\cdot\vec{b}+4|\vec{b}|^2=0.$$

これより，$\vec{a}\cdot\vec{b}<0$ であり，$-\vec{a}\cdot\vec{b}=k$ とおくと，$k>0$ である．

このとき，

$$|\vec{a}+2\vec{b}|^2=-\vec{a}\cdot\vec{b}=k,$$
$$|\vec{a}-2\vec{b}|^2=-9\vec{a}\cdot\vec{b}=9k$$

となるから，

$$r=\frac{|\vec{a}+2\vec{b}|}{4}=\frac{\sqrt{k}}{4},$$
$$|\overrightarrow{OC}|=\frac{|\vec{a}-2\vec{b}|}{4}=\frac{3\sqrt{k}}{4}.$$

$OC>r$ であるから，点 O は (1) の円の外部にある．P が円周上を動くとき，$|\overrightarrow{OP}|$ が最小となる点が $P_0$ である．

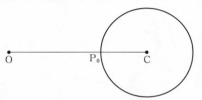

$P_0$ は円と線分 OC の交点であり，$r:|\overrightarrow{OC}|=1:3$ であるから，

$$\overrightarrow{OP_0}=\frac{2}{3}\overrightarrow{OC}=\frac{\overrightarrow{OA}-2\overrightarrow{OB}}{6}.$$

$\overrightarrow{OA}$，$\overrightarrow{OB}$ は 1 次独立であるから，$\overrightarrow{OP_0}=s\overrightarrow{OA}+t\overrightarrow{OB}$ となる $s$，$t$ の値は，

$$s=\frac{1}{6},\quad t=-\frac{1}{3}.$$

**【注 1】** 点 $C(\vec{c})$ を中心とする半径 $r$ の円のベクトル方程式は，

$$|\vec{p}-\vec{c}|=r$$

である．この式は

$$|\vec{p}|^2-2\vec{c}\cdot\vec{p}=r^2-|\vec{c}|^2$$

と変形できるから，まずは (1) の等式をこの形に変形することを目指すとよい．

（注 1 終り）

**【注 2】** 点 P の軌跡が円であることは，以下のように示してもよい．

(1) の等式より，

$$|\vec{p}|^2-\frac{1}{2}\vec{a}\cdot\vec{p}+\vec{b}\cdot\vec{p}-\frac{1}{2}\vec{a}\cdot\vec{b}=0.$$

これより，

$$\left(\vec{p}-\frac{1}{2}\vec{a}\right)\cdot(\vec{p}+\vec{b})=0.$$

$\overrightarrow{OD}=\frac{1}{2}\vec{a}$，$\overrightarrow{OE}=-\vec{b}$ とおくと，

$$(\overrightarrow{OP}-\overrightarrow{OD})\cdot(\overrightarrow{OP}-\overrightarrow{OE})=0,$$

すなわち，

$$\overrightarrow{DP}\cdot\overrightarrow{EP}=0.$$

したがって，P＝D または P＝E または DP⊥EP となるから，P は線分 DE を直径とする円を描く．

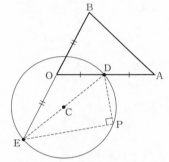

なお，この方法で (1) を解いた場合，円の中心 C および半径 $r$ は次のように求められる．

円の中心は線分 DE の中点であるから，

$$\overrightarrow{OC}=\frac{\overrightarrow{OD}+\overrightarrow{OE}}{2}=\frac{\vec{a}-2\vec{b}}{4}.$$

円の半径は，線分 DE の長さの半分であるから，

$$r=\frac{1}{2}|\overrightarrow{DE}|=\frac{1}{2}|\overrightarrow{OE}-\overrightarrow{OD}|$$
$$=\frac{1}{2}\left|-\vec{b}-\frac{1}{2}\vec{a}\right|=\frac{|\vec{a}+2\vec{b}|}{4}.$$

（注 2 終り）

# 234 ——〈方針〉

(2) 点 G が平面 ABC 上にある条件は，

$$\overrightarrow{OG}=\alpha\overrightarrow{OA}+\beta\overrightarrow{OB}+\gamma\overrightarrow{OC}$$

の形で表したときに，

$$\alpha+\beta+\gamma=1$$

となることである．

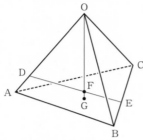

(1) OD：DA＝4：1 より，

$$\overrightarrow{OD}=\frac{4}{4+1}\overrightarrow{OA}=\frac{4}{5}\overrightarrow{a}.$$

BE：EC＝2：3 より，

$$\overrightarrow{OE}=\frac{3\overrightarrow{OB}+2\overrightarrow{OC}}{2+3}=\frac{3}{5}\overrightarrow{b}+\frac{2}{5}\overrightarrow{c}.$$

DF：FE＝3：2 より，

$$\overrightarrow{OF}=\frac{2\overrightarrow{OD}+3\overrightarrow{OE}}{3+2}$$

$$=\frac{2}{5}\cdot\frac{4}{5}\overrightarrow{a}+\frac{3}{5}\left(\frac{3}{5}\overrightarrow{b}+\frac{2}{5}\overrightarrow{c}\right)$$

$$=\frac{8}{25}\overrightarrow{a}+\frac{9}{25}\overrightarrow{b}+\frac{6}{25}\overrightarrow{c}.$$

(2) 点 G は直線 OF 上にあるから，実数 $k$ を用いて次式のように表せる．

$$\overrightarrow{OG}=k\overrightarrow{OF}=\frac{8k}{25}\overrightarrow{a}+\frac{9k}{25}\overrightarrow{b}+\frac{6k}{25}\overrightarrow{c}.$$

この G が平面 ABC 上にあることから，

$$\frac{8k}{25}+\frac{9k}{25}+\frac{6k}{25}=1.$$

$$k=\frac{25}{23}.$$

よって，

$$\overrightarrow{OG}=\frac{8}{23}\overrightarrow{a}+\frac{9}{23}\overrightarrow{b}+\frac{6}{23}\overrightarrow{c}.$$

(3) (2)より，

$$\overrightarrow{OG}=k\overrightarrow{OF}=\frac{25}{23}\overrightarrow{OF}$$

であるから，

**OF：FG＝23：(25−23)＝23：2.**

# 235 ——〈方針〉

一般に，点 P が平面 ABC 上にあるとき，$\overrightarrow{OP}=\overrightarrow{OA}+s\overrightarrow{AB}+t\overrightarrow{AC}$ と表せる．

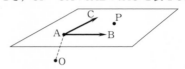

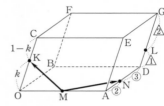

(1) $$\overrightarrow{OM}=\frac{1}{2}\overrightarrow{a},$$

$$\overrightarrow{ON}=\overrightarrow{a}+\frac{2}{5}\overrightarrow{b},$$

$$\overrightarrow{OL}=\overrightarrow{a}+\overrightarrow{b}+\frac{1}{3}\overrightarrow{c},$$

$$\overrightarrow{OK}=k\overrightarrow{c}$$

であるから，

$$\overrightarrow{MN}=\frac{1}{2}\overrightarrow{a}+\frac{2}{5}\overrightarrow{b},$$

$$\overrightarrow{ML}=\frac{1}{2}\overrightarrow{a}+\overrightarrow{b}+\frac{1}{3}\overrightarrow{c},$$

$$\overrightarrow{MK}=-\frac{1}{2}\overrightarrow{a}+k\overrightarrow{c}.$$

(2) L が平面 MNK 上にあるから，

$$\overrightarrow{OL}=\overrightarrow{OM}+s\overrightarrow{MN}+t\overrightarrow{MK}$$

$$=\frac{1}{2}\overrightarrow{a}+s\left(\frac{1}{2}\overrightarrow{a}+\frac{2}{5}\overrightarrow{b}\right)+t\left(-\frac{1}{2}\overrightarrow{a}+k\overrightarrow{c}\right)$$

$$=\left(\frac{1}{2}+\frac{s}{2}-\frac{t}{2}\right)\overrightarrow{a}+\frac{2}{5}s\overrightarrow{b}+tk\overrightarrow{c}\quad\cdots①$$

と表せる．

一方，
$$\overrightarrow{OL}=\vec{a}+\vec{b}+\frac{1}{3}\vec{c}. \quad \cdots ②$$
$\vec{a}$，$\vec{b}$，$\vec{c}$ は 1 次独立であるから，①，② より，
$$\begin{cases} \dfrac{1}{2}+\dfrac{s}{2}-\dfrac{t}{2}=1, \\ \dfrac{2}{5}s=1, \\ tk=\dfrac{1}{3}. \end{cases}$$
これより，
$$s=\frac{5}{2},\ t=\frac{3}{2},\ \boldsymbol{k}=\frac{2}{9}.$$

(3) 交点を P とすると，P は平面 MNK 上にあるから，(2)の ① と同様にして，
$$\overrightarrow{OP}=\left(\frac{1}{2}+\frac{s}{2}-\frac{t}{2}\right)\vec{a}+\frac{2}{5}s\vec{b}+tk\vec{c} \quad \cdots③$$
と表せる．
また，P は辺 GF 上にあるから，
$$\begin{aligned} \overrightarrow{OP}&=\overrightarrow{OF}+u\overrightarrow{FG} \\ &=\vec{b}+\vec{c}+u\vec{a} \\ &=u\vec{a}+\vec{b}+\vec{c} \quad \cdots④ \end{aligned}$$
と表せる．$(0\leqq u\leqq 1)$
$\vec{a}$，$\vec{b}$，$\vec{c}$ は 1 次独立であるから，③，④ より，
$$\begin{cases} \dfrac{1}{2}+\dfrac{s}{2}-\dfrac{t}{2}=u, \\ \dfrac{2}{5}s=1, \\ tk=1. \end{cases}$$
よって，
$$\begin{cases} s=\dfrac{5}{2}, \\ u=\dfrac{7}{4}-\dfrac{t}{2}, \quad \cdots⑤ \\ tk=1. \quad \cdots⑥ \end{cases}$$
求める条件は，⑤ かつ ⑥ かつ $0\leqq u\leqq 1$ を満たす実数 $t$，$u$ が存在することである．
$k\neq 0$ であるから，⑥ より，
$$t=\frac{1}{k}.$$

これを ⑤ に代入して，
$$u=\frac{7}{4}-\frac{1}{2k}.$$
したがって，$0\leqq u\leqq 1$ より，
$$0\leqq\frac{7}{4}-\frac{1}{2k}\leqq 1.$$
$k>0$ であるから，
$$0\leqq 7k-2\leqq 4k.$$
よって，
$$\frac{2}{7}\leqq\boldsymbol{k}\leqq\frac{2}{3}.$$
（これは $0<k<1$ を満たす）

# **236**──〈方針〉

Q は直線 OP と平面 ABC の交点であるから，$\overrightarrow{OQ}=k\overrightarrow{OP}$ かつ
$\overrightarrow{OQ}=s\overrightarrow{OA}+t\overrightarrow{OB}+u\overrightarrow{OC}$ $(s+t+u=1)$
と表せる．

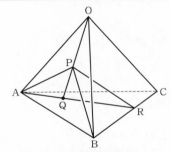

(1) $6\overrightarrow{OP}+3\overrightarrow{AP}+2\overrightarrow{BP}+4\overrightarrow{CP}=\vec{0}$ より，
$$6\overrightarrow{OP}+3(\overrightarrow{OP}-\vec{a})+2(\overrightarrow{OP}-\vec{b})+4(\overrightarrow{OP}-\vec{c})=\vec{0}.$$
$$15\overrightarrow{OP}=3\vec{a}+2\vec{b}+4\vec{c}.$$
$$\overrightarrow{OP}=\frac{3}{15}\vec{a}+\frac{2}{15}\vec{b}+\frac{4}{15}\vec{c}.$$
Q は直線 OP 上の点であるから，
$$\begin{aligned} \overrightarrow{OQ}&=k\overrightarrow{OP} \\ &=\frac{3}{15}k\vec{a}+\frac{2}{15}k\vec{b}+\frac{4}{15}k\vec{c} \quad \cdots① \end{aligned}$$
と表せて，さらに Q は平面 ABC 上の点であるから，① において係数の和は 1 である．
したがって，

$$\frac{3}{15}k+\frac{2}{15}k+\frac{4}{15}k=1.$$

よって，

$$k=\frac{15}{9}\left(=\frac{5}{3}\right).$$

① に代入して，

$$\overrightarrow{\mathrm{OQ}}=\frac{1}{3}\vec{a}+\frac{2}{9}\vec{b}+\frac{4}{9}\vec{c}.$$

(2) R は直線 AQ 上の点であるから，

$$\begin{aligned}
\overrightarrow{\mathrm{OR}}&=\overrightarrow{\mathrm{OA}}+t\overrightarrow{\mathrm{AQ}}\\
&=\vec{a}+t(\overrightarrow{\mathrm{OQ}}-\overrightarrow{\mathrm{OA}})\\
&=\vec{a}+t\left(\frac{1}{3}\vec{a}+\frac{2}{9}\vec{b}+\frac{4}{9}\vec{c}-\vec{a}\right)\\
&=\left(1-\frac{2}{3}t\right)\vec{a}+\frac{2}{9}t\vec{b}+\frac{4}{9}t\vec{c}\quad\cdots②
\end{aligned}$$

と表せる．

また，R は直線 BC 上の点であるから，

$$\overrightarrow{\mathrm{OR}}=s\vec{b}+(1-s)\vec{c}\quad\cdots③$$

と表せる．

$\vec{a}$，$\vec{b}$，$\vec{c}$ は 1 次独立であるから，②，③ より，

$$1-\frac{2}{3}t=0\ \text{かつ}\ \frac{2}{9}t=s\ \text{かつ}\ \frac{4}{9}t=1-s.$$

よって，

$$t=\frac{3}{2},\quad s=\frac{1}{3}.$$

$s$ の値に注目すると，

$$\mathrm{BR:RC}=2:1.$$

また，(1) の $k$ の値から，

$$\mathrm{OQ:PQ}=5:2.$$

よって，

$$\begin{aligned}
\frac{W}{V}&=\frac{\triangle\mathrm{ABR}}{\triangle\mathrm{ABC}}\cdot\frac{\mathrm{PQ}}{\mathrm{OQ}}\\
&=\frac{\mathrm{BR}}{\mathrm{BC}}\cdot\frac{\mathrm{PQ}}{\mathrm{OQ}}\\
&=\frac{2}{3}\cdot\frac{2}{5}=\frac{4}{15}.
\end{aligned}$$

【注】 (1) で Q が平面 ABC 上にある条件は，次のようにも表せる．

$$\begin{aligned}
\overrightarrow{\mathrm{OQ}}&=\overrightarrow{\mathrm{OA}}+\alpha\overrightarrow{\mathrm{AB}}+\beta\overrightarrow{\mathrm{AC}}\\
&=\vec{a}+\alpha(\vec{b}-\vec{a})+\beta(\vec{c}-\vec{a})\\
&=(1-\alpha-\beta)\vec{a}+\alpha\vec{b}+\beta\vec{c}.\quad\cdots④
\end{aligned}$$

そこで，この ④ と ① より，

$$\begin{cases}
\dfrac{3}{15}k=1-\alpha-\beta,\\[2mm]
\dfrac{2}{15}k=\alpha,\\[2mm]
\dfrac{4}{15}k=\beta
\end{cases}$$

となり，これより，

$$k=\frac{5}{3},\ \alpha=\frac{2}{9},\ \beta=\frac{4}{9}\ \text{を得る．}$$

（注終り）

# 237

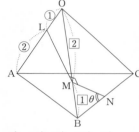

$\overrightarrow{\mathrm{OA}}=\vec{a}$，$\overrightarrow{\mathrm{OB}}=\vec{b}$，$\overrightarrow{\mathrm{OC}}=\vec{c}$ とすると，

$$\begin{cases}
|\vec{a}|=|\vec{b}|=|\vec{c}|=1,\\
\vec{a}\cdot\vec{b}=\vec{b}\cdot\vec{c}=\vec{c}\cdot\vec{a}=\dfrac{1}{2}.
\end{cases}\quad\cdots①$$

$$\overrightarrow{\mathrm{OL}}=\frac{1}{3}\vec{a},\quad\overrightarrow{\mathrm{OM}}=\frac{2}{3}\vec{b}.$$

$\mathrm{BN:NC}=t:(1-t)$ とおくと，

$$\overrightarrow{\mathrm{ON}}=(1-t)\vec{b}+t\vec{c}.$$

よって，

$$\begin{aligned}
\overrightarrow{\mathrm{LM}}&=\overrightarrow{\mathrm{OM}}-\overrightarrow{\mathrm{OL}}\\
&=-\frac{1}{3}\vec{a}+\frac{2}{3}\vec{b},\\
\overrightarrow{\mathrm{NM}}&=\overrightarrow{\mathrm{OM}}-\overrightarrow{\mathrm{ON}}\\
&=\left(t-\frac{1}{3}\right)\vec{b}-t\vec{c}.
\end{aligned}$$

∠LMN は直角であるから，

$$\overrightarrow{\mathrm{LM}}\cdot\overrightarrow{\mathrm{NM}}=0.$$

したがって，

$$\left(-\frac{1}{3}\vec{a}+\frac{2}{3}\vec{b}\right)\cdot\left\{\left(t-\frac{1}{3}\right)\vec{b}-t\vec{c}\right\}=0.$$

$$(1-3t)\vec{a}\cdot\vec{b}-6t\vec{b}\cdot\vec{c}+3t\vec{c}\cdot\vec{a}$$
$$+2(3t-1)|\vec{b}|^2=0.$$

① を用いて,

$$\frac{1}{2}(1-3t)-3t+\frac{3}{2}t+2(3t-1)=0.$$

これを解いて,

$$t=\frac{1}{2}.$$

よって,

$$\textbf{BN : NC=1 : 1.}$$

(2) ① を用いて計算すると,

$$|\overrightarrow{NM}|^2=\left|\frac{1}{6}\vec{b}-\frac{1}{2}\vec{c}\right|^2$$
$$=\frac{1}{36}(|\vec{b}|^2-6\vec{b}\cdot\vec{c}+9|\vec{c}|^2)$$
$$=\frac{1}{36}(1-3+9)$$
$$=\frac{7}{36}.$$

よって,

$$|\overrightarrow{NM}|=\frac{\sqrt{7}}{6}.$$

また,

$$|\overrightarrow{NB}|=\left|\frac{1}{2}\overrightarrow{BC}\right|=\frac{1}{2}.$$

さらに, ① を用いて計算すると,

$$\overrightarrow{NM}\cdot\overrightarrow{NB}$$
$$=\left(\frac{1}{6}\vec{b}-\frac{1}{2}\vec{c}\right)\cdot\left(\frac{1}{2}\vec{b}-\frac{1}{2}\vec{c}\right)$$
$$=\frac{1}{12}(|\vec{b}|^2-4\vec{b}\cdot\vec{c}+3|\vec{c}|^2)$$
$$=\frac{1}{12}(1-2+3)$$
$$=\frac{1}{6}.$$

したがって,

$$\cos\theta=\frac{\overrightarrow{NM}\cdot\overrightarrow{NB}}{|\overrightarrow{NM}||\overrightarrow{NB}|}=\frac{\frac{1}{6}}{\frac{\sqrt{7}}{6}\cdot\frac{1}{2}}=\frac{2\sqrt{7}}{7}.$$

## $\boldsymbol{238}$ ——〈方針〉

(1) Y は「平面 PXZ 上にあり, かつ, 直線 GH 上にある」点である.

(2) Y が辺 GH 上にあることを不等式で表す.

(3) ひし形は対角線が直交する平行四辺形である.

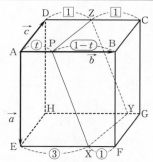

(1) 点 Y は平面 PXZ 上にあるから,

$$\overrightarrow{PY}=\alpha\overrightarrow{PX}+\beta\overrightarrow{PZ}\quad(\alpha,\ \beta\ は実数)$$

と表せる.

ここで,

$$\begin{cases}\overrightarrow{AP}=t\overrightarrow{AB}=t\vec{b},\\[4pt]\overrightarrow{AX}=\overrightarrow{AE}+\overrightarrow{EX}=\vec{a}+\frac{3}{4}\vec{b},\\[4pt]\overrightarrow{AZ}=\overrightarrow{AD}+\overrightarrow{DZ}=\vec{c}+\frac{1}{2}\vec{b}.\end{cases}$$

よって,

$$\overrightarrow{PY}=\alpha(\overrightarrow{AX}-\overrightarrow{AP})+\beta(\overrightarrow{AZ}-\overrightarrow{AP})$$
$$=(-\alpha-\beta)\overrightarrow{AP}+\alpha\overrightarrow{AX}+\beta\overrightarrow{AZ}$$
$$=(-\alpha-\beta)t\vec{b}+\alpha\left(\vec{a}+\frac{3}{4}\vec{b}\right)+\beta\left(\vec{c}+\frac{1}{2}\vec{b}\right)$$
$$=\alpha\vec{a}+\left\{(-\alpha-\beta)t+\frac{3}{4}\alpha+\frac{1}{2}\beta\right\}\vec{b}+\beta\vec{c}.$$
$$\cdots①$$

また, 点 Y は直線 GH 上にあるから,

$$\overrightarrow{HY}=k\overrightarrow{HG}\quad(k\ は実数)\quad\cdots②$$

とかけ,

$$\overrightarrow{PY}=\overrightarrow{PH}+k\overrightarrow{HG}$$
$$=(\overrightarrow{AH}-\overrightarrow{AP})+k\overrightarrow{AB}$$

$$=(\vec{a}+\vec{c}-t\vec{b})+k\vec{b}$$
$$=\vec{a}+(k-t)\vec{b}+\vec{c} \quad \cdots ③$$

と表せる.

ここで, $\vec{a}$, $\vec{b}$, $\vec{c}$ は 1 次独立であるから, ①, ③ より,

$$\begin{cases} \alpha=1, \\ (-\alpha-\beta)t+\dfrac{3}{4}\alpha+\dfrac{1}{2}\beta=k-t, \\ \beta=1. \end{cases}$$

よって,

$$\alpha=1, \quad \beta=1, \quad k=\dfrac{5}{4}-t.$$

ゆえに, ③ より,

$$\overrightarrow{PY}=\vec{a}+\left(\dfrac{5}{4}-2t\right)\vec{b}+\vec{c}.$$

(2) 点 Y が辺 GH 上にあるとき, ② より,

$$\begin{cases} \overrightarrow{HY}=k\overrightarrow{HG}, \\ 0\leqq k\leqq 1 \end{cases}$$

である.

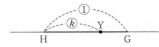

よって, (1) より,

$$0\leqq\dfrac{5}{4}-t\leqq 1.$$
$$\dfrac{1}{4}\leqq t\leqq\dfrac{5}{4}.$$

さらに, $0<t<1$ より,

$$\dfrac{1}{4}\leqq t<1.$$

(3) (1) より,

$$\overrightarrow{PY}=\overrightarrow{PX}+\overrightarrow{PZ}$$

であるから, 四角形 PXYZ は平行四辺形である.

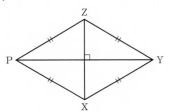

ひし形は対角線が直交するから,

$$PY\perp XZ$$

より,

$$\overrightarrow{PY}\cdot\overrightarrow{XZ}=0.$$
$$\overrightarrow{PY}\cdot(\overrightarrow{AZ}-\overrightarrow{AX})=0.$$
$$\left\{\vec{a}+\left(\dfrac{5}{4}-2t\right)\vec{b}+\vec{c}\right\}\cdot\left(-\vec{a}-\dfrac{1}{4}\vec{b}+\vec{c}\right)=0.$$

ここで,

$$|\vec{a}|=|\vec{b}|=|\vec{c}|=1, \quad \vec{a}\cdot\vec{b}=\vec{b}\cdot\vec{c}=\vec{c}\cdot\vec{a}=0$$

であるから,

$$-1-\dfrac{1}{4}\left(\dfrac{5}{4}-2t\right)+1=0.$$
$$t=\dfrac{5}{8}.$$

これは, (2)で求めた $\dfrac{1}{4}\leqq t<1$ を満たす.

したがって, 求める値は,

$$t=\dfrac{5}{8}.$$

# 239

(1) 条件より,

$$|\vec{a}|=2, \quad |\vec{b}|=\sqrt{5}, \quad |\vec{c}|=\sqrt{7}.$$

$|\overrightarrow{AB}|=\sqrt{3}$ より,

$$|\vec{b}-\vec{a}|^2=3.$$
$$|\vec{b}|^2-2\vec{a}\cdot\vec{b}+|\vec{a}|^2=3.$$
$$5-2\vec{a}\cdot\vec{b}+4=3.$$
$$\vec{a}\cdot\vec{b}=3.$$

$|\overrightarrow{BC}|=2$ より,

$$|\vec{c}-\vec{b}|^2=4.$$
$$|\vec{c}|^2-2\vec{b}\cdot\vec{c}+|\vec{b}|^2=4.$$
$$7-2\vec{b}\cdot\vec{c}+5=4.$$
$$\vec{b}\cdot\vec{c}=4.$$

$|\overrightarrow{CA}|=\sqrt{5}$ より,

$$|\vec{a}-\vec{c}|^2=5.$$
$$|\vec{a}|^2-2\vec{c}\cdot\vec{a}+|\vec{c}|^2=5.$$
$$4-2\vec{c}\cdot\vec{a}+7=5.$$
$$\vec{c}\cdot\vec{a}=3.$$

(2)

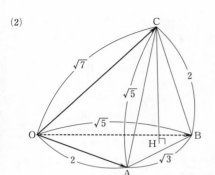

H は $\alpha$ 上にあるから，$s$, $t$ を実数として，
$$\overrightarrow{OH}=s\vec{a}+t\vec{b} \qquad \cdots ①$$
と表せる．

このとき，
$$\overrightarrow{CH}=\overrightarrow{OH}-\overrightarrow{OC}=s\vec{a}+t\vec{b}-\vec{c}.$$
$CH\perp\alpha$ より，
$$\begin{cases} \overrightarrow{CH}\cdot\vec{a}=0, \\ \overrightarrow{CH}\cdot\vec{b}=0. \end{cases}$$
$$\begin{cases} (s\vec{a}+t\vec{b}-\vec{c})\cdot\vec{a}=0, \\ (s\vec{a}+t\vec{b}-\vec{c})\cdot\vec{b}=0. \end{cases}$$
$$\begin{cases} s|\vec{a}|^2+t\vec{a}\cdot\vec{b}-\vec{c}\cdot\vec{a}=0, \\ s\vec{a}\cdot\vec{b}+t|\vec{b}|^2-\vec{b}\cdot\vec{c}=0. \end{cases}$$
(1) の結果を用いると，
$$\begin{cases} 4s+3t-3=0, \\ 3s+5t-4=0. \end{cases}$$
これを解くと，
$$s=\frac{3}{11}, \quad t=\frac{7}{11}.$$
よって，① より，
$$\overrightarrow{OH}=\frac{3}{11}\vec{a}+\frac{7}{11}\vec{b}.$$
また，
$$\begin{aligned} |\overrightarrow{OH}|^2 &= \left|\frac{3}{11}\vec{a}+\frac{7}{11}\vec{b}\right|^2 \\ &= \left|\frac{1}{11}(3\vec{a}+7\vec{b})\right|^2 \\ &= \left(\frac{1}{11}\right)^2(9|\vec{a}|^2+42\vec{a}\cdot\vec{b}+49|\vec{b}|^2) \\ &= \left(\frac{1}{11}\right)^2(9\cdot4+42\cdot3+49\cdot5) \end{aligned}$$

$$=\frac{407}{11^2}.$$
よって，
$$|\overrightarrow{OH}|=\frac{\sqrt{407}}{11}.$$

(3)
$$\begin{aligned} \triangle OAB &= \frac{1}{2}\sqrt{|\vec{a}|^2|\vec{b}|^2-(\vec{a}\cdot\vec{b})^2} \\ &= \frac{1}{2}\sqrt{4\cdot5-3^2} \\ &= \frac{\sqrt{11}}{2}. \end{aligned}$$
また，三角形 OCH は $\angle OHC=90°$ の直角三角形であるから，三平方の定理より，
$$\begin{aligned} CH &= \sqrt{OC^2-OH^2} \\ &= \sqrt{7-\left(\frac{\sqrt{407}}{11}\right)^2} \\ &= 2\sqrt{\frac{10}{11}}. \end{aligned}$$
よって，四面体 OABC の体積は，
$$\begin{aligned} \frac{1}{3}\triangle OAB\cdot CH &= \frac{1}{3}\cdot\frac{\sqrt{11}}{2}\cdot2\sqrt{\frac{10}{11}} \\ &= \frac{\sqrt{10}}{3}. \end{aligned}$$

# 240 ──〈方針〉──

「長さ」や「垂直」について問われているので，ベクトルの内積を利用する．

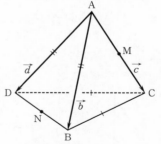

$$\overrightarrow{AB}=\vec{b}, \quad \overrightarrow{AC}=\vec{c}, \quad \overrightarrow{AD}=\vec{d}$$
とすると，AB＝AD より，
$$|\vec{b}|=|\vec{d}|. \qquad \cdots ①$$
また，BC＝CD より，

$|\overrightarrow{CB}|=|\overrightarrow{CD}|.$

$|\vec{b}-\vec{c}|^2=|\vec{d}-\vec{c}|^2.$

$|\vec{b}|^2-2\vec{b}\cdot\vec{c}+|\vec{c}|^2=|\vec{d}|^2-2\vec{d}\cdot\vec{c}+|\vec{c}|^2.$

これと ① より，

$$\vec{b}\cdot\vec{c}=\vec{d}\cdot\vec{c}. \qquad \cdots②$$

(1)
$$\begin{aligned}\overrightarrow{AC}\cdot\overrightarrow{BD}&=\vec{c}\cdot(\vec{d}-\vec{b})\\&=\vec{c}\cdot\vec{d}-\vec{c}\cdot\vec{b}\\&=0. \quad (②より)\end{aligned}$$

よって，AC⊥BD である．

(2) AB=BC より，

$$|\vec{b}|^2=|\vec{c}-\vec{b}|^2.$$

$$|\vec{b}|^2=|\vec{c}|^2-2\vec{b}\cdot\vec{c}+|\vec{b}|^2.$$

よって，

$$|\vec{c}|^2=2\vec{b}\cdot\vec{c}. \qquad \cdots③$$

また，

$$\overrightarrow{AM}=\frac{\vec{c}}{2}, \quad \overrightarrow{AN}=\frac{\vec{b}+\vec{d}}{2}$$

であるから，

$$\begin{aligned}&\overrightarrow{AC}\cdot\overrightarrow{MN}\\&=\vec{c}\cdot(\overrightarrow{AN}-\overrightarrow{AM})\\&=\frac{1}{2}\vec{c}\cdot(\vec{b}+\vec{d}-\vec{c})\\&=\frac{1}{2}(\vec{b}\cdot\vec{c}+\vec{d}\cdot\vec{c}-|\vec{c}|^2)\\&=\frac{1}{2}(\vec{b}\cdot\vec{c}+\vec{b}\cdot\vec{c}-2\vec{b}\cdot\vec{c})\\&\qquad\qquad\qquad (②，③より)\\&=0.\end{aligned}$$

したがって，AC⊥MN である．

# 241 ─〈方針〉─

適当な断面図を考える．

左のような図では，網掛け部分と △PQR は相似である．

OA=OB=OC=1,
∠AOB=∠BOC=∠COA

より，三角錐 OABC について，△ABC は正三角形であり，△ABC の重心を G とすると，

OG⊥ 平面 ABC.

さらに，条件から，

$$\overrightarrow{OD}=-(\overrightarrow{OA}+\overrightarrow{OB}+\overrightarrow{OC})$$

$$=-3\cdot\frac{\overrightarrow{OA}+\overrightarrow{OB}+\overrightarrow{OC}}{3}$$

$$=-3\overrightarrow{OG}$$

であるから，O は線分 DG を 3:1 に内分する点である．

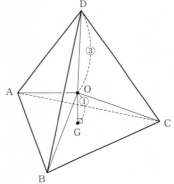

OD=$\sqrt{5}$ より，

$$DG=\frac{4}{3}\sqrt{5}, \quad OG=\frac{\sqrt{5}}{3}.$$

△OCG において，三平方の定理より，

$$CG=\sqrt{OC^2-OG^2}$$

$$=\sqrt{1^2-\left(\frac{\sqrt{5}}{3}\right)^2}=\frac{2}{3}.$$

三角錐 ABCD の内接球の中心を I，半径を $r$ とすると，対称性より，I は線分 DG 上にある．

辺 AB の中点を M とすると，平面 DMC による断面は次図のようになる．

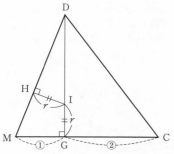

（H は球面と DM の接点）

$$MG = \frac{2}{3} \times \frac{1}{2} = \frac{1}{3}.$$

であるから，$\triangle DMG$ において，三平方の定理より，

$$DM = \sqrt{\left(\frac{4}{3}\sqrt{5}\right)^2 + \left(\frac{1}{3}\right)^2} = 3.$$

$\triangle DHI \backsim \triangle DGM$ より，

$$DI : IH = DM : MG.$$

$$\left(\frac{4}{3}\sqrt{5} - r\right) : r = 3 : \frac{1}{3}.$$

$$3r = \frac{1}{3}\left(\frac{4}{3}\sqrt{5} - r\right).$$

$$\frac{10}{3}r = \frac{4}{9}\sqrt{5}.$$

$$r = \frac{2}{15}\sqrt{5}.$$

【注】$r$ を求めるために「体積を 2 通りに表す」のも有効である．

I から各面へ垂線を下ろすと，各面を底面とする，高さ $r$ の三角錐が 4 個できる．

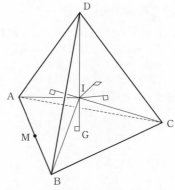

$$MC = MG + GC = \frac{1}{3} + \frac{2}{3} = 1$$

より，

$$AB = \frac{2}{\sqrt{3}}MC = \frac{2}{\sqrt{3}}.$$

よって，

$$\triangle ABC = \frac{1}{2} \cdot \frac{2}{\sqrt{3}} \cdot 1 = \frac{1}{\sqrt{3}},$$

$$\triangle ABD = \frac{1}{2} \cdot \frac{2}{\sqrt{3}} \cdot DM = \frac{3}{\sqrt{3}}.$$

したがって，三角錐 ABCD の体積を 2 通りに表すと，対称性から，

$$\frac{1}{3}\triangle ABC \cdot DG = \frac{1}{3}\triangle ABC \cdot r + \left(\frac{1}{3}\triangle ABD \cdot r\right) \times 3.$$

$$\frac{1}{3} \cdot \frac{1}{\sqrt{3}} \cdot \frac{4}{3}\sqrt{5} = \frac{1}{3} \cdot \frac{1}{\sqrt{3}}r + \frac{3}{\sqrt{3}}r.$$

これより，

$$r = \frac{2}{15}\sqrt{5}.$$

（注終り）

## 242 ──〈方針〉

(2) 平面 $\alpha$ の同じ側に 2 点 P，Q があるとき，$\alpha$ に関する点 P の対称点を P′ とすると，$\alpha$ 上の点 H に対し，

$$PH+QH=P'H+QH \geqq P'Q$$

であることを利用する．

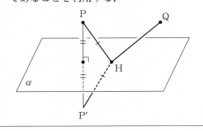

(1) H は $\alpha$ 上にあるから，実数 $s$，$t$ を用いて，

$$\overrightarrow{OH}=s\overrightarrow{OA}+t\overrightarrow{OB}$$

と表せる．

このとき，

$$\overrightarrow{OH}=s(0,\ 1,\ 1)+t(-1,\ 0,\ 2)$$
$$=(-t,\ s,\ s+2t). \qquad \cdots ①$$
$$\overrightarrow{PH}=\overrightarrow{OH}-\overrightarrow{OP}$$
$$=(-t,\ s,\ s+2t)-(3,\ 2,\ 2)$$
$$=(-t-3,\ s-2,\ s+2t-2).$$

$PH\perp\alpha$ であるとき，

$$\begin{cases} \overrightarrow{PH}\cdot\overrightarrow{OA}=0, \\ \overrightarrow{PH}\cdot\overrightarrow{OB}=0 \end{cases}$$

であるから，

$$\begin{cases} (-t-3)\cdot 0+(s-2)\cdot 1+(s+2t-2)\cdot 1=0, \\ (-t-3)(-1)+(s-2)\cdot 0+(s+2t-2)\cdot 2=0. \end{cases}$$

よって，

$$\begin{cases} 2s+2t-4=0, \\ 2s+5t-1=0 \end{cases}$$

より，

$$s=3, \quad t=-1.$$

このとき ① より，

$$\overrightarrow{OH}=(1,\ 3,\ 1)$$

であるから，求める H の座標は，

$$(1,\ 3,\ 1).$$

(2) (1)で求めた H を $H_0$ とする．

$\alpha$ に関する点 P の対称点を P′ とすると，線分 PP′ の中点が $H_0$ であるから，

$$\frac{\overrightarrow{OP}+\overrightarrow{OP'}}{2}=\overrightarrow{OH_0}$$

より，

$$\overrightarrow{OP'}=2\overrightarrow{OH_0}-\overrightarrow{OP}$$
$$=2(1,\ 3,\ 1)-(3,\ 2,\ 2)$$
$$=(-1,\ 4,\ 0).$$

直線 P′Q と $\alpha$ との交点を N とすると，N は直線 P′Q 上にあることから，$k$ を実数として，

$$\overrightarrow{P'N}=k\overrightarrow{P'Q} \qquad \cdots ②$$

と表せる．

このとき，

$$\overrightarrow{ON}-\overrightarrow{OP'}=k(\overrightarrow{OQ}-\overrightarrow{OP'}).$$
$$\overrightarrow{ON}=k\overrightarrow{OQ}+(1-k)\overrightarrow{OP'}$$
$$=k(5,\ -5,\ -3)+(1-k)(-1,\ 4,\ 0)$$
$$=(6k-1,\ -9k+4,\ -3k). \quad \cdots ③$$

N が $\alpha$ 上にあるとき，実数 $s'$，$t'$ を用いて，

$$\overrightarrow{ON}=s'\overrightarrow{OA}+t'\overrightarrow{OB}$$
$$=(-t',\ s',\ s'+2t') \quad \cdots ④$$

と表せるから，③ と ④ より，

$$\begin{cases} 6k-1=-t', \\ -9k+4=s', \\ -3k=s'+2t'. \end{cases}$$

これを解くと，

$$k=\frac{1}{3}, \quad s'=1, \quad t'=-1.$$

このとき，② より，

$$\overrightarrow{P'N}=\frac{1}{3}\overrightarrow{P'Q}$$

であるから，N は線分 P′Q の内分点である．

したがって P，Q は $\alpha$ に対し同じ側にあり，④ より，

$$\overrightarrow{ON}=(1,\ 1,\ -1)$$

であるから，

$$N(1,\ 1,\ -1).$$

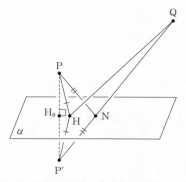

よって，H が平面 $\alpha$ 上にあるとき，

$$PH + QH = P'H + QH \geqq P'Q$$

が成り立ち，等号が成立するのは，P′, H, Q がこの順で同一直線上に並んだときである．すなわち，H が N と一致するとき PH+QH は最小となる．

以上により，求める H の座標は，

$$(1, \ 1, \ -1).$$

# 243 ——〈方針〉——

P は $l$ 上を，Q は $m$ 上を動くことから，

$$\overrightarrow{OP} = \overrightarrow{OA} + s\vec{a}, \quad \overrightarrow{OQ} = \overrightarrow{OB} + t\vec{b}$$

(A(3, 4, 0), B(2, −1, 0), $s$, $t$ は実数)
と表せる．

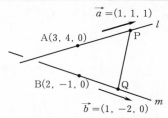

点 (3, 4, 0), (2, −1, 0) をそれぞれ A, B とすると，実数 $s$, $t$ を用いて，

$$\overrightarrow{OP} = \overrightarrow{OA} + s\vec{a}, \quad \overrightarrow{OQ} = \overrightarrow{OB} + t\vec{b}$$

と表せる．
よって，

$$\overrightarrow{PQ} = \overrightarrow{OQ} - \overrightarrow{OP}$$
$$= \overrightarrow{OB} - \overrightarrow{OA} - s\vec{a} + t\vec{b}$$
$$= (-1, \ -5, \ 0) - s(1, \ 1, \ 1) + t(1, \ -2, \ 0)$$
$$= (-1-s+t, \ -5-s-2t, \ -s).$$

ゆえに，
$$|\overrightarrow{PQ}|^2 = (-1-s+t)^2 + (-5-s-2t)^2 + (-s)^2$$
$$= 1 + s^2 + t^2 + 2s - 2st - 2t$$
$$\quad + 25 + s^2 + 4t^2 + 10s + 4st + 20t + s^2$$
$$= 3s^2 + 2(t+6)s + 5t^2 + 18t + 26$$
$$= 3\left(s + \frac{t+6}{3}\right)^2 + \frac{14}{3}\left(t + \frac{3}{2}\right)^2 + \frac{7}{2}.$$

したがって，
$$\begin{cases} s + \dfrac{t+6}{3} = 0, \\ t + \dfrac{3}{2} = 0, \end{cases}$$

すなわち，
$$\begin{cases} s = -\dfrac{3}{2}, \\ t = -\dfrac{3}{2} \end{cases}$$

のとき，PQ は最小となり，このとき PQ の長さの最小値は，

$$\sqrt{\frac{7}{2}} = \frac{\sqrt{14}}{2}.$$

# 244 ——〈方針〉——

空間内の 3 点 $(a, \ 0, \ 0)$, $(0, \ b, \ 0)$, $(0, \ 0, \ c)$（ただし，$abc \neq 0$）を通る平面の方程式は，

$$\frac{x}{a} + \frac{y}{b} + \frac{z}{c} = 1$$

である．

また，平面 $ax + by + cz + d = 0$ と点 $(x_0, \ y_0, \ z_0)$ との距離は，

$$\frac{|ax_0 + by_0 + cz_0 + d|}{\sqrt{a^2 + b^2 + c^2}}$$

である．

(1) 四面体 OABC に内接する球の中心を I とし，半径を $r$ とする．I は $x > 0$, $y > 0$,

$z>0$ の範囲にあり，球が $xy$, $yz$, $zx$ 平面に接することより $\mathrm{I}(r,\ r,\ r)$ である．

また，平面 ABC の方程式は，

$$x+y+\frac{z}{2}=1$$

すなわち

$$2x+2y+z-2=0$$

であり，これと I との距離が $r$ であるから，

$$r=\frac{|2r+2r+r-2|}{\sqrt{2^2+2^2+1^2}}$$

$$3r=|5r-2|$$

$$\pm 3r=5r-2$$

$$r=1,\ \frac{1}{4}$$

となる．

A$(1,\ 0,\ 0)$，B$(0,\ 1,\ 0)$ より，$0<r<1$ であるから

$$r=\frac{1}{4}.$$

よって，求める I の座標は，

$$\left(\frac{1}{4},\ \frac{1}{4},\ \frac{1}{4}\right)$$

である．

**((1) の別解 1)**

四面体 OABC に内接する球の中心を I とし，半径を $r$ とすると，**【(1) の解答】**と同様の考察により $\mathrm{I}(r,\ r,\ r)$ である．

四面体 OABC を 4 つの四面体

IOAB，IOBC，IOCA，IABC

に分割する．体積の関係に注目すると，

$$\frac{1}{3}\triangle\mathrm{OAB}\cdot\mathrm{OC}=\frac{1}{3}(\triangle\mathrm{OAB}+\triangle\mathrm{OBC}+\triangle\mathrm{OCA}+\triangle\mathrm{ABC})r$$

となる．

$$\overrightarrow{\mathrm{AB}}=(-1,\ 1,\ 0),\quad \overrightarrow{\mathrm{AC}}=(-1,\ 0,\ 2)$$

より，

$$\triangle\mathrm{ABC}=\frac{1}{2}\sqrt{|\overrightarrow{\mathrm{AB}}|^2|\overrightarrow{\mathrm{AC}}|^2-(\overrightarrow{\mathrm{AB}}\cdot\overrightarrow{\mathrm{AC}})^2}$$

$$=\frac{1}{2}\sqrt{2\cdot 5-1^2}$$

$$=\frac{3}{2}$$

に注意すると，

$$\frac{1}{2}\cdot 2=\left(\frac{1}{2}+1+1+\frac{3}{2}\right)r.$$

よって，

$$r=\frac{1}{4}$$

となるから，求める I の座標は，

$$\left(\frac{1}{4},\ \frac{1}{4},\ \frac{1}{4}\right)$$

である．

((1) の別解 1 終り)

**((1) の別解 2)**

四面体 OABC に内接する球の中心を I とし，半径を $r$ とすると，**【(1) の解答】**と同様の考察により $\mathrm{I}(r,\ r,\ r)$ である．

線分 AB の中点を M とすると，平面 $y=x$ に関する対称性から I は平面 $y=x$ 上にあり，内接球と平面 ABC は線分 CM 上で接する．その接点を T とする．また，I から $xy$ 平面に下ろした垂線の足を H とする．

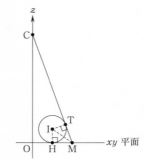

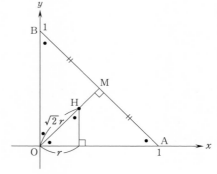

$\alpha = \angle \mathrm{IMH} = \angle \mathrm{IMT}$ とおくと,

$$\tan 2\alpha = \frac{\mathrm{OC}}{\mathrm{OM}} = \frac{2}{\frac{1}{\sqrt{2}}} = 2\sqrt{2},$$

$$\tan\alpha = \frac{\mathrm{IH}}{\mathrm{HM}} = \frac{r}{\frac{1}{\sqrt{2}} - \sqrt{2}\,r} = \frac{\sqrt{2}\,r}{1 - 2r}$$

となる. これを

$$\tan 2\alpha = \frac{2\tan\alpha}{1 - \tan^2\alpha}$$

に用いると,

$$2\sqrt{2} = \frac{2 \cdot \frac{\sqrt{2}\,r}{1 - 2r}}{1 - \left(\frac{\sqrt{2}\,r}{1 - 2r}\right)^2}.$$

$$4r^2 - 5r + 1 = 0.$$
$$(4r - 1)(r - 1) = 0.$$

これと $0 < r < 1$ より,

$$r = \frac{1}{4}$$

となるから, 求める I の座標は,

$$\left(\frac{1}{4},\ \frac{1}{4},\ \frac{1}{4}\right)$$

である.

((1)の別解2終り)

(2) この球の中心を K とし, 半径を $R$ とすると, (1)と同様の考察により $\mathrm{K}(R,\ R,\ R)$ である.

K から平面 ABC に下ろした垂線の足を L とすると, 交わりの円の中心は L であり, 半径を $R'$ とすると三平方の定理より,

$$R'^2 = R^2 - \mathrm{KL}^2$$
$$= R^2 - \left(\frac{|2R + 2R + R - 2|}{\sqrt{2^2 + 2^2 + 1^2}}\right)^2$$
$$= -\frac{16}{9}R^2 + \frac{20}{9}R - \frac{4}{9}$$
$$= -\frac{16}{9}\left(R - \frac{5}{8}\right)^2 + \frac{1}{4}$$

となる.

これより, $R = \frac{5}{8}$ のとき $R'^2$ は最大値 $\frac{1}{4}$ をとり, 交わりの円の面積の最大値は,

$$\pi R'^2 = \frac{\pi}{4}$$

である.

# 245 ——〈方針〉—

線分 AP が $zx$ 平面上にあるので, 線分 PB と長さが等しい線分を $zx$ 平面上にとって考える.

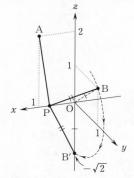

$yz$ 平面上において, 点 B を原点 O のまわりに回転して, $z$ 軸の負の部分に移した点を B′ とすると, $\mathrm{OB} = \sqrt{2}$ より,

$$\mathrm{B}'(0,\ 0,\ -\sqrt{2}).$$

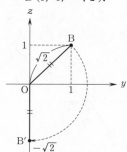

このとき,

$$\triangle \mathrm{OBP} \equiv \triangle \mathrm{OB'P}$$

であるから,

$$\mathrm{PB} = \mathrm{PB}'.$$

したがって,

$$AP+PB=AP+PB'$$

が成り立つ.

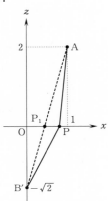

ここで, 2 つの線分 AP, PB′ は $zx$ 平面上にあるから, AP+PB′ は, A, P, B′ が同一直線上にあるとき, すなわち上図において P=P₁ のとき最小となる.

以上により, 求める AP+PB の最小値は,

$$AB'=\sqrt{(1-0)^2+\{2-(-\sqrt{2})\}^2}$$
$$=\sqrt{7+4\sqrt{2}}\,.$$

【注】 ここで用いた B を B′ へ移す手法は, 次のような平面上の最短経路に関する有名問題の解き方を応用したものである.

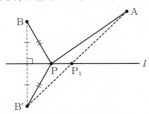

上図において, 定点 A, B に対して, 直線 $l$ 上を点 P が動くとき

$$AP+PB=AP+PB'$$

(B′ は $l$ に関する B の対称点)

は, P=P₁ のとき最小となる.

(注終り)

# 246 ──〈方針〉─

(1) $$\overrightarrow{\text{OH}}=\overrightarrow{\text{OA}}+s\overrightarrow{\text{AB}}+t\overrightarrow{\text{AC}}$$
$$(s,\ t\ \text{は実数})$$

とおけて,

$$\overrightarrow{\text{DH}}\perp\overrightarrow{\text{AB}}\ \text{かつ}\ \overrightarrow{\text{DH}}\perp\overrightarrow{\text{AC}}.$$

(3) DP が最小になるのは, HP が最小のときである.

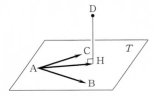

O(0, 0, 0) とする.

(1) $\overrightarrow{\text{AB}}=(2,\ 2,\ 0)$, $\overrightarrow{\text{AC}}=(2,\ 0,\ 2)$.

H は $T$ 上にあるから, $s,\ t$ を実数として

$$\overrightarrow{\text{OH}}=\overrightarrow{\text{OA}}+s\overrightarrow{\text{AB}}+t\overrightarrow{\text{AC}}$$
$$=(-2,\ 0,\ 0)+s(2,\ 2,\ 0)+t(2,\ 0,\ 2)$$
$$=(2(s+t-1),\ 2s,\ 2t)$$

と表せる.

このとき,

$$\overrightarrow{\text{DH}}=\overrightarrow{\text{OH}}-\overrightarrow{\text{OD}}$$
$$=(2(s+t-2),\ 2s+1,\ 2t).$$

DH⊥$T$ となる条件は,

$$\overrightarrow{\text{DH}}\perp\overrightarrow{\text{AB}},\quad \overrightarrow{\text{DH}}\perp\overrightarrow{\text{AC}},$$

すなわち,

$$\overrightarrow{\text{DH}}\cdot\overrightarrow{\text{AB}}=0,\quad \overrightarrow{\text{DH}}\cdot\overrightarrow{\text{AC}}=0.$$

ゆえに,

$$\begin{cases} 2(s+t-2)\cdot2+(2s+1)\cdot2=0, \\ 2(s+t-2)\cdot2+2t\cdot2=0. \end{cases}$$

したがって,

$$\begin{cases} 4s+2t=3, \\ s+2t=2. \end{cases}$$

よって,

$$s=\frac{1}{3},\quad t=\frac{5}{6}$$

となるから,

$$\overrightarrow{\text{OH}}=\left(\frac{1}{3},\ \frac{2}{3},\ \frac{5}{3}\right),$$

すなわち，H の座標は，

$$\left(\frac{1}{3}, \frac{2}{3}, \frac{5}{3}\right).$$

**((1) の別解)**

平面 $T$ の法線ベクトルを $\vec{n}=(a, b, c)$ とする．

$\overrightarrow{AB}=(2, 2, 0)$，$\overrightarrow{AC}=(2, 0, 2)$ より，

$$\begin{cases} \overrightarrow{AB}\cdot\vec{n}=2a+2b=0, \\ \overrightarrow{AC}\cdot\vec{n}=2a+2c=0. \end{cases}$$

これより，

$$b=-a, \quad c=-a.$$
$$\vec{n}=(a, -a, -a)=a(1, -1, -1).$$

したがって，

$$\vec{e}=\frac{1}{\sqrt{3}}(1, -1, -1)$$

は，平面 $T$ の単位法線ベクトルである．

$\overrightarrow{DA}=(-4, 1, 0)$ より，

$$\begin{aligned} \overrightarrow{DH}&=(\overrightarrow{DA}\cdot\vec{e})\vec{e} \\ &=\frac{-4-1+0}{\sqrt{3}}\cdot\frac{1}{\sqrt{3}}(1, -1, -1) \\ &=-\frac{5}{3}(1, -1, -1). \end{aligned}$$

よって，

$$\begin{aligned} \overrightarrow{OH}&=\overrightarrow{OD}+\overrightarrow{DH} \\ &=(2, -1, 0)-\frac{5}{3}(1, -1, -1) \\ &=\left(\frac{1}{3}, \frac{2}{3}, \frac{5}{3}\right) \end{aligned}$$

であるから，H の座標は，

$$\left(\frac{1}{3}, \frac{2}{3}, \frac{5}{3}\right).$$

**((1) の別解終り)**

(2) $AB=BC=CA=\sqrt{2^2+2^2}=2\sqrt{2}$

であるから，$\triangle ABC$ は正三角形．

よって，$S$ の中心を E とすると，E は $\triangle ABC$ の重心でもあるから，

$$\begin{aligned} \overrightarrow{OE}&=\frac{\overrightarrow{OA}+\overrightarrow{OB}+\overrightarrow{OC}}{3} \\ &=\left(-\frac{2}{3}, \frac{2}{3}, \frac{2}{3}\right), \end{aligned}$$

すなわち，E の座標は，

$$\left(-\frac{2}{3}, \frac{2}{3}, \frac{2}{3}\right).$$

また，$S$ の半径を $R$ とすると，

$$\begin{aligned} R&=AE=\sqrt{\left(-\frac{2}{3}+2\right)^2+\left(\frac{2}{3}\right)^2+\left(\frac{2}{3}\right)^2} \\ &=\frac{2\sqrt{6}}{3}. \end{aligned}$$

(3) $$DP=\sqrt{DH^2+HP^2}$$

であり，DH は一定であるから，DP が最小になるのは，HP が最小のときである．

また，

$$EH=\sqrt{\left(\frac{1}{3}+\frac{2}{3}\right)^2+\left(\frac{5}{3}-\frac{2}{3}\right)^2}=\sqrt{2}<R$$

から，H は，$T$ 上で $S$ の内部の点である．

したがって，E を端点とする半直線 EH と $S$ の交点を $P_0$ とすると，P が $P_0$ に一致するとき，HP は最小となる．

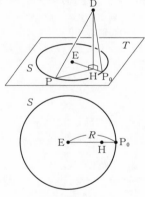

$$\overrightarrow{OP_0}=\overrightarrow{OE}+\frac{R}{EH}\overrightarrow{EH}$$

$$=\left(-\frac{2}{3}, \frac{2}{3}, \frac{2}{3}\right)+\frac{\frac{2\sqrt{6}}{3}}{\sqrt{2}}(1, 0, 1)$$

$$=\left(\frac{-2+2\sqrt{3}}{3}, \frac{2}{3}, \frac{2+2\sqrt{3}}{3}\right)$$

であるから，求める P の座標は，

$$\left(\frac{-2+2\sqrt{3}}{3}, \frac{2}{3}, \frac{2+2\sqrt{3}}{3}\right).$$

# 247

Rは $xy$ 平面上なので R$(X, Y, 0)$ とおく. 直線 PR 上の点 $(x, y, z)$ は, 実数 $t$ を用いて,

$$(x, y, z) = \overrightarrow{OP} + t\overrightarrow{PR}$$
$$= (0, 1, 2) + t(X, Y-1, -2)$$
$$= (tX, 1+t(Y-1), 2-2t)$$

と表すことができる.

この点が $(0, 0, 1)$ を中心とする半径 1 の球面 $x^2 + y^2 + (z-1)^2 = 1$ 上にある条件は,

$$(tX)^2 + \{1 + t(Y-1)\}^2 + (1-2t)^2 = 1$$

すなわち

$$\{X^2 + (Y-1)^2 + 4\}t^2 + 2(Y-3)t + 1 = 0$$
$$\cdots(*)$$

を満たすことである.

したがって, 直線 PR と球面が交わる条件は, $(*)$ を満たす実数 $t$ が存在することとなる. $(*)$ の判別式が 0 以上より,

$$(Y-3)^2 - \{X^2 + (Y-1)^2 + 4\} \geqq 0$$

すなわち,

$$Y \leqq -\frac{1}{4}X^2 + 1$$

となる.

以上より, R の動く領域は,

$$y \leqq -\frac{1}{4}x^2 + 1 \quad (z=0)$$

であり, $xy$ 平面上に図示すると, 次の図の網掛け部分のようになる. ただし, 境界も含むものとする.

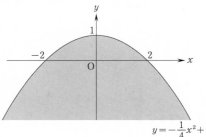

$$y = -\frac{1}{4}x^2 + 1$$

# 248 ──〈方針〉─

極形式で表し, ド・モアブルの定理を用いる.

ド・モアブルの定理
$$(\cos\theta + i\sin\theta)^n = \cos n\theta + i\sin n\theta.$$
$$(n \text{ は整数})$$

(1)
$$\frac{4i}{1+\sqrt{3}\,i} = \frac{4(\cos 90° + i\sin 90°)}{2(\cos 60° + i\sin 60°)}$$
$$= 2(\cos 30° + i\sin 30°).$$

よって, $\dfrac{4i}{1+\sqrt{3}\,i}$ の偏角は,

$$30° + 360°k \quad (k \text{ は整数}).$$

(2) $z^2 = -i$ より, $z \neq 0$ であるから,
$$z = r(\cos\theta + i\sin\theta)$$
$$(r > 0, \ 0° \leqq \theta < 360°)$$

とおける. よって,

$$z^2 = r^2(\cos 2\theta + i\sin 2\theta).$$

一方,

$$-i = \cos 270° + i\sin 270°.$$

よって, $z^2 = -i$ より,

$$\begin{cases} r^2 = 1, \\ 2\theta = 270° + 360°k \end{cases} \quad (k \text{ は整数}).$$

$r > 0$ より $r = 1$.

また, $\theta = 135° + 180°k$ と $0° \leqq \theta < 360°$ より,

$$\theta = 135°, \ \theta = 315°.$$

したがって,

$$z = \cos 135° + i\sin 135°,$$
$$\cos 315° + i\sin 315°.$$

ゆえに,

$$z = \frac{-1+i}{\sqrt{2}}, \ \frac{1-i}{\sqrt{2}}.$$

(3) (2)より,

$$\alpha = \pm(\cos 135° + i\sin 135°).$$

よって, $\alpha^n$ が実数となる条件は,

$$135°n = 180°m$$

を満たす整数 $m$ が存在することである.

このとき,

$$3n = 4m$$

より，

$$n \text{ は } 4 \text{ の倍数.}$$

また，(1) より，$\left(\dfrac{4i}{1+\sqrt{3}\,i}\right)^n$ が実数となる

条件は，

$$30°n = 180°m'$$

を満たす整数 $m'$ が存在することである．

このとき，

$$n = 6m'$$

より，

$$n \text{ は } 6 \text{ の倍数.}$$

したがって $\alpha^n$ と $\left(\dfrac{4i}{1+\sqrt{3}\,i}\right)^n$ がともに実

数となる条件は，$n$ が 4 と 6 の公倍数とな

ることである．

よって，求める最小の自然数 $n$ は **12**.

(4) $\left(\dfrac{4i}{1+\sqrt{3}\,i}\right)^{13}$

$= \{2(\cos 30° + i\sin 30°)\}^{13}$ （(1) より）

$= 2^{13}(\cos 390° + i\sin 390°)$

$= 2^{13}(\cos 30° + i\sin 30°)$

$= \boldsymbol{4096\sqrt{3} + 4096i}.$

# 249 ——〈方針〉

ド・モアブルの定理

$$(\cos\theta + i\sin\theta)^n = \cos n\theta + i\sin n\theta$$
$$(n \text{ は整数})$$

を利用する．

$z = r(\cos\theta + i\sin\theta)$ $(r \geqq 0,\ 0 \leqq \theta < 2\pi)$

とおくと，ド・モアブルの定理より，

$$z^4 = r^4(\cos 4\theta + i\sin 4\theta).$$

一方，

$$-8 - 8\sqrt{3}\,i = 16\left(\cos\frac{4}{3}\pi + i\sin\frac{4}{3}\pi\right).$$

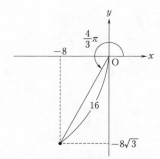

したがって，

$$z^4 = -8 - 8\sqrt{3}\,i$$

の両辺の絶対値と偏角を比較すると，

$$r^4 = 16,\quad 4\theta = \frac{4}{3}\pi + 2k\pi \ (k \text{ は整数}).$$

よって，$r \geqq 0$ より

$$r = 2$$

であり，$0 \leqq \theta < 2\pi$ より，

$$\theta = \frac{\pi}{3} + \frac{k}{2}\pi \quad (k = 0,\ 1,\ 2,\ 3).$$

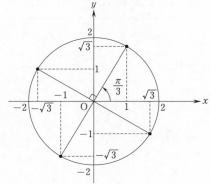

したがって，

$$z = 1 + \sqrt{3}\,i,\ -\sqrt{3} + i,$$
$$-1 - \sqrt{3}\,i,\ \sqrt{3} - i.$$

## 250 ──〈方針〉──

・極形式で表すと $z^3$ をド・モアブルの定理で計算できる.

・「$z$ が実数 $\Longleftrightarrow z=\overline{z}$」を用いてもよい.

$|z|=1$ より,
$$z=\cos\theta+i\sin\theta \quad (0°\leqq\theta<360°)$$
とおけるから, ド・モアブルの定理より,
$$z^3=(\cos\theta+i\sin\theta)^3$$
$$=\cos 3\theta+i\sin 3\theta.$$

これより,
$$z^3-z$$
$$=(\cos 3\theta+i\sin 3\theta)-(\cos\theta+i\sin\theta)$$
$$=(\cos 3\theta-\cos\theta)+i(\sin 3\theta-\sin\theta).$$

$z^3-z$ は実数であるから,
$$\sin 3\theta-\sin\theta=2\cos 2\theta\sin\theta=0.$$

よって,
$$\cos 2\theta=0 \text{ または } \sin\theta=0.$$

$\theta=0°,\ 45°,\ 135°,\ 180°,\ 225°,\ 315°.$

求める $z$ は $\boxed{6}$ 個あって, それらは,

$$1,\ \frac{\sqrt{2}}{2}+\frac{\sqrt{2}}{2}i,\ -\frac{\sqrt{2}}{2}+\frac{\sqrt{2}}{2}i,$$
$$-1,\ -\frac{\sqrt{2}}{2}-\frac{\sqrt{2}}{2}i,\ \frac{\sqrt{2}}{2}-\frac{\sqrt{2}}{2}i.$$

**(別解)**

$z^3-z$ が実数となる条件は,
$$z^3-z=\overline{z^3-z}.$$

これを整理すると,
$$z^3-z=\overline{z}^3-\overline{z}.$$
$$(z-\overline{z})(z^2+z\overline{z}+\overline{z}^2)=z-\overline{z}.$$
$$(z-\overline{z})(z^2+1+\overline{z}^2)=z-\overline{z}.$$
$$(z-\overline{z})(z^2+\overline{z}^2)=0.$$
$$z=\overline{z} \text{ または } z^2+\overline{z}^2=0.$$

(i) $z=\overline{z}$, すなわち, $z$ が実数のとき.

$|z|=1$ より,
$$z=\pm 1.$$

(ii) $z^2+\overline{z}^2=0$ のとき.

$|z|=1$ より,
$$|z|^2=z\overline{z}=1. \qquad \cdots①$$

また,
$$z^2+\overline{z}^2=(z+\overline{z})^2-2=0.$$
$$z+\overline{z}=\pm\sqrt{2}. \qquad \cdots②$$

①, ② より, $z$, $\overline{z}$ は $t$ の2次方程式
$$t^2\mp\sqrt{2}\,t+1=0$$
の解であるから,
$$z=\frac{\pm\sqrt{2}\pm\sqrt{2}\,i}{2} \quad (複号任意).$$

(i), (ii) から, 求める $z$ は $\boxed{6}$ 個あり, それらは

$$1,\ \frac{\sqrt{2}}{2}+\frac{\sqrt{2}}{2}i,\ -\frac{\sqrt{2}}{2}+\frac{\sqrt{2}}{2}i,$$
$$-1,\ -\frac{\sqrt{2}}{2}-\frac{\sqrt{2}}{2}i,\ \frac{\sqrt{2}}{2}-\frac{\sqrt{2}}{2}i.$$

(別解終り)

## 251 ──〈方針〉──

(1) $\alpha^5-1=(\alpha-1)(\alpha^4+\alpha^3+\alpha^2+\alpha+1)$ を利用する.

(2) $|\alpha|^2=\alpha\overline{\alpha}=1$ より $\overline{\alpha}=\dfrac{1}{\alpha}$. これと (1) を利用する.

(3) $z=\cos 72°+i\sin 72°$ とおき, ド・モアブルの定理を利用する.

(1) $\alpha^5=1$ より,
$$\alpha^5-1=(\alpha-1)(\alpha^4+\alpha^3+\alpha^2+\alpha+1)=0.$$
$\alpha\neq 1$ であるから,
$$\alpha^4+\alpha^3+\alpha^2+\alpha+1=0.$$
$\alpha\neq 0$ であるから両辺を $\alpha^2$ で割って,
$$\alpha^2+\alpha+1+\frac{1}{\alpha}+\frac{1}{\alpha^2}=0. \qquad \cdots①$$

(2) ① より,
$$\left(\alpha^2+\frac{1}{\alpha^2}\right)+\left(\alpha+\frac{1}{\alpha}\right)+1=0.$$
$$\left(\alpha+\frac{1}{\alpha}\right)^2+\left(\alpha+\frac{1}{\alpha}\right)-1=0. \qquad \cdots②$$

$|\alpha|=1$ より, $|\alpha|^2=\alpha\overline{\alpha}=1$ であるから,
$$\overline{\alpha}=\frac{1}{\alpha}.$$

よって，$\alpha+\overline{\alpha}=\alpha+\dfrac{1}{\alpha}=t$ とおくと，② より，

$$t^2+t-1=0.$$

(3) $z=\cos 72°+i\sin 72°$ とおくと，

$$
\begin{aligned}
z^5 &=(\cos 72°+i\sin 72°)^5 \\
&=\cos 360°+i\sin 360° \\
&=1. \quad (z\neq 1)
\end{aligned}
$$

そこで，$t=z+\overline{z}$ とおくと，(2)から，$t$ は

$$t^2+t-1=0$$

の解である．これを解いて，

$$t=\dfrac{-1\pm\sqrt{5}}{2}.$$

したがって，$\cos 72°>0$ に注意すると，

$$
\begin{aligned}
\cos 72° &=\dfrac{z+\overline{z}}{2}=\dfrac{t}{2} \\
&=\dfrac{-1+\sqrt{5}}{4}.
\end{aligned}
$$

# 252 ——〈方針〉

(1) $P(z)$ を $O(0)$ を中心に $\theta$ 回転して，$O(0)$ を中心に $r$ 倍した点を $P'(z')$ とすると，

$$z'=r(\cos\theta+i\sin\theta)z.$$

(2) $P(z)$ を $A(\alpha)$ を中心に $\theta$ 回転した点を $Q(w)$ とすると，

$$w-\alpha=(z-\alpha)(\cos\theta+i\sin\theta).$$

(1)

$$
\begin{aligned}
\beta &=(3+i)(\cos 60°+i\sin 60°)\times 2 \\
&=(3+i)\left(\dfrac{1}{2}+\dfrac{\sqrt{3}}{2}i\right)\times 2 \\
&=(3+i)(1+\sqrt{3}\,i)
\end{aligned}
$$

$$=3-\sqrt{3}+(3\sqrt{3}+1)i.$$

$$
\begin{aligned}
\dfrac{\beta}{\alpha} &=2(\cos 60°+i\sin 60°) \\
&=1+\sqrt{3}\,i.
\end{aligned}
$$

$$\mathrm{OA}=|\alpha|=\sqrt{3^2+1^2}=\sqrt{10},$$

$$\mathrm{OB}=2\mathrm{OA}=2\sqrt{10},$$

$$\angle\mathrm{AOB}=60°$$

であるから，

$$
\begin{aligned}
\triangle\mathbf{OAB} &=\dfrac{1}{2}\mathrm{OA}\cdot\mathrm{OB}\sin 60° \\
&=\dfrac{1}{2}\cdot\sqrt{10}\cdot 2\sqrt{10}\cdot\dfrac{\sqrt{3}}{2} \\
&=5\sqrt{3}.
\end{aligned}
$$

(2)

$$
\begin{aligned}
\gamma &=\alpha+(\beta-\alpha)(\cos 60°+i\sin 60°) \\
&=3+i+(-\sqrt{3}+3\sqrt{3}\,i)\left(\dfrac{1}{2}+\dfrac{\sqrt{3}}{2}i\right) \\
&=3+i+\dfrac{1}{2}\{-\sqrt{3}-9+(3\sqrt{3}-3)i\} \\
&=-\dfrac{3+\sqrt{3}}{2}+\dfrac{-1+3\sqrt{3}}{2}i.
\end{aligned}
$$

$\triangle\mathrm{ABC}$ は正三角形になり，$H$ は $BC$ の中点でもあるから，

$$
\begin{aligned}
\delta &=\dfrac{1}{2}(\beta+\gamma) \\
&=\dfrac{3-3\sqrt{3}}{4}+\dfrac{1+9\sqrt{3}}{4}i.
\end{aligned}
$$

# 253 ——〈方針〉

$z$ が純虚数 $\iff z+\overline{z}=0 \quad (z\neq 0)$ を利用する．

(1) $A(z)$，$B(z^2)$，$C(z^3)$ は互いに異なっているから，

$$z\neq z^2 \text{ かつ } z^2\neq z^3 \text{ かつ } z^3\neq z.$$

よって，

$z \neq 0$ かつ $z \neq 1$ かつ $z \neq -1.$ $\cdots(*)$

$\angle \text{ACB} = 90°$ より，

$$\arg\frac{z-z^3}{z^2-z^3}=\pm 90°.$$

$$\arg\frac{1+z}{z}=\pm 90°.$$

したがって，$\dfrac{1+z}{z}$ は純虚数であるから，

$$\frac{1+z}{z}+\frac{1+\overline{z}}{\overline{z}}=0.$$

$$\overline{z}(1+z)+z(1+\overline{z})=0.$$

$$z\overline{z}+\frac{1}{2}z+\frac{1}{2}\overline{z}=0.$$

$$\left(z+\frac{1}{2}\right)\left(\overline{z}+\frac{1}{2}\right)=\frac{1}{4}.$$

$$\left|z+\frac{1}{2}\right|^2=\frac{1}{4}.$$

$$\left|z+\frac{1}{2}\right|=\frac{1}{2}.$$

$(*)$ と合わせて，$z$ が表す図形は，点 $-\dfrac{1}{2}$

を中心とする半径 $\dfrac{1}{2}$ の円から点 $-1$ と点 $0$

を除いたもの．

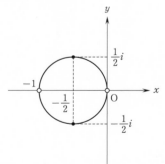

((1)の別解)

$z=x+yi$ $(x,\ y$ は実数$)$ とおくと，

$$\frac{1+z}{z}=\frac{1}{x+yi}+1=\frac{x-yi}{x^2+y^2}+1$$

が純虚数になるための条件は，

$$\frac{x}{x^2+y^2}+1=0.$$

$$x^2+y^2+x=0.$$

$$\left(x+\frac{1}{2}\right)^2+y^2=\frac{1}{4}.$$

これと $(*)$ より，**$z$ は点 $-\dfrac{1}{2}$ を中心とする**

**半径 $\dfrac{1}{2}$ の円から点 $0$ と点 $-1$ を除いたもの．**

((1)の別解終り)

(2)　$\text{AC}=|z^3-z|=|z||z+1||z-1|$.

$\text{BC}=|z^3-z^2|=|z|^2|z-1|$.

$\text{AC}=\text{BC}$ より，

$$|z||z+1||z-1|=|z|^2|z-1|.$$

$(*)$ より，

$$|z+1|=|z|.$$

これを満たす $z$ は，点 $-1$ と点 $0$ を結ぶ
線分の垂直二等分線上の点であるから，(1)
の図形との交点を考えて，

$$z=-\frac{1}{2}\pm\frac{1}{2}i.$$

((2)の別解)

$\text{AC}=\text{BC},$ $\angle\text{ACB}=90°$ より，

$$\frac{|z-z^3|}{|z^2-z^3|}=1 \text{ かつ } \arg\frac{z-z^3}{z^2-z^3}=\pm 90°.$$

よって，

$$\frac{z-z^3}{z^2-z^3}=\pm i.$$

$$\frac{1+z}{z}=\pm i.$$

$$z=\frac{1}{-1\pm i}=-\frac{1}{2}\mp\frac{1}{2}i \quad (\text{複号同順}).$$

((2)の別解終り)

# 254

$\alpha>0$ より，$5\alpha^2-4\alpha\beta+\beta^2=0$ の両辺を $\alpha^2$
で割って整理すると，

$$\left(\frac{\beta}{\alpha}\right)^2-4\cdot\frac{\beta}{\alpha}+5=0. \qquad \cdots①$$

① を $\dfrac{\beta}{\alpha}$ について解くと，

$$\frac{\beta}{\alpha}=2\pm i \qquad\qquad \cdots②$$

$$= \sqrt{5}\{\cos(\pm\theta) + i\sin(\pm\theta)\}. \quad \cdots ③$$

ただし, $\theta$ は $\cos\theta = \dfrac{2}{\sqrt{5}}$, $\sin\theta = \dfrac{1}{\sqrt{5}}$ を満たす鋭角である.

O(0), A($\alpha$), B($\beta$) とすると, ③ より, $\overrightarrow{OB}$ は $\overrightarrow{OA}$ を $\sqrt{5}$ 倍して $\theta$ または $-\theta$ だけ回転したベクトルであるから,

$$\text{OB} = \sqrt{5}\,\text{OA} \quad \text{かつ} \quad \angle AOB = \theta.$$

三角形 OAB の面積が 1 であるから,

$$\frac{1}{2}\text{OA}\cdot\text{OB}\cdot\sin\theta = 1.$$

$$\frac{1}{2}\text{OA}\cdot\sqrt{5}\,\text{OA}\cdot\frac{1}{\sqrt{5}} = 1.$$

$$\text{OA}^2 = 2.$$

$$\text{OA} = \sqrt{2}.$$

ここで, $\alpha$ は正の実数であるから,

$$\text{OA} = |\alpha| = \alpha.$$

よって,

$$\alpha = \sqrt{2}.$$

このとき, ② より,

$$\beta = 2\sqrt{2} \pm \sqrt{2}\,i.$$

以上より,

$$\alpha = \sqrt{2}, \quad \beta = 2\sqrt{2} \pm \sqrt{2}\,i.$$

# 255 —〈方針〉—

△ABC が正三角形

⇕

点 C を中心として, 点 B を $60°$ または $-60°$ 回転したものが点 A.

$\omega$ は 1 の 3 乗根より,

$$\omega^3 - 1 = 0.$$

$$(\omega - 1)(\omega^2 + \omega + 1) = 0.$$

$\omega \neq 1$ より,

$$\omega^2 + \omega + 1 = 0. \quad \cdots ①$$

よって,

$$\omega = \frac{-1 + \sqrt{3}\,i}{2}, \quad \frac{-1 - \sqrt{3}\,i}{2}. \quad \cdots ②$$

また, ① を用いると, $\alpha + \beta\omega + \gamma\omega^2 = 0$ のとき,

$$\alpha + \beta\omega + \gamma(-\omega - 1) = 0.$$

$$(\alpha - \gamma) + (\beta - \gamma)\omega = 0.$$

$\beta \neq \gamma$ より,

$$\frac{\alpha - \gamma}{\beta - \gamma} = -\omega.$$

② を代入して,

$$\frac{\alpha - \gamma}{\beta - \gamma} = \frac{1 \mp \sqrt{3}\,i}{2}$$

$$= \cos(\mp 60°) + i\sin(\mp 60°).$$

(複号同順)

この式は, 点 C($\gamma$) を中心として, 点 B($\beta$) を $-60°$ または $60°$ 回転した点が点 A($\alpha$) であることを示すから, △ABC は正三角形で, A, B, C の並び方は,

$$\omega = \frac{-1 + \sqrt{3}\,i}{2} \text{ のとき, 反時計回り,}$$

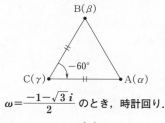

$$\omega = \frac{-1 - \sqrt{3}\,i}{2} \text{ のとき, 時計回り.}$$

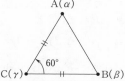

# 256 —〈方針〉—

(1) P($z$) を A($\alpha$) のまわりに $\theta$ 回転した複素数を Q($w$) とおくと,

$$w - \alpha = (z - \alpha)(\cos\theta + i\sin\theta).$$

(2) P, Q, R を表す複素数をそれぞれ $z_P$, $z_Q$, $z_R$ とおいて

$$z_R - z_P = i(z_Q - \alpha)$$

を示す.

(1) F は B を A のまわりに $-90°$ 回転し

た点であるから，F を表す複素数は，
$$\alpha+(\beta-\alpha)\{\cos(-90°)+i\sin(-90°)\}$$
$$=\alpha+(\beta-\alpha)(-i)$$
$$=(1+i)\alpha-i\beta.$$
同様にして，H を表す複素数は，
$$\beta+(\gamma-\beta)(-i)=(1+i)\beta-i\gamma.$$
J を表す複素数は，
$$\gamma+(\alpha-\gamma)(-i)=(1+i)\gamma-i\alpha.$$

(2)

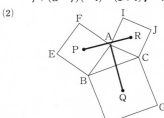

P は BF の中点であるから，P を表す複素数を $z_P$ とすると，
$$z_P=\frac{1}{2}\{\beta+(1+i)\alpha-i\beta\}$$
$$=\frac{1}{2}\{(1+i)\alpha+(1-i)\beta\}.$$

同様にして，Q は CH の中点，R は AJ の中点であることから，Q, R を表す複素数をそれぞれ $z_Q$, $z_R$ とおくと，
$$z_Q=\frac{1}{2}\{(1+i)\beta+(1-i)\gamma\},$$
$$z_R=\frac{1}{2}\{(1+i)\gamma+(1-i)\alpha\}.$$

このとき，
$$z_R-z_P=\frac{1}{2}\{-2i\alpha-(1-i)\beta+(1+i)\gamma\},$$
$$z_Q-\alpha=\frac{1}{2}\{-2\alpha+(1+i)\beta+(1-i)\gamma\}.$$
よって，
$$z_R-z_P=i(z_Q-\alpha)$$
となるから，PR＝AQ かつ PR⊥AQ である。

# 257 ──〈方針〉──

(1) $|z-2|\leqq1$ と $w=iaz$ の表す図形的意味を考えてみる。

(2) 図から読みとる。

(1) $z$ は点 2 を中心とする半径 1 の円の周および内部に存在する。

$w$ は点 $z$ を原点のまわりに 90° 回転し，原点からの距離を $a$ 倍した点である。

よって，求める $w$ の存在範囲は次図の網掛け部分（境界を含む）である。

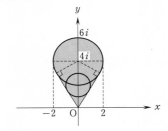

(2) 図より，
$$60°\leqq\arg w\leqq120°.$$

# 258

$|w|=1$ より，
$$\left|\frac{(i-2)z}{i(z-1)}\right|=1.$$
$$|i-2||z|=|i||z-1|.$$
$$\sqrt{5}\,|z|=|z-1|.$$
$$5|z|^2=|z-1|^2.$$
$$5z\overline{z}=(z-1)(\overline{z}-1).$$
$$5z\overline{z}=z\overline{z}-z-\overline{z}+1.$$
$$4z\overline{z}+z+\overline{z}-1=0.$$
$$z\overline{z}+\frac{1}{4}z+\frac{1}{4}\overline{z}-\frac{1}{4}=0.$$
$$\left(z+\frac{1}{4}\right)\left(\overline{z}+\frac{1}{4}\right)=\frac{5}{16}.$$
$$\left|z+\frac{1}{4}\right|=\frac{\sqrt{5}}{4}.$$

よって，点 $z$ は，点 $-\frac{1}{4}$ を中心とする半

径 $\dfrac{\sqrt{5}}{4}$ の円を描く.

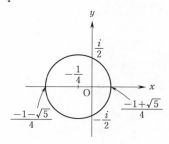

## 259

(1) $\qquad |z-3i|=2|z|.$ $\qquad\cdots(*)$

$(*)$ より, $|z-3i|^2=4|z|^2$ であるから,
$$(z-3i)\overline{(z-3i)}=4z\overline{z}.$$
$$(z-3i)(\overline{z}+3i)=4z\overline{z}.$$
$$z\overline{z}+i\overline{z}-iz-3=0.$$
$$(z+i)(\overline{z}-i)=4.$$
$$(z+i)\overline{(z+i)}=4.$$
$$|z+i|^2=4.$$
$$|z+i|=2.$$

よって, $(*)$ は点 $-i$ を中心とする半径 2 の円を表す.

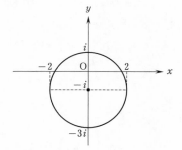

**((1)の別解)**

$z=x+yi$ $(x,\ y$ は実数) とおくと, $(*)$ より,
$$\sqrt{x^2+(y-3)^2}=2\sqrt{x^2+y^2}.$$
両辺を 2 乗して,
$$x^2+(y-3)^2=4(x^2+y^2).$$

$$x^2+y^2+2y=3.$$
$$x^2+(y+1)^2=4.$$

よって, $(*)$ は点 $-i$ を中心とする半径 2 の円を表す.

$\qquad\qquad\qquad$ **((1)の別解終り)**

(2) $\qquad\qquad w=\dfrac{z+i}{z-i}.$
$$w(z-i)=z+i.$$
$$z(w-1)=iw+i.$$

よって, $w\neq1$ が必要であり,
$$z=\dfrac{iw+i}{w-1}.$$

(1) の結果の式 $|z+i|=2$ に代入して,
$$\left|\dfrac{iw+i}{w-1}+i\right|=2.$$
$$\left|\dfrac{2iw}{w-1}\right|=2.$$
$$2|i||w|=2|w-1|.$$
$$|w|=|w-1|. \qquad\cdots(**)$$

したがって, 点 $w$ は原点と点 1 から等距離にあるから, 点 $w$ は原点と点 1 を結ぶ線分の垂直二等分線を描く.

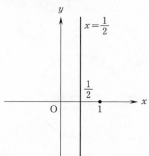

**【注】** $(**)$ において, $w=x+yi$ $(x,\ y$ は実数) とすれば,
$$\sqrt{x^2+y^2}=\sqrt{(x-1)^2+y^2}$$
より,
$$x=\dfrac{1}{2}.$$

$\qquad\qquad\qquad\qquad$ **(注終り)**

## 260 ——〈方針〉

$z$ が実数 $\iff z=\overline{z}$

を利用する.

(1) $w$ が実数であるための必要十分条件は
$$w=\overline{w}$$
であるから,
$$z+\frac{1}{z}=\overline{z}+\frac{1}{\overline{z}}.$$

$z+\dfrac{1}{z}-\overline{z}-\dfrac{1}{\overline{z}}=0$ より,
$$\frac{(z-\overline{z})(z\overline{z}-1)}{z\overline{z}}=0.$$

よって, $z=\overline{z}\ (z\neq0)$ または $z\overline{z}=1.$

$z=\overline{z}\ (z\neq0)$ のとき, $z$ は $0$ でない実数.

$z\overline{z}=1$ のとき, $z\overline{z}=|z|^2=1$ より $|z|=1.$

ゆえに, $z$ のみたす条件は

> 原点を除く実軸上の点,または,原点を中心とする半径 $1$ の円周上の点であること.

よって,複素数平面上に図示すると次のようになる.(太線部分.原点をのぞく)

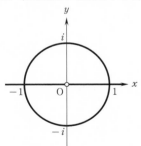

(2) $w$ が実数のとき, (1) より, $z$ は $0$ でない実数か $|z|=1$ である.

(i) $z$ が $0$ でない実数のとき.

$z=t$ とおくと,
$$1\leq t+\frac{1}{t}\leq\frac{10}{3}.$$

$t+\dfrac{1}{t}\geq1$ より, $\dfrac{t^2+1}{t}\geq1.$

$t^2+1>0$ であるから $t>0$ が必要で,

$$t^2-t+1\geq0.$$

$t^2-t+1=\left(t-\dfrac{1}{2}\right)^2+\dfrac{3}{4}>0$ は常に成立するから,
$$t>0.$$

また, $t+\dfrac{1}{t}\leq\dfrac{10}{3}$ より,
$$\frac{3t^2-10t+3}{3t}\leq0.$$

$t>0$ であるから,
$$3t^2-10t+3\leq0.$$
$$(3t-1)(t-3)\leq0.$$
$$\frac{1}{3}\leq t\leq3.$$

よって,点 $z$ は点 $\dfrac{1}{3}$ と点 $3$ を結ぶ線分(両端含む)上にある.

(ii) $|z|=1$ のとき.

$\dfrac{1}{z}=\overline{z}$ であるから $w=z+\dfrac{1}{z}=z+\overline{z}.$

$z$ の実部を $t$ とおくと, $z+\overline{z}=2t$ であるから,
$$1\leq2t\leq\frac{10}{3}.$$
$$\frac{1}{2}\leq t\leq\frac{5}{3}.$$

よって,点 $z$ は原点を中心とし半径 $1$ の円周上の実部 $t$ が $\dfrac{1}{2}\leq t\leq\dfrac{5}{3}$ の部分にある.

(i), (ii) より,条件を満たす $z$ 全体の図形は図のようになる.(太線部分)

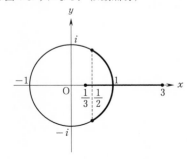

**(別解)**

(1) $z=x+yi$ $(x,\ y$ は実数$)$ とおく.

$z\neq0$ であるから $x^2+y^2\neq0$.

$$w=z+\frac{1}{z}$$

$$=x+yi+\frac{1}{x+yi}$$

$$=x+yi+\frac{x-yi}{x^2+y^2}$$

$$=x\Big(1+\frac{1}{x^2+y^2}\Big)+y\Big(1-\frac{1}{x^2+y^2}\Big)i.$$

$w$ が実数となるための条件は,

$$y\Big(1-\frac{1}{x^2+y^2}\Big)=0.$$

$$y=0 \text{ または } x^2+y^2=1.$$

$$\begin{cases} y=0 \text{ のとき } z \text{ は実数 かつ } z\neq0. \\ x^2+y^2=1 \text{ のとき } |z|=1. \end{cases}$$

(以下解答と同じ.)

(2) (i) $y=0$ のとき.

$z=x$ であるから $w=x+\dfrac{1}{x}$.

$$1\leq x+\frac{1}{x}\leq\frac{10}{3} \text{ より, } \frac{1}{3}\leq x\leq3.$$

(ii) $x^2+y^2=1$ のとき.

(1) より, $w=2x$.

$$1\leq2x\leq\frac{10}{3} \text{ より } \frac{1}{2}\leq x\leq\frac{5}{3}.$$

(以下解答と同じ.)

（別解終り)

# *261* ──〈方針〉──

点 $P_n$ を表す複素数を $z_n$ とする.

$$w_n=z_n-z_{n-1},\ \ w_{n+1}=z_{n+1}-z_n$$

について,

$$w_{n+1}=w_n\cdot r(\cos\theta+i\sin\theta)$$
$$\Longleftrightarrow \overrightarrow{P_nP_{n+1}} \text{ は } \overrightarrow{P_{n-1}P_n} \text{ を } r \text{ 倍して } \theta \text{ だ}$$
け回転したもの.

点 $P_n$ を表す複素数を $z_n$ とする $(n=0,\ 1,$ $2,\ \cdots,\ 10)$. このとき, $z_0=0,\ z_1=1$ である.

また, $z_n$ に到達した後, $45°$ 回転して $\dfrac{1}{\sqrt{2}}$

倍進むと $z_{n+1}$ となるから,

$$z_{n+1}-z_n$$

$$=(z_n-z_{n-1})\cdot\frac{1}{\sqrt{2}}(\cos45°+i\sin45°)$$

$$=(z_n-z_{n-1})\cdot\frac{1+i}{2} \ (n=1,\ 2,\ 3,\ \cdots).$$

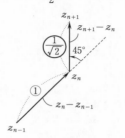

したがって, 数列 $\{z_{n+1}-z_n\}$ は $z_1-z_0=1$

で, 公比 $\dfrac{1+i}{2}$ の等比数列であるから,

$$z_{n+1}-z_n=(z_1-z_0)\Big(\frac{1+i}{2}\Big)^n$$

$$=\Big(\frac{1+i}{2}\Big)^n$$

$$(n=0,\ 1,\ 2,\ \cdots).$$

よって,

$$z_{10}=z_1+\sum_{k=1}^{9}\Big(\frac{1+i}{2}\Big)^k$$

$$=1+\Big\{\frac{1+i}{2}+\Big(\frac{1+i}{2}\Big)^2+\cdots+\Big(\frac{1+i}{2}\Big)^9\Big\}$$

$$=\frac{1-\Big(\dfrac{1+i}{2}\Big)^{10}}{1-\dfrac{1+i}{2}}.$$

ところで,

$$\Big(\frac{1+i}{2}\Big)^{10}=\Big\{\frac{1}{\sqrt{2}}(\cos45°+i\sin45°)\Big\}^{10}$$

$$=\frac{1}{2^5}(\cos450°+i\sin450°)$$

$$=\frac{i}{2^5}$$

であるから,

$$z_{10}=\frac{1-\dfrac{i}{2^5}}{1-\dfrac{1+i}{2}}=\frac{\dfrac{2^5-i}{2^5}}{\dfrac{1-i}{2}}=\frac{33+31i}{32}.$$

# 262

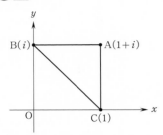

$iz^2 = x + yi$ ($x$, $y$ は実数)とおく.

(1) (i) 点 $z$ が線分 AB 上を動くとき.

$z = k + i$ ($0 \leqq k \leqq 1$) として,

$$\begin{aligned}
x + yi &= i(k+i)^2 \\
&= i(k^2 + 2ki + i^2) \\
&= -2k + (k^2-1)i.
\end{aligned}$$

よって,

$$x = -2k, \quad y = k^2 - 1$$

より, $k$ を消去して,

$$y = \frac{1}{4}x^2 - 1 \quad (-2 \leqq x \leqq 0).$$

(ii) 点 $z$ が線分 BC 上を動くとき.

$z = k + (1-k)i$ ($0 \leqq k \leqq 1$) として,

$$\begin{aligned}
x + yi &= i\{k + (1-k)i\}^2 \\
&= i\{k^2 + 2k(1-k)i + (1-k)^2 i^2\} \\
&= -2k(1-k) + (2k-1)i.
\end{aligned}$$

よって,

$$x = -2k(1-k), \quad y = 2k - 1$$

より, $k$ を消去して,

$$x = \frac{1}{2}y^2 - \frac{1}{2} \quad (-1 \leqq y \leqq 1).$$

(iii) 点 $z$ が線分 CA 上を動くとき.

$z = 1 + ki$ ($0 \leqq k \leqq 1$) として,

$$\begin{aligned}
x + yi &= i(1+ki)^2 \\
&= i(1 + 2ki + k^2 i^2) \\
&= -2k + (1-k^2)i.
\end{aligned}$$

よって,

$$x = -2k, \quad y = 1 - k^2$$

より, $k$ を消去して,

$$y = -\frac{1}{4}x^2 + 1 \quad (-2 \leqq x \leqq 0).$$

以上, (i), (ii), (iii) から, $iz^2$ の描く図形に対応する $xy$ 平面上の図形は, 次図の太線部分.

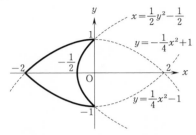

(2) 求める面積は, 図が $x$ 軸対称であるから,

$$\begin{aligned}
&2\left[\int_{-2}^{0}\left(-\frac{1}{4}x^2+1\right)dx - \int_0^1\left\{-\left(\frac{1}{2}y^2-\frac{1}{2}\right)\right\}dy\right] \\
&= 2\left[-\frac{1}{12}x^3 + x\right]_{-2}^{0} - 2\left[-\frac{y^3}{6} + \frac{1}{2}y\right]_0^1 = \mathbf{2}.
\end{aligned}$$

# 263 ──〈方針〉──

定点 F を通り, 直線 $l$ に接する円の中心 P の軌跡は, F を焦点とし, $l$ を準線とする放物線である.

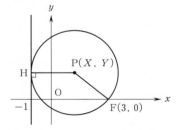

上図のように, P, F, H をとると

$$\text{FP} = \text{PH} \quad (= \text{円の半径})$$

が成り立つから, 求める軌跡は点 $(3, 0)$ が焦点で, 直線 $x = -1$ が準線の放物線である.

この放物線は, 頂点の座標が

$$\left(\frac{3+(-1)}{2}, \ 0\right) = (1, \ 0)$$

で，頂点と焦点の距離は 2 である．

したがって，この放物線の方程式は，
$$4 \times 2(x-1) = y^2.$$

よって，求める軌跡は，

**放物線　$8(x-1) = y^2$.**

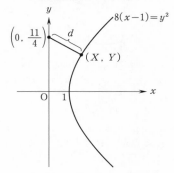

次に，点 $\left(0, \dfrac{11}{4}\right)$ と円の中心 $(X, Y)$ の距離を $d$ とすると，
$$d^2 = X^2 + \left(Y - \frac{11}{4}\right)^2.$$

$8(X-1) = Y^2$ より，
$$X = \frac{Y^2}{8} + 1.$$

よって，
$$d^2 = \left(\frac{Y^2}{8} + 1\right)^2 + \left(Y - \frac{11}{4}\right)^2.$$

これを $f(Y)$ とおく．
$$f'(Y) = 2\left(\frac{Y^2}{8} + 1\right)\frac{Y}{4} + 2\left(Y - \frac{11}{4}\right)$$
$$= \frac{Y^3 + 40Y - 88}{16}$$
$$= \frac{1}{16}(Y-2)(Y^2 + 2Y + 44).$$

$Y^2 + 2Y + 44 = (Y+1)^2 + 43 > 0$ より，$f(Y)$ の増減は次のようになる．

| $Y$ | $\cdots$ | 2 | $\cdots$ |
|---|---|---|---|
| $f'(Y)$ | $-$ | 0 | $+$ |
| $f(Y)$ | $\searrow$ | | $\nearrow$ |

$f(2) = \dfrac{45}{16}$ より，求める最短距離は，

$$\frac{3}{4}\sqrt{5}.$$

**【注】** 焦点と準線の関係に気付かなくても，題意に従って次のように計算すれば円の中心の軌跡を求めることができる．

円の方程式は，中心を $(X, Y)$ とすると，
$$(x-X)^2 + (y-Y)^2 = r^2 \ (r > 0)$$
と表せる．

これが点 $(3, 0)$ を通るから，
$$(3-X)^2 + Y^2 = r^2.$$

また，円が直線 $x = -1$ に接するから
$$X + 1 = r.$$

よって，
$$(3-X)^2 + Y^2 = (X+1)^2.$$

これを整理すると，
$$8(X-1) = Y^2.$$

よって，求める軌跡は，
放物線 $8(x-1) = y^2$.

（注終り）

**（後半の別解）**

$\left(0, \dfrac{11}{4}\right)$ と円の中心との距離が最短になるのは，次図のように放物線
$$8(x-1) = y^2 \qquad \cdots ①$$
上の点 $(X, Y)$ における ① の法線 $l$ が点 $\left(0, \dfrac{11}{4}\right)$ を通るときである．

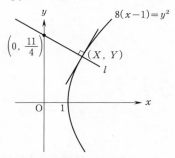

① の両辺を $x$ で微分して，
$$8 = 2y\frac{dy}{dx}.$$

よって，点 $(X, Y)$ における接線の傾き

は $\dfrac{4}{Y}$ であるから，$l$ の傾きは $-\dfrac{Y}{4}$.

これより，$l$ の方程式は，

$$y-Y=-\dfrac{Y}{4}(x-X).$$

これが $\left(0,\ \dfrac{11}{4}\right)$ を通るから，

$$\dfrac{11}{4}-Y=\dfrac{XY}{4}.$$

$$(X+4)Y=11.$$

$$X=\dfrac{11}{Y}-4. \qquad \cdots ②$$

また，$(X,\ Y)$ は ① 上にあるから，

$$8(X-1)=Y^2.$$

これに ② を代入して，

$$8\left(\dfrac{11}{Y}-5\right)=Y^2.$$

$$Y^3+40Y-88=0.$$

$$(Y-2)(Y^2+2Y+44)=0.$$

$Y^2+2Y+44=(Y+1)^2+43>0$ より，

$$Y=2.$$

② に代入して，

$$X=\dfrac{3}{2}.$$

よって，$(X,\ Y)=\left(\dfrac{3}{2},\ 2\right)$ のとき $\left(0,\ \dfrac{11}{4}\right)$ と $(X,\ Y)$ の距離は最短となり，その値は，

$$\sqrt{\left(\dfrac{3}{2}\right)^2+\left(\dfrac{11}{4}-2\right)^2}=\sqrt{\dfrac{45}{16}}$$

$$=\dfrac{3}{4}\sqrt{5}.$$

（後半の別解終り）

# 264

(1) 円 $B:(x+3)^2+y^2=64$ の中心を B$(-3,\ 0)$ とおく．

A は円 $B$ の内側にあるから，点 P を中心とする円 $P$ も円 $B$ の内側にあり，接点 T で内接する．

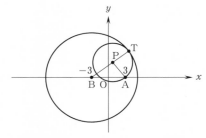

円 $B$ の半径は 8 で，円 $P$ の半径は線分 PA の長さに等しく，これら 2 つの円は接するから，

$$BP=BT-PT=8-PA.$$

$$AP+BP=8.$$

A，B は定点で P は動点であるから，P は A，B を焦点とし，長軸の長さが 8 の楕円上にある．

A，B の中点は原点 O，焦点と中心の距離は OA＝3，長軸の長さの半分は 4，短軸の長さの半分は $\sqrt{4^2-3^2}=\sqrt{7}$.

よって，求める $C$ の方程式は，

$$\dfrac{x^2}{16}+\dfrac{y^2}{7}=1.$$

【注】 座標を用いて，次のように計算してもよい．

$$円 B:(x+3)^2+y^2=8^2.$$

中心が P$(X,\ Y)$，半径 $r$ で点 A を通る円を $C'$ とする．

円 $C'$ は円 $B$ の内部にある点 A を通り，円 $B$ に接するので，円 $B$ の内部に円 $C'$ はある．

2 円 $B$，$C'$ が接するので，

$$BP=（円 B の半径）-（円 C' の半径）.$$

$$\sqrt{(X+3)^2+Y^2}$$
$$=8-\sqrt{(X-3)^2+Y^2}. \qquad \cdots ①$$

両辺を 2 乗して整理すると，

$$4\sqrt{(X-3)^2+Y^2}=16-3X. \qquad \cdots ②$$

さらに両辺を 2 乗して整理すると，

$$\dfrac{X^2}{16}+\dfrac{Y^2}{7}=1. \qquad \cdots ③$$

①，②の右辺の符号に注意して，
③ かつ $8-\sqrt{(X-3)^2+Y^2}\geqq 0$,
かつ $16-3X\geqq 0$
が求める条件である．図示すると，③ が求める軌跡 $C$ の方程式である．

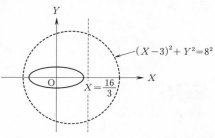

（注終り）

(2) 曲線 $C$ 上の点 $P(x_0, y_0)$ における接線 $l$ の方程式は，

$$\frac{x_0}{16}x+\frac{y_0}{7}y=1.$$

$$7x_0 x+16y_0 y=7\cdot 16. \quad \cdots ①$$

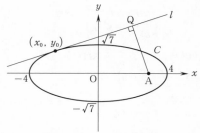

$A$ を通り $l$ に垂直な直線を $m$ とする．
$m$ の方程式は，

$$16y_0(x-3)-7x_0 y=0. \quad \cdots ②$$

①，② の交点が $Q(x, y)$ である．
$(x-3)\times ①-y\times ②$ より，

$$\{7x(x-3)+7y^2\}x_0=7\cdot 16(x-3).$$

$$x_0=\frac{16(x-3)}{x(x-3)+y^2}. \quad \cdots ③$$

$y\times ①+x\times ②$ より，

$$\{16y^2+16x(x-3)\}y_0=7\cdot 16y.$$

$$y_0=\frac{7y}{x(x-3)+y^2}. \quad \cdots ④$$

③，④ を $\dfrac{x_0^2}{16}+\dfrac{y_0^2}{7}=1$ に代入して整理すると，

$$\frac{16^2(x-3)^2}{16}+\frac{7^2 y^2}{7}=\{x(x-3)+y^2\}^2.$$

$$(x-3)^2(x^2-16)+(2x^2-6x-7)y^2+y^4=0.$$

$$\{(x-3)^2+y^2\}(x^2+y^2-16)=0.$$

$(x, y)\neq(3, 0)$ であるから，

$$x^2+y^2=16.$$

【注】 本問の $C$ は直径 OA の円の外部にあり，$Q$ は $C$ 上または $C$ の外部にあるから，$Q$ も直径 OA の円の外部にある．

よって，$\left(x-\dfrac{3}{2}\right)^2+y^2>\dfrac{9}{4}$ より，

$$x(x-3)+y^2>0.$$

また，$(x, y)\neq(3, 0)$ であることもわかる．

（注終り）

〔参考〕 『まず，楕円 $C$ 上の点 $P$ における接線が，角 APB の外角を 2 等分することを示す．

このことを使うと，$A$ を接線に関して対称移動した点が(1)の $T$ と一致することがわかる．また，$Q$ は AT の中点であり，$Q$ の軌跡は，$T$ の軌跡を $A$ を中心に $\dfrac{1}{2}$ 倍に縮小したものとなる．』という次のような考え方もある．

（参考終り）

((2)の別解)
曲線 $C$ の上の点 $P$ における接線を $l$，$l$ に関して点 $A$ を対称移動した点を $T$ とおくと $Q$ は AT の中点．

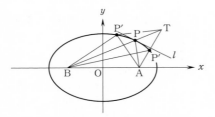

このとき，3点 B，P，T は一直線上にある．なぜなら，楕円 $C$ 上の点 P と異なる点 P′ をとると，P′ は $l$ に関して A と同じ側にあるから AP′＜TP′．T は $l$ に関して A と線対称であるから，

$$PT=PA.$$

A，B は楕円の焦点であることを考えると，

$$BP+PT=BP+PA$$
$$=BP′+P′A＜BP′+P′T.$$

したがって，点 B から楕円 $C$ 上の点を通って点 T に至る最短コースは点 P を通るコースである．また，B は楕円 $C$ の内側の点で，T は外側の点だから，点 B から楕円 $C$ 上の点を通って点 T に至る最短コースは線分 BT．したがって，P は線分 BT 上の点である．

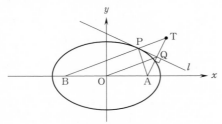

よって，楕円の定義にしたがうと，

$$BT=BP+PT$$
$$=BP+PA$$
$$=8（長軸の長さ）.$$

P が楕円 $C$ を1周するとき，T は B を中心とする半径 8 の円周を1周する．

原点 O は AB の中点であり，A から $l$ に下ろした垂線の足 Q は，AT の中点である．

よって，中点連結定理から，

$$OQ=\frac{1}{2}BT=4.$$

したがって，Q は原点 O を中心とする半径 4 の円

$$x^2+y^2=16$$

を描く．

（(2)の別解終り）

# 265

$$PF=\sqrt{(x-a)^2+(y-b)^2},$$
$$PH=|x-c|,\ e=\frac{PF}{PH}\ より，$$
$$e=\frac{\sqrt{(x-a)^2+(y-b)^2}}{|x-c|}.$$
$$\sqrt{(x-a)^2+(y-b)^2}=e|x-c|.$$
$$(x-a)^2+(y-b)^2=e^2(x-c)^2.\quad\cdots①$$

(1) $e=1$ のとき，① より，

$$(x-a)^2+(y-b)^2=(x-c)^2.$$
$$(y-b)^2=4\cdot\frac{a-c}{2}\left(x-\frac{a+c}{2}\right).$$

$a\neq c$ より，点 P の軌跡は放物線であり，頂点は $\left(\frac{a+c}{2},\ b\right)$，焦点は $(a,\ b)$，準線は $x=c$.

図示すると次図の太線．

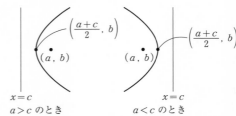

【注】 点 $(a,\ b)$ までと直線 $x=c$ までの距離が等しい点の軌跡であるから，焦点が $(a,\ b)$，準線が $x=c$ の放物線になることは明らか．

（注終り）

(2) $e=\dfrac{1}{2}$ のとき, ① より,

$$(x-a)^2+(y-b)^2=\dfrac{1}{4}(x-c)^2.$$

$$3\left(x-\dfrac{4a-c}{3}\right)^2+4(y-b)^2=\dfrac{4}{3}(a-c)^2.$$

$a\neq c$ より,

$$\dfrac{\left(x-\dfrac{4a-c}{3}\right)^2}{\left\{\dfrac{2}{3}(a-c)\right\}^2}+\dfrac{(y-b)^2}{\left(\dfrac{a-c}{\sqrt{3}}\right)^2}=1.$$

よって, 点 P の軌跡は楕円であり,

長軸の長さは $\dfrac{4}{3}|a-c|$,

短軸の長さは $\dfrac{2}{\sqrt{3}}|a-c|$,

長軸と短軸の長さの比は,

$$\dfrac{4}{3}|a-c|:\dfrac{2}{\sqrt{3}}|a-c|=2:\sqrt{3}.$$

【注】 中心は $\left(\dfrac{4a-c}{3},\ b\right)$,

焦点間距離は $\dfrac{2}{3}|a-c|$.

焦点は $(a,\ b)$, $\left(\dfrac{5a-2c}{3},\ b\right)$.

(注終り)

(3) $e=2$ のとき, ① より,

$$(x-a)^2+(y-b)^2=4(x-c)^2.$$

$$3\left(x+\dfrac{a-4c}{3}\right)^2-(y-b)^2=\dfrac{4(a-c)^2}{3}.$$

$a\neq c$ より,

$$\dfrac{\left(x-\dfrac{4c-a}{3}\right)^2}{\left\{\dfrac{2}{3}(a-c)\right\}^2}-\dfrac{(y-b)^2}{\left\{\dfrac{2(a-c)}{\sqrt{3}}\right\}^2}=1.$$

よって, 点 P の軌跡は双曲線であり,
主軸は $y=b$.
頂点の $x$ 座標を求める方程式は,

$$3\left(x+\dfrac{a-4c}{3}\right)^2=\dfrac{4(a-c)^2}{3}.$$

$$x=-\dfrac{a-4c}{3}\pm\dfrac{2(a-c)}{3}.$$

頂点の座標は,

$(2c-a,\ b)$, $\left(\dfrac{a+2c}{3},\ b\right)$.

漸近線は,

$$\dfrac{\left(x-\dfrac{4c-a}{3}\right)^2}{\left\{\dfrac{2}{3}(a-c)\right\}^2}-\dfrac{(y-b)^2}{\left\{\dfrac{2(a-c)}{\sqrt{3}}\right\}^2}=0$$

となり, 傾きは,

$$\pm\dfrac{\dfrac{2(a-c)}{\sqrt{3}}}{\dfrac{2}{3}(a-c)}=\pm\sqrt{3}.$$

【注】 中心は $\left(\dfrac{4c-a}{3},\ b\right)$,

焦点間距離は $\dfrac{8}{3}|a-c|$.

焦点は $(a,\ b)$, $\left(\dfrac{8c-5a}{3},\ b\right)$.

(注終り)

〔参考〕 一般に定点 F までと定直線 $l$ ($l$ は F を含まない)までの距離の比が定比 $e:1$ ($e>0$) である点の軌跡は 2 次曲線になる.

その 2 次曲線は
$e=1$ のときは放物線,
$0<e<1$ のときは楕円,
$e>1$ のときは双曲線である.

定点 F は $e$ の値によらず (一方の) 焦点である.

この $e$ を離心率といい, 定直線 $l$ を (楕円, 双曲線に対しても) 準線という. 離心率 $e$ を通して, 楕円, 放物線, 双曲線を統一的に扱うことができる. (参考終り)

# 266 ──〈方針〉──

(1) 媒介変数 $t$ を消去し, $x$ と $y$ の関係式を求め, さらに, $x$ と $y$ の動く範囲を調べる.

(2) 接点 $(x_0,\ y_0)$ における $C$ の接線が点 $(a,\ 0)$ を通る条件を考える.

232

(1)
$$\begin{cases} x=2\left(t+\dfrac{1}{t}+1\right), & \cdots① \\ y=t-\dfrac{1}{t}. & \cdots② \end{cases}$$

① より，
$$\frac{x}{2}-1=t+\frac{1}{t}. \qquad \cdots③$$

③＋② より，
$$\frac{x}{2}-1+y=2t. \qquad \cdots④$$

③－② より，
$$\frac{x}{2}-1-y=\frac{2}{t}. \qquad \cdots⑤$$

④，⑤ を辺々かけて，
$$\left(\frac{x}{2}-1+y\right)\left(\frac{x}{2}-1-y\right)=4.$$
$$\left(\frac{x}{2}-1\right)^2-y^2=4.$$
$$\frac{(x-2)^2}{16}-\frac{y^2}{4}=1.$$

したがって，求める $C$ の方程式は，
$$双曲線 \quad \boldsymbol{\frac{(x-2)^2}{16}-\frac{y^2}{4}=1.}$$

$C$ は，双曲線 $\dfrac{x^2}{16}-\dfrac{y^2}{4}=1$ を $x$ 軸方向に $2$ だけ平行移動したものであるから，漸近線の方程式は，
$$y=\pm\frac{2}{4}(x-2),$$
すなわち，
$$y=\frac{1}{2}x-1, \quad y=-\frac{1}{2}x+1$$
である。
よって，$C$ の概形は次のようになる。

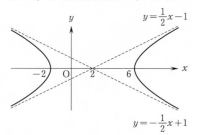

(2) 接点 $(x_0,\ y_0)$ における $C$ の接線は，
$$\frac{(x_0-2)(x-2)}{16}-\frac{y_0 y}{4}=1 \qquad \cdots⑥$$
とおける。ただし，
$$\frac{(x_0-2)^2}{16}-\frac{y_0{}^2}{4}=1. \qquad \cdots⑦$$

⑥ が点 $(a,\ 0)$ を通る条件は，
$$\frac{(x_0-2)(a-2)}{16}=1.$$

この式を満たす実数 $x_0$ が存在するためには
$$a\neq2 \qquad \cdots⑧$$
が必要であり，このとき，
$$x_0=\frac{16}{a-2}+2. \qquad \cdots⑨$$

⑨ を ⑦ に代入して，
$$\frac{16}{(a-2)^2}-\frac{y_0{}^2}{4}=1.$$
$$y_0{}^2=4\left\{\frac{16}{(a-2)^2}-1\right\}=4\cdot\frac{-a^2+4a+12}{(a-2)^2}.$$

この式を満たす実数 $y_0$ が存在する条件は，⑧ に加えて，
$$-a^2+4a+12\geqq0.$$
$$(a+2)(a-6)\leqq0.$$
$$-2\leqq a\leqq6. \qquad \cdots⑩$$

⑧，⑩ より，点 $(a,\ 0)$ を通り $C$ に接する直線が存在するような $a$ の範囲は，
$$\boldsymbol{-2\leqq a<2,\ 2<a\leqq6.}$$

このとき，
$$y_0=\pm\frac{2\sqrt{-a^2+4a+12}}{a-2}. \qquad \cdots⑪$$

⑨，⑪ を ⑥ に代入して，
$$\frac{x-2}{a-2}\pm\frac{\sqrt{-a^2+4a+12}}{2(a-2)}y=1.$$

よって，求める接線の方程式は，
$$\boldsymbol{2(x-2)\pm\sqrt{-a^2+4a+12}\,y=2(a-2).}$$

## 267 ——〈方針〉

双曲線 $\dfrac{x^2}{a^2}-\dfrac{y^2}{b^2}=1$ 上の点 $(x_0,\ y_0)$

における接線の方程式は、

$$\dfrac{x_0}{a^2}x-\dfrac{y_0}{b^2}y=1.$$

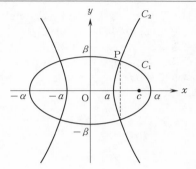

$$C_1:\dfrac{x^2}{\alpha^2}+\dfrac{y^2}{\beta^2}=1,$$

$$C_2:\dfrac{x^2}{a^2}-\dfrac{y^2}{b^2}=1$$

の共通の焦点を $(\pm c,\ 0)$ とすると、

$$c=\sqrt{\alpha^2-\beta^2}=\sqrt{a^2+b^2}.$$

よって、

$$\alpha^2-\beta^2=a^2+b^2. \qquad \cdots ①$$

また、$C_1$, $C_2$ の交点を $\mathrm{P}(x_0,\ y_0)$ とすると、

$$\begin{cases} \dfrac{x_0{}^2}{\alpha^2}+\dfrac{y_0{}^2}{\beta^2}=1, & \cdots ② \\[2mm] \dfrac{x_0{}^2}{a^2}-\dfrac{y_0{}^2}{b^2}=1. & \cdots ③ \end{cases}$$

②，③を $x_0{}^2$, $y_0{}^2$ について解くと、

$$\begin{cases} x_0{}^2=\dfrac{\alpha^2 a^2(\beta^2+b^2)}{\beta^2 a^2+\alpha^2 b^2}, \\[2mm] y_0{}^2=\dfrac{\beta^2 b^2(\alpha^2-a^2)}{\beta^2 a^2+\alpha^2 b^2}. \end{cases} \quad \cdots ④$$

点 P における $C_1$, $C_2$ の接線をそれぞれ $l_1$, $l_2$ とすると、

$$l_1:\dfrac{x_0}{\alpha^2}x+\dfrac{y_0}{\beta^2}y=1,$$

$$l_2:\dfrac{x_0}{a^2}x-\dfrac{y_0}{b^2}y=1.$$

$a<c<\alpha$ であるから $C_1$, $C_2$ が $x$ 軸上で交わることはない。よって、

$$y_0\neq 0.$$

$l_1$, $l_2$ の傾きをそれぞれ $m_1$, $m_2$ とすると、

$$m_1=-\dfrac{x_0\beta^2}{y_0\alpha^2},\quad m_2=\dfrac{x_0 b^2}{y_0 a^2}.$$

これらの積は、

$$m_1 m_2=-\dfrac{x_0\beta^2}{y_0\alpha^2}\cdot\dfrac{x_0 b^2}{y_0 a^2}$$

$$=-\dfrac{\beta^2 b^2 x_0{}^2}{\alpha^2 a^2 y_0{}^2}.$$

④を代入すると、

$$m_1 m_2=-\dfrac{\beta^2 b^2\dfrac{\alpha^2 a^2(\beta^2+b^2)}{\beta^2 a^2+\alpha^2 b^2}}{\alpha^2 a^2\dfrac{\beta^2 b^2(\alpha^2-a^2)}{\beta^2 a^2+\alpha^2 b^2}}$$

$$=-\dfrac{\beta^2+b^2}{\alpha^2-a^2}.$$

①より、

$$\beta^2+b^2=\alpha^2-a^2.$$

よって、

$$m_1 m_2=-1.$$

すなわち、$C_1$ と $C_2$ の交点 P でそれぞれの接線 $l_1$, $l_2$ は直交する。

〔参考〕 2つの放物線 $P_1$, $P_2$ が軸と焦点を共有し、さらに交わるとき、その交点における $P_1$, $P_2$ の接線は直交する。

本問との関係でこのことも確認しておくとよい。

（参考終り）

## 268

(1) $\begin{cases} y=mx+n, & \cdots ① \\[2mm] x^2+\dfrac{y^2}{4}=1 & \cdots ② \end{cases}$

とおく。

①，②から $y$ を消去すると

$$x^2+\dfrac{(mx+n)^2}{4}=1.$$

$$4x^2+(mx+n)^2=4.$$

234

$(m^2+4)x^2+2mnx+n^2-4=0.$ …③

①，②が接するのは，③が重解をもつときである。したがって，③の判別式を $D$ とすると，求める条件は

$$D/4=(mn)^2-(m^2+4)(n^2-4)=0.$$

これを整理して

$$4m^2-4n^2+16=0.$$

$$\boldsymbol{m^2-n^2+4=0.}$$

(2) 点 $(2, 1)$ から②に引いた接線は $y$ 軸に平行でないから，$y=m(x-2)+1$ とおける。したがって，(1) より

$$m^2-(-2m+1)^2+4=0.$$

$$3m^2-4m-3=0.$$

$$m=\frac{2\pm\sqrt{13}}{3}.$$

$$\alpha=\frac{2-\sqrt{13}}{3}, \quad \beta=\frac{2+\sqrt{13}}{3}$$

とおくと，点 $(2, 1)$ から②に引いた接線の方程式は

$$y=\alpha(x-2)+1, \quad y=\beta(x-2)+1$$

であり，$\alpha\beta=-1$ であるから，この2直線は直交する。

(3) ②に接し，かつ直交する2直線を $l_1$, $l_2$ とし，$l_1$, $l_2$ の交点を $(a, b)$ とする。

(i) $a=\pm1$ のときは，$l_1$, $l_2$ が座標軸に平行である。

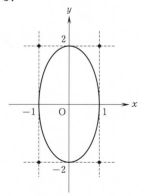

このとき，$(a, b)$ は

$(1, 2), (-1, 2), (-1, -2), (1, -2)$

のいずれかである。

(ii) $a\neq\pm1$ のとき，点 $(a, b)$ から②に引いた接線は $y$ 軸に平行でないから，

$$y=m(x-a)+b$$

とおける。したがって，(1) より

$$m^2-(-am+b)^2+4=0.$$

$$(1-a^2)m^2+2abm-b^2+4=0. …④$$

点 $(a, b)$ から②に2接線 $l_1$, $l_2$ が引ける条件は，$m$ の2次方程式④が異なる2実解をもつことである。このとき，④の2実解を $m_1$, $m_2$ とすると，$m_1$, $m_2$ は $l_1$, $l_2$ の傾きであるから，$l_1$, $l_2$ が直交する条件は，

$$m_1m_2=-1.$$

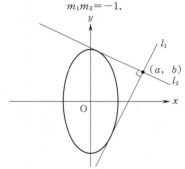

ここで，④の判別式を $D'$ とすると，

$$D'/4=(ab)^2-(1-a^2)(-b^2+4)$$
$$=4a^2+b^2-4.$$

また，解と係数の関係より，

$$m_1m_2=\frac{-b^2+4}{1-a^2}.$$

よって，点 $(a, b)$ が②の直交する2接線の交点となる条件は，

$$4a^2+b^2-4>0 \quad かつ \quad \frac{-b^2+4}{1-a^2}=-1.$$

これを整理して，

$$a^2+b^2=5 \quad (a\neq\pm1).$$

(i), (ii) より，求める軌跡は

**円 $x^2+y^2=5$.**

〔参考〕

(1) において，楕円②の方程式は

$$x^2+\left(\frac{y}{2}\right)^2=1$$

となり

$$X=x, \quad Y=\frac{y}{2} \qquad \cdots⑦$$

とおくと

$$X^2+Y^2=1 \qquad \cdots②'$$

となる.

⑦により，直線①は

$$2Y=mX+n, \text{ すなわち}$$
$$mX-2Y+n=0 \qquad \cdots①'$$

となる.

$xy$ 平面上の図形は⑦により，$y$ 軸方向に $\frac{1}{2}$ 倍されて $XY$ 平面上の図形に移る.

よって，①，②が接するのは，$XY$ 平面における直線①' と円②' が接するときなので，②' の中心 $(0, 0)$ と①' との距離が，②' の半径 1 になればよく

$$\frac{|n|}{\sqrt{m^2+4}}=1.$$

したがって，

$$m^2-n^2+4=0.$$

(（1）の参考終り)

# *269*

(1) $\qquad C_1:\dfrac{x^2}{a^2}+\dfrac{y^2}{b^2}=1. \qquad \cdots①$

$y_1\neq0$ のとき.

①の両辺を $x$ について微分すると，

$$\frac{2x}{a^2}+\frac{2y}{b^2}\cdot\frac{dy}{dx}=0.$$

したがって，$y\neq0$ のとき，

$$\frac{dy}{dx}=-\frac{b^2x}{a^2y}.$$

よって，$(x_1, y_1)$ における接線の傾きは $-\dfrac{b^2x_1}{a^2y_1}$ であり，接線の方程式は，

$$y=-\frac{b^2x_1}{a^2y_1}(x-x_1)+y_1.$$

$$\frac{x_1x}{a^2}+\frac{y_1y}{b^2}=\frac{x_1{}^2}{a^2}+\frac{y_1{}^2}{b^2}.$$

ここで，点 $(x_1, y_1)$ は $C_1$ 上にあるから，

$$\frac{x_1{}^2}{a^2}+\frac{y_1{}^2}{b^2}=1.$$

よって，接線の方程式は，

$$\frac{x_1x}{a^2}+\frac{y_1y}{b^2}=1. \qquad \cdots②$$

$y_1=0$ のとき $x_1=\pm a$ であり，点 $(\pm a, 0)$ における接線の方程式は，

$$x=\pm a \text{（複号同順）}.$$

これは，②で $x_1=\pm a$，$y_1=0$ としたものと一致する.

以上により題意は証明された.

(2) $A_1$，$A_2$ の座標をそれぞれ $(x_1, y_1)$，$(x_2, y_2)$ とすると，$A_1$，$A_2$ における $C_1$ の接線の方程式は，それぞれ

$$\frac{x_1x}{a^2}+\frac{y_1y}{b^2}=1, \quad \frac{x_2x}{a^2}+\frac{y_2y}{b^2}=1.$$

これらがともに点 $(p, q)$ を通るから，

$$\frac{px_1}{a^2}+\frac{qy_1}{b^2}=1, \quad \frac{px_2}{a^2}+\frac{qy_2}{b^2}=1.$$

この 2 式は直線 $\dfrac{px}{a^2}+\dfrac{qy}{b^2}=1$ 上に 2 点 $A_1$，$A_2$ があることを示している.

点 $(p, q)$ は $C_1$ の外部の点であるから $A_1\neq A_2$ であり，$A_1$，$A_2$ を通る直線は 1 本だけであるから，直線 $A_1A_2$ の方程式は，

$$\frac{px}{a^2}+\frac{qy}{b^2}=1.$$

(3)

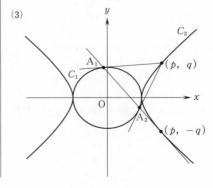

$$C_2 : \frac{x^2}{a^2} - \frac{y^2}{b^2} = 1.$$

点 $(p, q)$ が $C_2$ 上の点のとき，$\frac{p^2}{a^2} - \frac{q^2}{b^2} = 1$

が成り立つから $\frac{p^2}{a^2} - \frac{(-q)^2}{b^2} = 1$ も成り立ち，

点 $(p, -q)$ も $C_2$ 上の点である．

ここで，(1) と同様にして，点 $(x_1, y_1)$ にお

ける $C_2$ の接線の方程式は $\frac{x_1 x}{a^2} - \frac{y_1 y}{b^2} = 1$ で

あるから，直線 $\frac{px}{a^2} + \frac{qy}{b^2} = 1$ は点 $(p, -q)$

における $C_2$ の接線である．

# 270 ──〈方針〉

$l$, $C$ ともに直交座標に直して考える
とよい．

$r = \dfrac{\sqrt{2}\,a}{\sin\theta - \cos\theta}$ のとき，

$$r(\sin\theta - \cos\theta) = \sqrt{2}\,a.$$
$$r\sin\theta - r\cos\theta = \sqrt{2}\,a. \quad \cdots ①$$

極座標 $(r, \theta)$ で表される点の直交座標を
$(x, y)$ とすると

$$x = r\cos\theta, \quad y = r\sin\theta, \quad x^2 + y^2 = r^2$$

となる．

直交座標における直線 $l$ の方程式は ① よ
り

$$y - x = \sqrt{2}\,a.$$
$$l : x - y + \sqrt{2}\,a = 0.$$

$r = 2\cos\theta$ で表される曲線は，原点を通る
から，

$$r = 2\cos\theta, \quad \text{または } r = 0 \ (原点)$$

すなわち

$$r^2 = 2r\cos\theta$$

で表される曲線と同じである．

よって，直交座標における円 $C$ の方程式
は

$$x^2 + y^2 = 2x.$$
$$C : (x-1)^2 + y^2 = 1.$$

したがって，$C$ は，点 $(1, 0)$ を中心とす
る半径 $1$ の円である．

よって，$l$ と $C$ が接する条件は

$$\frac{|1 - 0 + \sqrt{2}\,a|}{\sqrt{1^2 + (-1)^2}} = 1.$$

$a > 0$ であるから

$$1 + \sqrt{2}\,a = \sqrt{2}.$$
$$a = 1 - \frac{1}{\sqrt{2}}.$$

# 271 ──〈方針〉

焦点が関係する 2 次曲線の問題では，
$x$ 軸の正の部分を始線とし，焦点を極と
する極座標をとることによって見通しが
よくなることがある．

(1)

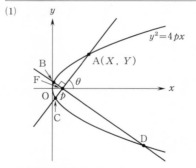

焦点 F の座標は $(p, 0)$．

点 A の座標を $(X, Y)$ とおくと，

$$Y^2 = 4pX$$

より，

$$\begin{aligned}
AF &= \sqrt{(X-p)^2 + Y^2} \\
&= \sqrt{(X-p)^2 + 4pX} \\
&= \sqrt{(X+p)^2} \\
&= |X + p| \\
&= X + p. \quad (X \geqq 0, \ p > 0 \text{ より})
\end{aligned}$$

前図より，

$$X = AF\cos\theta + p.$$

よって，

$$AF = AF\cos\theta + 2p$$

より，

$$\text{AF}=\frac{2p}{1-\cos\theta}.$$

【注】　$y^2=4px$ の準線は

$$x=-p \quad (p>0)$$

であるから，

$$\text{AF}=\text{AH}=X-(-p)$$
$$=X+p$$

と求めてもよい．

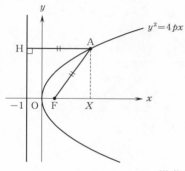

（注終り）

(2) $y$ 座標の大きい順に，A，B，C，D であるから，(1)の図より，$0<\theta<\dfrac{\pi}{2}$ であり，ベクトル $\overrightarrow{\text{FB}}$，$\overrightarrow{\text{FC}}$，$\overrightarrow{\text{FD}}$ が $x$ 軸の正方向となす角はそれぞれ

$$\theta+\frac{\pi}{2},\ \theta+\pi,\ \theta+\frac{3}{2}\pi$$

である．

(1)の結果は $\theta$ の範囲によらずに成り立つから，

$$\text{BF}=\frac{2p}{1-\cos\left(\theta+\frac{\pi}{2}\right)}=\frac{2p}{1+\sin\theta},$$

$$\text{CF}=\frac{2p}{1-\cos(\theta+\pi)}=\frac{2p}{1+\cos\theta},$$

$$\text{DF}=\frac{2p}{1-\cos\left(\theta+\frac{3}{2}\pi\right)}=\frac{2p}{1-\sin\theta}.$$

したがって，

$$\frac{1}{\text{AF}\cdot\text{CF}}+\frac{1}{\text{BF}\cdot\text{DF}}$$

$$=\frac{1}{\dfrac{2p}{1-\cos\theta}\cdot\dfrac{2p}{1+\cos\theta}}+\frac{1}{\dfrac{2p}{1+\sin\theta}\cdot\dfrac{2p}{1-\sin\theta}}$$

$$=\frac{(1-\cos\theta)(1+\cos\theta)}{4p^2}+\frac{(1+\sin\theta)(1-\sin\theta)}{4p^2}$$

$$=\frac{\sin^2\theta+\cos^2\theta}{4p^2}$$

$$=\frac{1}{4p^2}\ (\text{一定}).$$

〔参考〕　楕円 $E:\dfrac{x^2}{a^2}+\dfrac{y^2}{b^2}=1\ (0<b<a)$ において，$e=\dfrac{\sqrt{a^2-b^2}}{a}$ とおく（この $e$ を楕円 $E$ の離心率という）．焦点 $\text{F}(ea,\ 0)$ を極として $x$ 軸の $x\geqq ea$ を満たす部分を始線とする極座標を $(r,\ \theta)$ とおく．

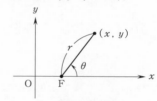

このとき，$E$ の極方程式を求めると，

$$r=\frac{(1-e^2)a}{1+e\cos\theta}$$

となる．この極方程式を使うと，楕円の焦点 F で垂直に交わる 2 直線と楕円の交点 A，B，C，D（AC，BD がそれぞれ F を通る）についても，$\dfrac{1}{\text{AF}\cdot\text{CF}}+\dfrac{1}{\text{BF}\cdot\text{DF}}$ は $\theta$ によらず一定であることを，本問と同様に示すことができる．

（参考終り）

238

## 272 ──〈方針〉──

$xy$ 平面において, 原点 O を極とし, $x$ 軸の正の部分を始線とする極座標を $(r, \theta)$ とすると,
$$\begin{cases} x=r\cos\theta, \\ y=r\sin\theta \end{cases}$$
が成り立つ.

(1) $C : r=1+\cos\theta \quad (0\leqq\theta\leqq\pi).$ ⋯①

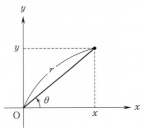

$$\begin{cases} x=r\cos\theta, \\ y=r\sin\theta \end{cases}$$

が成り立つから, これに ① を代入して,
$$C : \begin{cases} x=(1+\cos\theta)\cos\theta, \\ y=(1+\cos\theta)\sin\theta. \end{cases} (0\leqq\theta\leqq\pi)$$

よって,
$$\frac{dy}{d\theta}=-\sin\theta\cdot\sin\theta+(1+\cos\theta)\cos\theta$$
$$=(\cos^2\theta-1)+(\cos\theta+1)\cos\theta$$
$$=(\cos\theta+1)(2\cos\theta-1).$$

$0\leqq\theta\leqq\pi$ において $y$ の増減は次のようになる.

| $\theta$ | 0 | $\cdots$ | $\dfrac{\pi}{3}$ | $\cdots$ | $\pi$ |
|---|---|---|---|---|---|
| $\dfrac{dy}{d\theta}$ | | $+$ | 0 | $-$ | 0 |
| $y$ | 0 | ↗ | $\dfrac{3\sqrt{3}}{4}$ | ↘ | 0 |

$\theta=\dfrac{\pi}{3}$ のとき $y$ 座標は最大となる.

このとき, ① より,
$$r=1+\cos\frac{\pi}{3}=\frac{3}{2}.$$

よって, 点 $P_1$ の極座標 $(r_1, \theta_1)$ は,
$$\left(\frac{3}{2}, \frac{\pi}{3}\right).$$

また,
$$\frac{dx}{d\theta}=-\sin\theta\cdot\cos\theta+(1+\cos\theta)\cdot(-\sin\theta)$$
$$=-\sin\theta(2\cos\theta+1).$$

$0\leqq\theta\leqq\pi$ において $x$ の増減は次のようになる.

| $\theta$ | 0 | $\cdots$ | $\dfrac{2}{3}\pi$ | $\cdots$ | $\pi$ |
|---|---|---|---|---|---|
| $\dfrac{dx}{d\theta}$ | 0 | $-$ | 0 | $+$ | 0 |
| $x$ | 2 | ↘ | $-\dfrac{1}{4}$ | ↗ | 0 |

$\theta=\dfrac{2}{3}\pi$ のとき $x$ 座標は最小となる.

このとき, ① より,
$$r=1+\cos\frac{2}{3}\pi=\frac{1}{2}.$$

よって, 点 $P_2$ の極座標 $(r_2, \theta_2)$ は,
$$\left(\frac{1}{2}, \frac{2}{3}\pi\right).$$

(2)

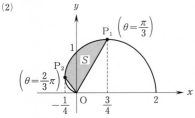

(1)の結果と与えられた公式より,
$$S=\frac{1}{2}\int_{\theta_1}^{\theta_2} r^2\, d\theta$$
$$=\frac{1}{2}\int_{\frac{\pi}{3}}^{\frac{2}{3}\pi}(1+\cos\theta)^2\, d\theta$$
$$=\frac{1}{2}\int_{\frac{\pi}{3}}^{\frac{2}{3}\pi}(1+2\cos\theta+\cos^2\theta)\, d\theta$$
$$=\frac{1}{2}\int_{\frac{\pi}{3}}^{\frac{2}{3}\pi}\left(\frac{3}{2}+2\cos\theta+\frac{1}{2}\cos 2\theta\right)d\theta$$

$$=\frac{1}{2}\left[\frac{3}{2}\theta+2\sin\theta+\frac{1}{4}\sin2\theta\right]_{\frac{\pi}{3}}^{\frac{2}{3}\pi}$$

$$=\frac{\pi}{4}-\frac{\sqrt{3}}{8}.$$

((2)の別解)

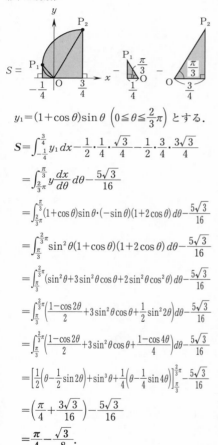

$$y_1=(1+\cos\theta)\sin\theta\left(0\le\theta\le\frac{2}{3}\pi\right)\ とする.$$

$$S=\int_{-\frac{1}{4}}^{\frac{3}{4}}y_1\,dx-\frac{1}{2}\cdot\frac{1}{4}\cdot\frac{\sqrt{3}}{4}-\frac{1}{2}\cdot\frac{3}{4}\cdot\frac{3\sqrt{3}}{4}$$

$$=\int_{\frac{2}{3}\pi}^{\frac{\pi}{3}}y\frac{dx}{d\theta}\,d\theta-\frac{5\sqrt{3}}{16}$$

$$=\int_{\frac{2}{3}\pi}^{\frac{\pi}{3}}(1+\cos\theta)\sin\theta\cdot(-\sin\theta)(1+2\cos\theta)\,d\theta-\frac{5\sqrt{3}}{16}$$

$$=\int_{\frac{\pi}{3}}^{\frac{2}{3}\pi}\sin^2\theta(1+\cos\theta)(1+2\cos\theta)\,d\theta-\frac{5\sqrt{3}}{16}$$

$$=\int_{\frac{\pi}{3}}^{\frac{2}{3}\pi}(\sin^2\theta+3\sin^2\theta\cos\theta+2\sin^2\theta\cos^2\theta)\,d\theta-\frac{5\sqrt{3}}{16}$$

$$=\int_{\frac{\pi}{3}}^{\frac{2}{3}\pi}\left(\frac{1-\cos2\theta}{2}+3\sin^2\theta\cos\theta+\frac{1}{2}\sin^22\theta\right)d\theta-\frac{5\sqrt{3}}{16}$$

$$=\int_{\frac{\pi}{3}}^{\frac{2}{3}\pi}\left(\frac{1-\cos2\theta}{2}+3\sin^2\theta\cos\theta+\frac{1-\cos4\theta}{4}\right)d\theta-\frac{5\sqrt{3}}{16}$$

$$=\left[\frac{1}{2}\left(\theta-\frac{1}{2}\sin2\theta\right)+\sin^3\theta+\frac{1}{4}\left(\theta-\frac{1}{4}\sin4\theta\right)\right]_{\frac{\pi}{3}}^{\frac{2}{3}\pi}-\frac{5\sqrt{3}}{16}$$

$$=\left(\frac{\pi}{4}+\frac{3\sqrt{3}}{16}\right)-\frac{5\sqrt{3}}{16}$$

$$=\frac{\pi}{4}-\frac{\sqrt{3}}{8}.$$

((2)の別解終り)

〔参考〕

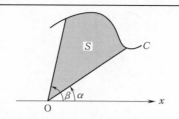

極方程式

$$r=f(\theta)$$

で定められる曲線を $C$ とする. ただし, $f(\theta)$ は連続かつ $f(\theta)\ge0$, さらに $C$ は自分自身と交わらないものとする.

このとき, $C$ と半直線 $\theta=\alpha$, $\theta=\beta$ $(\alpha<\beta)$ で囲まれる部分の面積 $S$ は,

$$S=\int_\alpha^\beta\frac{1}{2}r^2\,d\theta$$

で与えられる.

(証明)

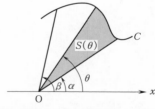

上図の網掛け部分の面積を $\theta$ の関数とみて $S(\theta)$ とおくと,

$$S(\alpha)=0,\quad S=S(\beta)$$

である.

さらに, $\varDelta\theta>0$ のとき, 区間 $[\theta,\ \theta+\varDelta\theta]$ に対応する微小面積を $\varDelta S$ とし, この区間での $r=f(\theta)$ の最大値を $M$, 最小値を $m$ とすると,

$$\frac{1}{2}m^2\varDelta\theta\le\varDelta S\le\frac{1}{2}M^2\varDelta\theta.$$

$$\frac{1}{2}m^2\le\frac{\varDelta S}{\varDelta\theta}\le\frac{1}{2}M^2.$$

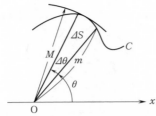

$\varDelta\theta<0$ のときも同様の不等式が得られる.

$\varDelta\theta\to0$ のとき, $m$, $M$ はいずれも $r$ に収束するから,

$$\frac{dS}{d\theta}=\frac{1}{2}r^2.$$

よって,

$$S(\beta)-S(\alpha)=\int_\alpha^\beta\frac{1}{2}r^2\,d\theta.$$

$$S=\int_\alpha^\beta\frac{1}{2}r^2\,d\theta.$$

（参考終り）